"十二五"职业教育国家规划教材
经全国职业教育教材审定委员会审定

全国林业职业教育教学指导委员会高职园林类专业工学结合"十二五"规划教材

插花艺术

CHAHUAYISHU

（第3版）

朱迎迎　张　虎◎主编

中国林业出版社

内容简介

本教材破除传统的“章、节”学科体系结构，依据插花员与花店业职业岗位的典型工作任务确定内容。教学内容以项目教学为导向，工作任务为依托，体现以工作过程为导向的课程体系的改革思想和行业发展要求，做到产教结合，强化学生综合职业能力培养，增强学生就业与创业能力。教材分为花店从业基础、礼仪插花制作、艺术插花制作、花艺设计和花店经营管理5个教学模块，16个教学项目。

本教材可作为高职高专园林类专业的教材，也可作为中职、培训教材，或作为相关从业人员的参考用书。

图书在版编目(CIP)数据

插花艺术/朱迎迎，张虎主编. -3版. -北京：中国林业出版社，2015.7(2023.11重印)
“十二五”职业教育国家规划教材经全国职业教育教材审定委员会审定，全国林业职业教育教学指导委员会高职园林类专业工学结合“十二五”规划教材
ISBN 978-7-5038-7560-1

Ⅰ. ①插…　Ⅱ. ①朱… ②张…　Ⅲ. ①插花-装饰美术-高等职业教育-教材　Ⅳ. ①J525.1

中国版本图书馆CIP数据核字(2014)第132343号

国家林业局生态文明教材及林业高校教材建设项目

中国林业出版社·教育出版分社

策划编辑：牛玉莲　康红梅　田　苗　　**责任编辑：**康红梅　田　苗
电　　话：83143551　83143557　　**传　　真：**83143516

出版发行　中国林业出版社(100009　北京市西城区德内大街刘海胡同7号)
　　　　　E-mail：jiaocaipublic@163.com　电话：(010)83143500
　　　　　http：//lycb.forestry.gov.cn
经　　销　新华书店
印　　刷　北京中科印刷有限公司
版　　次　2003年4月第1版(共印刷4次)
　　　　　2009年3月第2版(共印刷6次)
　　　　　2015年7月第3版
印　　次　2023年11月第11次印刷
开　　本　787mm×1092mm　1/16
印　　张　23
字　　数　543千字
定　　价　55.00元

数字资源

全国林业职业教育教学指导委员会
高职园林类专业工学结合"十二五"规划教材
专家委员会

《插花艺术》(第3版)
编写人员

主　编

朱迎迎
张　虎

副主编

易　伟
张宗应

编写人员(按姓氏拼音排序)

陈佳瀛(上海师范大学)
罗凤芹(辽宁林业职业技术学院)
易　伟(云南林业职业技术学院)
张　虎(江苏农林职业技术学院)
张宗应(安徽林业职业技术学院)
朱迎迎(上海市插花花艺协会)

主　审

王莲英(北京林业大学)
蔡仲娟(上海市插花花艺协会)

《插花艺术》(第 2 版)
编写人员

主　编

朱迎迎

副主编

易　伟
陈佳瀛

编写人员(按姓氏拼音排序)

陈佳瀛（上海师范大学）
陈子牛（昆明师范高等专科学校）
罗凤芹（辽宁林业职业技术学院）
易　伟（云南林业职业技术学院）
朱迎迎（上海城市管理职业技术学院）

主　审

王莲英（北京林业大学）
蔡仲娟（上海市插花花艺协会）

《插花艺术》(第1版)
编写人员

主　编

朱迎迎

副主编

易　伟
陈佳瀛

编写人员(按姓氏拼音排序)

陈佳瀛（上海师范大学）
陈子牛（昆明师范高等专科学校）
罗凤琴（辽宁省林业职业技术学院）
易　伟（云南林业学校）
周国萍（广东林业学校）
朱迎迎（上海城市管理职业技术学院）

主　审

王莲英（北京林业大学）
蔡仲娟（上海市插花花艺协会）

序言

Foreword

我国高等职业教育园林类专业近十多年来经历了由规模不断扩大到质量不断提升的发展历程，其办学点从2001年的全国仅有二十余个，发展到2010年的逾230个，在校生人数从2001年的9080人，发展到2010年的40 860人；专业的建设和课程体系、教学内容、教学模式、教学方法以及实践教学等方面的改革不断深入，也出版了富有特色的园林类专业系列教材，有力推动了我国高职园林类专业的发展。

但是，随着我国经济社会的发展和科学技术的进步，高等职业教育不断发展，高职园林类专业的教育教学也显露出一些问题，例如，教学体系不够完善、专业教学内容与实践脱节、教学标准不统一、培养模式创新不足、教材内容落后且不同版本的质量参差不齐等，在教学与实践结合方面尤其欠缺。针对以上问题，各院校结合自身实际在不同侧面进行了不同程度的改革和探索，取得了一定的成绩。为了更好地汇集各地高职园林类专业教师的智慧，系统梳理和总结十多年来我国高职园林类专业教育教学改革的成果，2011年2月，由原教育部高职高专教育林业类专业教学指导委员会(2013年3月更名为教育部林业职业教育教学指导委员会)副主任兼秘书长贺建伟牵头，组织了高职园林类专业国家级、省级精品课程的负责人和全国17所高职院校的园林类专业带头人参与，以《高职园林类专业工学结合教育教学改革创新研究》为课题，在全国林业职业教育教学指导委员会立项，对高职园林类专业工学结合教育教学改革创新进行研究。同年6月，在哈尔滨召开课题工作会议，启动了专业教学内容改革研究。课题就园林类专业的课程体系、教学模式、教材建设进行研究，并吸收近百名一线教师参与，以建立工学结合人才培养模式为目标，系统研究并构建了具有工学结合特色的高职园林类专业课程体系，制定了高职园林类专业教育规范。2012年3月，在系统研究的基础上，组织80多名教师在太原召开了高职园林类专业规划教材编写会议，由教学、企业、科研、行政管理部门的专家，对教材编写提纲进行审定。经过广大编写人员的共同努力，这套总结10多年园林类专业建设发展成果，凝聚教学、科研、生产等不同领域专家智慧、吸收园林生产和教学一线的最新理论和技术成果的系列教材，最终于2013年由中国林业出版社陆续出版发行。

该系列教材是《高职园林类专业工学结合教育教学改革创新研究》课题研究的主要成果之一，涉及18门专业(核心)课程，共21册。编著过程中，作者注意分析和借鉴国内

已出版的多个版本的百余部教材的优缺点，总结了十多年来各地教育教学实践的经验，深入研究和不同课程内容的选取和内容的深度，按照实施工学结合人才培养模式的要求，对高等职业教育园林类专业教学内容体系有较大的改革和理论上的探索，创新了教学内容与实践教学培养的方式，努力融“学、教、做”为一体，突出了“学中做、做中学”的教育思想，同时在教材体例、结构方面也有明显的创新，使该系列教材既具有博采众家之长的特点，又具有鲜明的行业特色、显著的实践性和时代特征。我们相信该系列教材必将对我国高等职业教育园林类专业建设和教学改革有明显的促进作用，为培养合格的高素质技能型园林类专业技术人才作出贡献。

全国林业职业教育教学指导委员会

2013 年 5 月

第3版前言

Edition 3rd Preface

由朱迎迎主编的《插花艺术》（第 1 版）于 2003 年出版，共印刷 7 次，累计发行 29 000册，产生了良好的社会效益。2006 年根据当时高职教育特点着手修订，被列选为“普通高等教育‘十一五’国家级规划教材”，《插花艺术》（第 2 版）（配光盘）于 2009 年正式出版，累计发行21 000册，其内容与呈现形式更加便于教师“教”与读者“学”，实用性更好。两个版本教材在各高职院校商品花卉、园林技术及其他相关专业广泛使用，也有专业技术人员将其作为专业参考书和自学用书，使用效果良好。

近年来，为了全面提高高等职业教育教学质量，相关院校积极把工学结合作为人才培养模式改革的重要切入点，引导课程体系构建、教学内容设置及教学方法改革。随着改革的逐步推进，有关教材建设与使用的问题不断凸显，教学内容与岗位需求间的矛盾日益突出，致使学校的专业人才培养与企业需求脱节。这种现象也同时反映在《插花艺术》教材上，如本教材沿用本科教育的教学模式，学科痕迹明显；教材理论性强，实践性较差；教学内容与花店业岗位工作内容脱节，能力培养较单一，不能满足教学改革实践的需要。因此，有必要在专业调研和职业岗位分析的基础上，重新修订教材。

基于目前正在进行的高等职业教育“园林技术专业教学资源库”国家级建设项目与全国职业林业教育教学指导委员会“高职园林类专业工学结合教学改革创新研究”课题的研究基础，新修订教材将破除传统教材编写体例，从内容到形式体现高等职业教育发展方向，在课程内容编排上打破传统“章、节”的学科体系结构，依据插花员与花店业职业岗位的典型工作任务确定课程内容，对接职业标准，吸收新知识、新技术、新工艺和新方法，构建教材框架，重组教学内容。修订教材的教学内容以项目教学为导向，工作任务为依托；教学活动以学生为主体，体现以工作过程为导向的课程体系的改革思想和行业发展要求。做到产教结合，强化学生综合职业能力培养，增强学生就业与创业能力。修订教材将分为花店从业基础、礼仪插花制作、艺术插花制作、花艺设计和花店经营管理 5 个教学模块，16 个教学项目。

同时，本次修订遵循学生认知规律和职业成长规律，做到理论知识以“必须、够用”为度，重新整合工学结合、理实一体的教学内容，建立按工作过程编排课程内容的“串行”结构，增强教学内容的职业性、互动性、综合性。

本教材由朱迎迎、张虎任主编，易伟、张宗应任副主编，朱迎迎负责统稿。具体编写分工如下：模块1、模块2由张虎、朱迎迎、罗凤芹编写；模块3由易伟、朱迎迎、陈佳瀛编写；模块4由朱迎迎编写；模块5由张宗应、易伟编写；数字资源由陈奕霖制作。

由于编者水平有限，难免有错误与不足之处，恳请读者批评指正。

编　者

2014年2月

第2版前言

Edition 2nd Preface

随着人民生活水平的不断提高，对精神文化的需求越来越高，插花艺术不断普及，成为精神文明建设的一部分。同时，随着中外交流的不断扩大，插花艺术水平也在不断提高，插花风格的东西融合，插花技艺的相互渗透，使得插花艺术无论在风格特点、技艺方法、花材应用等方面都有了一些变化。各种规模、各种层次的插花展览和比赛也蓬勃发展。如2001年在深圳举办的首届国际插花花艺博览会，2002年在天津举办的首届中国插花花艺大赛，从1994年开始的每两年举办一次的上海“花之韵”国际插花花艺展到2008年已经举办了7届；上海每年举办的插花花艺比赛还和职业技能赛相结合，获得名次者还可以得到相应的职业技能证书。除了这些专业性的纯粹的插花花艺展览和比赛外，很多展览都开辟了专门的插花馆或插花展区，如各种层次的菊花展、花卉节、园艺博览会、花卉博览会等，插花花艺已越来越走进人们的生活。近年来插花书籍大量涌现，无论是国外（境外）插花刊物，还是国内经典的插花研究书籍和各种画册，为插花艺术的发展起到了推动的作用，如韩国的Today Flower、台湾中华花艺基金会的《花艺家》、台湾花艺设计师协会台北花苑的《台湾花艺》和王莲英、秦魁杰的《中国古典插花名著》《中国传统插花艺术》，以及马大勇的《中国传统插花艺术情境漫谈》、蔡仲娟的《插花员》《中外插花艺术作品选》等，这些书籍不仅在理论上还是在实践上都对插花艺术进行了研究和探讨。

第1版《插花艺术》教材得到了广大插花花艺专业工作者和爱好者的好评，由于在全国范围中高职学校中应用较广泛，教学反映较好，被列选成为教育部普通高等教育“十一五”国家级规划教材。为了使教材更能反映插花艺术发展的状况，更贴近教学实际，在中国林业出版社的大力支持下，对《插花艺术》进行改版，在原来的基础上，调整了部分内容，增加了目前插花花艺事业发展的前沿信息，特别是更注重了动手能力的培养。同时保持了原有的4个特点：①运用范围较广，力求两个兼用的特点：一为中高职兼用，更注重高职的特点；二为学历教育和培训兼用，吸收了插花员国家职业鉴定的相关内容。②理论与实践结合体现能力为本的教育的特点。更注重实践性教学，共设计了19个实践项目。③模仿与创新结合体现素质为本的教育特点。要求教师要有一定的操作技能，可以通过光盘中大量的实例加以提高教师自身的素质。④传统教材与光盘结合体现现代教学手段的特点。第2版《插花艺术》教材依然附教学光盘，并充实了大量近年来的国内外经典插花实例，为教和学提供了大量的实践素材。

本教材由上海城市管理职业技术学院副院长、上海市插花花艺协会副会长朱迎迎高级工程师、副教授任主编；上海师范大学园艺系系主任、上海市插花花艺协会理事陈佳瀛副教授，云南昆明林业职业技术学院易伟副教授，辽宁林业职业技术学院罗凤芹等老师参与编写，其中前言、第2章、第5章、第6章、第9章和实训及配套光盘由朱迎迎编写；第1章、第3章、第4章由罗凤芹编写；第5章部分内容、第7章由陈佳瀛编写；第8章、第10章、第11章由易伟编写。

《插花艺术》教材得到了中国插花艺术界最具权威的两位老师的大力支持，她们是中国插花花艺协会名誉会长、北京市插花艺术研究会会长王莲英教授与中国插花花艺协会顾问、上海市插花花艺协会会长蔡仲娟高级工程师。她们欣然接受担任本教材的主审，在此表示深深的谢意。

限于作者的水平，缺点和错误在所难免，切望广大读者批评指正，以便不断修改、完善。

编　者

2008年3月

第1版前言

Edition 1st Preface

自古以来，人们即被花的艳丽娇柔所深深吸引。花在文人墨客的诗赋里飘着淡雅的幽香，在画家的笔墨里展示优雅的身姿，在情人的手中传递着爱的信息，在爱美之人的身上留下生活的情趣，在温馨的家里营造着融融的暖意，在隆重的场合烘托着热烈的气氛，在插花艺术工作者的手中变化着无穷的新意，尽展每一朵花最美丽动人的一面。

世界插花艺术最早起源于古埃及和中国，古人很早就以花来祭祀神佛、以花来装扮自己、以花来表达自己的情感。在中国，“天人合一”思想和“君子比德”思想对插花艺术有着深刻的影响。

插花艺术发展至今，已有了百花齐放、百家争鸣的趋势，特别是在国际上东方插花的线条美为西方插花所崇尚，西方插花的技艺手法为东方花艺所采用。又受各种艺术思潮的相互影响，其发展相当迅速。如日本就有上千个不同风格的流派，有继承古典的、有发展现代的、有崇尚理念的、有推崇形式的等。

各国、各个城市相应成立了插花花艺协会，会员数快速增长，爱好者遍布社会的各个层次，文化程度方面上至大学教授、下至小学学生；年龄方面上至七八十岁的老叟，下至七八岁的小童。从事插花艺术不仅成为人们热爱生活、热爱生命的一种感情寄托，也是人们修身养性、陶冶情操的一种方式，又成为人们在谋生的同时带给他人美的享受的一种手段。因此，越来越多的人喜欢插花艺术，越来越多的人学习插花，插花培训教育也随之蓬勃发展，很多城市成立了插花花艺学校，境外插花艺术家纷纷成立插花艺术教室，专门从事插花培训。如中国插花花艺协会主办的全国插花花艺培训中心，上海市插花花艺协会主办的插花花艺进修学校，还有中国台湾、香港等插花界人士主持的插花教室，专门从事插花花艺的培训工作。目前，国家劳动部又把插花花艺作为职业工种系列，制定规范的职业标准，进行职业等级工培训，使培训工作又上了一个台阶。插花花艺还作为专业进入学历教育系列，如上海城市管理学院将“花艺设计”作为成人学历教育的一个专业来设置，从基础理论到相关专业知识进行系统学习，使插花花艺理论与实践有一个系统的发展。吸引了众多的爱好者报名参加。在很多学校的专业中设置了插花艺术的课程，如园林专业、园艺专业、环境艺术专业、装潢设计专业、旅游专业等均有插花艺术课程的开设。使学习相关专业的学生都能掌握插花艺术技艺为社会服务，也得到了学生的认可、社会的认可。随着培训教育的蓬勃发展，对教材的要求越来越迫切。于是在国家林业局、林业职业教育教学指导委员会及中国林业出版社的大力支持下，组织了有关老师编写了这本《插花艺术》教材。

本教材有以下 4 个特点：

1. 运用范围较广，力求两个兼用。一为中、高职兼用；二为学历教育和培训兼用。目前我国职业教育发展非常迅速，不仅在数量上还是在质量上和提高层次上都有很大的发展。中、高职教育沟通，使得学生有了更多的选择，使得职业技术学校有了更大的发展空间。插花艺术是一门融理论与实践，融艺术与技能的综合学科。目前很多中、高等职业学校相关专业均开设《插花艺术》课程，为了解决层次的问题，本教材采用选学模块的方式，适应于中、高等职业教育，也可适用于插花艺术培训。教材中注有“ * ”部分内容供高职选用。

2. 理论与实践结合，体现能力为本的教育。职业教育培养目标就是以培养应用型专门人才为根本任务，以适应社会需要为目标，以培养技术应用能力为主线。学生应具有基础理论知识适度、技术应用能力强、知识面较宽、素质高等特点。《插花艺术》课程本身体现能力为本，专门设置实践教学指导内容；就实践的目的要求、材料准备、操作方法、评价标准作详细的说明，通过明确插花艺术实践的要求，对实践课程起到应有的效果。还力求结合插花花艺员职业标准，使学生学完课程之后通过职业鉴定而获得中级插花花艺师资格证书。

3. 模仿与创新结合，体现素质为本的教育。插花艺术本身是一种创新艺术，需要不断地创新，通过动手实践从模仿到创作，创造机会让学生多观赏国内外最新插花作品，尽可能获得较多的实践机会，培养学生的创新能力。

4. 传统教材与光盘结合，体现现代教学手段。既然是艺术创作，就需要大量的古今中外优秀作品范例演示，而且插花的技巧和过程也需要实际演示才能达到较好的教学效果。因此，采取传统教材与光盘结合，传统教材以文字与图示为主，光盘对应传统教材的章节配以古今中外的插花花艺作品，以实例说明教学内容，使理论教学更生动、更形象，以取得较好的教学效果。

本教材由朱迎迎任主编，易伟、陈佳瀛任副主编。其编写分工如下：前言、第七章及配套光盘由上海城市管理职业技术学院副院长、上海市插花花艺协会副会长朱迎迎编写；第一、二章由朱迎迎、罗凤芹编写；第三、十章由陈子牛编写；第四、五章由朱迎迎、周国萍编写；第六、八章由易伟编写；第九章由陈佳瀛编写。第一章第二节中“中国插花艺术发展简史”部分的内容，主要引用王莲英、秦魁杰主编的《中国传统插花艺术》一书相关内容。

《插花艺术》教材得到了中国插花艺术界最具权威的两位老师的大力支持，她们是中国插花花艺协会常务副会长、北京市插花艺术研究会会长王莲英教授以及中国插花花艺协会副会长、上海市插花花艺协会会长蔡仲娟高级工程师。她们欣然接受担任本教材的主审，在此表示深深的谢意。

限于作者的水平，缺点和错误在所难免，切望广大读者批评指正，以便不断修改、完善。

编　者

2002 年 7 月

目录

Contents

序　言

第 3 版前言

第 2 版前言

第 1 版前言

模块 1 花店从业基础 1

项目 1　插花基本常识　5

1.1　插花艺术的概念与范畴　6

1.2　插花艺术的特点与作用　9

1.3　插花艺术的起源　10

1.4　插花艺术的分类与应用　12

1.5　插花艺术鉴赏方式　19

1.6　国内外用花习俗　21

1.7　花店接待服务　25

1.8　常用插花英语　29

技能训练　32

思考题　33

自主学习资源库　33

项目 2　花店日常管理　34

2.1　花材的类型　35

2.2　花材的选购与保鲜　36

2.3　花材加工整理　39

2.4 插花陈设与养护 43

2.5 丝带花结制作 47

技能训练 51

思考题 57

自主学习资源库 57

项目3 插花制作基础 58

3.1 色彩学基础 59

3.2 插花色彩配置 63

3.3 插花构图原理 66

3.4 插花基本构图 71

3.5 插花学习方法 77

技能训练 80

思考题 88

自主学习资源库 88

模块2 礼仪插花制作 89

项目4 宾礼插花制作 99

4.1 宾礼插花礼仪常识 100

4.2 宾礼花篮的制作与应用 104

4.3 宾礼花束的制作与应用 109

技能训练 116

思考题 126

自主学习资源库 126

项目5 典礼插花制作 127

5.1 典礼场景花饰制作与应用 128

5.2 剪彩花球制作与应用 129

5.3 讲台花制作与应用 129

5.4 庆贺花篮制作与应用 130

5.5 餐桌花制作与应用 131

5.6 礼仪胸花制作与应用 132

技能训练 134

思考题 139

自主学习资源库 139

项目6 婚礼插花制作 140
6.1 新娘捧花与胸花的设计制作 141
6.2 头花、肩花、颈花与腕花的设计与制作 142
6.3 花车的设计与制作 145
6.4 婚礼场景花饰设计与制作 149
技能训练 153
思考题 160
自主学习资源库 160

项目7 丧礼插花制作 161
7.1 丧礼花艺的花材 162
7.2 丧礼花艺的基本形式 163
7.3 丧礼插花的制作技巧 165
技能训练 166
思考题 169
自主学习资源库 169

模块3 艺术插花制作 170

项目8 东方式插花制作 175
8.1 东方式插花的风格与特点 176
8.2 中国插花艺术发展简史 179
8.3 东方式插花的插花造型 183
8.4 东方插花制作材料 192
8.5 东方式插花表现技法 194
技能训练 197

项目9 西方式插花制作 200
9.1 西方式插花的风格与特点 201
9.2 西方插花艺术发展史 202
9.3 西方式插花的基本花型 203
9.4 西方插花制作材料 207
9.5 西方插花的表现技巧 208
技能训练 209

项目 10 干燥花、人造花插花 215
10. 1 干燥花基本知识 216
10. 2 干燥花插花的表现形式及制作方法 220
10. 3 人造花插花 224
技能训练 226
思考题 229
自主学习资源库 230

模块 4 花艺设计 231

项目 11 花艺设计基本知识 232
11. 1 花艺设计概念 233
11. 2 花艺设计风格与特点 234
11. 3 插花的基本要素在花艺设计中的应用 240
11. 4 三大构成在花艺设计中的应用 243
技能训练 253
思考题 254

项目 12 花艺设计构件制作 255
12. 1 花艺设计表现技巧 256
12. 2 构件制作方法 264
12. 3 合成花制作方法 267
技能训练 267
思考题 269

项目 13 花艺设计作品制作 270
13. 1 花艺设计的设计要求 271
13. 2 花艺设计的基本形式 271
技能训练 277
思考题 282

项目 14 环境花艺设计 283
14. 1 环境花艺设计要求 284
14. 2 环境花艺设计形式与特点 285
技能训练 297

思考题 301

模块5 花店经营管理 303

项目 15 花店的开业 304
15.1 花店开业准备 305
15.2 花店环境设计 310
技能训练 316
思考题 317
自主学习资源库 318

项目 16 花店的经营 319
16.1 花店公关基础知识 320
16.2 花店营销基础知识 323
16.3 花店商品定价 325
16.4 花店经营 332
16.5 花店的管理 339
技能训练 342
思考题 343
自主学习资源库 344

参考文献 345

模块 1

花店从业基础

花店是经营鲜花礼品与花艺装饰服务的店铺。我国的花店业是随着花卉文化、花卉产业、花卉消费的发展而兴起的。随着人们生活水平的不断提高，鲜花已经成为一种商品走入了千家万户。用鲜花烘托气氛、装饰礼仪、馈赠亲友已经成为现代人的生活时尚。

花店作为花卉整个销售体系中的重要流通环节，与食品、服装等零售业相比，具有较强的现代经营特征。花店的经营业务除了少量鲜花零售之外，主要经营鲜花礼品制作、花艺装饰服务等，因此花店是具有产品创作性质的零售与服务行业。作为花店的从业人员就需要具备相应的从业知识与技能。

1. 花店的内容与形式

20世纪80年代中后期，我国大部分花店的经营局限于鲜花零售，90年代中期才真正将花艺引入花店的经营范围，并出现了简单的花艺制作，但对于大多数花店来说，并未了解花艺的深刻内涵。90年代后期，特别是进入21世纪之后，花店的经营明显带有花艺的烙印，并且在各种活动的推动下，花艺制作水平迅速提升，因此各大城市新开张的花店名称也发生了变化，一些“新生代”的花店变成了花艺设计室、工作室、花艺礼仪公司等。随着网络技术的发展，花店业的竞争将更加激烈，花店业由目前的单个花店之间的竞争上升为花店网络、花店业众体之间的竞争，花店品牌之间的竞争和花艺创作水平的竞争。

目前，我国花店的服务开展的主要经营项目包括：鲜花礼品零售、礼仪花卉装饰服务、室内花艺装饰服务、主题花艺环境设计服务、鲜花与插花辅材批发、花艺作品的来料加工、花艺技术培训等。

花店的服务对象主要是普通市民、宾馆、酒店、商场、社会组织、民间团体等消费群体。

2. 花店的从业要求

1) 插花员职业守则

(1) 爱岗敬业，讲文明，懂礼貌，热情为顾客服务

爱岗敬业就是把自己的全部心血和精力用到工作岗位上去，把自己的职业当成自己生命的一部分，尽职尽责地做好。爱岗敬业就是“干一行爱一行”，要精通业务，用自己掌握的知识与技能最大可能地为顾客服务。

文明礼貌、热情待客是插花员必须遵守的职业守则。文明礼貌主要指插花员的衣冠整洁、谈吐文雅、使用敬语等内容。插花员的精神面貌代表了企业形象。谈吐文雅、不说脏话，在接待服务中，礼貌用语不离口，顾客进门用文明语言主动打招呼，在服务过程中做到落落大方，以礼相待。通过插花员的接待使顾客对花店留下一个良好的印象，这也是给企业创造的无形价值。如果顾客进店无人接待，则会感到尴尬和不满。

热情待客，主要是指平等待人，关心尊重和助人为乐。具体指不应欺穷爱富，对顾客消费标准的高与低都应一视同仁。无论是购买一枝花还是定做一个大花篮，插花员都应热情周到地为顾客服务，当好顾客的参谋。树立顾客第一、讲求信誉等良好的职业

道德。

(2)忠于职守

忠于职守就是把自己职责范围内的事做好，按照质量标准和规范要求完成好所承担的任务，按照顾客的要求做好每一件插花作品。在工作中，认真、敬业，不违反纪律。以高度的责任感服务好每位顾客。

插花员还应保持谦虚谨慎的工作态度，对顾客提出的批评意见应本着“有则改之，无则加勉”的态度，认真听取，虚心接受，及时改正。绝不能对顾客提出的批评或建议持反感态度，更不能与顾客发生口角。时刻记住顾客即是“上帝”。

(3)遵纪守法，维护消费者权益

纪律一般用规章制度的形式公布于众，如劳动纪律、服务纪律、职工守则、操作规范、操作程序、岗位职责，以及企业各项规定。

遵纪守法，是对每一个公民的基本要求，是衡量职业道德的重要标准。认真贯彻政府法律条文是插花员的职责，也是履行职业道德义务和职业道德责任的重要体现。插花员必须树立国家、社会、他人(消费者)利益第一的观念。

(4)讲究质量，注重信誉

质量是各行各业的生命。在充满竞争的市场经济体制下，各行各业要树立强烈的质量意识，把讲求质量放在第一位。在生产或服务中讲究质量，以质量求生存，以质量求发展。每个插花员要树立质量第一的观念。首先要把好花材的质量关，然后是花艺作品的质量关，特别是鲜花制品。花材一定要新鲜、无病虫害。凡是不新鲜的花材绝不能用，若为了降低销售价，选用了一些不太新鲜的花材，应对顾客加以说明，不能以次充好。

注重信誉，要求诚实，不欺诈。在商品交易中，要货真价实，即质量、数量、品牌、款式等都要符合相应要求，要合理定价，明码标价，不能采用欺骗手段，牟取暴利。插花员要向被服务者提供真实服务信息，提供符合规格的服务，合理收费。反对、杜绝各种各样欺骗服务对象的职业行为。

(5)努力学习，勤奋钻研，精益求精

插花员所从事的插花花艺工作，既是一门艺术又是一门技术。为了不断地提高自己的专业水平和操作技能，就得不断学习，刻苦钻研。首先必须参加专业学习，认真学习研究相关的理论，不断提高文化水平和美学修养，善于观察生活，观察大自然，启迪创作灵感。勤于实践，学习同行的先进经验，使自己的操作技法更加灵活、熟练。在创作过程中，无论是构思还是插制都要做到一丝不苟。作品完成后要认真检查是否符合花艺作品质量标准与顾客要求。在精益求精的基础上，插花员还应不断学习，不断创新，要让自己的花艺水平跟上时代的发展，做到与时俱进。

2)插花员岗位规范

(1)营业前的准备规范

①插花员应在花店开门前半小时上岗，认真打扫花店，并应着装整齐，做好迎客准备。

②确保花店内的商品丰富，陈列有序，并做到物签相符。
③鲜切花每天换水，做到无异味。
④保证单据齐备，并备有零金。

(2)营业中的接待规范

①插花员应举止端庄，礼貌待客。在售货过程中应做到以诚相待，讲求信誉。
②熟悉花材名称以及特性，以娴熟的技艺快速完成作品，保证花材及作品的质量。
③对作品的包装要令顾客满意，并做到收付快捷，减少顾客等待时间。

(3)营业后的行为规范

①下班后，插花员应归整货物，清扫卫生，保养花艺作品。
②应做好交接班工作，避免出现遗漏现象。
③做好安全防范工作，清除隐患。

项目1 插花基本常识

学习目标

【知识目标】

(1)理解花店常用名词与专业术语，领会插花艺术的特点与作用。

(2)了解插花艺术的起源与发展历史。

(3)掌握插花艺术的分类与应用知识。

(4)掌握花文化知识，理解赏花原理。

(5)掌握花店接待服务的方法。

【技能目标】

(1) 能准确说明插花的概念与范畴，并能解释插花的相关名词。

(2) 能准确说明各插花类别的特点，并能解释插花的陈设与养护常识。

(3) 能综合运用插花基础知识，解答顾客咨询。

(4) 懂得接待礼仪，能完成简单的花店接待服务。

案例导入

小丽刚刚应聘了花店职员，工作岗位是花店导购。可是一周下来，小丽却被店长多次批评，说她业务能力不强，要求她加强学习，提高业务水平。如果你是小丽，你会怎样面对并解决这个问题?

分组讨论:

1. 列出业务能力不足的原因。

序号	插花基本常识	自我评价
1		
2		
3		
⋮		
备注	自我评价：准确☆、基本准确△、不准确○	

2. 如果你是小丽，你会怎么做?

理论知识

1.1 插花艺术的概念与范畴

插花是一门古老而又新奇的艺术，伴随着人类社会的发展和文明进步，插花的形式与内容逐渐丰富。人们将丰富多彩的文化内涵及艺术创造不断地融入插花之中，使其焕发生机，成为一门高雅艺术，并越来越多地走入大众生活，成为一种能够表达人们的思想与情感的艺术手段，成为一种世界通用的语言。

插花虽来源于民间的生活习俗，但将其作为一门艺术，就应有别于民间信手拈来、随心所欲的插作。插花是一门技术，更是一门艺术，是一种高雅的审美艺术，它与建筑、雕塑、盆景及造园等艺术形式相似，是最优美的空间造型艺术之一。

1.1.1 插花艺术的概念

简单地说，插花艺术是将枝、叶、花、果等花材，插入容器中，所形成的花卉艺术品。但是随着插花技艺的不断创新和发展，人们将新颖的创作理念和丰富多彩的插花材料应用于插花创作之中，这样就使插花艺术涵盖的内容越来越广泛。如插花所使用的花材不再局限于传统的植物材料，干燥花、人造花、玻璃、塑料、金属等非植物性材料也被广泛地应用于插花创作之中；插花容器的使用也变得宽泛，容器的类型不断变化，传统意义上的花器已不再成为插花作品构成的必需器物；在现代插花作品创作中，插花的体量日趋大型化，更多注重装饰效果与时代感。

图1-1 《幽堂探春》(作者：朱迎迎)

插花艺术是指以切花花材(植物材料)为主要素材，通过艺术构思和适当的剪裁整形及摆插来表现其活力与自然美的造型艺术(图1-1)。

插花艺术又有别于其他的造型创作，它不仅追求形式美，更注重追求意境美，它是无声的诗、立体的画。作者着意通过所插作的作品来表达一个主题，传递一种情感，暗示一种哲理，使人观之赏心悦目，从而获得身心的愉悦。

1.1.2 插花艺术的范畴

插花是一项有意识的创作性活动，在创作过程中需要不断地将美学、绘画、雕塑、植物学、造园学、建筑学、文学等学科的相关知识应用到插花创作之中，可以说插花艺术是一门综合性的艺术学科。要创作出好的作品，不但要有丰富的自然知识，而且还要具有人文科学和艺术创作的知识，并且要多深入生活，在生活中去寻找创作灵感。

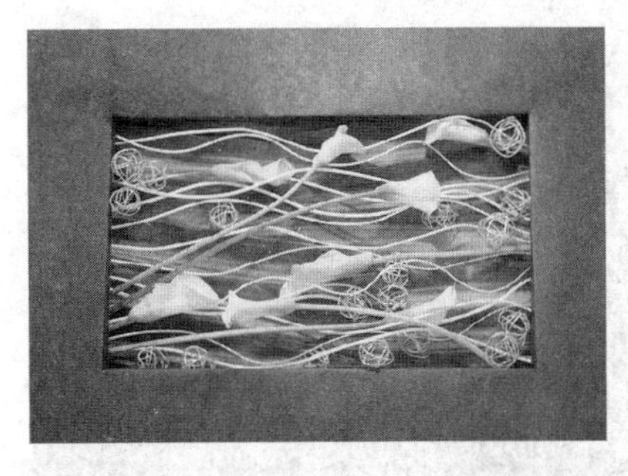

图1-2　广义插花形式——壁挂式插花
(《浪花》作者：朱迎迎)

图1-3　狭义插花形式——瓶花

插花艺术作为一门学科，体现了完整的系统性和科学性，它具有本学科必学的基本知识、基本技巧和基本理论。它研究的范围主要包括插花的发展史、插花的基本原理及造型法则、插花的造型和基本插作技巧、插花的色彩配置、花材及花器的选择、花材的保鲜、插花作品的命名、插花作品的陈设、插花作品的品评与欣赏等内容。

(1)广义范畴

凡利用切花花材进行造型，达到艺术创作或装饰效果的，都可称为插花艺术，包括展示的花艺作品、装饰环境用的插花作品和人们礼仪活动中的各种用花形式(图1-2)。

(2)狭义范畴

狭义插花仅指以使用器皿来插作切花花材的摆设花而言。

插花有艺术插花和生活插花之别。艺术插花在艺术创作上不但追求造型的完美，更多追求精神内涵和意境的创作，多用于花艺展中。而生活插花在花材、花器的选择以及造型上都比较自由和随意，更多追求形式美，主要用于增添生活情趣(图1-3)。

1.1.3　插花艺术与相关名词的异同

随着人们生活水平的不断提高，审美情趣的日益高雅，花卉装饰的应用越来越普及，花卉装饰的形式多种多样，有盆花、地栽花，也有鲜切花；有摆放在装饰环境中的，也有装饰人体礼服的；有的小巧玲珑，有的气势宏大如雕塑。但是在实际应用中，有一些相关名词很容易被人们混为一谈，造成误会，有必要加以区分。

(1)花卉艺术

花卉艺术是通过对具有观赏价值的整株植物进行修剪、弯曲、支附、绑扎、嫁接等技术处理，以提高花卉的观赏价值，使其更具艺术美和装饰美。花卉艺术是对花卉本身进行的技术处理，与之相比，插花是对离体花枝、叶片等进行技术处理，但二者在创造艺术美中所运用的美学原理是相同的(图1-4)。

图1-4　花卉艺术

(2)花卉装饰

花卉装饰是根据环境条件和人们的需要，

按照科学、艺术的要求，以花卉为材料，根据美学原理，进行合理巧妙的布置，为人们创造一个高雅、优美、和谐的空间。花卉装饰所用的装饰植物形式很广泛，可以是盆花、地栽花，也可以是鲜切花。插花是花卉装饰中的一种重要的应用形式，两者是从属关系(图1-5)。

图1-5　室内花卉装饰

(3)花艺设计

花艺设计是一种早就存在的插花艺术形式，近几十年又有新的发展，它是在传统插花基础上的一种创新，使插花艺术更能迎合现代人的审美情趣。从一定意义上说花艺设计即为广义的插花，所使用的插花材料和花器的取材更为广泛，所使用的插花技法更为精湛，创作更具艺术性、时代感和个性化。

花艺设计与插花艺术的创作原理和艺术表现手法基本相同，但在选材、构思、造型等方面，都比插花更加广泛自由，表现内容与采用的形式均有质的改变。花艺可用容器，也可不用容器，直接插制在构架上。在选材上，除用植物材料外，还可用许多非植物性材料，如金属、玻璃、装饰布、羽毛等，以达到视觉上的震撼效果。在造型上，不拘一格，力求创新，表现主题更为广泛，作品趋于大型化，更具装饰性和时代感，目前在国际上颇为盛行(图1-6)。

(4)花道

花道是日本对插花的特有称谓，实际上就是插花。日本人习惯将品茶、习武、书法与插花等传统技艺称为“道”，即“茶道”“剑道”“书道”“花道”等。日本的花道虽起源于中国，但这种艺术在日本得到了长足的发展，并形成具有日本民族文化特色的艺术形式，在国际插花界处于领先地位，并深受世界各国人们的喜爱(图1-7)。

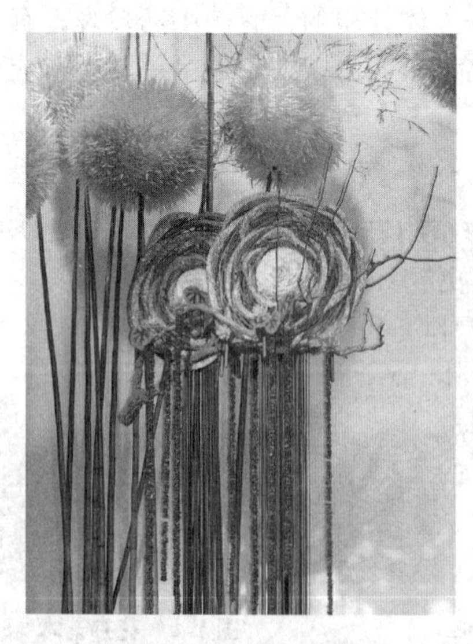

图1-6　花艺设计作品(作者：朱永安)

图1-7　日本花道

1.2 插花艺术的特点与作用

1.2.1 插花艺术的特点

插花艺术虽与雕塑、盆景、造园、建筑等学科同属于造型艺术范畴，在创作原理上有很多相似之处，但作为一门在民间广为流传的技艺，深受人们的喜爱，有其独有的特点。

(1)具有生命力

插花是以活的植物材料作为创作的主要素材。插制的作品具有自然花材的色彩、姿韵和芳香，春天的嫩芽、盛夏的绿叶、金秋的硕果、严冬的枯枝，无不让人感受到自然的脉动，令人赏心悦目，这是其他造型艺术无法与之相比的。

(2)具有操作性

插花作品装饰性强，具有立竿见影的美化效果。花是自然界最美的产物，集众花之美的造型，随环境需要而陈设的插花作品，更是美不胜收，其艺术魅力是其他造型艺术所不及的。

(3)具有创造性

插花艺术在选材、造型、陈设应用上，都表现了极大的创造性和灵活性。花材种类可多可少，品质档次可高可低，即使是其貌不扬的干枯植物，经精心插作，也会展示其生命的震撼力，令人回味无穷。构图形式多种多样，可简可繁。摆放作品可随环境需要，随时调整更换。通过作者精心构思可以创造出丰富多彩、形式各异的插花作品。

(4)具有时效性

插花属于瞬时性艺术创作和艺术欣赏活动，时效性强。花材脱离母体后，失去了根压，难以很好地吸收水分，加之其他因素的影响，使花材寿命相应缩短，少则1～2d，多则10d或1个月，所以一方面要加强鲜花插花作品的保鲜；另一方面在展览以及观赏时要考虑最佳观赏期。

1.2.2 插花艺术的作用

随着时代的发展，人类文明程度的提高，人们在物质生活得到满足的基础上，将更多的热情投入到提高生活质量上。而体现自然，具有情感，又能美化生活空间的插花艺术迎合了人们的这种需求。所以，近年来插花越来越多地走入寻常百姓的生活，正发挥着越来越多的作用，也越来越受到人们的欢迎和喜爱。

(1)美化环境

插花艺术具有美化生活环境的作用。插花艺术作为鲜花最为重要的应用方式，已成为人们日常工作和生活的一部分。用各具特色的插花点缀居室的书房、卧室、厅堂，可以把自然的脉动带入室内，既能美化环境，又可体会生活的丰富多彩，增添生活情趣。插花艺术还广泛地应用在商业空间、文艺演出、宾馆饭店、学校、医院等公共场所的美化装饰中。另外，插花艺术还具有强烈烘托气氛的作用，或喜庆热闹，或庄严肃穆，所以，开业庆典、婚丧礼仪都少不了鲜花相伴。

(2)传递情感

插花艺术具有传递情感，增进友谊的作用。鲜花是探亲访友、看望病人的首选礼物，也是最时尚、最浪漫的礼物。花为人们传递着一份情感、一份友谊，这是任何礼物都无法替代的，时下被越来越多的人所接受。

(3)陶冶情操

插花艺术具有陶冶情操，提高人们艺术品位和生活水准的作用。时代的进步为插花艺术的创作提供了更为广泛的空间，那些更富内涵、更具感染力的作品，备受人们的喜爱。欣赏者不但要欣赏其形式美，更要欣赏其意境美。这就要求创作者和欣赏者都要不断提高自身的艺术修养，对花文化要有更多的了解。

(4)促进生产

插花艺术具有促进经济发展的作用。近年来花店业无论从数量、规模还是花艺水平方面都有了快速发展。可以说，花店业的发展状况从一个侧面反映出该地区的经济发展状况及市民的文化素质。同时，花店业也带动了花卉种植业及相关产业的发展，促进了经济的发展。

(5)增进健康

插花者在创作插花作品的过程中不仅得到体力的锻炼，而且带来身心的愉悦，对人的身心健康大有裨益。另外，鲜花本身对环境有着净化空气的作用，插花作品对环境的美化有利于增进人的健康。

随着时代的进步，插花艺术会有更为广阔的发展空间，会为人们带来更高品位的精神享受。

1.3　插花艺术的起源

人类是自然的产物，与自然界的万事万物有着无法割舍的联系。人类在漫长的发展进程中，开始认识自然、改造自然，对于自然越是了解，人类对于自然的美好向往和追求就越是迫切，插花正是迎合人类的这种需求而产生的。花的纯真和美艳，使人感受到了生命的美好和灿烂，可以说，插花艺术的起源归结于人类爱美的天性。

世界上的两大插花流派即东方式插花和西方式插花，它们不但在插花风格上各异，而且各自是沿着不同的历史轨迹发展而来的。据考证，西方各国的插花起源于古埃及，古埃及人常将睡莲花插在瓶、碗里作装饰品、礼品或丧葬品。而东方插花则起源于中国，从古人折野花枝装饰发髻、装点居穴的原始插花意念，发展到佛前供养插花的佛教供花仪式，进而将其沿袭于民间。中国传统插花主要包括宫廷插花、宗教插花、文人插花和民间插花 4 种形式。西方传统插花主要包括宫廷插花、宗教插花、艺术插花和民间插花 4 种形式。西方的艺术插花主要是由绘画艺术家所创作，更注重造型和色彩以及光影效果的表现。而中国的文人插花主要表现线条美感，表达创作者的思想与情感，突出意境美。

1.3.1　宗教插花

宗教插花是指以花供养所信仰的宗教神明、祖先，用于教堂、祭祠、佛堂、道观等场合(图1-8)。西方插花的宗教插花主要供奉于教堂等场所，以几何造型为主，花型注重对称之美。东方插花的宗教插花以鲜花供奉于佛前的供养称为供花，供养的形式分为“皿花”“散花”“瓶花”等。宗教插花要求花材新鲜、香味淡雅、无荆刺等。发展到后来，供佛所用花材也有所选择，如莲花、百合等。

图1-8　《禅房花木深》(作者：刘若瓦)

图1-9　宫廷插花

1.3.2　宫廷插花

顾名思义，它必定是非常豪华隆盛的花型，色彩浓丽或五色(依五行颜色分红、黄、蓝、白、黑)俱全的插花，花器选比较珍贵的容器，如铜器、精美瓷器、漆器等高级花器，花材也必定是品质讲究的花材(图1-9)。西方的宫廷插花也非常注重花器的华美和尊贵，如用当时属于进口的中国精美瓷器作为插花用具，在花材运用上用花量比较大，且追求富丽堂皇的繁华美景。

1.3.3　文人插花

文人插花源自中国唐宋，盛行于元、明。作风颇受禅宗与道教精神的影响，表现场合以文人厅堂及书斋为主，取材以清新脱俗、格高韵胜、易于持久的花木，如松、柏、竹、梅、菊、兰、荷、桂、水仙等为对象，常只有1种，多则3种。花器讲究高古朴实，典雅无华，以铜、陶、瓷、竹为多。花枝不多，结构不尚华丽，以线条枝叶技能为主，明确有力，作风清雅虚灵，为文人插花的特色，是典型的东方插花(图1-10)。

图1-10　《写意人生》(作者：谢晓荣)

1.3.4　民间插花

民间插花盛行于隋朝清供或喜庆佳节的厅堂或神案之上，含酬神、祭祖、崇宗、驱魔等之意，作风率真明朗，瑰丽而璀璨。其间蕴藏着伦理亲情、美意民风、四时之美、敬天法祖、感应祝寿的插花形式。在源远流长的中国插花历史上，在不同的历史背景条件下，每个时期的插花艺术都呈现出不同的特点，从一个侧面反映了该时期经济及文化发展状况，也可以说是一部用花来书写的历史长卷(图 1-11)。

图 1-11　《岁月的记忆》(作者：秦雷)

1.3.5　艺术插花

艺术插花是由西方画家创作，以追求插花造型、色彩以及在不同角度所产生光影效果的艺术插花，常常用做绘画的对象。

古老的插花艺术伴随人类的文明和进步，不断发展完善，并逐渐形成现代插花艺术。

1.4　插花艺术的分类与应用

1.4.1　插花艺术的分类

由于地区民族文化传统、生活习俗、宗教信仰以及时代背景等诸多因素的影响，世界上插花艺术的表现形式多种多样，艺术风格多姿多彩，艺术流派众说纷纭。现就国内外常见的插花类别与流派分类如下：

1) 按地区民族风格分类

插花艺术的表现在很大程度上受到地区民族习惯及历史背景的影响，东、西方的插花各具特色，形成世界上风格迥异的两大插花流派，即西方式插花和东方式插花。

(1) 西方式插花(图 1-12)

插花艺术作为一门艺术与其他艺术有着千丝万缕的联系，西方插花受到西方造型艺术以及绘画的影响形成了独特的风格与特点，在西方艺术思潮以及文化背景的影响下，以欧美各国的传统插花为代表，其主要的特点如下。

①装饰美　选用的花材注重外形美和装饰美，花材数量较多，结构紧密丰满。有时还会用一些蜡烛、缎带作为装饰。

图 1-12　西方式插花(作者：朱迎迎)

②色彩美　配色浓重艳丽，以达到五彩缤纷、雍容华贵的艺术效果。西方式插花能很强烈地营造出或欢快热烈、或庄严素雅的气氛，意在表现插花作品的人工美和图案美。

③造型美　造型简洁大方，讲究对称，以规则的几何形图案为主，如圆形、三角形、新月形、扇形、T 形等，给人以端庄大方之感。插制方法以大堆头插法为主，整个插花作品就是多个色块的组合，呈现出绚丽多彩的热烈气氛，所以

人们常把西方大堆头的插花称为块面式插花。

(2)东方式插花(图1-13)

东方式插花以中国和日本的传统插花为代表，受中国传统文化的影响，其主要特点和风格与西方式插花迥异。

①线条美　多以线条构图为主，呈现出各种不规则、不对称的优美造型。插制方法是以三大主枝为骨架的线条式插法。

②自然美　选材简洁，花枝数量不多，追求花枝的自然神韵美，只需插几枝便可达到"虽由人作，宛自天开"的意境。用色朴素大方，清新淡雅，有时也用浓重艳丽如牡丹，但一般只用2～3种花色，简洁明了。

图1-13　《孤芳斜影》(作者：朱迎迎)

③意境美　东方式插花的主要目的是不仅要表现花材组合的形式美和色彩美，更强调插花作品的意境美和内在神韵美。意境深远和富有诗情画意是东方式插花的主要艺术手法。

2)按时代特点分类

插花艺术随着时代的进步，不断得以发展和完善，可以说它从一个侧面也能反映出时代的特点。按其发展的不同时期可将插花艺术分为传统插花和现代插花两种风格。

(1)传统插花

中国插花艺术历史悠久，中国人在1500年前已将人文思想结果，透过花卉之美，在花器上展现寰宇人间的第二生命奥秘，之间经过历代文人的倡导，形成了一项风格各异、至为优美的古典艺术，对日、韩影响甚大。在插花史中，我国最早"瓶供"载于史籍是在5世纪的南齐之南史《晋安王子懋传》："有献莲花供佛者，众僧以铜罂盛水，渍其茎，欲华不萎。"铜罂就是一口小腹大的盛酒器，形体与印度的贤瓶相似，除装酒外，用以贮水插花以供佛，成为我国瓶供原始形态。后来瓶花与"皿花"相结合，发展为盘花，北周的诗人庾信的"金盘衬红琼"便是以铜盘插作红色杏花以招待宾客。因此，六朝时代用铜罂或盘器插花应用在佛堂或日常生活中。

中国古典花艺从历史演变历程上看自成系统，但从横向看，众相杂陈，形色缤纷，尤其经整理归类后，更能显示其系统与属性，而各类间形成不可分割的互动关系。例如，以花器分：有瓶花、盘花、缸花、碗花、筒花、篮花；以创作心态分：有理念花、写景花、心象花、造型花；以摆设环境属性分：有殿堂花、堂花、室花、斋花、茶花、禅花；就作者身份或生活应用分：有宫廷插花、宗教插花、文人插花、民间插花；就主花的比例结构分：有盘主体、高踞体、高兀体等。若将各类的内容进行细分，更可以看出其精微之处，体系庞大而富有深度。

(2)现代插花

现代插花既不要求严格按照插花艺术的基本原则去进行创作，也不只是单纯地表现自然界的和谐美，更多的是要通过插花作品来表达个人的观点和心态。现代插花尊重个人创作意念，只要有想象力，任何花材和物体都可用来创作作品。花器品种越来越丰

图1-14 《聚散两依依》(作者：朱迎迎)

富，有碗、碟、盆、罐等，也可用竹、铁、铜、银、水晶、陶瓷、塑料等材料制成。花材不再局限于鲜花，更进一步广泛使用干燥花、人造花、枯木甚至胶管、贝壳等异质材料。

现代插花需要丰富的想象力，花材、花器的选择以及造型设计，都随意、大胆、有创意。现代插花融合了东西方插花艺术的精华，形式趋于自由，表现力更为丰富，在继承传统插花的基础上，吸收了现代雕塑、绘画、建筑等艺术造型的原理，使之更能表现现代人的情感，更具时代美(图1-14)。

现代插花在欧美及日本有较显著的发展，日本的“自由插花”或“前卫插花”，欧美的“抽象插花”都属于现代插花。

3)按艺术表现手法分类

插花作为一门以植物材料为主要素材的造型艺术，有着其独特的艺术表现手法，除花色和造型给人以美感外，作品还要有非常广泛的表现内容和深刻的内涵。主要表现手法如下：

(1)写景式插花(图1-15)

图1-15 《夏日池塘别样韵》(作者：朱迎迎)

写景式插花是用模拟的手法来表现植物自然生长状态的一种特殊的艺术插花的创作形式。不是自然美景的翻版，模拟中要去粗存精，对美景作夸张的描写，集自然与艺术于一体。容器宜选择制作水石盆景的浅盆，多用剑山固定花枝，表现手法多样，可借鉴园林设计和盆景艺术的布局手法，并与插花的基本成形方法糅合在一起，“缩崇山峻岭于咫尺之间”，再现富有诗情画意的自然美景。为了补充画面的意境和渲染气势，常配置山石、人物、动物、建筑等摆件，使创作更为生动感人，呈现出更具天然之趣的自然风光。

(2)写意式插花(图1-16)

借用花材属性和象征意义，表现特定意境的艺术插花创作形式。恰当的选材，能够很好地表达主题。选材时可利用植物的名称、色彩、形态及其象征寓意与创作主题相联系。如在我国传统插花中，常以牡丹作为主景，取国色天香、荣华富贵之寓意，配以南天竹、梅花、苹果和爆竹等花材，其谐音便构成了“竹报平安”的名称。根据花材的象征意义，将松、竹、梅合插在一起，誉为“岁寒三友”；将莲、菊、兰合插在一起，则有“风月三昆”的美好寓意。写意式插花是传统插花中理念花的继承和发展，与理念花属同一类型。

图1-16　《柿柿如意》
（作者：台湾中华花艺协会）

图1-17　《山峦叠翠》（作者：朱迎迎）

(3)抽象式插花(图1-17)

运用夸张和虚拟的手法来表现客观事物的一种插花创作形式。可以拟人，也可以拟物。选材时注重材料的个别形象与主题的联系，根据作者的想象，达到成为抽象意念创作的目的。

图1-18　家居插花

4)按装饰的用途分类

随着时代的进步，人们欣赏品味不断提高，为插花应用开拓了更为广阔的空间。插花除了可以用于装饰美化环境外，还可以作礼服等人体仪表的装饰品。所以根据插花装饰的用途可分为以下两类。

(1)摆设花(图1-18)

摆设花指用来摆放在所要装饰的环境或场所中的插花饰品，其中包括用于美化装饰公共场所或家庭居室的小型摆设花，用于典礼、集会等各种场所营造气氛的大型摆设花以及命题性摆设花等。应用非常广泛，深受人们的喜爱。

(2)服饰花(图1-19)

服饰花指用来装饰礼服等人体仪表的花卉饰品。常见的有胸花、肩花、头花、捧花、帽饰等，通常在婚礼、葬礼、集会活动、大型会议等特殊场合使用。

5)按插花花材的性质分类

随着花卉制作工艺的不断进步，出现了干燥花、人造花等花材类型。这些类型的花材常具备易于保养、装饰时间长等特点。采用不同的性质的花材插制形成的插花作品分为鲜花插花、干燥花插花、人造花插花3种类型。

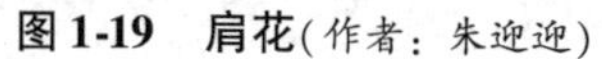
图1-19　肩花(作者：朱迎迎)

图1-20　鲜花插花

(1) 鲜花插花艺术(图1-20)

以新鲜的切花花材为素材，所创作的插花作品称为鲜花插花艺术。在大多数场合，人们都喜欢插制鲜花，因为鲜花比干燥花、人造花更富有艺术感染力，尤其是在盛大、隆重、庄严的场合及人生重要时刻，往往需要鲜花的陪衬和点缀。

鲜花的缺点是水养持久性不长，在养护管理上比干燥花、人造花麻烦，在暗光下装饰效果不好。此外，装饰和欣赏的时间比较短也是其主要弱点。

(2) 干燥花插花艺术(图1-21)

干燥花是把新鲜植物性材料经过脱水、保色、定型等技术处理过程形成的干燥植物制品。它不受季节限制，观赏性持久，质地轻，色泽自然。干燥花插花是室内常用的装饰物之一。

以自然干燥或人工干燥的切花为素材所创作的插花作品称为干燥花插花。其作品保留了植物原有的自然姿态和色泽，也可进行人工着色，观赏期长，经久耐用，不受室内采光限制，管理方便，近年来备受人们的青睐。

干燥花插花的缺点是忌潮湿和风口处摆放。

(3) 人造花插花艺术(图1-22)

人造花又称仿真花，是以自然植物资源作为模拟对象，进行人工仿制、创造的仿真植物材料。人造花的形式繁多，有的遵照原形，仿真性很强，有的重视表现，有的则移花接木，随意设计和着色。制作人造花的材料很多，如布、纸、塑胶、羽毛、木片、果壳、玻璃、纱、金属、绢等，大多数人造花用涤纶制造而成。

人造花插花经久耐用，管理方便。仿真性强的人造花插花作品常常可以以假乱真，颇具艺术魅力，在商场橱窗、宾馆酒店大堂装饰及家居摆放中应用得较多。

图1-21　干燥花插花　　　　图1-22　人造花插花

1.4.2　插花艺术的应用

插花艺术是集观赏性、实用性和商业性为一体的综合艺术，广泛地应用在人们的工作和生活中，深受人们的喜爱。

(1)应用于商业活动之中——商业用花

用插花来装饰商业空间，为人们营造更为舒适和温馨的购物和休闲空间，以招徕顾客为目的，重点插花的位置多设在服务大厅、上等客房、康乐中心、酒吧、餐厅、商店橱窗(图1-23)等场所。

(2)应用于美化生活空间之中——生活用花

用以美化室内环境，给家庭增添闲情意趣，提高生活品位的插花饰品，主要用于布置客厅(图1-24)、卧室、书房或工作室、厨房、卫生间等场所。可根据主人的爱好、环境的需要和功能要求，选择适宜的插花饰品。

(3)应用于展览展示活动之中——展览用花(图1-25)

随着经济的不断发展，会展业蓬勃发展起来，插花艺术也广泛应用于会展业，为展厅布置增添光彩。根据展览的内容、展示的格局、色彩选择合适的插花花艺作品。

(4)应用于各种礼仪活动之中——礼仪用花

广泛应用在各种庆典仪式、婚丧礼仪、探亲访友等社交活动中的插花饰品，是花店经营中最常制作的一类插花，通常包括花篮、花束(图1-26)、花钵、花环、花圈、桌饰、婚礼花车和致贺开业的花牌等。可根据场合和气氛的要求来选择。

图1-23　橱窗花艺

图 1-24　客厅插花(作者：朱迎迎)

图 1-25　展室插花(作者：朱迎迎)

图 1-26　礼仪花束

图 1-27　模特花饰(作者：朱迎迎)

(5)应用于人体模特装饰——模特花饰(图 1-27)

用于装饰人体模特儿的花卉饰品，常见的有头饰、帽饰、耳饰、腰饰、肩饰以及胸饰、腕饰等，在礼仪、民俗活动、文艺演出中多见应用。模特花饰的设计应与着装、发式、人的气质等整体风格相协调，各花饰间在造型、色彩上要做到协调统一。

1.5　插花艺术鉴赏方式

插花是一门高雅的艺术，被誉为“无声的诗，立体的画”。它通过运用色彩、造型、主题表现等手段，借助具体可见的形象传达思想感情，从而把人们引入幽雅、充满诗情画意的佳境中去。插花作品以其独特的自然美、线条美和意境美，美化着人们的文化娱乐生活，让人们暂时抛开世俗繁杂的生活，在鲜活的花草中感受大自然的美丽与神奇，从而得到心灵的净化和情操的陶冶。艺术插花的鉴赏，指的是人们对插花作品所蕴含的思想情感与艺术魅力的理解与感受。一件好的插花作品，不仅以它的形式美吸引人，更能以其内涵美与意境美打动人，进而唤起欣赏者的联想与共鸣，使之久久不能忘怀。

1.5.1　插花作品的品赏

对插花的欣赏不仅与审美对象(插花作品)有关，而且与审美主体(赏花人)的审美能力、水平及其文化艺术修养有密切的联系，同时也深受一定时代的社会审美意识、民族审美情趣的影响。所以要想比较正确地鉴赏插花作品，领略插花艺术的真谛，必须对以下问题有正确认识，以便运用美学知识、审美意识、民族审美情趣对插花作品进行欣赏和品评。

1) 插花作品品赏的内容

(1) 花之格

插花作品是由各式鲜花花材插制而成的，花材的使用不仅具有形态美、色彩美，同时还与民族文化密切相关。创作者在花材的选择上常巧取花材的寓意表现作品意境。如我国传统文化中，菊花表示清高，牡丹象征荣华富贵，兰花表示高尚，木棉表示英雄，桃花形容淑女，含羞草表示知耻，凌霄花表示人贵自立。因此，赏花时只有充分理解各种花材的寓意与文化内涵才能充分领会插花作品意境，与创作者产生思想共鸣。

(2) 花之韵

插花作品的自然意态之美，就是我们常说的风韵美。

插花的风韵美常常由插花的姿态美、色彩美共同构成。插花的姿态美既可以通过花材的姿态来体现，也可以通过插花作品的整体结构设计来表现，通过创作者的巧妙安排展现插花作品的姿态美。插花的色彩美可以通过插花作品中各种花材的色彩形成整体色彩效果。

风韵美不仅是花卉各种自然属性美的凝聚和升华，它体现了插花的风格、神态和气质，与纯自然美相比，更具美学意义。自古以来，对于千姿百态的花木，人们赋予了各种各样的意义，使花之韵具有丰富而深邃的内涵。

(3) 花之境

插花作品的意境之美在于，创作者通过植物材料的精心选择、作品结构塑造、色彩合理搭配以及配件、台架等的巧妙运用，展现独特的诗情画意。插花作品意境美的展现，除通过作品本身来展示，也必须陈设于与之相适应的陈设环境中，才能有助于观赏者对意境美理解。我国古代欣赏插花作品十分注重环境效果，陈设的作品必须有上乘的几架、名家字画相陪衬。欣赏时一边饮酒品茗、欣赏乐曲，一边即兴咏诗，由视听达心语，获得多层次美的享受。

2)插花作品品赏的要求

(1)对品赏者的要求

插花是一门高雅艺术，欣赏者需要有一定的文化修养和丰富的想象力，要以热爱艺术、追求艺术美的心去潜心品位艺术，才能深刻领悟艺术作品的内涵和美感，获得发自内心的感受。如果对插花知识、花材特性、寓意等有所了解，便有助于理解插花艺术的美。所以，欣赏插花艺术同样是一种精神需求，是一种情操的修炼。插花不仅美化了环境，而且能丰富人的精神生活，能激发人们对美的追求与热爱。

(2)品赏插花的环境

插花作品欣赏需要适宜的陈设环境来烘托陪衬。不同艺术风格与用途的插花作品对陈设环境的要求也各不相同。插花陈设环境的布置应从整体出发，因地、因时、因人而异。在平面位置和空间布局上，要符合布置的艺术要求和功能要求，以便更能烘托出插花作品的美，增强欣赏效果。插花作品需要一种静态的欣赏，需要欣赏者驻足凝视，静观作品整体造型以及每个花草细节的美，进而感受作品美的情趣和意境，以便在心中引起共鸣，因而还应保持鉴赏环境的安静。一般来说，简洁、素雅、清静的陈设环境更能烘托出作品的清新艳丽、勃勃生机的神韵之美，这样的审美环境有助于欣赏者舒心地领悟艺术的真谛。

(3)品赏插花的时机

插花作品多以鲜花为主要制作材料，因此观赏插花艺术作品要抓住最佳品赏时机。尽管保鲜技术已有相当程度的发展，但插花作品的寿命仍然是短暂的。根据剪切时的状态和花材自身的特性，作品完成后，应在当天或1~2d内鉴赏、品评最好，因为这个时期花材最新鲜、最娇艳欲滴，整个作品处于最佳状态，否则时间长了花材萎蔫，再好的造型作品也会大为失色。

(4)品赏插花的视角

静观插花作品必须选择适宜的视距与视角。通常根据作品大小决定观赏的视距，一般距离作品1.5~3m，以面对作品的主视面为宜。视角的选择要根据作品的造型和摆放的位置而定。大多数插花作品以平视为主，下垂式的插花作品应仰视观赏，水平式造型的插花作品通过俯视才能获得最佳效果。另外，欣赏插花作品不可随意移动或触摸作品，以防变动最佳视角，影响造型与美观。

(5)品赏插花的心态

欣赏插花艺术如同欣赏绘画、书法、雕塑等作品，是一种静态的欣赏，需要用平静的心态去领悟。品赏时需要有足够的时间驻足停留，对插花作品细细品味、欣赏，凝视静观整体造型以及每个花枝的风韵美，进而揣摩回味其意境美，领略作者的情感体验，感悟插花作品的魅力。

1.5.2　插花艺术作品品评标准

(1)主题构思与表达

艺术作品都是作者心灵的窗口，作者通过初步构思寻找适宜的花材来表现主题。构思关键在于有新意、突出，给人以耳目一新的强烈感觉，诗情画意独具民族特色，于平淡中显其深邃。这是构成作品思想美、意境美的重要标志，也常常作为作品是否有创意，内容题材是否深刻新颖，命题是否贴切，意境是否深邃，能否引人入胜的重要依据，尤其是在东方式插花艺术作品中，主题被视为作品的灵魂，无论是创作或欣赏都成为最引人注目的内容，因为它是最能引发美感与情思活动的。

(2)造型效果

造型效果是形式美的主要标志之一，它主要包括造型是否优美生动或别致新颖，是否符合构图原理，花材组合是否得体。

造型新颖，层次丰富，如达·芬奇的名画，可以从多角度和视觉空间进行欣赏。对比协调，使人易于接受。均衡、渐变及过渡让人自然跃迁。形象生动，以格高意胜者为佳，木本讲究疏瘦古怪，草木追求神全气足。

(3)赋色效果

色彩上主要看整体色彩的搭配，即花材之间的色彩搭配，花材与容器之间的色彩搭配，作品与环境之间的色彩搭配，是否协调美观，是否符合色彩学的原理。插花作品无论华丽多彩或浅淡素雅，均以和谐为标准。

(4)技巧应用

技巧上注重花材枝、花 、叶等配合，追求意境、造型、色彩、环境之间的和谐与均衡，强调自然生命与时间、空间的整体性。具体看造型中剪截、整理、加工、固定、遮盖、装饰处理是否巧妙自然、干净利索、技法是否熟练精到。

(5)整体效果

插花作品直观性、可视性都很强，而在视觉审美上给人以强烈印象与感受的是作品的整体效果。它包括作品的造型尺寸是否合理稳定，花材组合、容器的搭配等是否合理优美，整体色彩是否和谐等。这些方面的综合状况构成了作品的整体效果。它常常引发鉴赏者的美感，进而将其作为评定作品优劣的主要依据。

1.6　国内外用花习俗

世界各国由于资源、环境、宗教、文化等的不同，对于花草树木的喜好也各不相同，经过长期的历史积淀形成了各国不同的用花习俗和馈赠爱好。对于花店从业人员来说，理解与尊重不同民族的用花习俗是花店业务开展的第一步。

1.6.1　我国传统用花习俗

1）我国传统节日用花

春节　春节为我国传统佳节，赠花多用蜡梅、水仙、瑞香、金橘等，表示祥瑞、吉祥、平安、幸福。

清明节　清明节又称"柳节"。清明插柳是中国民间习俗，此俗源于春秋战国时期晋文公与介子推的故事。介子推宁愿和母亲烧死在深山的柳树下，也不愿去做官。后人为纪念他，每到清明时节，人们就插柳枝，最初只在坟上插，后来逐渐演化到街头、园林、井台、郊野，甚至家家户户在门楣上插柳枝。人们在清明时节扫墓祭奠已故亲人，除了常选用白菊花、黄菊花、白百合、马蹄莲、松柏枝等花材外，也可选用亲人生前喜欢的花卉种类。

端午节　端午节是我国传统节日，又称"五月节"，为每年农历五月初五。中国民俗习惯以菖蒲、艾蒿插在门楣上，据说可以驱魔辟邪。菖蒲叶形似利剑（斩魔宝剑），传说可以斩除妖魔鬼怪。此外，也常用端午时节开花的石榴花、蜀葵（又称端午锦、一丈红）等插在家中，烘托节日气氛。

七夕节　根据中国古代神话传说，牛郎、织女被银河相隔，平时只能遥遥相望，只有每年农历七月初七晚，许多喜鹊在银河上搭成鹊桥，他们才能在鹊桥上相会。农历七月，古称"兰月"，七夕便称"兰夜"，"兰期"泛指相会的良辰。所以，七夕有用兰花的传统。此外，所选用的花卉还有七夕期间开花的晚香玉（又称月下香、夜情香）、千日红、百合、铁线莲等。

中秋节　每年农历八月十五，是中国传统节日中秋节，也称"八月节"。习惯选用中秋时节开花的桂花、菊花以及各色秋果等作为插花花材。赏月观花，品月饼，营造出"花好月圆，合家团圆"的节日气氛。

重阳节　每年农历九月初九，是我国传统节日重阳节，也称"老人节"。尊老、敬老是中国的优良传统。这一天，中国民俗常有赏菊花、饮菊花酒、插茱萸、登高望远的习惯。所以，菊花、茱萸等是重阳节常用的花材。也可用松枝、山茶、红枫、金橘、长寿花等，都含有"健康长寿、老当益壮"的寓意，表示对老人的尊敬。

冬至　冬至多在每年12月中下旬，也是中国的重要传统节日之一。民间有插柏枝的习惯，柏枝是冬至的象征。常用花材有枸骨、火棘、柑橘、佛手等。

2）我国用花礼仪

按照我国民间传统，红色彩常用于表达吉祥、富贵的意境。黄色被视为皇家和佛教的色彩，黄色常象征着尊严与高贵，黄色花材常用于宫廷或宗教插花中。因此，红、橙、黄、紫等色彩的花朵，以及花名中含有喜庆、吉祥、富贵意义的花材，常用于喜庆事宜。在喜庆节日用花时应选择艳丽多彩、热情奔放的花材，如牡丹、月季、蜀葵、石榴、芍药、黄菊花等。而白、黑等色常用于寄托哀思。因此，白、蓝等色的花材，大多用于伤感事宜。致哀悼念时应选淡雅肃穆的花材，如白色菊花、白百合、白马蹄莲等用于送葬、扫墓。

祝福长辈生辰寿日时，一般人可送鹤望兰、桃、兰花、松枝、百合、万年青、龟背竹、吉祥草等；台湾人在亲友或长辈生日时，喜欢送牡丹与玫瑰，以表示富丽堂皇，增添寿日喜庆气氛，将高洁圣雅的梅花桩景送给老人，以表崇敬和仰慕之情；香港人民喜欢用松柏、长寿花、报岁兰、拖鞋兰、万年青、常春藤等送给做寿的老人。

赠送恋人可选择水仙花、兰花、山茶、玫瑰、百合、晚香玉、红豆、玉兰等。

新婚祝贺，可以选择用菊花、牡丹、石榴花、月月红、百合、常春藤、铁线莲等，即寓意夫妻和睦，情意绵绵，白头偕老，幸福美好。

探视病人应挑选悦目、恬静的花材，如水仙、百合、兰花、文竹。

庆贺开业庆典或乔迁之喜，可选择色彩鲜艳、花期较长的花篮、花束或盆花，如大丽花、菊花、月季、君子兰、山茶、四季橘等，以象征事业飞黄腾达、万事如意。

中国传统文化中的吉利数字，“10”表示十全十美，美满幸福，常用来祝贺新婚、生日；“9”象征天长地久，常用于老人祝寿；“6”表示六合同春，六六大顺；“4”表示万事如意；“8”寓意财源广进，开张大吉；“2”是偶数，寓意好事成双；对于“1、3、5、7”等单数使用较少。

另外，在我国不同地区人们形成特定的用花禁忌，例如，广东、香港等地人民因方言谐音关系，忌讳使用剑兰，因“剑兰”与“见难”谐音；吊钟花，因“吊钟”与“吊终”谐言；而“茉莉”与“没利”谐音；梅花的“梅”与“霉”同音，因此这些花都不宜轻易送人。

1.6.2　国外用花习俗

1）国外传统节日用花

情人节产生于3世纪。罗马帝国统治时期，特尔尼主教圣华伦泰不畏强暴，秘密为教徒主持婚礼，结果惨遭杀害，殉难之日是269年2月14日。后世的人们把他奉为爱侣的守护神，此日便定为“圣华泰节”，即情人节。2月14日为西方国家的情人节，许多国家都用玫瑰花作为礼品相赠，认为玫瑰花是真、善、美的象征。在情人节送玫瑰花的这个习俗中人们还逐渐把爱情的深度和玫瑰花的颜色变化以及花苞开放程度巧妙地结合，而形成了不少送玫瑰花的习俗。例如，初恋时讲究送含苞欲放的粉红玫瑰花；热恋、爱情成熟时要送娇红或紫红盛开的红玫瑰花；如果爱情半途夭折，一方会送上一束黄玫瑰，以表忌妒或不快。

复活节是基督教的重大节日。每年3月22日~4月25日，3月21日以后第一个满月的星期五为耶稣受难日，3d后，即星期日耶稣复活，为复活节。常用白百合，象征圣洁和神圣，用以表达对上帝的崇敬之意。

母亲节创始于美国。1906年5月9日美国的安娜·贾薇丝的母亲病逝，她怀念母亲的伟大，便呼吁建立母亲节。她的口号是：“把最好的礼品献给母亲。”1913年，美国国会通过决议：每年5月第二个星期日定为母亲节。这一天人们常给健在的母亲赠送大朵粉红的香石竹。如果母亲已亡故，常献上白色的香石竹，子女也可佩戴白色香石竹，表示对已故母亲的怀念。

感恩节为每年的11月24日。常用非洲菊、百合、满天星、文心兰、一叶兰、各色水果等。

圣诞节为每年的12月25日，是耶稣基督的诞生纪念日，也是西方许多国家最重要、最隆重的节日。节日装饰品主要有圣诞树（常用常绿的欧冬青、云杉等装饰，以彩灯、花球、钟铃等做成）、圣诞花环（多用欧冬青、鲜亮的红果实、各色花朵彩带等制作而成）、圣诞插花（常用花材有松、柏、冬青、玫瑰、火鹤花、八角金盘、蜡烛、高粱等）。

2）国外用花礼仪

许多西方国家在社交礼仪中都离不开鲜花，人们把赠花作为交流思想感情的媒介，作为风雅传情的礼物。西欧人喜送郁金香、玫瑰、香石竹、月季、唐菖蒲、百合、非洲菊、紫罗兰等。百合花在不少国家代表神圣、圣洁、纯洁与友谊。母亲送花给子女时一般用冬青、樱草、金钱花、凌霄等组成花束，以表示对子女的养育之爱；送别朋友常选用杉枝、香罗勒和胭脂花组成花束相赠，杉枝代表分别，香罗勒寓意祝愿，胭脂花代表勿忘；探望病人时多用红罂粟和野百合花束相送，以祝愿病人早日康复，红罂粟表示安慰，野百合象征康复；朋友外出时常以鸟不宿、红丁香、荧丝子组成花束相赠，以蕴寓祝君努力、必能成功的含义。

法国人认为百合花是古代王室权力的象征，从12世纪起就把百合作为国徽图案，把它视为光明和自由的象征并崇为国花；法国人在葬礼上使用菊花（白菊）表示哀悼之情，在朋友应邀赴宴等喜庆场合都忌带菊花相送。

意大利人非常喜爱鲜花，除对玫瑰、百合、月季、紫罗兰、唐菖蒲、郁金香、非洲菊、雏菊、马蹄莲、鹤望兰、小苍兰等花喜爱外，尤其偏爱香石竹。与法国一样，意大利人民同样认为菊花是不吉祥的花，是专门用来祭奠死者的哀悼花。

西班牙人也和其他欧洲人一样爱花，人民尤其喜欢郁金香。他们认为郁金香和玫瑰花都是喜庆和美好的象征。在西班牙也不能随便送菊花和大丽花，人们认为这两种花不吉祥。

德国人忌讳给朋友的妻子送玫瑰花，尤其是红玫瑰，因为它代表浪漫的爱情。

英国人不大喜欢丁香花，而水仙却能带去对人的尊敬之情，送一束红香石竹代表炽热爱情，一束黄色香石竹则意味着轻视和蔑视对方。

波兰人认为香石竹是“神花”，象征机智与快乐，所以人们很愿意用香石竹作礼仪花卉，赠送亲朋好友。在波兰也存在不要轻易送红玫瑰花的习俗。

南美洲的巴西，忌讳用紫色花。认为紫色花是不吉祥的送葬礼花。巴西人还视棕黄色为凶兆象征。因为棕黄色是衰落的树叶颜色，会给人带来不吉祥的命运。埃及人也最忌讳用黄花送人。这些习俗与我们中华民族正好相反，我国人民一向把黄色看成与最高贵的金子一样，是高贵和权力的象征，是喜庆和丰收的表现。

俄罗斯人和其他欧洲人一样，鲜花在社交活动中起着重要作用。按照俄罗斯的习俗，逢年过节，男士总要给熟悉的女士送鲜花。俄罗斯人对菊花、月季、马蹄莲、石竹、水仙等都很喜爱，其中特别偏爱月季和郁金香，月季被誉为“花中皇后”，而郁金香更是传情求爱，联络友情的常用鲜花，尤其是红色郁金香，同红玫瑰和红石竹一样，都表示希望和良好的祝愿。送鸢尾被认为是带去好消息。紫菀可用来送给年长前辈，以表示健康长寿的祝愿；仙客来则象征忠诚、真挚的情谊。俄罗斯人认为黄色的蔷薇，意味着绝交和不吉利，送花时应注意避免。此外，送花的数目也要注意，在俄罗斯朋友之间送花都送单数，只有吊唁时才使用双数花。

日本人喜欢红玫瑰、波斯菊、水仙、红牡丹、百合花、薰衣草、香豌豆、芍药、石竹等。日本人赠花忌送6枝花，不吉利。

蒙古人认为黄色象征高贵，红色象征欢乐，白色代表纯洁，蓝色表示永恒，绿色象征繁荣。蒙古人赠花时对花的数量也颇为考究：1 枝花表示个人名义；2 枝花代表双方和谐；3 枝花体现心灵和身体的统一；4 枝花象征深深的敬意。

1.7　花店接待服务

1.7.1　花店接待服务的礼貌礼仪

花店接待服务的礼貌礼仪包括仪表端庄、礼貌服务与文明待客三方面内容。

1) 仪表端庄

仪表是指人的外表，它包括容貌、服饰和个人卫生等，是人精神面貌的外在表现，也是一个人性格、气质、审美观点、文化艺术修养的全面体现。每个人都有自己的仪表，不论注重与否，它都是客观存在的。在社会人际交往中初次美好的印象是未来成功交往的基础。初次印象最深的莫过于仪表。注重仪表不仅是人际交往的需要，而且也是表示对他人的尊重，从而也得到别人对自己的尊重，使交往更加和谐、融洽、亲密。作为插花员在花店服务中，应力求仪表端庄，温文尔雅，不矫揉造作，要落落大方，不轻浮放肆，彬彬有礼，不卑不亢，服装整洁(如有条件的花店应统一员工服装)，行为检点，为花店创造和谐交往的环境。

仪表美的基本要求是：

(1) 追求秀外慧中

仪表美是内在美与外在美的和谐统一。要有美的仪表必须从提高个人的内在素质入手。要有文明礼貌、文化修养、知识才能，在这些内在素质基础上才能诚于中而形于外。

(2) 强调整体效果

举止、言谈、修养等要与自己的职业、身份、年龄、性格、体形相称，与周围环境场合相协调，讲究和谐的整体效果。

(3) 注意着装与化妆

着装整洁得体，发型大方。在岗位上不戴有色眼镜。女士化妆应以淡妆为宜，不能浓妆艳抹，并避免使用气味浓烈的化妆品。

(4) 讲究个人卫生

做到勤洗澡、勤换衣袜、勤漱口，身上不能留有异味。上班前不能喝酒，忌吃葱、蒜、韭菜等有刺激性气味的食物。

插花员的形象是企业的主体形象，插花员应以热情周到、举止高雅、仪表端庄、精神饱满的良好形象赢得顾客的信赖与好感，使自己养成良好的职业素质，从而提高企业的竞争力，促进企业销售的增长。

2) 礼貌服务

礼貌是一个人在待人接物时的外在表现，它要通过语言和动作表现对人的谦虚恭敬。礼貌是礼仪的基本内容之一，是文明行为的起码要求。礼貌在社会生活中，体现了时代的风格和道德品质。它可以体现插花员乃至花店所表现出的新的社会风貌，是做好服务工作的重要基础。在接待工作中，礼貌表现在插花员的举止、仪表、语言上，表现在服务的规范上，表现在对客人的态度上。

礼貌服务的基本要求是：

(1)遵守秩序

遵守社会的公共秩序和花店的秩序对插花员来讲是一个起码的要求。花店也有其自己的秩序。如花店制定的规章制度。作为插花员应严格遵守花店规章制度，同时也应积极主动地维护好本店的有关秩序。例如，按照分工做好自己的本职工作，接待客人妥善安排先后次序，与客人约定好的时间不能失约等。

(2)敬老尊贤，童叟无欺

敬老尊贤是中华民族的传统美德，它体现了人们对他们为社会做出贡献的肯定和评价。童叟无欺是指在服务工作中无论对老人还是小孩都一视同仁，都要热情周到地服务。

敬老尊贤，童叟无欺是社会公德内容之一，是礼貌服务的基本要求，也是树立良好企业形象的要求。

(3)注重信誉

注重信誉是要求经营者以诚相待，言而有信。

人们在交往时要彼此尊重和信任，是礼貌要求的重要体现。无论是个人与个人之间，还是团体与团体之间，必然以各种各样的方式形成相互合作的关系，这种关系包含了双方的利益要求和愿望。这些要求和愿望能否实现，取决于双方是否有诚意，是否言而有信。所以在相互的关系中双方能否认真履行职责与承诺，最能体现言而有信的品格。言而有信不仅是交往的原则，也是交往成功的保证。

(4)常用礼貌用语

与人相见说“您好”；问人姓氏说“贵姓”；向人询问说“请问”；请人帮忙说“费心”；

求人帮忙说“劳驾”；请人解答说“请教”；求人办事说“拜托”；麻烦别人说“打扰”；

求人方便说“借光”；得人帮忙说“谢谢”；祝人健康说“保重”；向人祝贺说“恭喜”；

老人年龄说“高寿”；身体不适说“欠安”；看望别人说“拜访”；言行不妥说“对不起”；

无法满足说“抱歉”；请人原谅说“包涵”；宾客到来说“光临”；迎接客人说“欢迎”；

等候客人说“恭候”；没能迎接说“失迎”；客人入座说“请坐”；陪伴客人说“奉陪”；

中途要走说“失陪”；临时分别说“再见”；请人勿送说“留步”。

3)文明待客

文明待客是指以礼貌的方式为消费者提供特定的劳动服务。礼貌服务是文明待客的具体体现。在服务过程中表示对消费者的尊重和友好，应注重礼貌、礼节、礼仪。例如，当顾客进入花店时，店内人员应面带微笑，主动用礼貌用语打招呼，并热情而有分寸地询问顾客有何需求，主动介绍花店的服务功能及与客人需求有关的商品知识。特别是能用自己所学过的专业知识，准确地解答顾客提出的问题，使顾客得到满意的服务。对于比较挑剔的顾客也要耐心解答，千方百计满足顾客的要求。如属于自己的失误，一

定要真诚地向客人道歉，求得对方的谅解。当生意成交付款时，一定要向客人表示感谢，并热情地说“欢迎再来”。

礼貌的言谈举止，规范化的服务，熟练的专业技能，为消费者创造自由、平等、亲和、友好、互尊互谅的购物氛围，营造自由、平等和谐的人际关系，使消费者在观看、挑选、购物过程中不仅获得物质上的需求，而且也获得精神上的满足。

文明待客的基本要求是：

(1)以顾客为中心

以顾客为中心就是要以为顾客提供满意服务为宗旨，是花店业从业人员必须树立的服务观念，也是花店服务工作的纲领。

(2)态度热情诚恳

态度热情诚恳首先要热爱本职工作，做到爱业、敬业、乐业。接待服务时，要热情待客，语言要亲切悦耳。对顾客提出的要求，应想方设法解决。对确实解决不了的，要耐心地向顾客解释，求得谅解。要尽一切可能向顾客提供殷勤周到的服务。

(3)语言精确，清晰柔和

语言精确是要求语句精练，语义清楚，不说大话、废话、空话，让顾客感觉到交谈轻松。清晰柔和是对服务员口语表达的起码要求。语音清晰有助于沟通、交流。语调柔和动听，表情宜人，会产生感人的力量，有助于建立信任。

(4)业务熟练，保证质量

保证质量是花店生存的基础。只有确保花店出售的每一件商品质量优良，才能赢得顾客的信任。这就要求插制员对插花艺术品的制作精益求精，保证插花作品的质量和品位。

花艺作品插制技术熟练、快捷，减少顾客等候时间。

消费者对优质服务比对低廉价格更为重视。只有通过文明待客，礼貌服务，才能不断吸引更多顾客，提高服务的经济效益，创造良好的社会效益。因此，作为花店的从业人员必须树立文明待客、顾客至上的思想。

1.7.2 花店顾客接待

1)顾客购买商品的过程

顾客进入花店购买插花商品或花艺服务，其心理活动可分为8个阶段。

(1)注意

顾客如果想买某种插花商品或花艺服务，一定会先注意该类商品。这是有意注意，即有了明确购买目标之后对某种商品产生的注意。

(2)兴趣

顾客注意商品后，往往会对商品产生兴趣。他们会关心插花商品或花艺服务的式样、色彩、布置效果、价格、服务方式、方法等信息。

(3)联想

顾客如果对某种商品产生兴趣，就产生了进一步了解商品的愿望，进而从不同的角度观察、了解插花商品或花艺服务的细节问题，然后产生消费愿望。

(4)欲望

当顾客对某种商品产生联想之后，他就需要这种商品了。但产生欲望的同时，他还会产生一种怀疑，如价格是否太高，是否还有更合适的产品等。此时他不会马上购买，而是将购买心理转入比较判断阶段。

(5)比较判断

顾客会借助过去购买经验来对商品进行对比分析，比较判断的依据是商品或服务的价格、质量、品牌、装饰效果和服务情况等因素。

(6)确定目标

经过权衡比较，顾客明确了购买目标，此时便对这种商品产生了信心。也就是说此时顾客找到了最适合自己的插花商品或花艺服务。

(7)决定购买

在这一阶段，顾客已经决定购买某种插花商品或花艺服务，即办理成交手续。

(8)购后感受

顾客购买插花商品或花艺服务后，自觉或不自觉的将期望效果与实际效果相比较，则会产生满意或不满意的两种结果。他会把这种结果传递给其他人，有资料表明，不满意的消费者的信息传递要高于满意者信息传递的3倍。

2)顾客接待的步骤与方法

(1)等待时机

等待时机是第一步，即在顾客注意商品和产生兴趣这两个阶段之间。插花员应随时做好接待顾客的准备：礼貌地站立面对顾客；坚守自己的工作岗位；注意动向准备接待。

(2)初步接触

初步接触就是主动接近顾客，并打招呼。插花员应准备选择接触时机，理想时机是顾客心里由"兴趣"到"联想"之间，以利于以后工作的开展。接触过早或过迟都会影响顾客的购买欲望。

理想的接触时机：顾客长时间注意某商品时；顾客把头从商品上抬起时；顾客突然停脚步时；顾客用手触摸商品时；顾客像是寻找什么时；顾客与插花员目光相对时。

(3)商品出示

插花员适时主动地介绍展示商品，就是让顾客接触到商品。商品出示，既可以促进顾客的联想，也可刺激顾客的购买欲望。插花员应让顾客了解商品用途；让顾客触摸商品；展示商品行为和方式与商品价值相符；多展示商品给顾客看；从低档向高档逐级展示商品。

(4)揣摩顾客需要

插花员出示商品后，就要尽快了解、揣摩顾客的需要，进而帮助顾客做出明智的购买选择。具体方法有观察法、推荐法、询问法、倾听法。

(5)商品介绍

通过揣摩顾客心理，插花员大致把握了顾客的购买动机，这时就应当进行商品介绍了。主要有实事求是介绍商品；针对顾客主导动机介绍商品；抓住顾客心理和商品特征介绍商品。

(6)参谋推荐

参谋推荐是指插花员把促使顾客购买的销售要点用简要的语言加以概括。参谋推荐因顾客不同而内容有所不同。以下原则是要共同遵守的：语言简练，高度概括；形象地表现商品；投顾客所好。

(7)促进成交

促进成交是接待顾客的关键所在，应主要把握住成交时机和促进成交的方法。

当插花员发现顾客有购买欲望时，应酌情提供必要的帮助，以坚定其购买决心。根据顾客具体情况介绍花店的服务项目，推荐好的插花商品与花艺服务，帮助顾客拿定主意。要把握成交时机，选择促进成交的最佳方法。

(8)办理交易手续，话别送行

收款应唱收唱付；精心包装商品或赠送服务礼品；礼貌送客，向顾客道谢，欢迎下次再来。

1.8 常用插花英语

1.8.1 常用插花词汇

(1)常用插花花材英语词汇

月季 Rose；菊花 Chrysanthemum；

芍药 Peony；牡丹 Tree peony；

郁金香 Tulip；香石竹 Carnation；

百合 Lily；唐菖蒲 Sword lily；

马蹄莲 Calla；六出花 Peruvian lily；

情人草 Sea lavender；安祖花 Anthurium；

兰花 Orchid；金鱼草 Snapdragon；

非洲菊 Transvaal daisy；满天星 Baby's breath；

飞燕草 Larkspur；鹤望兰 Bird of paradise flower；

向日葵 Sunflower；鸢尾 Iris；

紫菀 Michaelmas daisy；紫罗兰 Stock；

洋桔梗 Eustoma；小苍兰 Freesia；

睡莲 Water lily；肾蕨 Fern；

文竹 Asparagus；切花 Cut flowers；

切叶 Cut leaf。

(2)常用插花种类词汇

插花 flower arrangement；花束 bouquet/bunch；
小花束 posy；花环 wreath；
扇形插花 fan shape flower arrangement；鲜花 fresh flowers；
干燥花 driedflowers。

(3)常用插花容器、用具词汇

花篮 basket；花瓶 vase；
花钵 pot；碗 bowl；
陶制容器 ceramic container；玻璃容器 glass container；
竹制容器 bamboo container；蝴蝶结 bow；
花泥 foam；干燥花泥 dry foam；
花剪 florist's scissor；插花刀 knife；
胶带 gutta-percha tape；细铁丝 wire；
铁丝网 chicken-wire；花绳 flower rope。

(4)插花的色彩

红色与粉色 reds & pinks；橙色与黄色 oranges & yellows；
绿色与褐色 greens & browns；蓝色与紫色 blues & purples；
白色、奶油色与银白色 whites，creams & silvers。

1.8.2 常用插花会话

(1)接待情景

Hello! Welcome to our shop!
你好！欢迎光临！
May I help you?
您想买点什么？
I'd like a dozen of nice Roses.
我要一打月季。
OK，just a minute，please!
好的，请稍等！
I'm sorry，we've sold out.
对不起，月季卖完了。

(2)问价情景

How much would you like it to be?
你想要多少钱的？
I don't want to spend more than fifty dollars.
我希望不超过50美元。
How much do you charge for the bunch of flowers?

这束花你要卖多少钱?

What's the price of the flower basket?

这个花篮的价格是多少钱?

It costs 5 RMB.

这个要5元。

(3)讨价情景

Too expensive, how about a discount?

太贵了，给些优惠，怎样?

I'll give you a 10% discount.

我能给你九折优惠。

That sounds reasonable. But, can you meet me half way?

这价钱听起来合理。可是，你能给我半价吗?

This is already the sale price. If you want some bargains, you have to wait till next weekend.

这已经是减价了，如果你要些廉价货，得等到下周末。

(4)推荐和介绍花卉产品

We have many patterns and shapes of bouquets for you to choose from. Which do you like?

我们有许多式样的花束供你选择。你喜欢哪种?

It's the fashion now.

现在正流行这种式样。

Do you want yellow or red carnations?

你要黄色还是红色的香石竹?

Red ones.

红色的。

Here you are! Would you like to buy anything else?

给你，还有什么要买的吗?

How about this one?

这个怎么样?

Here are some samples. What size do you want?

这是些样品。你要什么尺寸的?

Like this one.

像这样就可以。

Do you like this design?

你喜欢这种式样吗?

Yes, I like it!

是的，我喜欢。

(5)开发票、道别

I'll take it. Please give me invoice.

我要了，请给我开发票。

Bye! /Bye－bye! /Good－bye! /See you!

再见!

Take care. Bye!

多保重，再见!

Thank you for coming.

谢谢你的光临。

Happy birthday!

生日快乐!

Have a happy wedding anniversary!

结婚周年快乐!

Happy New Year to you!

祝你新年快乐!

Merry Christmas to you!

祝你圣诞快乐!

技能训练

技能1.1　花店接待服务

1. 目的要求

通过参与花店接待服务过程，让学生体验花店接待服务的工作内容、工作方法，发现问题，并加以解决。

2. 材料准备

实训花店。

3. 方法步骤

(1)教师示范

教师扮演花店从业人员，模拟花店工作场景，进行顾客接待的过程与方法演示。

①初步接触：完成自我介绍、花店简介、接触询问等接待过程。

②参谋推荐：完成顾客需求问询、花店商品介绍、参谋推荐等接待过程。

③促进成交：完成促进成交与办理交易手续的接待过程。

④话别送行：完成话别送行的接待过程。

(2)学生实训

学生分组模仿，分角色扮演花店员工与顾客，模拟花店工作场景，进行顾客接待。

4. 效果评价

完成效果评价表，总结花店接待服务工作要点。

序号	评分项目	具体内容	自我评价
1	仪态仪表	仪表端庄，温文尔雅，落落大方，彬彬有礼，不卑不亢，服装整洁，行为检点	
2	礼貌服务	礼貌用语规范，言谈举止得体，待客谦虚恭敬	
3	文明待客	待客热情、诚恳，服务规范化，专业技能熟练，营造自由、平等和谐的人际关系	
4	解答咨询	合理运用专业知识，准确解答顾客咨询；语句精练，语义清楚，语音清晰柔和	
5	接待技巧	合理运用接待技巧，圆满完成整个顾客接待过程	
备注	自我评价：合理☆、基本合理△、不合理○		

思考题

1. 名词解释：插花艺术、花道。
2. 插花艺术与花卉艺术、花卉装饰、花艺设计有什么异同？
3. 插花艺术的特点是什么？
4. 插花按照民族风格包括哪几种类型？分别有什么特点？
5. 插花按照时代特点包括哪几种类型？分别有什么特点？
6. 插花按照表现手法包括哪几种类型？分别有什么特点？
7. 插花按照花材性质包括哪几种类型？分别有什么特点？
8. 插花艺术可以应用于哪些场合？
9. 如何进行插花艺术作品的鉴赏？品评的标准是什么？
10. 国内外常见节日有哪些？在用花上有什么特点？
11. 花店接待服务的礼貌礼仪包括哪些内容？
12. 如何进行顾客接待？

自主学习资源库

花卉装饰技艺．朱迎迎．科学出版社，2011.

插花艺术基础．黎佩霞，范燕萍．中国农业出版社，2002.

插花员培训考试教程(初、中、高)．王绥枝．中国林业出版社，2006.

项目2 花店日常管理

学习目标

【知识目标】

(1)了解花店日常管理工作的内容，了解花材的类型。

(2)掌握花材选购与保鲜的原理与方法。

(3)掌握花材加工整理的方法。

(4)理解插花陈设与养护原理。

(5)掌握丝带花结制作知识。

【技能目标】

(1)能运用花材选购知识完成花材选购工作。

(2)能正确选购质量优良的花材。

(3)能运用花材保鲜原理，进行花材的保鲜。

(4)能合理运用花材加工方法完成花材的加工整理。

(5)能扎结5种以上的丝带花结。

案例导入

小丽逐渐适应了花店导购工作，她热情周到的接待服务得到了顾客的赞扬。小丽的勤奋学习，吃苦耐劳精神得到了店长认可，店长希望把花店的日常管理工作交给小丽负责。面对繁杂多样的花店日常管理工作，小丽一时间理不出头绪。如果你是小丽，你会从何处入手解决这个问题？

分组讨论：

1. 列出业务能力不足的原因。

序号	花店日常管理所需知识和能力	自我评价
1		
2		
3		
⋮		
备注	自我评价：准确☆、基本准确△、不准确○	

2. 如果你是小丽，你会怎么做？

理论知识

2.1　花材的类型

2.1.1　花材的形态类型

(1)线状花材

线状花材是指外形呈长条状和线状的花材。各种长花枝、长花序、藤蔓、长形叶等均属于线状花材，最常用的如唐菖蒲、蛇鞭菊、金鱼草、飞燕草、银芽柳、迎春、连翘、紫罗兰、香蒲等。线状叶材主要有散尾葵、虎尾兰、熊草、苏铁、天门冬、一叶兰、肾蕨、巴西木等植物的叶片，这类叶片极易造型，表现力极为丰富。

线状花材是构成花型轮廓和基本骨架的主要花材。利用直线形、曲线形等植物的自然形态，构建花型的轮廓，勾画架构，承接点面，决定作品比例及高度。尤其是插作大型作品、大型花篮、下垂式作品，若缺乏线状花材，就难以达到一定的高度和长度。

线状花材有曲、直、粗、细、刚、柔等多种形态与气质，各具不同的表现力。直线端庄、刚毅、生命力旺盛；曲线、柔线则摇曳多姿，轻盈柔美，潇洒飘逸，富有动感；粗线条雄壮，表现阳刚之美。花材的各种表现力需要插花创作者用心去观察，才能捕捉其蕴藏的独特风格与神韵。

(2)团(块)状花材

团状花材是指外形呈较整齐的圆团状、块状的花材。如香石竹、非洲菊、月季、菊花、牡丹、大丽花等。它们常作为构图的主体花材，可以插在骨架轴线的范围内完成造型。团状花材花容美丽、色泽鲜艳，可单独插，也可与其他形状花材配合插制。团块状叶材常见的有龟背叶、绿萝、八角金盘、鹅掌柴等植物的叶片，这类叶片面积较大，具有重量感，多插在花与花之间，起衬托花朵的作用，是极好的背景材料。

(3)异(特)形花材

异形花材是指花形奇特、色彩艳丽、形体较大的花材。这类花材花形、花姿奇特，具有独特的构图表现力和艺术感染力，在构图中常作为焦点用花，成为观赏的主要部分。如鹤望兰、百合、红掌、马蹄莲、蝎尾蕉和各种热带兰等。为突出和保持其独特的形状，常和其他花材之间保持一定距离，体现其对作品的主导作用。

(4)散状花材

散状花材是指由许多细碎的小花构成星点状蓬松轻盈的大花序状的花材，如满天星、情人草、小菊、勿忘我、文竹、蓬莱松、天门冬等。这类花材花形细小，一枝多花，给人以娇小玲珑或梦幻的感觉。常散插在主要花材的空隙间、表面或背后，起烘托、陪衬和填充作用，也可用以增加作品的层次感，并起到结构过渡、平衡重心、缓和色彩冲突的作用。在礼仪插花，尤其是婚礼用花中，它是不可或缺的花材。

2.1.2　花材的功能类型

插花花材也常根据花材在插花造型中的作用进行分类。分为以下4类：

(1)骨架花

骨架花是用于构成插花造型基本骨架的花材，常用这类花材构成插花造型的基本轮廓，起骨架构形作用。线状花材是骨架花的常用类型，如唐菖蒲、蛇鞭菊等。

(2)主体花

主体花位于骨架花构成的范围内，用以丰富和完成构图的主要部分。团块状花材是主体花的常用花材，如月季、非洲菊、香石竹等。

(3)焦点花

焦点花放在视觉中心的花，最奇特、最上乘的花放于此处。特(异)形花材是焦点花的常用花材，如百合花、鹤望兰等。

(4)补充花

补充花起补充和完善造型、衬托和增加层次的作用。散状花材是补充花的常用花材，如满天星、勿忘我、情人草、一枝黄花等。

2.2　花材的选购与保鲜

2.2.1　花材的选购

花材质量的好坏直接影响插花作品的表现力，选择鲜花时，应选择花朵新鲜、整洁、色彩饱满、开放程度适中的花朵。

1)选择新鲜花材

新鲜的植物材料具有靓丽的色彩与光泽，瓶插水养时间更为持久。因此，在花材选购时选择新鲜的花材可以获得理想的构图与色彩效果，较长的保鲜时间，以减少花店花材的自然损耗。选择新鲜的花材可以从以下几个方面进行鉴别。

(1)观察花材色彩

新鲜花材叶色鲜绿、有光泽，花色娇艳，茎秆色彩自然。新鲜程度差的花材叶色灰绿、无光泽，花色暗淡，常有焦枯黑褐色边缘。

(2)观察花材形态

新鲜花材叶片形态舒展、硬挺，茎秆挺拔，花朵花型饱满。新鲜程度差的花材往往叶片萎蔫、皱缩、焦枯，茎秆柔软，花头弯曲下垂，花朵花型松散，花瓣脱落。

(3)观察保鲜情况

花材长时间水养或保鲜不当，花枝水浸部位会发生变色、腐烂，散发出难闻的腥臭味，用手触摸手感黏滑，说明花材不新鲜。

2)选择无病虫害花材

未感染病虫害的花材，花朵、叶片上无虫孔，无病斑。感染病虫害的花材常有虫伤、变色病斑、腐烂、霉菌菌丝等现象。

3)选择开放适度花材

花材开放程度不足，花朵不易展开或不能正常开放；花材开放程度过度，花型松散，花瓣容易脱落，花朵容易凋谢，水养时间缩短。

选择开放适度花材要求花朵的开放度应达到品种要求的程度。花朵单生枝顶的花材种类，如月季、牡丹、芍药等花以整朵花开放1/3为较理想；对于一茎多花的花材种类，如唐菖蒲、金鱼草等以下部小花开放3/5，部分小花开放1/2，上部的待开为最理想。

4)选择外观品质良好花材

外观品质良好的花材花枝茎秆粗壮、挺直，花朵充实饱满，花型美观，无损伤。茎秆细软、弯曲，花朵畸形，叶片稀少、皱缩等外观品质较差的花材不宜选择。

2.2.2　花材的保鲜

插花所用的花材都是从植物上剪切下来具有观赏价值的一部分，保鲜方法不当容易导致花材的萎蔫或凋谢。良好的鲜切花保鲜措施可以有效地延长鲜花保鲜时间，从而降低花店的花材耗损支出。掌握延长鲜切花保鲜的有关知识和技能有利于更好地开展花店经营工作。

鲜切花从植物体剪切下来后，由于乙烯产生加速、微生物侵染、失水、缺乏营养等原因而导致花朵下垂、变色、失去香味，花材凋萎、腐烂等问题。为了延长花材的保鲜期，应该对花材进行必要的保鲜处理。鲜切花的保鲜处理的方法很多，按其保鲜的原理，可以分为以下几种方法。

(1)减少水分损失

鲜切花采收环节的技术措施是在花材体内含水量较大时或气温较低、日照较弱时剪切采收。一般在清晨或傍晚进行采收，在花枝剪切后要及时插入水中，或用水浸湿脱脂棉布包住花材基部，并用塑料袋包住脱脂棉。采收时摘除病叶、虫叶、枯老叶片和基部叶片，避免叶片浸泡于水中滋生微生物等。

在鲜切花贮藏环节应存放于通风、凉爽的室内环境或冷库中，避免将花材放置在风吹、日晒、雨淋的室外或靠近暖气、烟熏等环境中。

(2)恢复和增强花材的吸水能力

鲜切花水养是对鲜切花进行适当处理，并将其插在清水中，使之继续吸收水分，补充蒸腾作用的水分损耗。鲜切花水养使用的水一般可用自来水、清洁的河水、雨水、井水、凉开水、蒸馏水、去离子水等，自来水若水中氯离子含量较高，可放置一夜后再行使用。鲜切花水养过程中应勤换水，保持水质清洁，减少微生物生长，从而延长花材的水养保鲜时间。

在鲜切花水养之前常依据花材的实际情况进行花材的处理，以恢复和增强花材吸水能力。常用的花材处理措施有：

①倒淋法　将发生轻度萎蔫的花材头朝下，基部朝上倒提着用水反复冲淋几次，然后用报纸松松地包上枝梢和基部，并用水浇湿报纸，把花材横放在阴暗潮湿的地方，约1h后花材便可复苏。

②水中剪切法　将切花基部置于水中，在水中把基部剪去1～2cm。作用在于一方面剪去花材在运输过程中基部导管内进入的空气，保证导管内水柱的连续和吸水畅通；另一方面剪去被污染的切口。

③扩大切口法　扩大切口面积可以增加吸水量，对于一般花材，在削切口时将切口斜向削成斜面。一些木本花材，可用刀将其基部纵向劈1～3刀，以利吸收水分。

④注水法　水生花卉如荷花、睡莲等，可用注射器把水注入茎的小孔内，以排出空气。

⑤切口灼烧法或浸烫法　将花材的切口在酒精灯、蜡烛文火或开水中处理，然后立即浸入冷水中。此法适用于含乳汁的鲜切花。

⑥切口化学处理　用适当的化学药物对切口进行处理，以灭菌防腐、促进吸水。一般可用食盐、食醋、酒精、洗洁精等。

2.2.3　切花保鲜剂

1)鲜切花保鲜剂的类型

根据保鲜剂的用途可以分为预处液、催花液和瓶插液3类。

(1)鲜切花预处液

鲜切花预处液以降低花材新陈代谢速度、延缓衰老为主要目的，常配合低温冷藏同时进行。鲜切花预处液用于在切花采切后，贮藏运输或销售之前的花材处理。

(2)鲜切花催花液

鲜切花催花液能够促进花朵进入开放状态，一般在零售前处理，保证蕾期采收的切花正常开放。

(3)鲜切花瓶插液

鲜切花瓶插液为花店购买花材后，在花材水养期间做保鲜处理，以延长切花的水养寿命。

以上3种类型的切花保鲜剂市场上均有销售，品牌丰富。鲜切花生产者、批发商、花店以及消费者可根据自身需要选择适宜的产品类型，依据产品说明使用。

2)自制鲜切花保鲜剂

在花店经营中，可以使用自制鲜切花保鲜剂来降低花店的成本支出。

常用的切花保鲜剂配方很多，不同的花材对保鲜剂配方的要求不同。一般切花保鲜剂含有下列成分：抗氧化剂类，如维生素C、硫酸亚铁等；乙烯清除剂，如高锰酸钾等；乙烯合成抑制剂，如硝酸银等；吸附剂，如硅胶、氧化钙、活性炭等；杀菌剂，如8-羟基喹啉、硼砂、水杨酸、苯钾酸等。

简易切花保鲜剂配制简单，使用方便，成本低廉，效果良好。下面几种是经过验证的简单配方：

①阿斯匹林3片溶于1kg的水中。

②阿斯匹林2片＋维生素C 2片溶于1kg的水中。

③蔗糖10g＋维生素C 1片＋硼酸0.2g溶于1kg的水中。

④蔗糖10g＋食盐10g溶于1kg的水中。

⑤硫酸铜5g＋蔗糖20g溶于1kg的水中。

⑥硝酸铝3g＋蔗糖20g溶于1kg的水中。

⑦硝酸银0.05mg＋硫代硫酸钠0.5g＋蔗糖20g溶于1kg的水中。

⑧ 8-羟基喹啉柠檬酸钠0.2g＋蔗糖20g溶于1kg的水中。可用于百合花的保鲜。

⑨ 3%洗洁精。

⑩ 0.5%乙醇。

2.3　花材加工整理

2.3.1　花材的整理

鲜切花花材从田间采集，经过包装、贮藏、运输等流通环节，花材会发生破损、腐烂等问题。因此，鲜切花材购买后需进行花材整理，花材整理工作的主要内容包括花材开扎、清理枝叶、水养保鲜3个环节。

(1)花材开扎

鲜切花为了方便贮藏与运输，在上市前都进行了适当的包装。通常鲜切花的储运都是在低温冷藏环境中进行的，花材在低温条件下生理代谢较微弱，不会影响花材的保鲜效果。但当鲜切花上市销售时，花材离开了低温环境，其生理代谢加快，呼吸作用产生CO_2、水分与热量，集中包装的花材不利于透气，容易发生腐烂、萎蔫等问题。因此，花店购买花材后必须及时打开包装，分散花枝，以方便花材的呼吸与散热。

打开包装的内容包括将成捆、成束的花材解开扎绳，去掉包装盒、纸张或塑料袋等包装物，分散花枝，去除网袋等。

(2)清理枝叶

破损、病虫、腐烂的花材枝叶，会导致植物呼吸作用加快，花材病虫、腐烂加重。因此，花材打开包装后应及时摘除破损、病虫、腐烂的花材枝叶。此外，清理枝叶工作还应去除畸形花枝与过多枝叶。

(3)水养保鲜

花材在储运过程中损失大量的水分，在花材清理后就应针对花材的吸水情况进行保鲜处理，并进行水养。

2.3.2　花材的修剪

花材的修剪是插花创作前的必要工作。花材的修剪包括去除多余枝叶、花枝除刺、去雄、花枝修饰等内容。

(1)去除多余枝叶

礼仪插花在花材使用时，常需修剪掉花朵下部的大部分叶片，以及花枝上发生的无观赏价值的分枝。

艺术插花对花材的造型有较高的要求，修剪时必须依据插花作品构思、立意的需要，确定花材的长短、粗细以及枝叶的去留。花材的修剪、整理应遵循“以构图需要为目的，顺其自然为主导，层次分明，造型美观”的原则。首先要审枝定势，先区分出花材的正面(即阳面，受阳光照射的一面)和反面(即阴面)，以正面为基准，确定留哪些枝，去掉哪些枝，做到心中有数后再下剪。一般凡有碍于构图、创意表达的多余枝条应剪去，如从正面看，近距离的重叠枝、交叉枝要适当剪去，同一方向的平行枝条只留一枝，其余剪去，以免单调。花枝线条生硬与画面垂直或向后伸出的易产生不良感观刺激的枝条也应去除。花枝修剪时还要注意保留一些向侧前、侧后伸展的枝条，以保持一定的层次和景深，切忌剪成一个平面。对于一时难以确定去留的枝条，可待插入花器后视构图效果确定是否剪去。剪枝条时，剪口要贴近基部，剪口应尖斜，有利插制。在作品最后加工阶段，还常修剪叶片来调整作品的动感和对比。

(2)花枝除刺

有些花材茎秆上常长有棘刺，如月季、天门冬等花材，对于这类花材可用除刺器、剪刀、花刀等工具将刺除去，以方便使用，避免插花时扎手。

(3)花枝修饰

花枝修饰是花材采用摘瓣、摘花等操作去除残花，使花枝造型完美的修剪方法。

对于花朵上残缺、焦边、折痕的花瓣应从基部摘除，操作时常视花瓣分布情况摘除影响花型美观的花瓣，使花型完整、美观。

对于一枝多花的线性花材，如唐菖蒲、洋兰等花材，花枝上基部小花先于上部小花开放，常出现上部小花未开，而基部小花已经凋谢的情况，花枝修饰时应根据实际情况将影响花枝美观的小花予以摘除。

此外，对于叶片、分枝等遮挡花朵，影响观赏效果的，应将遮挡叶片、分枝的部分或全部予以摘除。

(4)花朵去雄

有些花材花粉常沾污花瓣或易污染衣物，在花材修剪时常将整个花药予以摘除。如百合花花粉红褐色，易污染花瓣及衣物，常在花朵初开，花药成熟裂开前予以摘除。

2.3.3　花材的造型

为了插花造型的需要，有的插花材料需要弯曲技巧，将花材造型成各种形状，使之富于新奇的变化，从而表现出线条美。以下是常用的插花材料弯曲造型的基本方法和要领。

1)枝条的弯曲造型

弯曲枝条应在两节之间进行操作，应避开枝节和芽以及交叉点等部位。对于硬度和粗细不同的枝条，应采取不同的方法。

(1)一般枝条的弯曲造型

一般枝条弯曲的方法是用双手握住枝条的两端，两个大拇指紧紧压住需要弯曲的部位，手臂贴着身体，慢慢用力向下弯曲，直至略微超过以确保松手后弯曲的枝条回弯后仍能达到所需的弯曲度、角度为止。

枝条弯曲也可用铁丝缠绕弯曲部位，然后弯曲，注意铁丝要用与枝条颜色相近颜色的胶带包裹，不可外露。

对于一些较脆的枝条，如桃、菊花、金银花等，可用手或器械压松其内部组织，再施行弯曲，如果事先缠绕上与枝条近色的胶带再弯曲，更为保险。也可将要弯曲的部位放入热水中浸渍，取出后立刻放入冷水中弄弯。或将要弯曲的部位直接放在火上烤2～3min弯曲，可重复多次，直至达到所需要的角度，然后迅速放入冷水中定型。

(2)粗壮枝条的弯曲造型

对于粗壮的枝条可采用楔和接的方法进行弯曲造型。

①楔　就是用刀或锯在需要弯曲的部位分锯1～3个三角形缺口。注意缺口的方向和位置，在需要弯曲的部位的外侧开口，切口之间不可相距过近，以免枝条断裂，切口深度约为枝条直径的1/2。慢慢加力弯曲，弯曲到所需要的程度再加入楔子，然后用钉子或胶带固定以保持其弯曲(图2-1)。

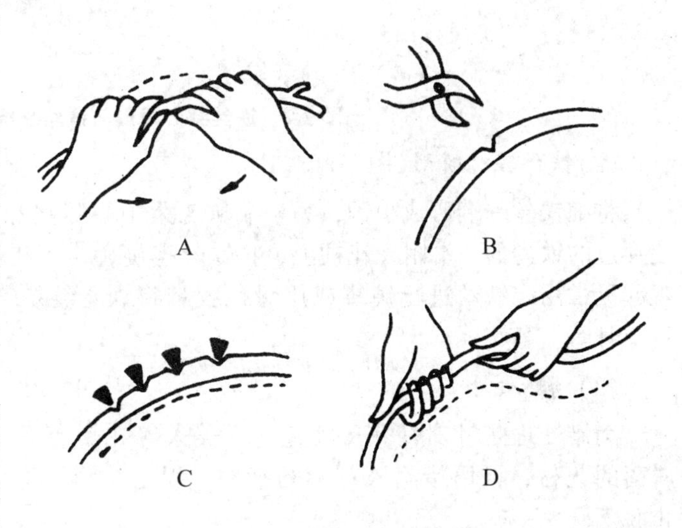

图2-1　粗壮枝条的弯曲

②接　就是用刀或锯把枝条锯开，使切口呈一定角度，然后拼接起来，用钉或螺丝固定。这种方法较复杂，且不能保水，只能用于枝条。

(3)细软枝条的弯曲造型

对于较细软的木本枝条用揉搓、绞扭等方法使之弯曲。对于草本花枝及文竹、天门冬等纤细枝条，可用右手握住茎的适当位置，左手旋扭茎枝，弯曲成所需要的形态。

2)花头的造型

自然生长的花材，其花朵或朝向如果与插花的构图不吻合，可采取以下的方法进行造型。

(1)铁丝穿心矫形(图2-2A、B)

将细铁丝一端弯成小钩，另一端从花朵中心竖直穿下，直达花梗需要造型的部位以下，拉紧铁丝，使小钩深入花心，以外观不见为宜。这样花朵的朝向可以随意地改变，花梗也可随意地弯曲造型了。此法常用于草本花卉，尤其花梗中空或组织柔软的花材，如非洲菊、金盏菊等。

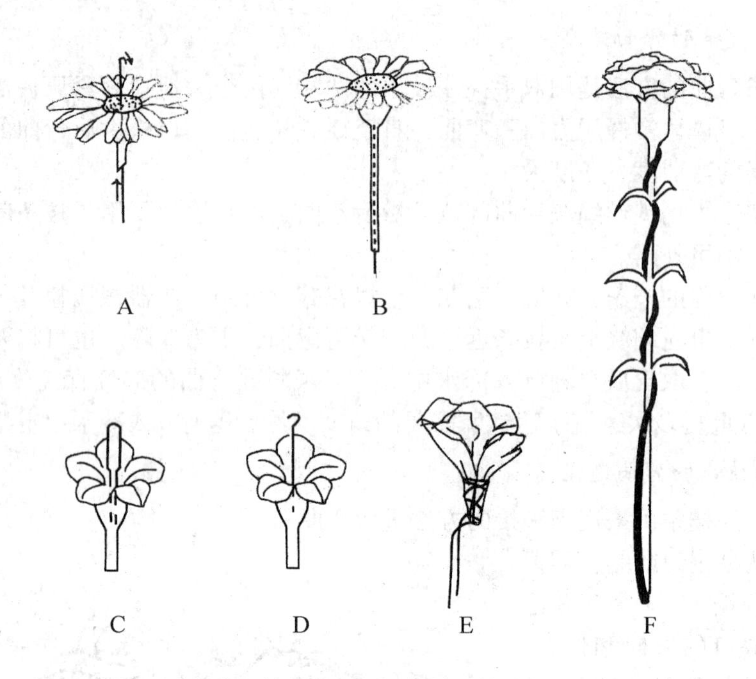

图2-2　铁丝穿心矫形与铁丝缠绕矫形

(2)铁丝缠绕矫形(图2-2C～F)

将细铁丝一端弯成小钩，另一端从花朵中心竖直穿下或用细铁丝横穿花心或花托，使穿过的铁丝的一端附在花梗上，将铁丝螺旋缠绕于花梗上，即可随意弯曲造型。为美观起见常用绿铁丝进行缠绕或用绿色胶带将铁丝缠绕部位包裹装饰。此法常用于香石竹、月季、菊花等。

(3)滴蜡处理

滴蜡处理是针对荷花、睡莲、虞美人等花瓣容易脱落的花材，可用蜡滴入花朵的基部，固定花瓣，防止脱落。

3)叶片的造型

为使叶片更符合插花构图和造型的需要，使叶片在形状、大小等方面更富于变化，常需要对叶片进行撑、折、弯、卷、剪、切等加工。

(1)折(图2-3)

细长的叶片或是花梗可在一定部位折曲，构成一定的几何图形，以增加新奇变化。对折曲部位可用大头针、回形针、钉书针或胶带固定。如鸢尾、木贼、水葱等叶片。

图2-3　叶片折法

(2)卷(图2-4)

常可根据构图需要采用如下方法弯曲造型。

①自然弯卷　把一片条形叶或带形叶片由顶端卷

起，用双手搓卷，然后放开，使叶片自然弯卷。如一叶兰叶片、巴西木的叶片等。

②弯卷固定　把叶片弯或卷成不同的形状后，用铁丝、钉书针、回形针，甚至是花材的废枝进行固定。这种方法可在横向或竖向使叶片卷曲成不同的环，以活跃画面，增强作品的表现力。

图2-4　叶片卷法

(3)撑(图2-5A)

对于较大型的叶片，叶柄较软需要支撑。可用细铁丝穿过叶片背面隆起的主脉，将叶片撑住。穿过叶脉的位置在叶片的1/3～1/2处。注意不要穿透叶片，以看不见铁丝为度。将穿过的铁丝与叶脉平行地拉至叶柄，铁丝的另一端顺着叶脉的另一侧拉至叶柄处，将铁丝缠绕在叶柄上，用绿色胶带缠绕遮盖铁丝。这样叶片即可撑成各种角度。

(4)剪(图2-5B)

根据构图造型的要求，将叶片剪成各种形状和大小。如棕榈叶可以剪成小鸟状、扇子状。如果叶片过大，可适当地剪小。如果叶片过重、过实可适当地疏剪或剪去一部分。

(5)切(图2-5C)

用刀顺着叶脉方向切开，两端保留，产生拉丝状的叶片造型，把一片大而实的叶片变得轻而柔。

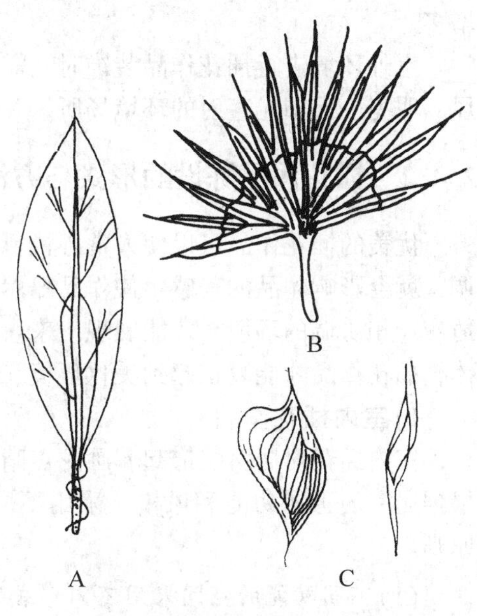

图2-5　叶片的撑、剪、切

2.4　插花陈设与养护

2.4.1　插花作品对陈设环境的要求

(1)室内陈设环境要求

插花作品一般情况下是在室内环境中摆放的，无论是鲜花插花、干燥花或人造花插花作品，都会因风吹、日晒、雨淋等失去观赏价值。室内环境可以避免自然环境对花材的影响，所以除特殊需要外，插花作品一般都选择陈设在室内。

首先，整洁、明亮是插花作品在室内陈设对环境的最基本要求。插花作品是高雅的艺术品，只有整洁、雅致的环境才能衬托出花材的美丽，展现插花艺术品的魅力，体现创作者的良好素养与欣赏水平。昏暗的环境不仅使人昏昏欲睡，也让人无法欣赏插花的

色彩变化，明亮柔和的室内光线使得插花的色彩美得以充分展现。

其次，摆放插花作品的室内空间须保持空气新鲜、流通，污浊的空气不仅影响鲜花的芳香，而且使人无法平静地欣赏与感受插花的意境美。

最后，室内适宜的温度和湿度有利于花材维持正常的生理代谢，使作品的观赏时间尽可能地延长。室内的环境一般应保持在室内温度15～25℃，室内湿度50%～80%。过高的温度与干燥的环境使花材蒸腾作用加剧，花材易失水萎蔫；过低的温度使花材色彩暗淡或因冷害而造成萎蔫。

(2)室外陈设环境要求

随着人们对各种大型活动的宣传和室外环境装饰的日益重视，庆典活动、文艺会演等各类大型活动往往选择在露天场所举行，插花艺术作品在室外的装饰应用也日益增多。

室外环境进行插花作品装饰时，需注意防风、防雨和遮阴等问题。应选择放置在背风、明亮、无阳光直射的环境场所。

2.4.2 插花作品陈设的形式与方法

优美的插花作品可以使人赏心悦目，心情愉悦。但如果陈设位置不当，与环境不协调，就会影响作品的美感，使作品黯然失色。因此，插花作品的美，必须要通过与之相适应、相协调的环境，才能展现出来。只有当环境与作品相得益彰，形成一个有机的整体，插花作品才能真正起到美化环境、渲染气氛的效果。

1)室内插花作品

室内插花对居室装饰起着画龙点睛的作用。对室内的客厅、卧室、餐厅、书房，要根据居室的不同功能和风格，采用不同的插花形式和摆放位置，这是插花陈设的首要原则。

(1)不同功能的空间采用不同形式的插花

①客厅　这是会客、家庭团聚的场所，公用性强，适于陈列色彩浓重大方的插花，可表现主人的持重与好客，使客人有宾至如归的感觉，这也是家庭和睦温馨的一种象征。但在夏季也可摆放色彩清雅素淡的插花，营造清凉、雅致的环境。

②卧室　插花陈设需视不同情况而定。中老年人的卧室以浅色花材的插花较适合，可使中老年人心情愉快。年轻人的卧室，则可以摆放色彩较为鲜艳的插花作品。卧室或新房的插花陈设还要根据主人的喜好和品位来确定。

③餐厅　插花以鲜花花材为好，既可以增进食欲，可使人进餐时心情愉快。选择花材时，黄色、橘色等有助于促进食欲，而太艳丽的花材则不宜选用。餐厅插花还应避免采用香味过于浓烈的花材，以避免与菜肴的香味混淆。

④书房　插花可不拘形式，随主人的喜好随意为之，但不宜过于热闹抢眼，以免分散注意力，打扰读书学习的宁静。

室内插花最好点到为止，不宜到处乱用，应该从总体环境气氛考虑。插花也不必拘泥于以往的传统与习惯，不一定只是桌上、台上才能摆花。运用得当，墙面、天花板、屋角等处都可用插花作品进行装饰，给人意外的惊喜。

(2)插花作品的体量应与室内空间大小相适宜

插花作品的体量应与室内空间大小相适宜。一般客厅、会议室较宽敞明亮，宜摆放大、中型作品，而书房、卧室等则宜摆放小型作品。如果房间狭小，还可用壁挂式插花进行装饰。

陈设于案台、几架上的插花作品应与其放置的茶几、桌面等比例协调。

插花作品的数量也要依陈设环境的条件而定，只要插花作品起到良好的装饰效果即可，并不是越多越好。

(3)插花作品应与室内家装风格相协调

古色古香的家具和物品，宜配置东方式插花作品；现代式家具和物品，宜配置西方式或现代自由式插花作品。

(4)插花作品应与陈设环境的色调相协调

一般来说，插花作品的陈设背景以清洁宁静、浅淡无华为好，以烘托出花材的色彩美与造型美。专题插花展览的室内墙壁、展台的色彩应简洁素雅，背景颜色以白色为最佳，因为白色背景能够很好地衬托出花材的色彩美。

(5)插花作品的摆放位置应与作品构图形式相适应

直立式、倾斜式构图的插花作品宜平视，应放置在书桌、餐桌、会议桌及窗台上；下垂式作品宜仰视，应放置于高处，如书架、花架、衣柜等；适合俯视的花艺作品宜放在较低处，水平式作品多宜俯视，可放置在茶几上。四面观赏的作品可放在客厅或餐厅的桌面上，单面观赏的多置于墙边或角隅。

2)室外插花作品

①插花作品与周围建筑物的风格相一致。

②插花作品的陈设布置不影响公众的行动。

③插花作品在色彩、花的种类和作品造型等方面要与公众场合的文化、宗教、生活习俗、民族特点等相符。

④插花作品的体量与周围环境的空间大小相协调。

⑤插花作品安全稳固，避免对行人造成伤害。

2.4.3　插花作品的养护与管理

1)鲜花插花作品的养护与管理

要保证鲜花插花作品的美化效果，除了保证有一个良好的陈设环境外，正确的日常养护管理也是必不可少的。

(1)清洁水质，保持适当水位

插花作品容器中的水是使花材保持新鲜的重要条件。因此，容器中的水必须保持清洁，要经常换水，以减少水中细菌的滋生。水深要浸没切口以上，水面与空气要有最大的接触面。在不影响造型的前提下，换水时可将花枝基部剪去2～3 cm，以利花材吸水。盘类容器的水位，应以浸过花插高度为宜，以保证花材切口充分吸水；瓶类容器的水位，应在瓶身的最宽处，以利水面与空气接触，减少细菌感染，相对延长花材的寿命。

对于使用花泥的鲜花插花作品，除插花前花泥要完全浸透外，每天要往花泥上浇清水。将水直接浇到花泥上，要看着水逐渐被花泥吸收，直到容器内有水溢出为止。这样才能保证花泥始终处于水饱和状态，及时供给花材所需水分。

(2)保持适宜的空气湿度

室内空气湿润，有利于保持花材新鲜，延长作品的观赏时间。在没有加湿器的情况下，夏季每隔1~2d、秋冬季每隔2~3d，要在花材上喷水。有条件的可随时进行喷水、喷雾养护。

(3)温度、湿度与光照的调控

温度在15~25℃，湿度在50%~80%比较适宜。光线以明亮的散射光较适宜，避免阳光直射。

(4)使用保鲜剂

在水中添加保鲜剂或在花材上喷洒保鲜溶液，可以保持插花作品中花材的新鲜度，延长作品的观赏时间。

(5)远离水果存放

成熟水果会不断释放乙烯气体，乙烯能够加快鲜花凋萎，缩短了保鲜期。

2)干燥花插花作品的养护与管理

(1)保持环境干燥、通风

干燥花作品应注意防潮、防晒和防风。干燥花最怕潮湿的环境，一经潮湿，花枝就会变软，时间长了甚至会发霉，有些干燥花还会因潮湿而褪色，失去干燥花的自然形状和色彩之美，造型也会因此改变，最终失去艺术观赏价值。干燥花暴露在强烈的阳光下，易导致褪色，影响花材色彩观赏。干燥花质地较轻，作品也不宜放置在风口处，以免被风吹倒损坏。

(2)保持环境清洁，定期除尘

干燥花作品放置时间长了，表面会积累尘土，一般须每隔1~2个月，用吹风机吹去表面的灰尘，以保持作品的整洁。

(3)干燥花作品的色彩还原

干燥花在贮藏和使用过程中，受到外界影响往往会失去干制后的鲜艳色彩。通过物理化学处理手段可使干燥花恢复原来鲜艳的色彩。如用15%~25%柠檬酸或酒石酸液涂于花朵两侧或浸渍10~60min，然后用硅胶包埋干制数小时，可在一定程度上恢复花材色彩。

(4)干燥花作品整形复原

干燥花作品长期摆放后，可能会由于各种原因造成花材折断、破损，影响作品的观赏效果。出现这种情况时，可用热熔胶将残损折断的部分进行粘贴修复，恢复原有造型。

3)人造花插花作品的养护与管理

人造花插花作品比干燥花作品易于保洁与管护，通过合理保养，可使人造花插花保持良好的观赏价值，又可延长使用寿命。人造花陈设环境同样需避免阳光直射，强烈的直射光易使人造花褪色。

人造花插花作品养护的主要工作是除尘与花型整理。对如塑料花、涤纶花及绢花等人造花，可以用水清洗，可采用中性洗涤剂进行清洗，洗净后晾干后调整花枝形态。对于不能用水清洗的丝绸类绢花，可用吹风机除尘，至少每月清除一次，最好是每周清除一次。

人造花插花作品花型因受到外力影响时，形态会出现变形，所以需适当予以整理，以保持花型的完美。

2.5　丝带花结制作

丝带花结的样式繁多，形状、风格各异。在礼仪场合或礼仪插花中普遍应用。小型的丝带花结常配合礼仪插花使用，如作为花束、花篮、胸花、腕花等插花作品的装饰。大型的花结常直接用于庆典场合的环境装饰或庆祝仪式过程。丝带花结的制作材料与花型结构应根据插花作品的色彩、结构、用途，以及环境装饰或庆祝仪式要求进行选择。目前，市场已有可直接抽拉成型的小型方便丝带花，使用方便、快捷，但花型单调，结构简单，使用效果不理想。

2.5.1　丝带花结的制作材料

丝带花结的制作材料主要是各种款式与各类材质的丝带。常见丝带款式包括：单色普通丝带、双色镶边丝带、多色条纹丝带、印花丝带、纱网丝带、单面丝带、双面丝带等。

丝带的材质主要分为纸质、塑料和纤维3类。塑料丝带最为常用，其价格便宜，但挤压或折叠后易变形。纸质丝带易于造型，也具有一定韧性，质感美观自然，但怕水浸。纤维质地的丝带档次较高，材质结实，柔韧性好，造型容易，外观精致。常见的纤维质地包括丝质、麻质等(图2-6)。

图2-6　丝带与丝带花结

丝带的种类繁多，色彩绚丽，质地各异，为插花作品的装饰提供了丰富的素材，但如果选配不得当，就起不到其应有的作用。所以在选配丝带时要注意以下几点：

(1)保持与被装饰物在色彩、质地、造型上的协调性

从色彩上看，如果是制作一款喜庆热烈场合的插花，主花是红色的，那么丝带花可以是近似色，如红色、粉色等，也可以选择金、银等中性色。如果主花是温馨浪漫的粉色或紫色，那么丝带花可以是粉色系或是浅紫色。如果是丧礼插花，主花是白色的，那丝带花以白色、蓝色、紫色为宜。

从质地上看，如果插花作品主要花材的质地比较细腻、娇嫩、光亮，那么应选用质地较薄、纹理较细的丝质、纱质或尼龙丝带相配；若花材质地粗糙、厚重或体量较大，应选配质地粗糙、宽厚的丝带，如麻类、布类或拉菲草材质等。

从造型上看，球形或半球形的花束不宜搭配球形、圆形的丝带花，而应配以横向线状的丝带花。如法国结有形态上的对比，才能烘托出花型的美丽。

(2)保持与被装饰物在体量上均称性

丝带花的长短、宽窄应与所搭配的花束、礼盒、花篮等的体量大小互相协调。

(3)保持与被装饰物在艺术风格上的一致性

东方传统风格的插花可选配中国结或中国折扇来装饰，则非常和谐优美。浪漫的时尚花束配以纱网包装或琼麻、拉菲草作丝带花，会更添浪漫气氛。

2.5.2　丝带花结的类型与制作方法

常见的丝带花结花型有蝴蝶结、绣球结、法国结、双波浪结、刺球结等。

(1)蝴蝶结的扎结(图 2-7)

蝴蝶结的制作用双面丝带，可用于各种花束及礼品的包装装饰。

①将丝带一端预留 10cm 后，并绕一个圈；

②将较长一端的丝带往下绕圈，使两边的丝带环大小一致；

③较长一端的丝带绕至后边，再向前绕一个圈；

④丝带向后，从另一端背后向前绕一圈；

⑤丝带穿过交叉后，拉紧蝴蝶结，并调整各部分比例即可。

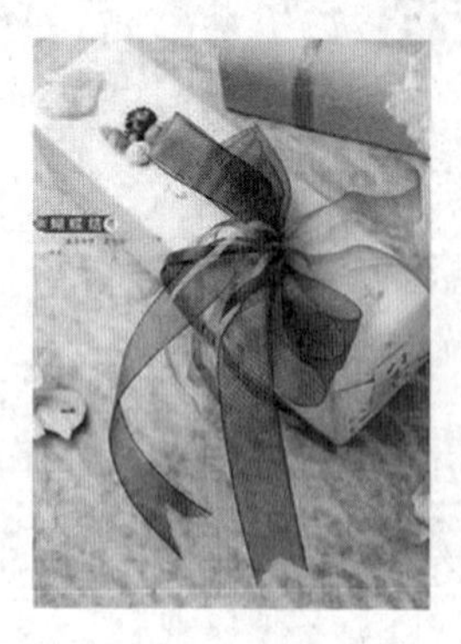
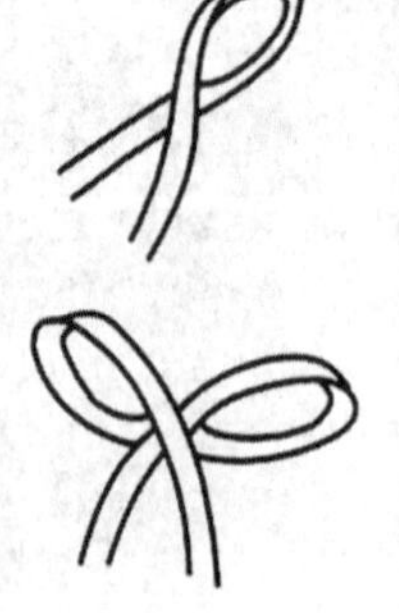

图 2-7　蝴蝶结

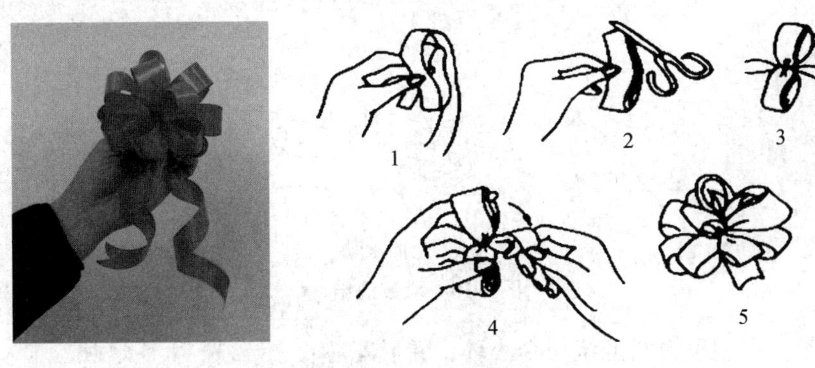

图 2-8　绣球结

(2)绣球结的扎结(图 2-8)

绣球结的制作用单面丝带，可用于各种花束的包装装饰。

①确定好结的大小，再按照尺寸大小绕圈；

②将丝带圈压扁，两边向中间斜剪，只留中间一小段不剪断，呈楔形；

③把两端楔形对齐重叠，用丝带扎紧后，将丝带圈一层层向左右方向拉开拧转一定的角度，并调整均匀即可。

(3)法国结的扎结(图 2-9)

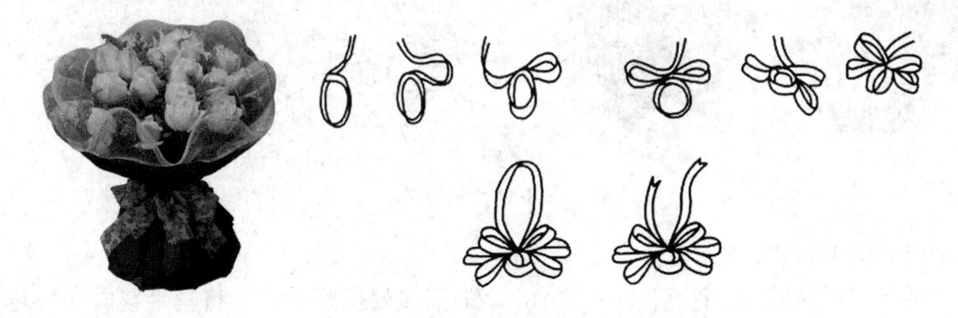

图 2-9　法国结

法国结制作用单面丝带，结形立体感强，显得华贵典雅，常用于花篮和手捧花。

①将丝带的一端绕一圈，当作中心点；

②在食指与拇指交会处扭转，将丝带正面扭出来，在第一个圈的一边，再绕一个圈；

③同样在中心结合点处扭转，将正面翻上来再绕圈，每次在中心点处都要扭转一次，一般 3 ~4 圈即可；

④将丝带尾端预留所需之长度，绕在手指中心交会处；

⑤将余下的丝带做一个大环，将重叠部分于交汇处扎结牢固，将大环从中间剪开，作飘带，即完成法国结。

用剪刀刀刃或刀背对飘带进行捋刮，直至放松后飘带自然卷曲，增加动感。

(4)双波浪结的结扎(图 2-10)

双波浪结要用双面丝带，可以用作礼品包装。

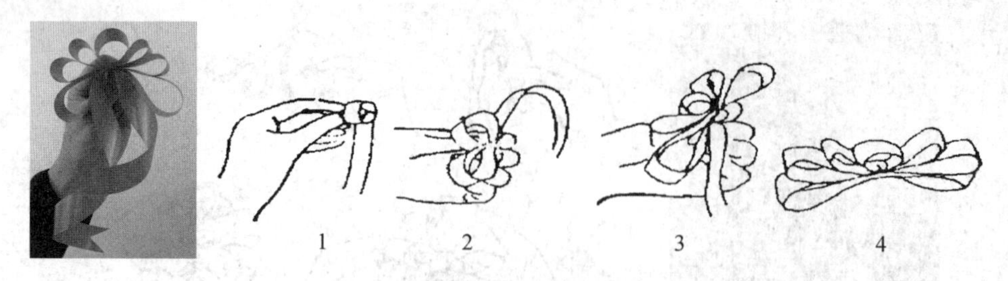

图 2-10　双波浪结

①将丝带放在左手拇指上绕一个小环，卷成花芯；

②在花芯一侧横向做一个环，拉到另一侧做横向对称小环；

③在对称小环下方重复制作对称小环，其长度逐层加长，直至所需大小；

④用扎绳或订书机将中心重叠部分固定牢，花结扎制完成。也可在丝带交会处增加飘带，再行固定。

(5)刺球结的结扎(图 2-11)

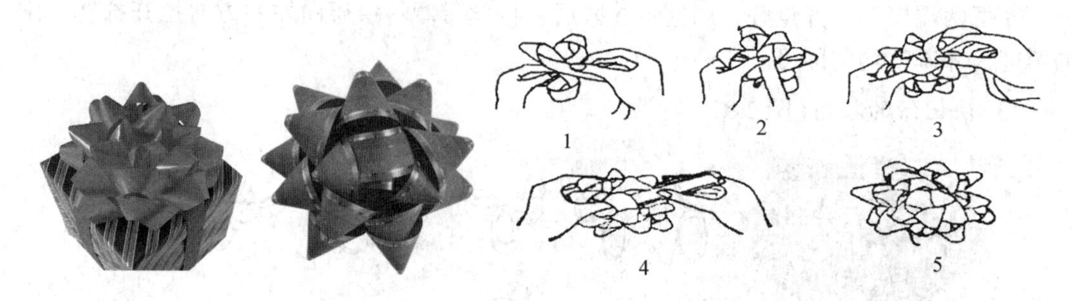

图 2-11　刺球结

①选 1 条 1m 左右的丝带。

②将丝带扭结成“8”字形，左手在“8”字的交接处捏紧。如果将丝带花向外扭转，做花顺序是由心瓣做起，逐渐向外；如果丝带向内扭转，则做花顺序是由外向内。

③与第一个“8”字形成 45°角，再绕第二个“8”字，使两个“8”字的交接处重合，并用手捏紧。

④依次做成 3 个“8”字后，第一轮花瓣完成。开始做第二轮花瓣。如果从内向外做起，则第二轮花瓣略长。如果是从外向里做，则第二轮花瓣略短。

⑤丝带花基本做好后，用钉书机在手捏紧处钉牢。

⑥将位于花心处的丝带一端修剪到适当的长度，反卷，并用双面胶固定，做成花心。

⑦在丝带花背面粘上 2 条飘垂的短带，并剪成燕尾状。整理修饰，丝带花就做好了。

技能训练

技能2.1　花材选购与保鲜

1. 目的要求

通过花材的选购与保鲜训练，理解花材选购的与保鲜的原理，掌握鲜切花花材整理的方法，掌握鲜切花材的各种保鲜方法。

2. 材料准备

序号	名　称	规　格	单位	数量	备　注
1	操作台	150cm×80cm×80cm	张	1	
2	剪　刀	15~20cm	把	1	
3	小　刀	15~20cm	把	1	
4	除刺夹	15cm	把	1	
5	塑料桶		只	1	
6	切花桶		只	若干	
7	花材(鲜切花)	5种以上(包括月季、针葵)	把	若干	

3. 方法步骤

分组完成5种以上的花材选购任务(其中包括月季、针葵)。

要求花材花茎挺拔有力，叶片和花朵新鲜、整洁、色彩饱满，开放程度适中。

(1)教师示范

教师进行各种花材保鲜方法的操作演示。

①花材整理：完成5种以上花材的整理。要求去除腐烂、损伤、多余的枝叶和花瓣，做到花枝整洁、花姿自然，操作熟练。

②花材水中剪切法：选择2~3种花材进行水中剪切。要求花枝剪切长度适宜，剪口平整，操作熟练。

③花材的扩大切口法：选择1~2种花材进行扩大切口。要求花枝切口长度适宜，操作熟练。

④花材倒淋法：选择1~2种花材(包括针葵)进行花材倒淋法的操作。要求花材冲淋力度适中，均匀浸透，冲淋后花材清洁无损伤。

将处理好的花材放入切花桶，对花材进行水养保鲜。

(2)学生实训

学生分组实训，依花实训步骤进行花材整理与保鲜操作。

4. 效果评价

完成效果评价表，总结花材选购与保鲜的操作要点。

序号	评分项目	具体内容	自我评价
1	花材选购	花材符合新鲜、无病虫害、开放适度、外观品质良好要求	
2	花材加工整理	符合花材开扎、清理枝叶、花材修剪等操作规范	
3	花材保鲜	符合花材水中剪切、倒淋法、扩大切口等花材保鲜操作规范	
4	现场整理	场地清洁，摆放整齐	
备注	自我评价：合理☆、基本合理△、不合理○		

技能2.2　花材加工

1. 目的要求

通过花材的加工训练，理解花材加工的原理，掌握常见鲜切花花材加工的方法。

2. 材料准备

序号	名　称	规　格	单位	数量	备　注
1	操作台	150cm×80cm×80cm	张	1	
2	剪　刀	15~20cm	把	1	
3	小　刀	15~20cm	把	1	
4	除刺夹	15cm	把	1	
5	绿铁丝		根	5	
6	花材(鲜切花)	5种以上(包括月季、香石竹、非洲菊、唐菖蒲、百合)	把	若干	

3. 方法步骤

要求花材新鲜、整洁，开放程度适中。

(1)教师示范

教师进行常见花材加工方法的操作演示。

①月季花加工整理：

a. 月季除刺：用除刺器、小刀、剪刀等工具除去月季花枝中下部所有皮刺、叶片或叉枝。要求工具使用熟练，皮刺、叶片和叉枝去除干净，切削伤口较小，枝条光滑。

b. 花朵修饰：将月季花外围损伤、焦边、折痕的花瓣摘除，并吹气使花瓣适度开展，露出美丽花型。要求花瓣摘除干净，不留残余，花型美观。

②非洲菊铁丝穿心矫形：选择花头弯曲的非洲菊，将绿铁丝先端弯曲成钩状，另一端从花心中穿入，拽紧铁丝使弯钩嵌入花心，将铁丝沿花梗向下缠绕，调整花头朝向，使花头直立。要求铁丝钩端埋入花心，铁丝缠绕匀称，外观自然，缠绕矫形后花朵直立，花型美观。

③香石竹花朵修饰：适度揉捏香石竹花萼筒基部，使花瓣松动。用手掌自花心向外轻揉花盘，使花瓣平展，开放适度，花型自然。

④唐菖蒲花枝修饰：摘除唐菖蒲花枝基部凋谢小花。摘除花枝先端弯曲部分，使花枝笔直、挺拔。

⑤百合花去雄：将花朵初开的百合花花药予以摘除。

(2)学生实训

学生分组实训，合理运用花材加工方法进行操作。

4. 效果评价

完成效果评价表，总结花材加工的操作要点。

序号	评分项目	具体内容	自我评价
1	方法技巧	合理运用花材加工技巧，完成修剪、造型、修饰等操作，手法精准，技术熟练	
2	外观形态	花型完整、开放适度、姿态自然，符合花材自然花型，外观品质良好	
3	现场整理	场地清洁，摆放整齐	
备注	自我评价：合理☆、基本合理△、不合理○		

技能2.3 丝带花双波浪结制作

1. 目的要求

通过训练，要求学生熟悉丝带花扎结的材料与工具，掌握丝带花双波浪结的扎结方法和扎结要领。

2. 材料准备

序号	名 称	规 格	单位	数量	备 注
1	操作台	150cm×80cm×80cm	张	1	
2	剪 刀	15~20cm	把	1	
3	订书机		只	1	
4	丝 带	2~3cm	卷	1	
5	双面胶		卷	1	
6	礼 盒		只	1	

3. 方法步骤

(1)教师示范

教师进行丝带花双波浪结制作过程与方法演示。

①花瓣圈制作：依据丝带花装饰的礼盒的大小制作丝带花结。按照丝带花双波浪结的扎结方法，扎制花瓣圈，形成5~7枚花瓣。

②飘带制作：在花瓣圈底部制作两根长度不一的飘带，飘带末端剪成燕尾形，订书机固定花结。

③丝带花结装饰：将丝带花装饰固定在礼盒上。要求丝带花大小适宜，花型规整，松紧适度，造型美观。

(2)学生实训

学生分组实训，依丝带花花型结构制作步骤进行花结制作。

4. 效果评价

完成效果评价表，总结丝带花双波浪结花型制作要点。

序号	评分项目	具体内容	自我评价
1	花型结构	花型结构正确，结构完整，花瓣分布合理，造型匀称	
2	花结装饰	色彩搭配合理，赏心悦目；花结装饰位置合理，固定牢固	
3	现场整理	场地清洁，摆放整齐	
备注	自我评价：合理☆、基本合理△、不合理○		

技能2.4　丝带花刺球结制作

1. 目的要求

通过训练，要求学生熟悉丝带花扎结的材料与工具，掌握丝带花刺球结的扎结方法和扎结要领。

2. 材料准备

序号	名　称	规　格	单位	数量	备　注
1	操作台	150cm×80cm×80cm	张	1	
2	剪　刀	15~20cm	把	1	
3	订书机		只	1	
4	丝　带	2~3cm	卷	1	
5	双面胶		卷	1	
6	礼　盒		只	1	

3. 方法步骤

(1)教师示范

教师进行丝带花刺球结制作过程与方法演示。

①花瓣圈制作：依据丝带花装饰礼盒的大小制作丝带花结。按照丝带花刺球结的扎结方法，扎制花瓣圈，形成3~4层花瓣。

②制作花芯：在刺球结花心处，反卷丝带，做成花心，并用双面胶固定。

③飘带制作：在花瓣圈底部制作两根长度不一的飘带，飘带末端剪成燕尾形，订书机固定花结。

④丝带花结装饰：将丝带花装饰固定在礼盒上。要求丝带花大小适宜，花型规整，松紧适度，造型美观。

(2)学生实训

学生分组实训，依丝带花花型结构制作步骤进行花结制作。

4. 效果评价

完成效果评价表，总结丝带花刺球结花型制作要点。

序号	评分项目	具体内容	自我评价
1	花型结构	花型结构正确，结构完整，花瓣分布合理，造型匀称	
2	花结装饰	色彩搭配合理，赏心悦目；花结装饰位置合理，固定牢固	
3	现场整理	场地清洁，摆放整齐	
备注	自我评价：合理☆、基本合理△、不合理○		

技能2.5　丝带花蝴蝶结制作

1. 目的要求

通过训练，要求学生熟悉丝带花扎结的材料与工具，掌握丝带花蝴蝶结的扎结方法和扎结要领。

2. 材料准备

序号	名　称	规　格	单位	数量	备　注
1	操作台	150cm×80cm×80cm	张	1	
2	剪　刀	15～20cm	把	1	
3	丝　带	2～3cm	卷	1	
4	花　束		个	1	

3. 方法步骤

(1)教师示范

教师进行丝带花蝴蝶结制作过程与方法演示。

①扎绳准备：将塑料丝带撕裂成一根宽0.1～0.2cm、长40～50cm的扎绳。

②花型制作：依据丝带花装饰的花束色彩、大小，选择适宜的丝带，制作丝带花结。

按照丝带花蝴蝶结的扎结方法，扎制花瓣圈，形成4枚花瓣。在花瓣圈下部制作长度不一的飘带2根或4根，飘带末端剪成燕尾形，用扎绳绑结花结。

③丝带花结装饰：调整丝带花结花瓣大小与位置，使花型结构合理，外形美观。将丝带花装饰固定在花束上。要求丝带花结花型美观，并与花束色彩相宜，大小比例协调，绑扎松紧适度，装饰位置适当。

(2)学生实训

学生分组实训，依丝带花花型结构制作步骤进行花结制作。

4. 效果评价

完成效果评价表，总结丝带花蝴蝶结花型制作要点。

序号	评分项目	具体内容	自我评价
1	花型结构	花型结构正确，结构完整，花瓣分布合理，造型匀称	
2	花结装饰	色彩搭配合理，花结大小与花束体量比例协调；花结装饰位置合理，绑扎松紧适度	
3	现场整理	场地清洁，摆放整齐	
备注	自我评价：合理☆、基本合理△、不合理○		

技能2.6　丝带花绣球结制作

1. 目的要求

通过训练，要求学生熟悉丝带花扎结的材料与工具，掌握丝带花绣球结的扎结方法和扎结要领。

2. 材料准备

序号	名　称	规　格	单位	数量	备　注
1	操作台	150cm×80cm×80cm	张	1	
2	剪　刀	15~20cm	把	1	
3	丝　带	2~3cm	卷	1	
4	花　束		个	1	

3. 方法步骤

(1)教师示范

教师进行丝带花绣球结制作过程与方法演示。

①扎绳准备：将塑料丝带撕裂成一根宽0.1~0.2cm，长40~50cm的扎绳。

②花型制作：依据丝带花装饰的花束色彩、大小，选择适宜的丝带，制作丝带花结。

按照丝带花绣球结的扎结方法制作花瓣圈，形成12~14枚花瓣的绣球结。在花瓣圈外层制作长度不一的飘带2根或4根，飘带末端剪成斜形，用扎绳绑结花结。

③丝带花结装饰：调整丝带花结花瓣大小与位置，使花型结构合理，外形匀称，美观大方。将丝带花装饰固定在花束上。要求丝带花结花型美观，并与花束色彩相宜，大小比例协调，绑扎松紧适度，装饰位置适当。

(2)学生实训

学生分组实训，依丝带花花型结构制作步骤进行花结制作。

4. 效果评价

完成效果评价表，总结丝带花绣球结花型制作要点。

序号	评分项目	具体内容	自我评价
1	花型结构	花型结构正确，结构完整，花瓣分布合理，造型匀称	
2	花结装饰	色彩搭配合理，花结大小与花束体量比例协调；花结装饰位置合理，绑扎松紧适度	
3	现场整理	场地清洁，摆放整齐	
备注	自我评价：合理☆、基本合理△、不合理○		

技能2.7　丝带花法国结制作

1. 目的要求

通过训练，要求学生熟悉丝带花扎结的材料与工具，掌握丝带花法国结的扎结方法和扎结要领。

2. 材料准备

序号	名　称	规　格	单位	数量	备　注
1	操作台	150cm×80cm×80cm	张	1	
2	剪　刀	15～20cm	把	1	
3	丝　带	2～3cm	卷	1	
4	花　束		个	1	

3. 方法步骤

(1)教师示范

教师进行丝带花法国结制作过程与方法演示。

①扎绳准备：将塑料丝带撕裂成一根宽0.1～0.2cm，长40～50cm的扎绳。

②花型制作：依据丝带花装饰的花束色彩、大小，选择适宜的丝带，制作丝带花结。

按照丝带花法国结的扎结方法制作花瓣圈，形成7～9枚花瓣的法国结。在花瓣圈外层制作长度不一的飘带2根或4根，飘带末端剪成斜形，用扎绳绑结花结。

③丝带花结装饰：调整丝带花结花瓣大小与位置，使花型结构合理，外形匀称，美观大方。将丝带花装饰固定在花束上。要求丝带花结花型美观，并与花束色彩相宜，大小比例协调，绑扎松紧适度，装饰位置适当。

(2)学生实训

学生分组实训，依丝带花花型结构制作步骤进行花结制作。

4. 效果评价

完成效果评价表，总结丝带花法国结花型制作要点。

序号	评分项目	具体内容	自我评价
1	花型结构	花型结构正确，结构完整，花瓣分布合理，造型匀称	
2	花结装饰	色彩搭配合理，花结大小与花束体量比例协调；花结装饰位置合理，绑扎松紧适度	
3	现场整理	场地清洁，摆放整齐	
备注	自我评价：合理☆、基本合理△、不合理○		

思考题

1. 花材的形态类型包括哪几类？有什么特点？
2. 花材的功能类型包括哪几类？有什么特点？
3. 如何选购优质花材？
4. 如何针对选购花材的实际情况进行保鲜？
5. 花材修剪整理的内容有哪些？如何操作？
6. 花材造型方法有哪些？如何操作？
7. 如何根据实际情况合理陈设插花作品？
8. 常见丝带花结有哪几种？举例说明制作要点。

自主学习资源库

插花艺术．张虎，王润贤．中国农业出版社，2010.

插花装饰艺术．刘慧民．化学工业出版社，2012.

项目3 插花制作基础

学习目标

【知识目标】

(1)理解插花的构图原理与构图法则。

(2)领会色彩学知识，理解插花的配色原理。

(3)掌握插花造型的基础知识。

【技能目标】

(1)能合理运用插花配色原理进行插花商品的推介。

(2)能合理运用插花的构图原理说明插花商品的类别特点。

(3)能完成插花基本花型结构的造型。

案例导入

小丽负责的花店日常管理工作逐渐熟练。小丽觉得仅能完成顾客接待与日常管理，并不是她的人生目标，她希望自己也能够像花艺师傅一样，按照自己的想法去创作花艺作品。小丽觉得自己仍然需要进一步的学习。如果你是小丽，你会怎样解决小丽所遇到的困难？

分组讨论：

1. 列出小丽业务能力不足的方面。

序号	插花制作所需知识和能力	自我评价
1		
2		
3		
4		
⋮		
备注	自我评价：准确☆、基本准确△、不准确○	

2. 如果你是小丽，你会怎么做？

理论知识

3.1 色彩学基础

大自然是一个绚丽多彩的世界。自然界的每一种物质，大到宇宙，小到花草都有自己独特而且和谐的色彩。这些色彩随着光线的变化呈现出丰富多样的色彩变化。白天光线强时，物体呈现强烈的色彩，到夜晚光线昏暗时，色彩不明显甚至没有色彩，只是看到黑色的轮廓。因此，光线与色彩的关系密不可分。

色彩是物体的存在方式，是任何物体本身的色彩以及通过不同的光线反射形成多姿多彩的效果。在人的视觉中最先感知的是色彩，在装饰设计中，色彩被称为“最廉价的奢侈品”。在插花艺术中，色彩的搭配就显得尤为重要，常常成为决定成败的关键因素。花色搭配涉及许多有关色彩学方面的基本知识，只有很好地掌握，才能把握好插花艺术中色彩的运用。

3.1.1 色彩的三要素

每种色彩都由3种重要属性构成，即色相、明度和纯度。由于这3种属性的不同，因此形成了千差万别的色彩体系。

1) 色相

色相是指色彩的相貌。每种颜色都有自己独特的色相，并区别于其他颜色。如日光色谱上就有红、橙、黄、绿、青、蓝、紫7种基本色相。每种颜色又可按照不同的色彩进一步分成不同的色相，如红色中有大红、品红、玫瑰红、深红，绿色中有淡绿、粉绿、翠绿等色相。

为了方便人们对色相的认识，人们将色彩依据色相的变化原理绘制成色相环(图3-1)。

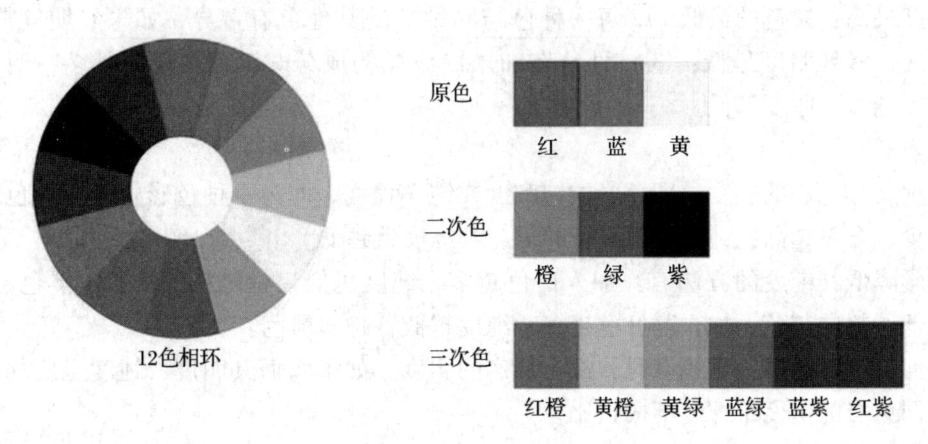

图3-1　十二色相环

(1) 三原色

三原色是指红、黄、蓝 3 种原色。它们在色相环中相隔 120°，是色彩中最基本的元素。3 种原色能混合形成其他任何颜色，而自身不能由其他颜色混合而成。

(2) 间色

间色是指任意两种原色份量相等或不等相混合形成的色彩。如橙、绿、紫分别由红与黄、黄与蓝、红与蓝均匀混合而成。

(3) 复色

复色是指由两个间色相混合所形成的色彩。如橙绿色、橙紫色、紫绿色。任何复色中都包含红黄蓝三原色的成分，所以复色常在色相配合过分强烈时起到缓冲调和的作用。

(4) 补色

两种颜色混合形成黑色时，这两种颜色互为补色。任何一原色和其他两原色混合而成的间色互为补色。在十二色相环中，相对的两色即为互补色，如红与绿、黄与紫、蓝与橙。这两种色并置在一起会形成强烈的对比。因此，互补关系又被称为对比关系，互补色又被称为对比色。

不同色相的色彩组合产生不同的视觉效果。如两个原色并列在一起，能给人鲜艳明快的感受；两个间色并列在一起，色彩比较晦暗；原色与间色并列在一起，色彩的变化是逐渐过渡的，显得柔和、协调；互补色的组合，对比强烈，色彩呈现鲜明的、跳跃的效果。

2) 明度

明度是色彩的明暗程度。把不同的颜色拍成黑白照片，就可以看出明度的差别，这就是明度关系。

色彩的明度可以分为 3 个方面内容：①各种基本原色放在一起具有明度差异，如黄色的明度最高，紫色的最低；②每一种色与同种色的其他色有差异，如朱红明度最高，大红次之，深红明度最低；③一种色在加入白或黑的成分时，加白成分越多，明度越高，加黑越多，明度越低。

3) 纯度

纯度又称色彩的彩度，即色彩的饱和度或纯净程度。即为一种色彩中所含该色素成分的多少，含量越高，纯度就越高；相反，则纯度就越低。

色彩降低其纯度的方法有：加入白色越多，纯度越低，趋向粉色；加入黑色越多，纯度越低，趋向灰色；加入互补色越多，纯度越低，趋向黑色。

任何一种颜色在纯度最高时，都有特定的明度，如果降低其明度，纯度也应相应降低。不同色彩的明度跟纯度不成正比。

3.1.2 色彩的视觉效果

不同的色彩会带给人以不同的反映和感觉，如色彩会给人以冷暖、轻重、远近等各种感觉，这种感觉主要来自对生活经验的联想。

(1)色彩的温度感

色彩的温度感或称冷暖感。它是一种最重要的色彩感觉，色彩的调子主要分为冷暖两大类。

红、橙、黄系统的色彩，会使人产生温暖、热烈和兴奋的感觉，称为暖色调。多用在喜庆、集会、舞会等场合，以烘托欢快、热闹的气氛。

蓝、紫、白会使人产生寒冷、沉静的感觉，称为冷色调。多用在盛夏酷暑时的室内装饰，以产生凉爽的感觉。另外，悼念场所也多种此色调的花材布置，以营造庄严、肃穆的气氛。

绿色介于冷暖色调之间，为中性色，称为温色调。插花中衬叶的作用，就是为了起到调节色彩对比的作用。

此外，金、银、黑、灰也属温色调，对任何色彩起缓冲协调作用，在插花创作中，可通过此类色调的花器或金、银色的金属珠链等装饰品，来调节作品中色彩对比关系。

(2)色彩的距离感

冷色和暖色并置时，暖色有向前及接近的感觉；冷色有后退及远离的感觉，6种基本色相的距离感按由近而远的顺序为：黄、橙、红、绿、青、紫。可将此特点运用在插花作品中，以增加作品的层次感和立体感。

(3)色彩的轻重感

色彩的轻重感主要取决于明度，明度越高，感觉越轻；明度越低，感觉越重。插花中经常用轻重来调节作品的重心平衡。

(4)色彩的体量感

在人的生理反应上，色彩的深浅有收缩与扩张的感觉。色彩的体量感与明度和色相有关。明度越高，膨胀感越强；明度越低，收缩感越强。暖色具有膨胀感，冷色则有收缩感。在插花色彩设计中，可以利用色彩的这一性质，改变视觉效果；或在造型过大的部分适当采用收缩色，过小的部分适当采用膨胀色，以取得整体平衡与比例协调。

(5)色彩的运动感

暖色系色相伴随的运动感较强烈，冷色系色相伴随的运动感较弱。中性色中白光照度越强，运动感越强烈，灰色及黑色的运动感逐步减弱。我们平时说的橙色系骚动感、青色系宁静感就是色彩运动感的表现。同一色相明度高运动感强，明度低运动感弱；同一色相纯度高运动感强，纯度低运动感弱。色相的亮度也能产生强弱不同的运动感，亮度强的色相运动感强，亮度弱的运动感弱。互为补色的两个色相组合时，运动感最强。

此外，色彩还会给人以方向感受、面积感受等视觉反应，都可在插花创作中灵活运用。

3.1.3 色彩的象征意义

色彩能够影响人的情绪，不同的色彩会引起不同的心理反应。不同的民族、传统习惯、文化修养、性别、年龄等，会对色彩产生不同的联想效果。色彩本身是没有任何感性内容的，只有当人的思想意识与其联系起来的时候，才会出现色彩的感受与联想。在插花艺术的色彩配置中，有效地利用这一特性，就可深切感受到色彩的艺术魅力。

(1) 红色

红色具有喜庆、热烈、富贵、艳丽的特征，适用于婚礼、喜庆、开业剪彩，以烘托欢快、热烈的环境气氛。

(2) 黄色

金黄色富丽堂皇，浅黄色柔和温馨，纯黄端庄高贵。实际应用中，可将深浅不同的黄色搭配，可产生微妙的观赏效果。

(3) 橙色

橙色具有明亮、华贵的特征，常带给人以甜美、成熟、温暖的感觉。橙色适于在丰收、喜庆、收获等场景做主色调。

(4) 蓝色

蓝色象征深远、安静，使人心胸豁达，情绪镇定。蓝色适用于医院、咖啡屋、茶馆等安静场所。

(5) 紫色

紫色象征华丽、高贵，淡紫使人感到柔和、娴静、典雅，适用于布置居室、舞厅等场所。

(6) 白色

白色象征纯洁，使人产生神圣、高雅、清爽的感觉，能有效增加其他花卉的鲜明度和轻快感。

(7) 绿色

绿色具有大自然的气息，象征着勃勃生机，同时又具有平和安静的特征。绿色可缓冲过于强烈的对比，适用于各种室内场所，也可用于庄严肃穆的会场。

(8) 灰色

灰色给人以朴素、稳重的感觉。最适与各色调和，现代插花创作中多采用银灰色金属丝等辅助材料。

(9) 黑色

黑色神秘、庄严、含蓄，多为花器选择的色彩及插花作品的装饰背景。

色彩的象征和联想是一个复杂的心理反应，受到历史、地理、民族、宗教、风俗习惯等多种因素的影响，并不是绝对的。在插花创作时应按题材内容和观赏对象进行色彩设计，色彩的象征意义只能作为色彩运用的参考。

3.2 插花色彩配置

3.2.1 花材间的色彩配置

(1)单色系配色

采用同一色相的不同明度来搭配的配色方式。如红色系的粉红、红、深红、暗红等，表现浓淡层次的调和美。这类配色多用于花型丰满的作品中，色彩设计比较简单，具有柔和、高雅、耐看的效果，是目前国际上较为流行的花艺设计配色方法。

(2)类似色配色

色相环中色环上90°夹角内的邻近色的配色组合。可以是任一原色与左右90°夹角内邻近的相似标准色的组合，如红—橙、橙—黄、黄—绿、绿—蓝、蓝—紫、紫—红；也可以是色环上任何90°夹角内三色的组合，如黄—黄橙—橙、橙—红橙—红。这种配色由于颜色相近或有过渡，容易统一、和谐，为最受欢迎的配色组合之一，使用较为普遍。

(3)对比色配色(图3-2)

对比色配色即互补色配色，色环上相隔180°处相对位置的两个颜色的组合。如黄—紫、橙—蓝等。对比色色彩的对比强烈，使人感到色彩鲜明、生动、有跳跃感。补色关系运用得好，将使插花作品个性鲜明，生气勃勃，主体突出。补色关系运用不当，则会产生生硬的不自然外观。关键是处理好变化中求统一及色彩的主副关系。插制时可从三方面来协调：一是主次分明，主色调在面积上或构图上占优势；二是两种色彩应在画面上互有穿插，相互辉映；三是利用中间色(如黑、白、灰、金、银等)来调和，缓和对比，避免产生失调和刺目感。

(4)分离互补色配色(图3-3)

分离互补色配色指色环上任一颜色与其相对互补色紧邻两边的任一颜色的组合，如黄橙—蓝、黄橙—紫，色相对比也较强，与对比色配色效果接近。

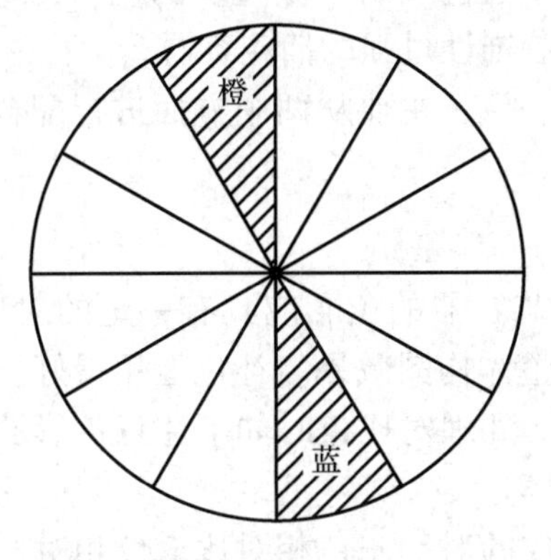

图3-2　对比色配色(曾端香，2006)

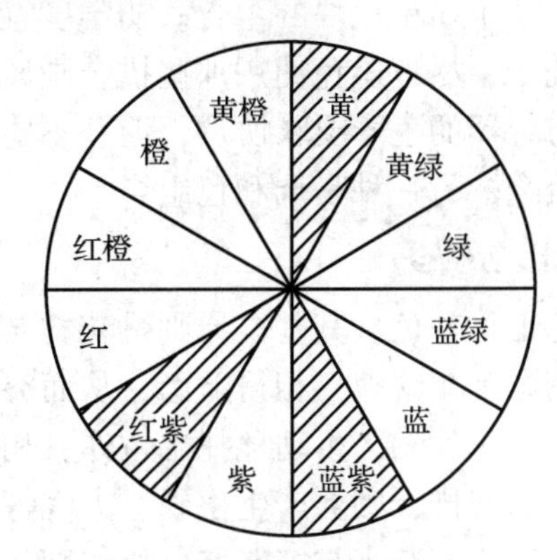

图3-3　分离互补色配色(曾端香，2006)

(5)三合色配色(图3-4)

色环上等距离120°相隔的3个颜色的组合，如红—黄—蓝(三原色)或橙—绿—紫(三间色)，能给人一种鲜艳明快的感觉；亦可用色环上呈等腰三角形分布的3个颜色，如黄绿—红—紫，将3种颜色以不等量来搭配。用这种配色方案来插作的花艺作品，色彩绚烂，很适用于喜庆场合，西方传统插花常用这种配色方法。

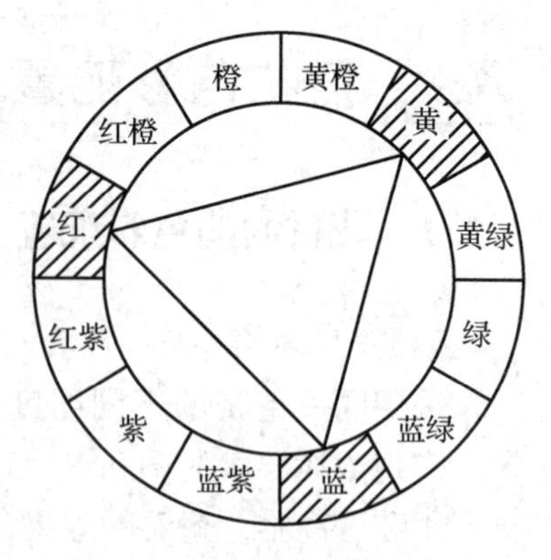

图3-4　三合色配色(曾端香，2006)

(6)四合色配色(图3-5)

色环上呈正方形(如黄—红橙—紫—蓝绿)或长方形(如黄绿—橙—红紫—蓝紫)分布的4种色彩的组合，配色效果与三合色配色接近。

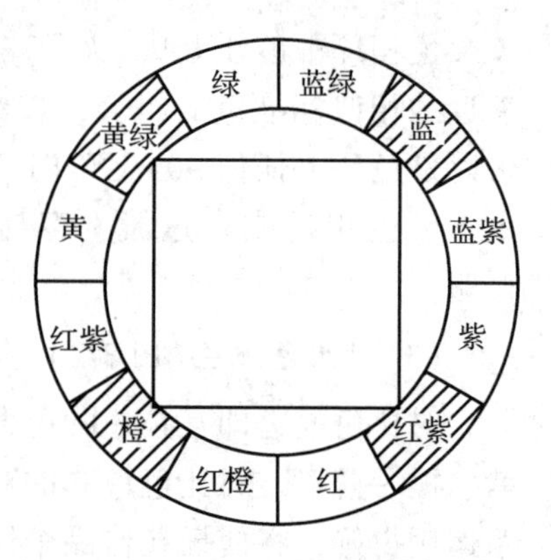

图3-5　四合色配色(曾端香，2006)

(7)花色搭配注意事项

①每件作品中，花色相配不宜过多，一般以1～3种花色相配为宜，否则易产生眼花缭乱之感。

②多色相配应有主次，切忌各色平均分配。当礼仪插花要求喜庆气氛浓烈时，可用多色搭配。

③除特殊需要，一般花色搭配不宜用对比强烈的颜色相配。对比强烈的颜色相配时，应当在配合复色的花材或绿叶，以缓冲色彩冲突。

④不同花色相邻之间应互有穿插和呼应，以免孤立和生硬。

3.2.2　花材与容器间的色彩配置

插花容器色彩的丰富多变，对插花来说，无疑是十分有利的。但如果插花容器色彩选择不妥，也会造成整个作品的失败。例如，用粉彩花卉画、人物图案作画面的花瓶，就其本身色彩配置来说，也许是十分精美的，但与花卉相配，会造成喧宾夺主的局面。所以，在插花容器色彩的选择上，要立足于简洁、统一。每件插花容器最好只有一两种颜色，或是几个简单色块的组合。初学者宜选中性色或比花材“重”的色彩，易取得与作品的协调统一，尽量避免使用那些描金画凤、装饰性过强的插花容器。

花卉与容器的色彩要求协调，但并不要求一致，主要从两个方面进行配合：一是采用对比色组合；另一种是调和色组合。

(1)对比色组合

对比色也称补色，其基本原则是花材与插花容器的色彩应具有一定的对比鲜明度，以使双方色彩互相辉映，相得益彰，从而突出整体构图效果。补色运用得好，将使插花色彩明亮，生机勃勃，生动地托出主体；相反，处理对比色时如不注意色彩的谐调和花体色块大小的安排，则会产生生硬、火气等弊病。

①色相对比　花卉与容器有色相差别而形成的对比叫色相对比。色相对比有强弱之

分，主要有对比色相和互补色相的对比。对比色相对比的色感比较鲜艳、强烈，具有饱满、华丽、欢乐、活跃的感情特点，容易使人兴奋、激动。互补色相对比是相应的色彩对比，也是最强的色相对比，如红花与青绿色插花容器、黄花与青紫色插花容器等。中国传统配色中有“红间绿，花簇簇”，“红配绿，看不足”的说法。

②明度对比 即色彩明暗程度的对比，也称黑白对比。如在黑色的插花容器之中，插入白色的马蹄莲花，一暗一明造成对比，就能起到色彩鲜明的效果。

③冷暖对比 冷暖对比也是花卉与容器配色的主要方法。采用冷暖对比的色彩，效果会生动起来。如用湖蓝色水盆，插粉红色的荷花，冷色的盆与暖色的花形成了冷暖对比，更进一步烘托出花的妩媚。在一般情况下，插花容器的颜色是深色的，花可插浅色的；容器色彩是淡色的，花可插深色的，以便形成对比。

(2)调和色组合

运用调和色来处理花材与容器的色彩关系，能使人产生轻松、舒适感。

①同类色和近似色调和 同类色是指色相相同而深浅不同的颜色，如橘红与大红、绿和青绿等。近似色的色距范围较大，有一定的对比性，容易表现出色彩的丰富性和形成色彩的节奏和韵律，近似色有红与橙、橙与黄、黄与绿、绿与青等。

②中性色调和 插花还可以利用中性色进行调和，如黑、白、金、银、灰等中性色的插花容器，对花卉有调和作用。也可用金银丝装饰在花中，使花卉与容器的对比因其而调和。

3.2.3 插花与环境的色彩配置

插花具有一定的装饰作用，如过年过节或喜庆日子作为装饰品美化环境，把屋内外装饰点缀成一片节日的气氛，寄托美好的理想，振奋人们的精神。插花的色彩要根据环境的色彩来配置。如在白底蓝纹的花瓶里，插入粉红色的二乔玉兰花，摆设在传统形式的红木家具上，古色古香，民族气氛浓郁。在环境色较深的情况下，插花色彩以淡雅为宜；环境色简洁明亮的，插花色彩可以浓郁鲜艳一些。

放置作品的环境背景色彩对插花作品起陪衬、烘托及协调作用，暖色调插花一般多采用淡雅的冷色调，如湖蓝、湖绿、淡灰等作背景；一些淡色调插花可选用墨绿、紫红、褐色、黑色等背景。此外，还要注意室内环境的功能。花材的色彩直接影响着摆设环境的气氛，因此，在插花创作之前要根据所摆设的环境精心选用花材。例如，客厅是接待客人的场所，宜创造一种热烈而欢快的气氛，以表示对客人的欢迎和敬意，宜选择色彩鲜艳的红色系的花材为主体花材，常用香石竹、切花月季、牡丹、红梅、非洲菊等；书房是学习阅读的场所，需要创造一种宁静幽雅的环境，因此，在小巧的花瓶中插置一两枝色淡形雅的花枝，或者单插几枚叶片、几枝野草，备感幽雅别致，如霞草、桔梗、狗尾草、荷兰菊、水仙花、小菊等；卧室摆设的插花应有助于创造一种轻松的气氛，以便帮助人们尽快恢复一天的疲劳，插花的花材色彩不宜刺激性过强，宜选用色调柔和的淡雅花材。

3.2.4 插花与季节的色彩关系

在考虑和确定插花构图的主题色调时，要以自然界的色彩变化为依据，遵循自然色

彩的变化规律，使作品色彩自然逼真，富有感染力。一年四季的变化为作品的配色创作提供了最好的自然景致，反映季相特征的作品应根据不同季节自然界中植物的主要色彩特征，确定插花的主题色调并适当发挥。

(1)春季

反映春季景致的插花宜以红、黄等暖色调为主题色调，色彩宜鲜艳，以明度较高的色彩配合，表现出姹紫嫣红、生机盎然的春天，如选用油菜花、红色和黄色的郁金香等。

(2)夏季

夏季插花的色彩要求清逸素淡、明净轻快，适当地选用冷色的蓝、白或淡粉等色为主题色调，如晚香玉、百合、飞燕草、鸢尾、荷花、睡莲等，能给人带来爽心宁神、清凉明快的感受。

(3)秋季

秋季景致以满目红扑扑的果实、遍野金灿灿的稻谷为象征，插花作品宜以反映秋色的暗红、暗黄、橙黄等色彩为主题色调。常用红色的枫叶、金黄的稻麦穗、橙黄的果实，配以色彩斑斓的菊花、鸡冠花、翠菊等花材，与季相特点相吻合，给人以喜悦、丰收、兴旺的遐想。

(4)冬季

冬季的来临，伴随着寒风与冰霜，插花则应以暖色调为主，插上色彩浓郁的花卉，给人以迎风破雪的勃勃生机，宜以象征着温暖和希望的红色和黄色为主题色调，如红色香石竹、南天竹红色果穗、火棘红色果枝、一品红等。也可以以展现坚强不屈的精神为主题，采用梅花、蜡梅、松柏、万年青等为素材插制作品。

3.3 插花构图原理

所谓插花构图，就是如何设计花材的形态，采取怎样的布局和姿势，展现插花作品的形态美。插花构图本身并不是创作的最终目的，其基本任务在于表现主题，使主题思想获得具体的形象结构，以增强插花作品的艺术效果。插花的构图是灵活多样的，但却不是随意插制的，形态美的塑造要遵循一定的艺术规律，即比例与尺度、变化与统一、协调与对比、动势与均衡，韵律与节奏五大构图原理。

3.3.1 比例与尺度

比例作为形式美的原理之一，源于数学，但在插花的具体创作过程中，不必像数学关系那样精确，只需用“心理尺度”衡量即可。插花作品的比例关系着重于大小、长短的比较，部分与整体的比较，花器与花形的比较，作品体量与环境空间的比较等，这些都是形成构图美感与稳定感的主要因素。确定插花作品适宜的比例与尺度通常从以下3个方面考虑。

(1)插花作品的整体尺度

插花作品的整体尺度应根据作品陈设环境的空间大小和要求来确定，尺度适宜的装

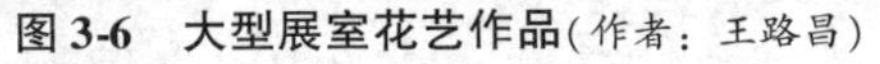

图 3-6　大型展室花艺作品(作者：王路昌)

图 3-7　室内大型花艺作品(作者：许惠)

饰才能使空间显得更为舒适，达到美化环境的目的。

插花作品的体量大小可分为超大型作品、大型作品、中型作品与小型作品。一般来说，超大型作品常用于室外展览或大型展厅的布置。作品的体量根据空间场地大小，要求创作出体量为 3～5m 或更大的作品(图 3-6)。这样的作品醒目壮观，与宽大的空间相协调。一般展馆室内摆放的插花作品通常为大型、中型、小型作品。大型作品的长宽一般在 1.5～2m，高 2～3m(图 3-7)；中型作品的长宽一般在 0.8～1m，高 1.5～2m(图 3-8)；小型作品的长宽一般在 0.3～0.5m，高 0.3～0.5m(图 3-9)。在插花布展过程中，插花作品的体量大小还需根据摆放的具体环境作出调整。

图 3-8　室内中型花艺作品(作者：刘明华)

图 3-9　小型花艺作品

(2)花型与容器的比例

确定花形与容器间的比例关系，可以采用数学上“黄金分割”的比例关系进行插制。这样形成的插花作品的比例关系是合理的，从构图上看也是协调的。总结黄金分割的比例关系，大致可以得出：花型的最大长度或高度为容器体量(高度+宽度)的1.5~2倍。

(3)插花构图的焦点位置(图3-10)

在插花作品观赏时，人们视觉焦点的位置通常也是在黄金分割的交点上。该交点通常位于插花作品中部偏下的重心处，也是构图中心。通常我们把最具吸引力的花材作为焦点花插制在这一点上或其附近。

插花构图的比例与尺度的关系原理，对于插花形式美的构成起着积极作用，但并不是绝对的，尤其不可生搬硬套。在插花作品创作时应依据创作主题、创作对象、应用场合等实际要求进行构图，以达到突出主题的效果。有时为达成特定需要，常有意突破构图原理的限制，以达到标新立异、个性鲜明的创作效果，特别是在插花技艺十分娴熟后，更可以灵活运用。

图3-10　插花构图的焦点

图3-11　变化与统一

3.3.2　变化与统一(图3-11)

这是插花的最基本原理，变化是指由性质相异的插花要素并置在一起所造成显著对比的感觉。变化如果处理得当，显得生动活泼，处理不当，会有杂乱无章之感。

统一是指由性质相同或类似的要素并置在一起，形成一致的或具有一致趋势的感觉。它使得作品具有协调、大方、单纯、有静感，但处理不当会显得单调乏味。

变化与统一是对立的统一体，在插花过程中要正确处理变化与统一的关系，要做到在变化中求统一，在统一中求变化，才能取得协调的构图效果。在有限的空间里，创作出各种各样的自然景观和耐人寻味的艺术意境，靠的就是变化。变化又要求在统一中去寻求，这样才能使得插花构成的各要素形成一个和谐的整体。如果只有变化而无统一，就会使插花作品显得杂乱无章，支离破碎。反之，如果只有统一而无变化，又会使插花作品看起来单调乏味，缺少生气。所以，插花时既要有一定的变化，又要有一定的相关性，在变化中求统一，在统一中求变化，这样插出的作品才会使人感到优美而自然。

插花中的变化与统一体现在三方面。

(1)花材间的变化与统一

花材间统一表现在，插花作品创作时花材之间应具有某些共性。如在花材花形、姿态、色彩、质感上应具有某些一致性，使插花作品具有较好的整体感。若重点表现花姿美感，就要在色彩、质地上求得一致；若重点表现色彩缤纷的花色之美，就要在花材的质地、花形上求得一致。

花材间的变化表现在，插花作品具备整体感的同时又要通过花枝的高低错落、花朵朝向变化，色彩的丰富多样，使画面生动起来，做到在统一中求得变化。

当选用少量或单一花材构图时，为了避免单调乏味，就要在花材本身上求得变化，如花朵大小、开放程度、姿态上要有变化。当选用多种花材构图时，首先，要主次分明，这一点对于求得插花作品的协调统一十分重要。插制时可以1～2种花为主花，突出它们的位置、数量、色彩的效果，在形成作品基调后再使用次要花材活跃构图与色彩，忌多种花材平均分配。其次，在插花创作中，用衬叶或补充花点缀作品，也可起到使画面协调的作用。衬叶种类同样应遵循主次分明的法则，宜少不宜多，通常1～2种即可。

(2)花材与花器间的变化与统一

花材与花器是插花作品构成中不可分割的两个部分。在处理它们之间的关系时，应以花材为主，容器为辅，不可喧宾夺主。

通常线条状花材配以高身的瓶花花器较为协调，但全部使用线状花材又会导致构图单调，缺乏变化。因此，在作品插制时，在使用线状花材构图的基础上，以曲线状花材与团块状花材相互配合，达到一种线与面的变化，就可使整个作品既具有整体感又富有变化。

(3)作品与环境间的变化与统一

插花作品的主要功能是美化装饰环境，环境在一定程度上也是影响插花构图设计的一个因素，只有作品与环境协调，才会使人感到舒适。通常我们要求插花作品既要符合环境图案构成的基本格调，同时又要在构图与色彩上有变化，这样才能使作品与环境之间既有统一，又富有变化。

3.3.3　协调与对比(图3-12)

插花构图中最重要的原理是构图的整体美感。对比常常在艺术创作中作为突出主题，塑造鲜明艺术形象的一种重要的艺术表现手法，它能产生生动活泼、热烈奔放、欢庆喜悦的艺术效果。协调是缓解和调和对比的一种表现手法，能使对比引起的各种差异感获得和谐和统一，从而产生柔和、平静的美感。

图3-12　协调与对比

插花构图时疏密、聚散、大小、曲直、色彩、质地等各方面之间的对比，在插花艺术创作中都是常用的对比手法。大体上讲，西方插花多采用对比手法，形成欢快、热烈的气氛。而东方式插花更注重协调产生的美感。如古朴粗犷的陶罐，插上花枝粗壮、花朵深厚的花材等就显得协调；若插上轻飘细柔的花材，就会显得上轻下重，很不协调。

3.3.4　动势与均衡(图3-13)

动势就是一种运动状态，一种动态感受。在插花中则指各种花材的姿态表现和造型的动态感。均衡就是平衡和稳定。在插花中它是指造型各部分之间相互平衡的关系和整个作品形象的稳定性。动势与均衡是对立统一、相辅相成的。对称式构图严谨、端庄，但由于缺乏动感，感染力不强。不对称式构图作品具有动感，生动活泼，但这类作品在插制时不易保持重心平衡，处理不好会让人觉得作品不稳定。插制插花作品时可以充分利用人对色彩、形状、质地等的不同视觉感受，巧妙地选择花材与布置各种花材分布的空间位置，使作品取得视觉上的均衡效果。

在插花材料的使用上，深色的花材比浅色的显得重，紧凑厚实的花材比松散、质薄或镂空的显得重，质地粗糙的花材比细腻的显得重。将视觉上较重的花材插在作品的下方或靠近中心处，而把较轻的插在作品的上方或外围，就易取得视觉上的平衡。在插花中，无论什么样的构图形式，无论花枝在容器中处于什么状态，都必须保持平衡和稳定，才能使整个作品给人以安全感。

插花构图的均衡有两种表现形式，即对称式均衡和不对称式均衡。

(1)对称式均衡(图3-14)

图3-13　动势与均衡(作者：高华)

图3-14　对称均衡构图

在对称式插花构图中，重心两侧基本相等，最易取得均衡，作品也很稳定。

对称式均衡指处在对称轴线两边的力或量、形或距完全相同，是最简单、最稳定的均衡。

对称式均衡构图的插花作品具有简单明了、庄重大方的特点，但花型比较严肃、呆板，传统的西方式插花常采用这种构图形式。在实际生活中，四面观餐桌插花、会议桌花或庄严典礼上的插花，多采用此种构图。

(2)非对称式均衡(图3-15)

非对称式均衡指处在对称轴线两边的力或量、形或距在形式上是不同的，但心理和视觉上的感受是相同的。其作品具有生动活泼、灵活多变、更富有自然情感和神秘感的特点。在东方式插花中，也采用这种不对称的、动态的均衡。在插花构图时，通过疏密、聚散、高低、远近、虚实、花色深浅、质地薄厚的不同，巧妙插制花材，就能取得动势均衡的艺术效果，使作品更加生动活泼。东方插花创作时也常利用垫座、几架与配件的合理配置，来实现作品构图的均衡。

图 3-15　非对称均衡构图

图 3-16　韵律与节奏

3.3.5　节奏与韵律(图 3-16)

节奏和韵律原本是从音乐艺术而来的，人的听觉对节奏具有鲜明的反映，而视觉也有一定的节奏感受能力。插花中的节奏表现在人的视线在插花作品的空间构图上有节奏的运动。这种运动主要是通过线条流动、色块形体、光影明暗等因素的反复重叠来体现的。如花材的高低错落、前后穿插、左右呼应、疏密变化及色块的分割都应当像音符一样有规律、有组织地进行。

韵律是诗词学上的术语。插花作品的韵律是指插花在构图形式上具有优美的情调，在有规律的节奏变化中表现出像诗歌一样的抑扬顿挫、平压起伏，这是插花艺术表现上较高的要求。许多插花作品插得杂乱无章、支离破碎或者平淡无味，大多是没有掌握好节奏与韵律这一原理。

3.4　插花基本构图

插花作品的整体姿态和花枝在容器中的位置，形成了插花的各种构图。插花的造型不论是古代还是现代，都有一定规律可循。西方插花常采用几何图案进行插花构图，东方插花则依据三主枝进行插花构图。插花的构图形式多种多样，作品造型千变万化，但归纳起来，主要有以下几种基本构图形式。

3.4.1　对称式构图设计

对称式插花作品外形轮廓整齐而且对称，在假定的中轴线两侧均匀布置花材，插成

各种规则的几何图形。这种构图设计在外观上平衡稳定、外形简洁、条理性强，在结构上花型整齐、紧凑丰满、端庄典雅，具有热烈奔放和喜悦欢庆的特点，是西方插花的传统构图形式，也是现代礼仪插花中较常用的构图形式。常应用于餐桌花、礼仪花篮、迎宾花束、新娘捧花和花环等。

对称式构图设计常见的造型有等腰三角形、扇形、椭圆形、球形、半球形、倒梯形、塔形等。

1)三角形花型(图3-17)

三角形花型为单面观插花造型，常插成挺拔的等腰三角形。基本造型图以直立插入的主枝和横向插入的枝叶构成顶点，在这三点连线的框架内，插主体花材和补充花材。

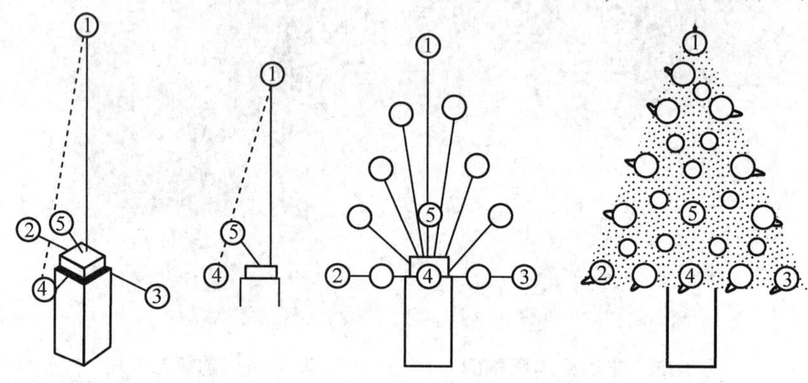

图3-17　三角形花型结构

花型插制如下：

(1)插骨架花

将花枝①竖直插于花泥正中偏后2/3处，在花泥左右两侧偏前1/3处分别沿花器口水平插入两花枝②、③，长度为花枝①的1/2左右。在花泥正面中心，水平插入花枝④，长度为枝①的1/4。

(2)插焦点花

在①—④连线上以45°角插入焦点花⑤，其位于花型中线靠下部约1/4处。

(3)插主体花

在①—②、①—③、②—③间插入其他花枝，使顶点连成三角形直线轮廓。在花型结构中对称插制主体花，形成块与面的花型立体结构。

(4)插补充花

在主体花花枝间空隙内插入补充花材，填补空隙，丰富层次和遮盖花泥。

2)倒T形花型(图3-18)

倒T形花型为单面观插花造型。倒T形造型与英文字母“T”的倒置相同，左右两侧的线呈水平状，竖线与横线在相交时呈90°。倒T形的插法与三角形相似，但腰部较瘦，即花材集中在焦点附近，两侧花一般不超过焦点花高度。倒T形突出线性构图，宜使用有线条感强的花材。

花型插制如下：

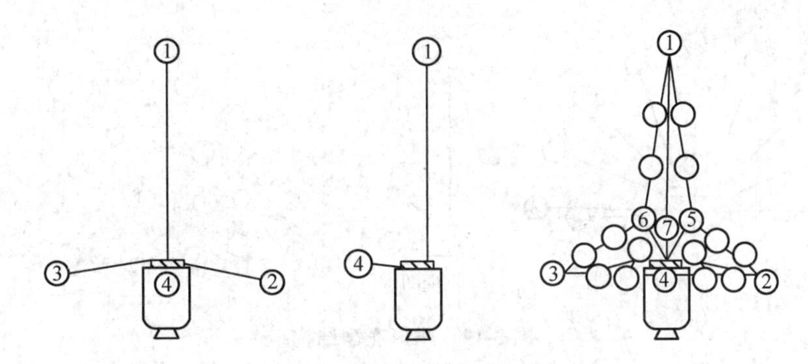

图3-18　倒T形花型结构

(1)插骨架花

花枝①垂直插于花泥正中偏后2/3处；花枝②、③均为花枝①长度的1/2左右，水平对称插于花泥左右两侧；花枝④为花枝①长度的1/4，插在花泥正面前中央处呈90°；花枝⑤、⑥为花枝①长度的1/4，对称插于①左右两侧，向后倾斜30°。

(2)插焦点花

焦点花枝⑦插于①—④连线下部1/5处，与花枝①呈45°。

(3)插主体花

在骨架花规定的轮廓范围内，补充数枝花材，完成花型主体。

(4)插补充花

在主花材空隙内插入补充花材，填补空隙，丰富层次和遮盖花泥。

3)扇形花型(图3-19)

扇形花型为单面观插花造型，花型由中心点呈放射状向四面延伸，如同一把张开的扇子。扇形花型插制时花枝分层插制，构成花型层叠效果。扇形花型作品常用于迎宾庆典等礼仪活动中，以烘托热闹喜庆的气氛，装饰性强。

花型插制如下：

(1)插骨架花

用4枝花①、②、③、④构成花型的高、宽、厚的骨架，插制位置及角度均同三角形，但①、②、③3枝长度相等，花枝④长度为花枝①的1/4。

(2)插焦点花

将焦点花⑤向前倾斜45°，插在花型中轴线下1/3处。

(3)插主体花

在②—①—③之间插入花枝使各花枝顶点连成扇面形的弧线，在②—④—③之间插入花枝连成水平弧线。在弧线规定的轮廓内插入主体花材，完成花型主体。

(4)插补充花

在主花材空隙内插入补充花材，填补空隙，丰富层次和遮盖花泥。

4)半球形花型(图3-20)

半球形花型为四面观插花造型。为半球形状，花型规整，均匀对称，造型丰满。制

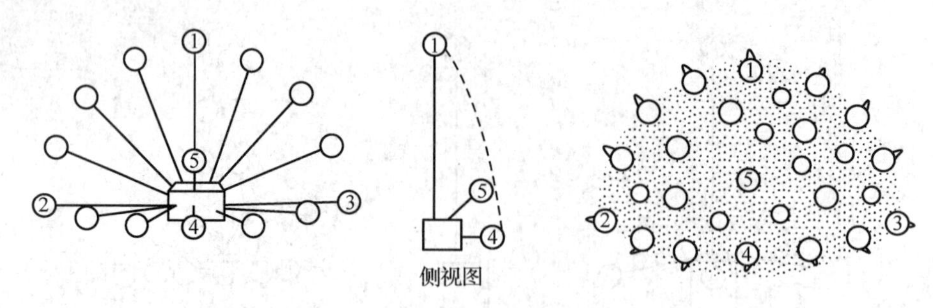

图 3-19　扇形花型结构

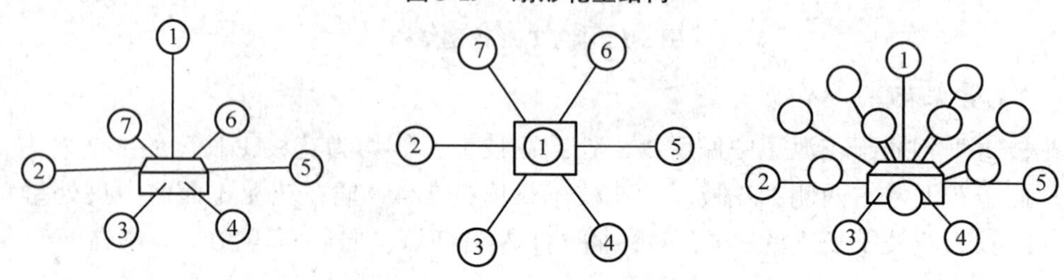

图 3-20　半球形花型结构

作时注意垂直花枝为底边圆形直径的 1/2，花型为半球形。垂直花枝直立，水平花枝均匀配置、色彩搭配，同色不相邻，外围轮廓均匀对称成半球状。

半球型花型的插花作品适用于餐桌、会议桌、茶几、冷餐台摆设，也是花篮花束和新婚捧花的常用花型。

花型插制如下：

(1) 插骨架花

在花泥中央垂直插入花枝①，高度一般不超过 30cm。在花泥四周水平插入 6 支等长的花枝②～⑦(也可 5 支或 8 支)，夹角均为 60°，与垂直花枝的顶点组成一半球球面形。

(2) 插主体花

在骨架花所形成的半球形轮廓范围内，均匀插入其他花枝，形成一个结构完整半球体。

(3) 插补充花

在主花材空隙内插入补充花材，填补空隙，丰富层次和遮盖花泥。

5) 椭圆形花型(图 3-21)

椭圆形花型为四面观插花造型。外形长椭圆形，花型规整，均匀对称，造型丰满。从每一个角度侧视均为三角形，俯视每一个层面均为椭圆形。其插制方法与半球形桌花相似，均要求花型圆润，规整对称。

椭圆形花型造型丰满、稳重而庄严，适用于餐桌、会议桌、演讲台、茶几的摆设。

花型插制如下：

(1) 插骨架花

用 5 支花①、②、③、④、⑤构成花型的高、长、宽的垂直和水平骨架，形成长椭圆形。垂直花轴一般不超过 30cm 高，长轴长度为短轴的 3 倍。垂直花轴直立不向任何方向倾斜，与 4 支水平花轴分别相交 90°；水平花轴沿水平方向 180°铺展。

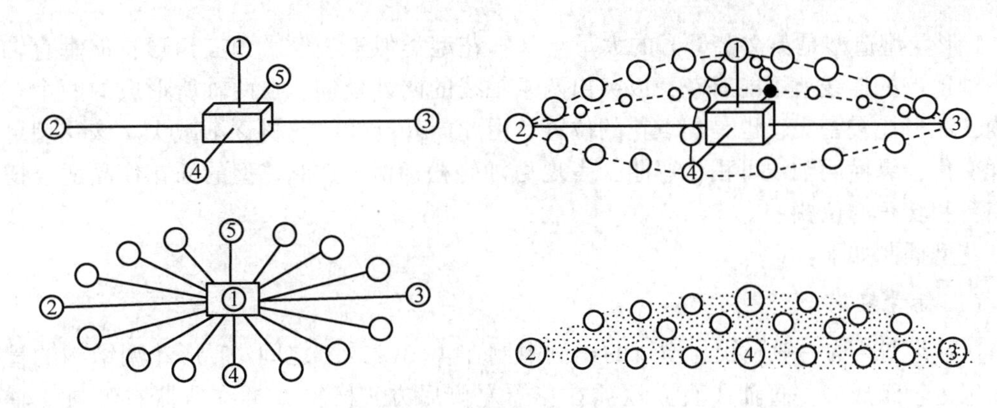

图 3-21　椭圆形花型结构

(2)插主体花

在花枝②—④—③—⑤构成的水平的椭圆形内插入花枝，各花枝不超过椭圆形的弧线；再在花枝②—①—③构成的垂直面上的长椭圆连线上插入花枝，构成弧线；然后在花枝④—①—⑤构成的垂直面上的短轴弧线范围内插入花枝；最后在整个椭圆体面内均匀地插入其他花枝，形成一个椭圆体。

(3)插补充花

在主花材空隙内插入补充花材，填补空隙，丰富层次和遮盖花泥。

3.4.2　不对称式构图设计

不对称式构图又称不整齐式构图，作品外形轮廓不规则、不对称，一般不拘泥于某种形式，常是以不等边三角形的构图方法来确定造型，充分发挥线条的变化。不对称的插花造型，两边的距离虽有长短之别，而重心位置始终在插花器皿中心，因此能够保持重心的平衡。其特点是以动态均衡为原则，构图富于变化，体现植物自然生长的线条美和姿态美，可以得到活泼自然的艺术效果。这种插花使用的范围广泛，能够充分表现作者的思想。

不对称式构图常见造型有 L 形、S 形、新月形、弧线形、不等边三角形等。

1) L 形花型(图 3-22)

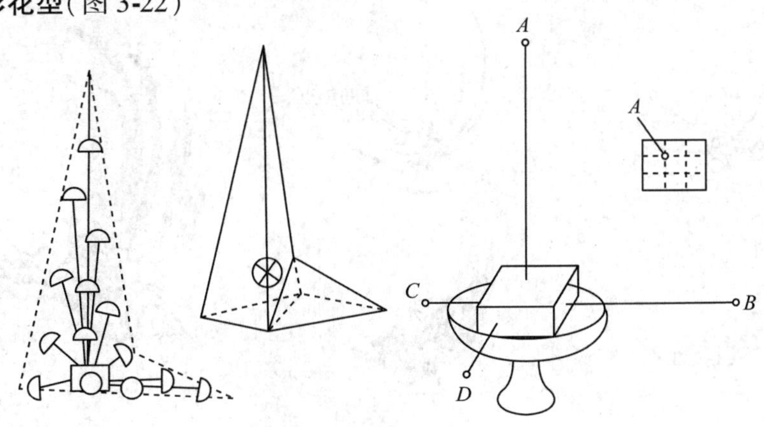

图 3-22　L 形花型结构

L形花型造型是英文字母L的大写。基本花型类似于一个直角三角形，但垂直轴和水平轴顶点的连线上不能有花，以突出两条轴线的向外延伸。在两轴所形成的两个三角锥内，花材比较密集，也是焦点花的位置，由此向外延伸的花材逐渐减少。该花型可作多样变化，纵横两轴线可稍作弯曲，表现更加轻松活泼。L形花型的插花作品适合摆放在窗台和转角的位置。

花型插制如下：

(1)插骨架花

L形花型结构一般竖线与横线的比例限制在4∶3～2∶1之间。L形花型结构的骨架由3根主轴组成。垂直轴A直立地插在花器左侧后方，横轴B插在花器右侧与A轴呈90°；横轴C插在花器的左侧，应短于右侧的横轴B；花器前方插前轴D，以增强花型的立体感，前轴D应短于横轴B。

(2)插焦点花

在A、B、D三轴交汇处位置插制1～3支花作为焦点花。

(3)插主体花

在骨架花枝两侧，轴线的空当部位插制主体花，按上散下聚的原则。

(4)插补充花

依花型结构与色彩需要，插制补充花与配叶。在主花材空隙内插入补充花材，填补空隙，丰富层次和遮盖花泥。

2）新月形花型(图3-23)

新月形花型又称C形花型，此花型插花为两侧渐尖、中间略宽的造型，整个作品表现了曲线美和流动感，造型如一弯新月，优雅、简洁而有新意。新月形花型插制时，宜选择易弯曲的花材，使花枝能顺着弧线走向弯曲，不破坏花型结构，使曲线优美而流畅。新月形花型的插花常作为餐桌花、室内摆设花使用，一般花材种类不宜过多。

(1)插骨架花

新月形花型由上半部弯曲的弧线与下半部弯曲的弧线联合构成弯曲的C形结构，上

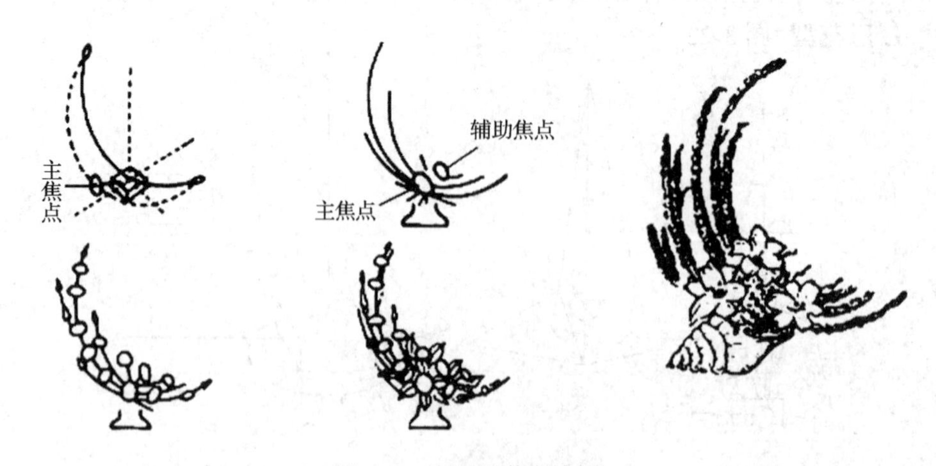

图3-23　新月形花型结构

半部弧线为下半部弧线长度的1.5～2倍。骨架花常采用自然弯曲的花枝或叶材插制。骨架花①构成新月形花型的上部顶点，骨架花②构成新月形花型的下部顶点。

(2)插主体花

新月形花型为两头窄长、中部较宽的形态。主体花应顺弧线的自然弯曲而插制，形成流畅、舒展的插花造型。主体花的插制应使花型丰满，富有层次。

(3)插焦点花

在新月形花型的上下两个弧线的交汇点的垂直轴线上插制1～3朵焦点花。

(4)插补充花

依花型结构与色彩需要，插制补充花与配叶。在主花材空隙内插入补充花材，填补空隙，丰富层次和遮盖花泥。

3) S形花型(图3-24)

S形花型结构形同英文字母S，S形又称赫加斯形，相传是由英国画家赫加斯从古老的螺旋线发展而来的，又叫美人鱼形。这种花型宜用高身容器，以充分展现下垂的姿态，构成悬崖式插花造型。为了使造型丰满生动，S形的两个弧度可以适当做长短的变化，一般上部比下部略长些，但要注意重心位置的确定。花材的长短变化，必须控制重心在花器内，重心外移会产生失衡感。为增加作品的景深感，可插出主焦点和辅助焦点。

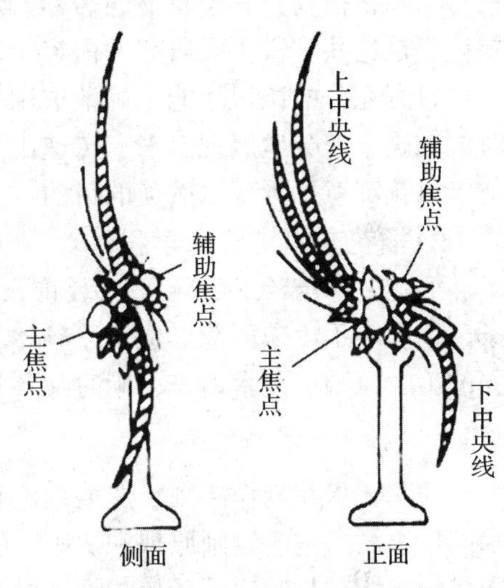

图3-24　S形花型结构

4) 不等边三角形花型

不等边三角形是构图中最为常见的不对称构图形式，不等边三角形的构图原理也广泛的应用于插花创作之中。插花构图中既有单一的不等边三角形构图，也有多个不等边三角形构图的复合类型。在现代插花的构图中常将多个不等边三角形复合形成复杂构图。不等边三角形花型因图案没有固定形态，因此也无统一的标准花型。东方式插花构图从轮廓上看类似不等边三角形，但其三主枝构图的理念与简单的几何形态构图是完全不同的。

总之，不对称式插花是艺术插花的基本形式，作品的外形轮廓没有具体的模式，造型设计可随意创作，发挥设计者的想象力，自由开放，可以创作成各种模式；但不对称式构图，应在均衡上下功夫，避免出现重心不稳、头重脚轻等现象。不对称式插花形态秀丽，活泼生动，充分体现了植物材料的线条姿态及色彩等诸因素的自然美。

3.5　插花学习方法

学习插花艺术与学习书法、绘画、盆景、雕塑等艺术学科一样，有一定的方法、规律和技巧，只有了解正确的学习方法，掌握理论基础，多实践、多练习，善于总结，才能达到事半功倍的效果。

3.5.1　提高认识，加强学习

插花艺术是一门多学科的互相融合的综合艺术，它涉及的知识面比较广。既有自然科学的知识，如园林树木学、花卉学等，又有人文科学的知识，如文学、社会学、美学等。学习插花艺术除了要掌握插花的专业知识、技巧和理论之外，还应当努力学习与插花密切相关的知识，借鉴其他学科的原理与优势，不断丰富自己的文化素养，这样才能开阔思路，丰富创作灵感，应用插花创作技巧将插花材料加以概括凝练，使之上升为艺术品。

1）插花艺术与自然科学

插花艺术与园林树木学、花卉学等学科有密切的联系。插花作品创作所使用的主要素材是园林植物，其中花材的名称、形态特征、生物学特性、生态学特性、园林应用等知识都是这些学科主要研究的内容。插花创作的形式美与意境美的表达，需要我们对植物材料有充分的认识才能正确地选用花材，将它们最美的部位、姿容及最佳的观赏期及时、准确、充分地展现出来，传递出每种花材的神韵、动态美和勃勃生机，达到以花传情、以花寓意、再现自然美的目的。

2）插花艺术与艺术学科

插花艺术与绘画、雕塑、装饰设计、盆景艺术等有密切的联系。它们都是通过线条、色彩等手段来创造形象，以具体的优美造型表达创作主题的思想情感的。它们有共同的美学原则、艺术语言，同时又各具特色。

（1）插花艺术与绘画

插花艺术在创作法则、造型理论和技巧上都继承和借鉴了绘画的优良传统。插花艺术同样遵循一定的绘画原理和法则。例如，线条和色彩在作品中的应用，花枝组合和色彩搭配的协调与对比，动势与均衡的表现关系等。形式美的法则，如整齐一律、多样统一等，既是一切绘画创作所必须具备的，也是插花艺术所强调的。

中国许多著名画家曾为中国传统插花艺术理论的发展做出重要贡献。我国的传统插花在文人画、民间画、中国花鸟画、写意画等绘画形式的影响下，形成了理念花、心象花、文人插花和民间插花等形式。近代的插花形式“插画”正是将中国的花鸟画用植物材料表现于容器中，应用画理，立体地展现出鲜活生命的形象，使插花具有雕塑韵味，又比雕塑更富有生命感，被誉为“立体的画”。

初学者进行插花构图时用绘画的方法，将造型先画出来再插制，能更好地把握花枝与造型之间的协调关系。

学习色彩的基本知识，了解色相间的各种特性、感觉，掌握色彩搭配的方法和原则，能使插花作品的色彩更和谐、生动、自然准确地表达主题。

（2）插花艺术与雕塑、书法、音乐

雕塑是采用非生命的材料塑型，插花是采用有生命的花材造型，两种艺术形式既相关又有区别。插花的容器、配件等创作材料有些本身就是工艺美术品，这些艺术品常常成为烘托主题的重要组成部分。

我国的书法艺术常讲究骨法用笔，东方插花艺术常将骨法应用于线条造型。

音乐中主旋律、协奏曲讲究主次分明、相互配合，插花配色中的主色调、调和色、对比色同样强调配合效果。

3) 插花艺术与诗歌

中国所有的艺术都和诗歌艺术有着千丝万缕的联系。我国的传统插花艺术受诗歌的影响更为深远。中国传统式的插花讲究通过花材形、姿、色等自然美和象征意义来表现意境美和精神美，这种表达内心感受、追求意境美的塑造与诗歌中情景交融的艺术境界是相似的。诗歌所富有的丰富而大胆的想象力，高度的凝练性以及强烈的韵律感，与插花艺术中以花明志、借物咏情等特征是相通的，都是插花者应该认真学习和借鉴的。

中国的文人插花讲究情趣与雅致。历代的文人墨客常常身兼插花作品的创作者与品评者两种角色。我国历朝历代的诗词名句，常成为东方插花表达意境与作品命题的重要方式。如作品《金灯破晓》(图3-25)，选用了一只质地纯朴、庄重典雅的黑瓷花盆，形似灯台，几枝大花萱草宛若油灯上的簇簇火苗，仿佛唐人孟郊一首词中的诗情写照："慈母手中线，游子身上衣，临行密密缝，意恐迟迟归"。是慈母在连夜赶缝？还是勤子在挑灯夜读？令人回味。又如作品《枯藤·流水·人家》(图3-26)表现了"枯藤老树昏鸦，小桥流水人家，古道西风瘦马，夕阳西下，断肠人在天涯"的诗情画意。用紫藤、枯藤代表古藤的意境，用竹桶代表流水，用紫砂茶壶代表人家，通过组景表达创作思想。作品《金凤玉露》《汲水归来》《牧归》《春眠不觉晓》等都是在作品中融入诗情画意。

故此，诗文用文字描景移情，插花用多姿的造型移情，插花艺术是无声的诗。

图3-25　金灯破晓(作者：蔡仲娟)　**图3-26　枯藤·流水·人家**(作者：朱迎迎)

4) 插花艺术与园林艺术

中国插花崇尚自然，以形传神，巧于因借，以情寓景，而中国园林艺术师法自然，以园寓教、托景言志、游尽意在，两者同似《园冶》所述"虽由人作，宛自天开"。二者在对植物材料的欣赏上也是相通的。比如，插花和园林都讲究"花木情缘易逗"，用"红衣新浴，碧玉轻敲"比喻荷花的形象，用"出淤泥而不染"比喻荷花的性格，将枫林秋色喻为"醉颜丹枫"。再如，"玩艺兰则爱德行，睹松竹则思贞操，临清流则贵廉洁，览蔓草则贱贪秽"(康熙《避暑山庄记》)，这些均为园林与插花在素材选用、欣赏上一脉相承的共性反映。插花艺术和园林艺术都强调艺术的整体性与综合性，都是自然美、艺术美、社会美的结合与统一。

通过以上介绍可见，学习插花艺术不是简单的就事论事，不是一般的操作活动，必须广泛地学习相关的科学文化知识，努力提高自己的文化素养，丰富精神世界，培养高格调的情趣，以自身的文化与艺术底蕴通过插花作品感染大众。

3.5.2　勤于实践，融会贯通

插花艺术的学习需要理论与实践相结合，讲究实际效果，在实践中积累知识，培养分析问题和解决问题的能力。要尽可能多的参与插花实践，认真做实验、参加实习，多看、多练习、多积累是提高插花艺术水平最重要的环节。

插花艺术的学习可以分为模仿学习和创造学习两个过程。初学者可选择一些简单、典型的插花艺术作品来模仿制作，在制作过程中，要认真分析，力图掌握构图、配色特点以及分析理解其主题和表现手法。由简单到复杂，循序渐进地学习。模仿学习过程可分步骤进行，首先是完全照搬的临摹作品，在逐步掌握插制要领的基础上对原作品进行创新，逐步积累创作经验。当积累了一定的插花经验以后，可以充分利用现有的条件，如现有花材、生活中的美感体验等进行插花作品创作，实现制作插花艺术学习的从模仿到创作的飞跃。

3.5.3　善于总结，勇于进取

插花技艺的提高要求学生善于学习与总结。每一次插花实训都是一次学习总结的机会。在插花作品的制作过程中，花材的造型、插入位置、摆放角度等均应做尝试性的调整，确定最佳状态后再进行固定。对自己创作的插花作品，请他人多提出批评意见，发现有不妥之处及时调整，才能积累丰富经验，不断进步。

仅仅能够模仿他人的作品是远远不够的，插花艺术的学习也需要具备勇于进取的学习精神。我们不仅要有谦虚的学习态度，也要有敢为人先、大胆创新的进取精神，只有将自己的观点勇敢地塑造表现出来，才能创作出有新意的插花作品，逐渐形成自己的特色。

技能训练

技能 3.1　半球形花型制作

1. 目的要求

通过半球形花型插制训练，理解对称式插花构图的原理，掌握半球形花型结构与插制方法。

2. 材料准备

序号	名　称	规　格	单位	数量	备　注
1	操作台	150cm×80cm×80cm	张	1	
2	剪　刀	15～20cm	把	1	
3	小　刀	15～20cm	把	1	
4	塑料针盘	Φ10cm	只	1	
5	鲜花泥	7cm×10cm×23cm	块	0.5	
6	花　材	鲜切花或各色竹签	枝	若干	

3. 方法步骤

(1)教师示范

教师进行半球形花型结构的插制过程与方法演示。

①插骨架花：依据半球形花型结构，插制花型骨架结构。完成②、③、④、⑤、⑥、⑦骨架花插制。注意保持花枝长度比例协调，花型位置端正。

②插焦点花：依据花型的构图重心，插制花型焦点。完成焦点花①的插制，焦点位置准确，花枝长度与花型比例协调。

③插主体花：根据骨架花确定的花型轮廓，插制主体花，做到花型规整，结构匀称，重心稳定。

④插补充花：在主体花花枝间空隙内插入补充花材，填补空隙，丰富层次和遮盖花泥。

(2)学生实训

学生分组实训，依花型结构插制步骤进行花型制作。

4. 效果评价

完成效果评价表，总结半球形花型制作要点。

序号	评分项目	具体内容	自我评价
1	花型结构	花型合理，结构完整，焦点设置准确，造型匀称，作品重心稳定	
2	色彩配置	色彩搭配合理，赏心悦目	
3	花材固定	花枝固定牢固，合理遮盖花泥	
4	现场整理	场地清洁，摆放整齐	
备注	自我评价：合理☆、基本合理△、不合理○		

技能3.2　椭圆形花型制作

1. 目的要求

通过椭圆形花型插制训练，理解对称式插花构图的原理，掌握椭圆形花型结构与插制方法。

2. 材料准备

序号	名　称	规　格	单位	数量	备　注
1	操作台	150cm×80cm×80cm	张	1	
2	剪　刀	15～20cm	把	1	
3	小　刀	15～20cm	把	1	
4	塑料针盘	Φ10cm	只	1	
5	鲜花泥	7cm×10cm×23cm	块	0.5	
6	花　材	鲜切花或各色竹签	枝	若干	

3. 方法步骤

(1)教师示范

教师进行椭圆形花型结构的插制过程与方法演示。

①插骨架花：依据椭圆形花型结构，插制花型骨架结构。完成②、③、④、⑤骨架花插制。注意保持花枝长度比例协调，花型位置端正。

②插焦点花：依据花型的构图重心，插制花型焦点。完成焦点花①的插制，焦点位置准确，花枝长度与花型比例协调。

③插主体花：根据骨架花确定的花型轮廓，插制主体花，做到花型规整，结构匀称，重心稳定。

④插补充花：在主体花花枝间空隙内插入补充花材，填补空隙，丰富层次和遮盖花泥。

(2)学生实训

学生分组实训，依花型结构插制步骤进行花型制作。

4. 效果评价

完成效果评价表，总结椭圆形花型制作要点。

序号	评分项目	具体内容	自我评价
1	花型结构	花型合理，结构完整，焦点设置准确，造型匀称，作品重心稳定	
2	色彩配置	色彩搭配合理，赏心悦目	
3	花材固定	花枝固定牢固，合理遮盖花泥	
4	现场整理	场地清洁，摆放整齐	
备注	自我评价：合理☆、基本合理△、不合理○		

技能3.3　三角形花型制作

1. 目的要求

通过三角形花型插制训练，理解对称式插花构图的原理，掌握三角形花型结构与插制方法。

2. 材料准备

序号	名　称	规　格	单位	数量	备　注
1	操作台	150cm×80cm×80cm	张	1	
2	剪　刀	15～20cm	把	1	
3	小　刀	15～20cm	把	1	
4	塑料针盘	Φ10cm	只	1	
5	鲜花泥	7cm×10cm×23cm	块	0.5	
6	花　材	鲜切花或各色竹签	枝	若干	

3. 方法步骤

(1)教师示范

教师进行三角形花型结构的插制过程与方法演示。

①插骨架花：依据三角形花型结构，插制花型骨架结构。完成①、②、③、④骨架花插制。注意保持花枝长度比例协调，花型位置端正。

②插焦点花：依据花型的构图重心，插制花型焦点。完成焦点花⑤的插制，焦点位置准确，花枝长度与花型比例协调。

③插主体花：根据骨架花确定的花型轮廓，插制主体花，做到花型规整，结构匀称，重心稳定。

④插补充花：在主体花花枝间空隙内插入补充花材，填补空隙，丰富层次和遮盖花泥。

(2)学生实训

学生分组实训，依花型结构插制步骤进行花型制作。

4. 效果评价

完成效果评价表，总结三角形花型制作要点。

序号	评分项目	具体内容	自我评价
1	花型结构	花型合理，结构完整，焦点设置准确，造型匀称，作品重心稳定	
2	色彩配置	色彩搭配合理，赏心悦目	
3	花材固定	花枝固定牢固，稳定	
4	现场整理	场地清洁，摆放整齐	
备注	自我评价：合理☆、基本合理△、不合理○		

技能3.4　倒T形花型制作

1. 目的要求

通过倒T形花型插制训练，理解对称式插花构图的原理，掌握倒T形花型结构与插制方法。

2. 材料准备

序号	名　称	规　格	单位	数量	备　注
1	操作台	150cm×80cm×80cm	张	1	
2	剪　刀	15～20cm	把	1	
3	小　刀	15～20cm	把	1	
4	塑料针盘	Φ10cm	只	1	
5	鲜花泥	7cm×10cm×23cm	块	0.5	
6	花　材	鲜切花或各色竹签	枝	若干	

3. 方法步骤

(1)教师示范

教师进行倒T形花型结构的插制过程与方法演示。

①插骨架花：依据倒T形花型结构，插制花型骨架结构。完成①、②、③、④、⑤、⑥骨架花插制。注意保持花枝长度比例协调，花型位置端正。

②插焦点花：依据花型的构图重心，插制花型焦点。完成焦点花⑦的插制，焦点位置准确，花枝长度与花型比例协调。

③插主体花：根据骨架花确定的花型轮廓，插制主体花，做到花型规整，结构匀称，重心稳定。

④插补充花：在主体花花枝间空隙内插入补充花材，填补空隙，丰富层次和遮盖花泥。

(2)学生实训

学生分组实训，依花型结构插制步骤进行花型制作。

4. 效果评价

完成效果评价表，总结倒T形花型制作要点。

序号	评分项目	具体内容	自我评价
1	花型结构	花型合理，结构完整，焦点设置准确，造型匀称，作品重心稳定	
2	色彩配置	色彩搭配合理，赏心悦目	
3	花材固定	花枝固定牢固，合理遮盖花泥	
4	现场整理	场地清洁，摆放整齐	
备注	自我评价：合理☆、基本合理△、不合理○		

技能3.5　扇形花型制作

1. 目的要求

通过扇形花型插制训练，理解对称式插花构图的原理，掌握扇形花型结构与插制方法。

2. 材料准备

序号	名　称	规　格	单位	数量	备　注
1	操作台	150cm×80cm×80cm	张	1	
2	剪　刀	15~20cm	把	1	
3	小　刀	15~20cm	把	1	
4	塑料针盘	Φ10cm	只	1	
5	鲜花泥	7cm×10cm×23cm	块	0.5	
6	花　材	鲜切花或各色竹签	枝	若干	

3. 方法步骤

(1)教师示范

教师进行扇形花型结构的插制过程与方法演示。

①插骨架花：依据扇形花型结构，插制花型骨架结构。完成①、②、③、④骨架花插制。注意保持花枝长度比例协调，花型位置端正。

②插焦点花：依据花型的构图重心，插制花型焦点。完成焦点花⑤的插制，焦点位置准确，花枝长度与花型比例协调。

③插主体花：根据骨架花确定的花型轮廓，插制主体花，做到花型规整，结构匀称，重心稳定。

④插补充花：在主体花花枝间空隙内插入补充花材，填补空隙，丰富层次和遮盖花泥。

(2)学生实训

学生分组实训，依花型结构插制步骤进行花型制作。

4. 效果评价

完成效果评价表，总结扇形花型制作要点。

序号	评分项目	具体内容	自我评价
1	花型结构	花型合理，结构完整，焦点设置准确，造型匀称，作品重心稳定	
2	色彩配置	色彩搭配合理，赏心悦目	
3	花材固定	花枝固定牢固，合理遮盖花泥	
4	现场整理	场地清洁，摆放整齐	
备注	自我评价：合理☆、基本合理△、不合理○		

技能3.6　L形花型制作

1. 目的要求

通过L形花型插制训练，理解不对称式插花构图的原理，掌握L形花型结构与插制方法。

2. 材料准备

序号	名　称	规　格	单位	数量	备　注
1	操作台	150cm×80cm×80cm	张	1	
2	剪　刀	15～20cm	把	1	
3	小　刀	15～20cm	把	1	
4	塑料针盘	Φ10cm	只	1	
5	鲜花泥	7cm×10cm×23cm	块	0.5	
6	花　材	鲜切花或各色竹签	枝	若干	

3. 方法步骤

(1)教师示范

教师进行L形花型结构的插制过程与方法演示。

①插骨架花：依据L形花型结构，插制花型骨架结构。完成 *A*、*B*、*C*、*D* 骨架花插制。注意保持花枝长度比例协调，花型位置端正。

②插焦点花：依据花型的构图重心，插制花型焦点。完成焦点花的插制，焦点位置准确，花枝长度与花型比例协调。

③插主体花：根据骨架花确定的花型轮廓，插制主体花，做到花型规整，结构匀称，重心稳定。

④插补充花：在主体花花枝间空隙内插入补充花材，填补空隙，丰富层次和遮盖花泥。

(2)学生实训

学生分组实训，依花型结构插制步骤进行花型制作。

4. 效果评价

完成效果评价表，总结L形花型制作要点。

序号	评分项目	具体内容	自我评价
1	花型结构	花型合理，结构完整，焦点设置准确，造型匀称，作品重心稳定	
2	色彩配置	色彩搭配合理，赏心悦目	
3	花材固定	花枝固定牢固，合理遮盖花泥	
4	现场整理	场地清洁，摆放整齐	
备注	自我评价：合理☆、基本合理△、不合理○		

技能3.7　新月形花型制作

1. 目的要求

通过新月形花型插制训练，理解不对称式插花构图的原理，掌握新月形花型结构与插制方法。

2. 材料准备

序号	名　称	规　格	单位	数量	备　注
1	操作台	150cm×80cm×80cm	张	1	
2	剪　刀	15~20cm	把	1	
3	小　刀	15~20cm	把	1	
4	塑料针盘	Φ10cm	只	1	
5	鲜花泥	7cm×10cm×23cm	块	0.5	
6	花　材	鲜切花或各色竹签	枝	若干	

3. 方法步骤

(1)教师示范

教师进行新月形花型结构的插制过程与方法演示。

①插骨架花：依据新月形花型结构，插制花型骨架结构。完成弧线上半部分与弧线下半部分插制。注意保持弧线衔接自然，线条流畅。

②插焦点花：依据花型的构图重心，插制花型焦点。完成主焦点与辅助焦点的插制。

③插主体花：根据骨架花确定的花型轮廓，插制主体花，做到花型规整，结构匀称，重心稳定。

④插补充花：在主体花花枝间空隙内插入补充花材，填补空隙，丰富层次和遮盖花泥。

(2)学生实训

学生分组实训，依花型结构插制步骤进行花型制作。

4. 效果评价

完成效果评价表，总结新月形花型制作要点。

序号	评分项目	具体内容	自我评价
1	花型结构	花型合理，结构完整，焦点设置准确，造型匀称，作品重心稳定	
2	色彩配置	色彩搭配合理，赏心悦目	
3	花材固定	花枝固定牢固，合理遮盖花泥	
4	现场整理	场地清洁，摆放整齐	
备注	自我评价：合理☆、基本合理△、不合理○		

技能3.8　S形花型制作

1. 目的要求

通过S形花型插制训练，理解不对称式插花构图的原理，掌握S形花型结构与插制方法。

2. 材料准备

序号	名　称	规　格	单位	数量	备　注
1	操作台	150cm×80cm×80cm	张	1	
2	剪　刀	15~20cm	把	1	
3	小　刀	15~20cm	把	1	
4	塑料针盘	Φ10cm	只	1	
5	鲜花泥	7cm×10cm×23cm	块	0.5	
6	花　材	鲜切花或各色竹签	枝	若干	

3. 方法步骤

(1)教师示范

教师进行S形花型结构的插制过程与方法演示。

①插骨架花：依据S形花型结构，插制花型骨架结构。完成上半部分弧线与下半部分弧线插制。注意保持弧线衔接自然，线条流畅。

②插焦点花：依据花型的构图重心，插制花型焦点。完成主焦点与辅助焦点的插制。

③插主体花：根据骨架花确定的花型轮廓，插制主体花，做到花型规整，结构匀称，重心稳定。

④插补充花：在主体花花枝间空隙内插入补充花材，填补空隙，丰富层次和遮盖花泥。

(2)学生实训

学生分组实训，依花型结构插制步骤进行花型制作。

4. 效果评价

完成效果评价表，总结S形花型制作要点。

序号	评分项目	具体内容	自我评价
1	花型结构	花型合理，结构完整，焦点设置准确，造型匀称，作品重心稳定	
2	色彩配置	色彩搭配合理，赏心悦目	
3	花材固定	花枝固定牢固，合理遮盖花泥	
4	现场整理	场地清洁，摆放整齐	
备注	自我评价：合理☆、基本合理△、不合理○		

思考题

1. 构成色彩的三要素是什么？
2. 什么是原色、间色、复色、补色？
3. 色彩的视觉效果包括哪些内容？举例说明。
4. 常见的插花花材的配色方案有哪几种？各有什么特点？
5. 如何选择与搭配插花花器的色彩？
6. 如何理解插花的五大构图原理？
7. 常见花型结构有哪几种？举例说明制作要点。

自主学习资源库

插花艺术基础(第二版). 黎佩霞，范燕萍. 中国农业出版社，2002.

花卉装饰技艺. 朱迎迎. 科学出版社，2011.

模块 2

礼仪插花制作

礼仪就是人们在社会交往活动中应共同遵守的行为规范和准则。礼仪受历史传统、风俗习惯、宗教信仰、时代潮流等因素的影响而形成，既被人们所认同，又被人们所遵守。因此，礼仪带有显著的地域、民族、宗教、文化特征。

花是人类从大自然中得到的最美好的礼物之一，它给人类带来幸福、美好、健康与希望。千姿百态的花形、五彩缤纷的花色、沁人肺腑的花香、畅神达意的花语，都是美的化身、传情的信物、幸福的象征。当今社会，我国各种礼仪活动中，鲜花越来越多地用来装饰环境，以体现或隆重、或喜悦、或肃穆、或哀伤的气氛，为各种礼仪活动营造恰当的情感氛围。这些适用于礼仪活动场合，烘托气氛或表达情感的插花形式，就是我们所说的礼仪插花。

1. 礼仪插花风格与应用范围

(1)礼仪插花的风格

①东方礼仪插花(图1)　追求哲理、情趣、意韵，既注重外形，又注重内涵。中国人赞花赏花，要有畅神达意的精神享受，通过联想来完成舒缓、深沉、含蓄的审美过程。中国礼仪插花一般与传统节日有着千丝万缕的联系，逢年过节、乔迁之喜、走亲访友，越来越多地用插花作品作为礼尚往来的礼品，但东方礼仪插花仍保持着中国传统插花的韵味。

图1　中国传统礼仪插花

②西方礼仪插花(图2)　追求浪漫、华丽、雅致，注重造型、色彩形成的装饰效果，也重视花语的应用。西方礼仪插花意境的表达坦率、直白，充分表达礼尚往来的情感含义。我国的花店业是西方花店业的舶来品，因此西方礼仪插花的形式在我国花店中普遍存在，影响甚广。

③现代礼仪插花(图3)　20世纪，随着东西方文化的广泛交流，插花在保持东西方各自风格特点的基础上，东方的线条造型与西方的大堆头形式走向交融。现代礼仪插花同样融汇了东方式与西方式插花特点，既有优美的线条，也有明快的色彩，更渗入了现代人的意识，追求变异、不受拘束、自由发挥，敢于大胆创新。这样就有了选材更丰富、造型更多样、色彩搭配更富创意的现代礼仪插花。

图2　西方礼仪插花

(2)礼仪插花应用范围

中国古代有“五礼”之说：祭祀之事为吉礼，冠婚之事为嘉礼，宾客之事为宾礼，军旅之事为军礼，丧葬之事为凶礼。五礼的内容相当广泛，从反映人与天、地、鬼神关系的祭祀之礼，到体现人际关系的家族、亲友、君臣上下之间的交际之礼；从表现人生历程的冠、婚、丧、葬诸礼，到人与人之间在喜庆、灾祸、丧葬时表示的庆祝、凭吊、慰问、抚恤之礼，可以说是无所不包，充分反映了古代中华民族的尚礼精神。

图 3　现代礼仪插花

礼仪插花同样广泛应用在我国的各种礼仪活动之中，常见的礼仪插花包括宾礼插花、典礼插花、嘉礼插花、丧礼插花等类型。

①宾礼插花　宾礼是体现人际关系的交际之礼，包括家族、亲友、上下级之间的礼仪交往。随着社会文明程度的提高，插花已经广泛用于社交礼仪的各个场合。宾礼中的插花应用更是礼仪活动中最常见的插花应用形式。

②典礼插花　典礼是指为特定的事项在正式场合举行的隆重仪式，如开业庆典、毕业典礼、文艺演出、时装表演等，主要是为了烘托热烈的气氛。用于典礼的插花形式主要有胸花、花束、花篮、花匾、花门、剪彩花球等。

③嘉礼插花　嘉礼是指冠、婚之礼，冠是指成人仪式。嘉礼插花常见类型包括嘉礼场景插花、人体饰花、桌花、花车等。当前我国的嘉礼形式主要为婚礼，因此婚礼插花成为嘉礼插花的主要类型。

④丧礼插花　丧礼属于凭吊、慰问、抚恤之礼，要体现肃穆、怀念的气氛。丧礼用花既包括了吊唁礼堂的花艺环境布置也包括慰问用花。主要插花形式有丧礼胸花、丧礼花束、花圈、花牌等。

2. 礼仪插花赠受礼仪

礼仪插花由于受东西方的宗教、经济和文化等不同因素的影响，其赠花、受花礼仪也因国家与民族、城市、时间与场合及对象与目的的不同而有着不同的要求和习俗。例如，在婚礼插花中，中国婚礼采用红色进行装饰，象征吉祥、喜庆，插花花材也要于此相配；而西方婚礼以白色象征纯洁，婚礼插花常以白色花材为主。学习礼仪插花首先应了解及尊重不同地区的宗教及习俗，同时要了解赠(受)花人的个人喜好，才能圆满完成礼仪插花的业务。

(1)赠花的目的、对象与场合

礼节性赠花在贺岁、节庆、商务、典礼、赛展等经常性活动中是理想、得体的贺礼佳品。而特殊目的赠花用于慰问、歉悔、迎送、婚情、悼别等具突发性的场合。因此，礼仪插花的制作首先要考虑赠花的目的、对象与场合。

1978 年 5 月 19 日，邓颖超同志用月季花束送给美国一个访华团，她说“在几千种月季花中，我最喜欢的是茶香月季——和平，这种品种，淡黄又略带绯红，它初开是淡黄，到后来变成粉红的，这象征我们的友谊开始是淡黄的，到后来就会逐渐加深了”。

(2)赠花的形式与花材

礼仪插花的赠花形式常见的有花篮、花束、花环(冠)、花圈、花牌等，赠花的花材选择都依据赠花的目的、对象与场合而定。赠花的形式，如花束常用于婚典，而花环则是英勇的奖赏。礼仪插花大到大型花艺，小到一枝花，运用恰当均能达到装饰环境或表达感情的效果。如单枝月季，用于表达“一心一意”的寓意。

为较好地表达赠花的用意，最好了解常见花材的花形、花色和养护的要领，用花的习俗，才能借花明志，以花传情，恰当地表达赠花的用意及感情。

(3)赠花与受花礼节

良好的赠花与受花礼节，既能够充分表达情感，同时也是个人文化修养的体现。

赠花时应双手奉上微微鞠躬，表示对客人的尊重。待受赠人接受花礼后，适度向客人表达送花的用意和养护的要领等。如果到日本朋友家做客，朋友可能会礼节性地谦让，您可坚持要他收下，因为做事急躁是缺乏修养的表现。

而作为受花者，当赠花人以满腔热情将鲜花奉上时，应该正身鞠迎，双手缓接，和颜正视，品赏称道，迎客入座，鲜花奉养，虚心求教，最后握手谢别。

(4)贺赠礼笺的书写

礼笺在小型礼仪花中为卡片状，在大中型礼仪花为条幅状。礼笺的撰写，要根据送花目的而定。礼笺的形式繁多而又较为讲究，因此写礼笺时必须仔细斟酌。

①贺长辈寿诞　可用“福寿康宁”“加福增寿”“松鹤延年”等贺词。男长辈可用“松柏节操”，女长辈可用“中天婺焕”。

②贺婚礼　可用“荣偕伉俪”“百年好合”“鸾凤和鸣”“雎洲合德”“燕尔新婚”等贺词。

③贺升学、升迁　可用“前程远大”“鹏云万里”“云程发轫”“登瀛发轫”等贺词。

④迁入新居　可用“乔迁之喜”“人兴物阜”“ 乔迁之庆”“燕雀来宾”“美轮美奂，人物荣昌” 等贺词。

⑤谢医、谢师　可用“恩泽如天”“沾恩无限”“恩泽再造”“感载重生”等。

⑥贺开业　可用“财源广进”“宏图大展”“利路亨通”“骏业宏进”等贺词。

⑦葬礼礼笺　常用于花圈两侧。花圈题词要正确书写，从题词中可以看出献花人与死者的关系，并表达对死者的哀思。

葬礼礼笺上联：

对同事、朋友可写“×××同志安息”“沉痛悼念×××同志”；

对家人、亲戚可写“×××(称谓)千古”；

对父母应直写称谓而不提名字，如“父亲大人千古”“母亲大人千古”；

夫妻则可仅写名字，如“×××安息”。

葬礼礼笺下联表明与死者关系：

对同事、朋友一般仅写名字，如“×××敬挽”；

对亲戚可先称谓后写姓名，如“甥×××敬挽”；

对父母、夫妻应写“泣血”“泣沮”。

3. 礼仪插花花材

1) 草本植物

(1) 唐菖蒲

又称剑兰、菖兰、什样锦。鸢尾科植物。

形态特征：球根花卉。由 12 ~ 24 朵漏斗状小花组成蝎尾状聚伞花序，颜色有白、黄、粉、紫、蓝、复色等。自然花期春季、夏季。花卉市场周年供应。

插花应用：典型的线状花材。世界著名四大切花之一，广泛应用于礼仪插花中。切花保鲜期 5 ~ 10d。

(2) 金鱼草

又称龙口花、龙头花。玄参科植物。

形态特征：多年草本花卉，作一、二年生栽培。总状花序，长而直立，小花冠筒状唇形，基部膨大成囊状，花色艳丽，色彩丰富，有粉、红、紫、黄、白及复色。花期 5 ~ 7 月。

插花应用：线状花材。花型丰满，花姿优美，独具风韵。多选择高、中性的品种用于插花。吸水性不强，切花水养时间较短。

(3) 紫罗兰

又称草桂花。十字花科植物。

形态特征：多年生草本，作二年生栽培。总状花序顶生，有粗壮的花梗，花色艳丽，花型丰满。花瓣 4 片，萼片 4 片，淡紫、深粉、白、乳黄色及复色。花期 4 ~ 5 月。有春、夏、秋三季开花品种。

插花应用：线状花材。株形整齐，花枝繁茂，具芳香。

(4) 晚香玉

又称夜来香、月下香。石蒜科植物。

形态特征：球根花卉。总状花序，顶生，12 ~ 33 朵小花成对着生于花序轴上。花冠白色漏斗状，有香味，夜晚香气更浓，故称“夜来香”。自然花期 7 ~ 10 月，花卉市场周年供应。

插花应用：线状花材。花色洁白、芳香，水养持久，为插花上品。

(5) 石斛兰

兰科植物。

形态特征：多年生常绿附生草本。总状花序，小花数朵，唇瓣卵圆形。花色艳丽，花型美观，极富表现力。色彩常见有紫红、白色，偶见淡绿色。开花由下至顶端渐开。花卉市场周年供应。

插花应用：线状花材、特形花材。可构成插花作品的线条造型，也可一朵花与常绿叶材搭配制作胸花。插入有营养液的保鲜套管中观赏期可达 20d 之久。

(6) 切花菊

又称黄花、秋菊。菊科植物。

形态特征：宿根草本，头状花序单生或数朵聚生，形态、大小、颜色、花期因种而异。切花菊多为中、小菊。中菊为独干，花形为平瓣内曲、丰满的莲座形和芍药形，花径可达8～10cm，花色有黄、白色；小菊为多花类型，花色丰富。花卉市场周年供应。

插花应用：团状花材。世界著名四大切花之一，菊花是秋天的代表性季相花卉，常与果实、红叶等配合表现秋景。黄、白菊花多用于丧事。小菊可作填充。水养持久，插花观赏期长，用途广泛。

(7)非洲菊

又称扶朗花、太阳花。菊科植物。

形态特征：多年生草本。花梗长而直立，头状花序，单生，舌状花一至数轮，筒状花小与舌状花同色，花径可达5～8cm。花色变化繁多，有粉、红、黄、橙黄、白色等。花形优美，品种有绿色花心和黑色花心之分。盛花期5～6月和9～10月，花卉市场周年供应。

插花应用：团状花材。世界著名切花，花型整齐，花色艳丽，富有生机，水养持久。插花常用此表示热烈、明快的气氛。

(8)香石竹

又称康乃馨、麝香石竹。石竹科植物。

形态特征：多年生草本，切花作一、二年生栽培。花重瓣，单生茎顶或2～5朵成聚伞状排列，花型美观，花色艳丽。常见种类有大花香石竹和多头香石竹。大花香石竹，每茎1花，花径5cm以上；多头香石竹，每茎多花，花形较小。花色丰富，有白、黄、粉、紫红、复色等。自然花期5～7月，花卉市场周年供应。

插花应用：团状花材。世界著名四大切花之一，常用作怀念和敬献母亲、教师的礼物。切花水养时间可达2周。

(9)向日葵

又称太阳花、葵花、向阳花。菊科植物。

形态特征：一年生或多年生草本。头状花序单生于长花梗上；舌状花多轮，浅黄至棕红色，管状花紫褐色，有单瓣和重瓣品种，花形大，花色有金黄、鲜黄、棕红等色。花期7～10月，花卉市场周年供应。

插花应用：团状花材。花形硕大，花色鲜艳，极富生机。插花中常作为焦点花使用。水养持久，观赏期7～14d。

(10)百合

百合科植物。

形态特征：球根花卉。当前用于切花栽培的百合有以下3类：

东方百合——花朵较小，单生茎顶，朝天开放，具有特殊香味，如‘钦差’、‘索邦’等。

亚洲百合——花朵较小，多为杯状向上直立，花瓣淡黄、橘红至暗红色，上有红褐色的斑点。

麝香百合——称铁炮百合，花朵侧开，成喇叭状，花大洁白有香气，是复活节的专用切花。

插花应用：特形花材。世界著名切花，东、西方都视为吉祥花，是婚礼、典礼、新娘捧花的首选花材。

(11)安祖花

又称红掌、红鹤芋、花烛。南天星科植物。

形态特征：多年生常绿草本。花梗长而直立，顶生大型、革质、具有金属光泽的佛焰苞片，肉穗花序似蜡烛。苞片色彩极为艳丽，有红、粉、绿、白、褐、复色等。花期春至秋，花卉市场周年供应。

插花应用：特形花材。花姿奇特，色彩艳丽，极富表现力，插花作品中常作为焦点花。切花水养时间可达1个月之久，为高档的切花材料。

(12)洋桔梗

又称草原龙胆、土耳其桔梗。龙胆科植物。

形态特征：一年生草本。叶银绿色。花冠钟形，先端稍翻卷，花瓣单瓣或重瓣，有淡粉、紫、蓝紫、白色，且有很多复色品种。花期春末至初冬，花卉市场周年供应。

插花应用：团状花材。花型优美，花姿飘逸，色彩淡雅，具现代感。

(13)麦秆菊

又称蜡菊。菊科植物。

形态特征：一年生草本。头状花序单生枝顶。总苞片多层，伸长酷似舌状花，因含硅酸而形成干膜质的花瓣，颜色有白、黄、橙、褐、粉红及暗红色。小花聚集中心的花盘上，常被苞片遮掩。自然花期8~10月。

插花应用：团状花材。花序苞片莲花状，久置不凋，为优良的干切花材料。

(14)雏菊

又名春菊、五月菊。菊科植物。

形态特征：多年生草本，作二年生栽培。头状花序单生，舌状花一轮或数轮，有白、粉、紫、洒金等色，筒状花黄色。花期4~5月。

插花应用：小型团状花材。花形小巧，色彩艳丽，多为春季插花良好花材。水养观赏时间较短。

(15)深波叶补血草

又称勿忘我、星辰花、不凋花。蓝雪科植物。

形态特征：二年生草本。全株具粗毛，小枝具明显翼。叶片琴状深羽裂，螺旋状聚伞花序，花有粉、黄、白、蓝等色。花期6~7月。

插花应用：散状花材。花姿不凋，花色不褪，常用作配花，填补空隙，调节作品色彩。

(16)银边翠

又称高山积雪、六月雪。大戟科植物。

形态特征：一年生草本。茎直立多分枝。叶绿色，顶部叶子开花时变为全白色或白色镶边。叶变色期7~9月。

插花应用：切叶类花材。绿叶白边，清透高雅，插花常使用整枝作为衬叶，也可取

其部分小枝作为补充花材。

(17)一枝黄花

又称黄莺、加拿大一枝黄花。菊科植物。

形态特征：宿根草本。茎直立金黄色圆锥花序。自然花期9~10月，花卉市场周年供应。

插花应用：散状花材。金黄色小花多而密集，颇富有秋野情趣。插花中多用于补充花材。切花保鲜期长。

(18)满天星

又称宿根霞草、丝石竹。石竹科植物。

形态特征：宿根草本。茎纤细松散、多分枝，圆锥状聚伞花序顶生，花小洁白，略带清香。有重瓣、单瓣品种。花卉市场周年供应。

插花应用：散状花材。盛开时如天空中点点繁星，具素雅、朦胧之美感。插花中多起填充作用，也是制作胸花的常用花材。

(19)补血草

又称情人草。蓝雪科植物。

形态特征：多年生草本。花茎纤细多分枝，顶部圆锥花序上密生干膜质小花，宿存，观赏期甚长。花期5~6月。

插花应用：散状花材。花枝细碎如雾，花色淡雅柔和之美。插花中常作花束和补花。

(20)狐尾天门冬

又称密花天冬草、狐尾武竹。百合科植物。

形态特征：多年生常绿草本。叶状枝密生，呈圆柱形，细长而柔软。从茎基部向上变窄末端渐尖，似狐狸尾巴，故名。

插花应用：线状叶材。叶状枝细长柔软，鲜绿色。在插花作品中可作特殊线条使用。

(21)肾蕨

又称排草、蜈蚣草。肾蕨科植物。

形态特征：多年生常绿草本，蕨类植物。叶密集丛生、披针形，一回羽状全裂，裂片无柄，草绿色。

插花应用：线状叶材。叶形整齐，叶色美丽，可作衬叶及艺术造型。水养持久，花卉市场周年供应。

(22)蓬莱松

又称绣球松。百合科植物。

形态特征：多年生常绿草本。茎直立状枝簇生，密集针形。新生叶状枝浅绿色，成熟后常绿色。水养持久。

插花应用：散状叶材，叶状枝形似松枝，插花中常起填充作用。

(23)石松

又称伸筋草、绒石松、狮子尾。石松科植物。

形态特征：多年生常绿草本。株高15～30cm，主茎匍匐，向上多分枝。针叶细小、密生，淡绿色或鹅黄色。保鲜期持久，花卉市场周年供应。

插花应用：散状叶材。多用作填充或掩盖花泥，是制作花圈、花篮及艺术插花常用的材料。

2)木本植物

(1)月季

又称月月红、四季花。蔷薇科植物。

形态特征：灌木。茎上有皮刺。羽状复叶互生，小叶3～9枚。品种极多。花单生茎顶，花枝修长，坚硬挺拔，花朵大，花形优美，其中以重瓣、高心、圈边品种为上等。花色艳丽，有红、黄、粉、绿、紫、橙、复色等。花期四季，花卉市场周年供应。

插花应用：团状花材。世界著名四大切花之一，花姿秀美，花色绮丽，有“花中皇后”之美称，广泛应用于各类插花作品中。

(2)银芽柳

又称银柳、锦花柳。杨柳科植物。

形态特征：落叶灌木。枝条直立，不分枝、不扭曲。春季先花后叶，花芽肥大，密生银白色绢毛，花芽外被覆紫红色芽鳞。观芽期2～4月。

插花应用：线状枝材。是早春常用的线性花材。多用于艺术插花中线条构图，花卉市场常将花芽染色，配以其他花卉瓶插表示吉祥。

(3)鱼尾葵

又称孔雀椰子、假桄榔。棕榈科植物。

形态特征：常绿木本植物。株高可达20m，高可达米。单干直立，有环状叶痕。二回羽状复叶，大而粗壮，先端下垂，羽片厚而硬，形似鱼尾；叶革质，深绿色有光泽。

插花应用：叶材。叶形奇特，叶色光亮，礼仪插花常见衬叶。

(4)散尾葵

又称黄椰子。棕榈科植物。

形态特征：常绿灌木。株高7～8m，茎秆光滑。大型叶片，叶片羽状全裂，裂片呈披针形，深绿色或黄绿色。

插花应用：切叶类花材。叶大，整齐，色泽鲜绿，插花中依需要整形修剪作衬叶。

(5)软叶刺葵

又称美丽针葵、加拿利刺葵。棕榈科植物。

形态特征：常绿灌木。株高1～3m。叶片羽状全裂，稍弯曲下垂，裂片线状披针形，深绿色。

插花应用：切叶类花材。形似散尾葵叶，相比较叶片略小，叶色较深。

(6)华盛顿棕

又称老人葵、大丝葵、剑叶。棕榈科植物。

形态特征：常绿乔木。大型掌状叶，主脉坚硬，切花材料用其未展的幼叶。叶片黄绿色，折叠成剑形，故名“剑叶”。

插花应用：线状叶材。可构成作品的骨架，也可作各种环状造型，花卉市场周年供应。

(7)巴西木

又称香龙血树、巴西铁木。龙舌兰科植物。

形态特征：常绿灌木或小乔木。株高4～6m，茎干直立。叶宽线性，长30～40cm，叶色浓绿富有光泽。因品种不同而常见有叶色全绿、叶缘金黄、叶中肋为金黄纵斑3种。

插花应用：切叶类花材。叶片柔软，叶色靓丽，可作衬叶。

项目4 宾礼插花制作

学习目标

【知识目标】

(1)领会宾礼的礼仪、礼节。

(2)理解宾礼插花的基本形式。

(3)掌握常见宾礼插花的制作过程与方法。

【技能目标】

(1)能依据宾礼活动的合理安排宾礼插花的类型。

(2)能依据宾礼的用花需要，合理选择插花花材，制作宾礼插花作品。

(3)能依据宾礼的用花需要，完成宾礼现场的花卉布置。

案例导入

通过对插花制作原理的学习，小丽对插花作品的色彩与构图原理有了一定的认知。但是花艺师傅告诉小丽，要想插制出好的作品，还必须勤于实践。于是小丽决心跟随花艺师傅从礼仪插花学起。花店最常见的礼仪插花类型就是宾礼插花，如果你是小丽，你认为什么是宾礼？宾礼插花常见的类型有哪些？如何制作宾礼插花？

分组讨论：

1. 列出业务能力不足的原因。

序号	宾礼插花制作所需知识和能力	自我评价
1		
2		
3		
4		
⋮		
备注	自我评价：准确☆、基本准确△、不准确○	

2. 如果你是小丽，你会怎么做？

理论知识

4.1 宾礼插花礼仪常识

4.1.1　宾礼插花的特点

在现代人际交往中，随着人们生活水平普遍提高和观念的转变，送礼从“给予实惠”转变为“表达心意”。在亲朋好友的新婚志喜、生日祝贺、乔迁新居、喜得儿女、探亲访友送上花礼，既使人愉悦，又表达了情谊。宾礼插花常与一些契机相结合。如节日礼仪用花、拜访礼仪用花、探视礼仪用花、祝贺礼仪用花、感谢礼仪用花等都是为了融洽家族、亲友、上下级关系的礼尚往来。

常见用于宾礼的插花形式主要有花篮、花束、花匾等。

4.1.2　节日用花礼仪

节日花礼是宾礼活动插花应用的常见场合。在节日里以花为庆，以花相赠，以花会友，以花传情，通过花表达自己的心意是现代社会礼仪交往的文明形式。不论东方国家或西方国家，都有自己的节庆习俗。如东方国家的春节、端午节、中秋节等；西方国家的圣诞节、复活节、情人节等。随着东西方交流日益频繁，西方人尤其是在国外的华人也有过春节、中秋节的；同样，东方人尤其是在年轻人中也对圣诞节、情人节、母亲节等西方节日有着浓厚兴趣的。

(1)春节用花礼仪

春节(农历正月初一)是我国传统新春佳节，现代家庭常用鲜花装饰居家。在一些公共场所，如宾馆、商店的厅堂，也大量地用鲜花进行装饰。

春节用花要突出吉庆、祥和、幸福、一年红运、四季平安等主题，一般要选用艳丽、明快的花材，同时要尊重各地民俗，有侧重性地选用花材。如花都广州市，在春节喜好用大丽菊、金橘装饰居室，有“大吉大利”之意，而商家在厅堂中心用大株的桃花装饰并在上面挂红包，有“一年红运”“招财进宝”之意；在春城昆明，春节期间，市民大量购买发财树、百合、富贵竹、水仙等已蔚然成风。另外，春节礼仪插花还可配置一些饰件来烘托春节的气氛，如爆竹、灯笼、水果、礼物、贴金字画等(图4-1)。

图4-1　春节礼仪插花

(2)圣诞节用花礼仪

圣诞节(公历12月25日)是西方传统节日。花饰常选用观叶、观果植物与干燥花、饰物搭配而成。最常见的是选用松枝、圣诞花、松果、枸骨的果子等作为花材进行插花装饰。在色彩上传

图 4-2　圣诞节礼仪插花

统圣诞色是使用红色与绿色的对比，不仅是在花材上运用红绿色对比，还选用红绿色格子缎带进行装饰(图 4-2)。

(3)情人节用花礼仪

情人节(公历 2 月 14 日)是西方传统节日。这是一个非常浪漫的节日。在设计情人节的插花时，应尽可能表现热烈、雅致和优美的情调，同时配以亲切的贺语赠言来传情达意。最能表达情人节的花材有月季、红掌，配件常用心形装饰品。红色和粉红色是情人节的主色调，红色代表火一般的热情，粉红色代表温婉的柔情。花束是情人节送花的常见形式，既可以是一枝花，也可以是一大捧花(图 4-3)。

图 4-3　情人节花束

(4)母亲节用花礼仪

母亲节(公历 5 月的第二个星期日)是西方传统节日。香石竹为母亲节的用花，它象征慈祥、真挚、母爱，因此有“母亲之花”“神圣之花”的美誉。在母亲节这一天，红色香石竹用来祝愿母亲健康长寿；黄色香石竹代表对母亲的感激之情；粉色香石竹祈祝母亲永远美丽；白色香石竹是寄托对已故母亲的哀悼思念之情。在中国，萱草又称忘忧草，其意非常贴切地比喻伟大的母爱，把它作为母亲节的赠花，也很相宜。除此之外，依据母亲的喜好，还可以配置一些其他的花材及贺卡、饰物，使作品更加活泼而富于变化。所采用的色彩、构图也可以从母亲的性格、爱好、工作性质、环境等方面寻找灵感，或温馨典雅，或现代新潮，或古朴庄重(图 4-4)。

(5)父亲节用花礼仪

父亲节(公历 6 月的第三个星期日)是西方传统节日。现在全世界 20 多个国家通过教堂仪式、送礼来纪念父亲节。秋石斛具有刚毅之美，花语是“父爱、能力、喜悦、欢迎”，代表“父亲之花”。另外，其他如菊花、向日葵、百合、君子兰、文心兰等，其花语均有象征“尊敬父亲”“平凡也伟大”的意义。如果父亲年事已高，可以赠送象征健康、长寿的花材，如松、竹、梅、枫、柏、人参榕、万年青等。可以是花束、花篮，也可以是艺术插花形式(图 4-5)。

图 4-4　母亲节礼仪插花

(6)儿童节用花礼仪

国际儿童节(公历 6 月 1 日)是 1949 年 11 月由国际民主妇女联合会设立。国际儿童节里，设计一款颇具儿

图4-5 父亲节礼仪插花

图4-6 儿童节礼仪插花

童个性色彩的插花作品，会给节日中的小朋友一个意外的惊喜。可以采用色调典雅、柔和的花材并配以玩具糖果来庆贺孩子的节日，呈现出梦幻般的美感(图4-6)。

(7)教师节用花礼仪

教师节(公历9月10日)为我国设立的节日。老师传道、授业、解惑，春风化雨，诲人不倦，是学生迈向人生光明前途的启蒙者。教师节赠花常以花语诠释“感谢、怀念、祝福”意境。如木兰花代表灵魂高尚；蔷薇代表美德；月桂代表功劳、荣誉；悬铃木代表才华横溢等(图4-7)。

(8)端午节用花礼仪

端午节(农历5月初5)是我国民间传统节日。民间有吃粽子，划龙船，喝黄酒，挂香袋，门上悬艾草和菖蒲的习俗。每年的五月初五也是我国人民纪念伟大的爱国诗人屈原的日子，在这一天，人们包粽子、赛龙舟，并把茉莉花、银莲花、鹤望兰、唐菖蒲、蓬莱松、菊花等花扔进江中，来追怀爱国诗人屈原。唐菖蒲叶形似剑寓意避邪；茉莉花清净纯洁，朴素自然；鹤望兰象征自由，幸福；银莲花象征吉祥如意。在插花作品中，配以香袋、粽子、酒等来渲染端午节的气氛，再现节庆特色(图4-8)。

图4-8 端午节礼仪插花

(9)中秋节用花礼仪

农历八月十五是我国民间传统的中秋节。中秋节是中国传统的三大民间节日之一，“每逢佳节倍思亲”，人们习以用月饼、礼盒来馈赠亲友、联络感情。近年来，许多人把传统的月饼、礼盒，改用“花卉”当赠礼，这已成为时尚、新潮之风。中秋花礼大多以兰花为主，各种观叶植物为次，兰花可用花篮、古瓷或特殊的容器组合盆栽，花期长，姿色高贵典雅，颇受欢迎。民间有设酒肴、果品、月饼祭月的习俗。中秋节花艺也可配用芦苇、枝干、花材来表现秋季自然花草的景色，配以桂花酒、

果实、谷穗，还可以用月饼来表现丰收的景象；将花枝编成圆环可表现抽象化的月亮等来突出主题，象征团圆(图4-9)。

图4-9　中秋节礼仪插花

4.1.3　祝贺用花礼仪

贺赠礼仪插花不仅要了解受花人的年龄、性别、爱好，也要了解赠花的背景情况，然后选择赠花。赠花形式一般为花束或花篮，以鲜花为主。

(1)祝贺生日用花礼仪

为老人祝寿的礼仪用花可选用松枝、鹤望兰等花材，配以寿桃、寿糕等插制成花篮，寓意松鹤延年、健康长寿、长命百岁。

祝贺长辈生日可以赠送由长寿花、万年青、龟背竹等组成的花束，祝愿长辈健康长寿。长辈如为母亲的可以粉红色香石竹为主，赠送给父亲的可以向日葵为主。

祝贺朋友生日可以依据朋友的性别、喜好选用色彩鲜艳的花材，插制成花束、花篮、花盒，捎去诚挚的祝福；男性朋友可以选用红山茶、一品红，象征火红年华、前程似锦。女性朋友选择一束新潮捧花或一个别致温馨的小型花篮，都是对挚友亲朋的最好的生日礼物。

(2)庆贺开业用花礼仪

庆贺开业多送中型、大型花篮。常选用花形丰满、色彩艳丽的花材为主花，如唐菖蒲、月季、香石竹、大丽花、牡丹、百合等，象征事业飞黄腾达、万事如意，并能渲染喜庆气氛、祝贺之意。

(3)乔迁之喜用花礼仪

祝贺新居落成或乔迁之喜，可选取用月季、紫薇、文竹等集成的花束或花篮。月季又名月月红，文竹寓意鸿鹄将至，象征日子越过越红火。

4.1.4　探视用花礼仪

鲜花是吉祥、友谊、美好、幸福的象征，它会给单调的病房带来生气与美感，使病人得到精神上的调节和享受。因此，慰问病人，送一束鲜花或小型花篮是理想的礼物。

一般多选由唐菖蒲(代表康宁)、香石竹(代表康复)、月季(代表情谊)、文竹(代表吉兆)组成的花束或花篮。

探视病人切忌选用白色或蓝色系列的花，以免由于色彩过于肃穆，影响病人的心情，也不要选香气过浓的花，以免引起过敏反应。

4.2 宾礼花篮的制作与应用

宾礼花篮是宾礼插花的常见形式，可应用于庆贺生日、节日用花、探视病人等各种宾礼活动中。宾礼花篮的常见类型为手提式花篮，这种形式花篮方便携带，外形美观，在宾礼花篮中最为常见。

4.2.1 宾礼花篮的制作材料

宾礼花篮的制作材料包括篮器、固定材料、防水材料、装饰材料等。

(1) 篮器

篮是一种盛物的器具，也是花篮插花的基本条件。在宾礼花篮插制中，篮是盛放、承载花材的器皿，同时也是插花花型的重要组成部分，因此我们常称其为篮器。

插花用篮非常广泛，没有什么特殊的限定，但是有一些专为插花所设计制作的形式，在使用上形成了一些习惯。篮器主要是由线状物为主的天然材料编制而成。中国地大物博，可制作篮器的材料甚多，不同地域出产各具特色的制篮材料。编制篮器的材料一般有柳条、藤条和竹篾，也有用纸绳、稻草、麦秆和铁丝等材料制作篮器。另外，篮器也可通过钻孔、捆绑和钉钉等方法制作。例如，用竹子或竹片制作花篮，是在其两端打孔，将竹篾从孔中穿入，并相互连接捆绑结实而成。也可利用树枝或木条按篮形裁截成段，钉于框架之上。有些花篮采用混合材料和多重手法制作而成。

用于插花的篮形状各异，在编制过程中稍加变化就会创造出不同的产品。常见的花篮造型有：元宝状花篮、荷叶边花篮、筒状花篮、浅口花篮；双耳花篮、有柄花篮、无柄花篮、垂吊花篮、壁挂花篮；单层花篮、双层花篮、多层花篮、组合花篮等。日常生活中使用的菜篮、水果篮、面包篮、提篮、背篓、鱼篓等，有时也能用于插花。

花篮大部分是采用天然植物材料制成的，具有质朴和自然清新的乡土气息。也有在花篮表面着色，制成彩色花篮。传统漆制花篮同样十分美观。

(2) 固定材料

花篮的固定材料现在更多的是使用花泥作为插花基础。随着环保要求的提高，未来的插花很可能恢复使用自然物质或能自然分解的物质作为固定花材的材料。花泥是一种化学泡沫聚合物，通过充分吸水，具有很强的保持水分和固花的能力。花枝从任何一个方向插入花泥，都能获得良好的效果。在处理大体量插花和较粗重的木本花枝时，要求在花泥上用金属丝粗孔网罩住，以免因花泥碎裂造成花枝倒伏。

(3) 防水材料

插花花材需要水分保鲜，但是任何以编织状态出现的花篮都不具备盛水功能，若要解决这一问题，需要借助于外部条件。目前，花篮的防水材料或方法包括两类：一类是在篮的内壁垫上一层塑料纸或铝箔纸，然后盛放浸水的花泥，防治漏水。有些商家在花篮的制造过程中已完成了这一工序。目前，花篮内垫防水材料后放花泥插花，是最为简便易行的方法，但垫衬材料尽量不要暴露在视线内。也有在篮的内壁抹一层树脂来达到防水和保水功能。

另一类是在篮内另设盛器。在制作东方风格的插花时，花篮内是另设盛器插花的。花篮的优美造型与花体合二为一，内置盛器应简练，与篮吻合。盛器内可置花插座或花泥来固定花枝。这种插花只适合在静止状态下的创作，若用于赠送，经过运输途中摇晃颠簸，容易产生变形和倒伏。

(4)装饰材料

花篮在制作和使用上，为了某种需求，或达到某些效果，需要一些装饰材料来装饰插花花作品。常用的装饰材料有丝带、插牌等。

①丝带　常用来扎结花结。花结是常见宾礼花篮的装饰材料，制作精美的花结可以与花篮相互映衬，在色彩、花型、艺术效果上相得益彰，使宾礼花篮更具艺术感染力。花结的扎结材料种类繁多，常见的材料包括塑料丝带、缎带、纱带、网带等。

丝带除扎制丝带花结用于装饰花篮以外，也常用来包裹花篮提梁、花篮檐口、制成飘带等。纱可以做成花结装饰，在大型花篮上配置，也可以对篮体表面做包装处理。

②插牌　是宾礼花篮的告示。插牌由两部分组成，一为插杆，形如剑状，前部尖头可插入篮内，后部夹槽用于夹牌；二是卡片，可以是贺卡，也可以是手写卡，规格大小根据花篮体量决定。贺卡形状常有长方形、心形等不同形状。宾礼花篮常根据花篮赠送对象的不同选择不同的贺卡，如情人卡、恭贺卡、生日卡、教师卡等。

4.2.2　宾礼花篮基本形式

宾礼花篮的花型结构与表现方式具有很强的随意性和可变性，但是万变不离其宗，宾礼花篮造型与制作规律上仍然是有章可循的。从宾礼花篮的观赏面上进行区分，可以分成四周观赏花篮和单面观赏花篮两种类型。

(1)四周观赏花篮(图4-10)

四周观赏花篮其造型要求花体四周对称，所用花材、花色分布匀称，从各个角度观赏都能获得同样的效果，不能出现主与次、正面与背面的区别。四周观赏花篮常见的花型结构常采用半球形、圆锥形等花型结构。插花体量的大小应视用途与篮器而定，公众等大型场合花篮应插得大些，家庭等小型环境可以插小花篮。一般要求花体部分的直径要大于篮口的直径。

图4-10　四周观赏花篮

四周观赏花篮的制作方法：选择篮器，并放置花泥。选定花卉材料后，挑出5枝作为定位花枝，在花篮的中心点和四周的4个正方向，共5个方位插入。第一枝花在中心点垂直位置插入，是整个花体的中心，也是制高点。高度应根据需要确定。底层采用4枝定位花枝，长度相同，以第一枝为轴心画出十字交叉线向外延伸到设定长度位，形成花体的外径。在底层定位枝之间各加插1枝，底层便有了8枝花材，其圆的感觉即明显。若花的间隙仍然很大，可以按此方法增加花材的插入量。中央定位枝与底层

定位枝到位之后，在两者之间画出一个弧线(心理定位)。其他花材或自上而下，或自下而上，逐层均匀插入。花朵之间的距离要求大致相同，常规要求保持约3cm为度。花朵插完后，视实际情况补充叶材和补充花，以填补空缺和遮挡花泥。这种以块状花为主的半球形花篮，敦实稳重，易于掌握。在实际运用上造型不变，用花内容可做调整。如非洲菊的色彩、品种可以改变，也可用其他块状花和定形花代替。叶材和补充花也可做相应的调整。

(2)单面观赏花篮(图4-11)

单面观赏花篮是以正面观赏为主，兼顾左右两侧的造型方式。单面观赏花篮常采用三角形、倒T形，新月形、L形、S形等花型结构。单面观赏花篮的花体展示面较大，气氛强烈，有良好的视觉冲击效果。

图4-11 单面观赏花篮

制作单面观赏花篮时应先安置花泥并加以固定。花枝插入要先定位，一般采用四枝定位法。四枝定位法用于对单面观赏花篮的花体的界定。方法是在花体中间的最高位，设立定位点，插入1枝花材，确定花篮的中轴线及花体顶点位置。选择2枝花材分列左右两侧限定花体的宽度，两边花枝至中轴线的距离相等。再用1枝花插在花篮前下部，由中轴线处花体的最低点向前伸出，限定花篮向前的最远距离。

单面观赏花篮在制作过程中，容易出现平面化现象。制作者对花材左右排列关系的认识会比较明确，而对前后的层次关系往往容易忽视，出现平面化现象。可采用花枝由高至低，像走台阶一样，逐层而下，并渐渐地向前突出的方式进行插制。

4.2.3 宾礼花篮的应用

花篮是一种特定的插花形式，在人们日常生活和礼仪活动中广泛应用。在亲友生日、探视、访友时赠送花篮的做法已在城市生活中普及。不同用途的花篮在花型、花材、色彩等各个方面均有所不同，因此要掌握各种花篮的基本形式和制作方法。

(1)生日花篮

生日花篮是宾礼花篮的最常见形式。生日花篮因生日对象的不同，在选材、色彩、造型上区别对待，才能恰如其分地表达祝福。常见的生日花篮有儿童生日花篮、青年人生日花篮、祝寿花篮等。生日花篮的花材选择考虑年龄特点以外，还应充分考虑受赠人的个人喜好。

①儿童生日花篮　讲究造型活泼和内容的多样性、趣味性。所用花材无须十分考究，普通的常见花卉足矣，而在花篮内适当放入儿童喜爱的食品、玩具是少不了的。如巧克力、棒棒糖、小熊和气球等，为儿童生日营造出一种活泼欢乐的气氛。成人由花与造型而引出话题，儿童则因花篮中的礼物而兴高采烈，如此效果远胜于赠送一大堆礼物。

②青年人生日花篮　青年人过生日所赠送的花篮不能一概而论，应视与受赠对象的

关系选择与之相适宜的花篮。

普通朋友赠送花篮较为随意，可以采用形式活泼或具有个性特色的花篮的形式，可选择印有“生日快乐”“岁岁如意”“前程似锦”“大展宏图”等贺词的贺卡。

情侣之间的馈赠，在花篮制作上既要表达赠与者的心意，又要讲究浪漫的情调。在花材选择与搭配上，用不同颜色的月季花能够创造不同的感情效果。如用红色月季花代表火一样的热情；用粉红色月季花营造温馨和谐的意境；用黄色月季能表现出秋天般的灿烂和金子般的高贵。用花的数量可以按照对方年龄或要表达的意境来确定。如20岁就选择20枝月季花作为主花。若是对方岁数较大的话，就不宜按此方法定花量，应以造型艺术的配置效果来定用花数量。情侣之间表达情感，还可以利用花材的花语和谐音。如使用勿忘我、晚香玉等花材，暗示对方时时都想念自己。花篮内的贺卡最好由赠送人亲手题写。

③祝寿花篮（图4-12）　祝福老年人生日被称为祝寿。中国“蟠桃献寿”的神话故事已演变成一种传统观念，因此常用寿桃作为祝寿送礼的馈赠礼品，在祝寿花篮中放几只寿桃贺寿颇受欢迎。采用水仙花或仙客来与南天竹同插，取“群仙贺寿”之意也是贺寿花篮的常见形式。水仙花或仙客来之“仙”与神仙之“仙”同音同形，十分吉利，常被用来贺寿讨口彩。用数枝水仙或仙客来花有群仙之意。南天竹之“竹”与祝寿之“祝”谐音。把两者结合起来就表达“群仙贺寿”或“天仙祝寿”的美好意境。“松鹤遐龄”与“鹤寿松龄”也是祝寿最广泛的称颂词。在花篮中可以采用鹤望兰花或与鹤形相似的花，配以松树枝叶或蓬莱松等花材为主题花，再适当补充其他花材进行表现。鹤为羽族之长，被称为“一品鸟”。民间相传其为长寿之王。鹤望兰的花形极似鹤首，故以此拟形代意。松树姿态雄健，四季常青，也为上等寿品。

图4-12　祝寿花篮

（2）蔬果花篮（图4-13）

蔬菜和水果是人们日常生活中的必需品，紧张的生活节奏，往往使人们仅仅关注蔬菜和水果的可食用性，而忽视了蔬菜和水果的观赏性。其实，插花使用的花卉材料，本身就已经包含了植物的根、茎、叶、花、果实和种子等部分，蔬菜、水果也是其中的一部分。水果因为有食用价值，所以在插花设计的过程中，需要考虑水果的卫生性和便于随意取用两个因素。这需要兼顾插花用水果的实用性和装饰性，但仍应将艺术表现放在首位，不能顾此失彼。实际运用中，蔬果花篮可以作为探亲访友、探视病人、节庆花篮来使用。

制作蔬果花篮对使用何种蔬果没有严格的规定，只是在配置的合理性方面对制作有所要求，主要是从蔬果表面的色相与形态上加以考虑。有异味的蔬果不宜使用，过熟的水果不宜使用，水果过熟会大量释放乙烯等物质，会加速花朵和水果的成熟及衰老过程。有些无果皮的水果，如杨梅、桑葚等也不宜使用。用于花篮插花较理想的蔬菜有白

图4-13　蔬果花篮

菜心、胡萝卜、竹笋、红辣椒、豇豆、苦瓜、茄子、西红柿、玉米、藕、荸荠、花椰菜、大蒜头、南瓜等。用于花篮插花较理想的水果有佛手、柠檬、金橘、苹果、生梨、葡萄、香蕉、柿子、石榴、菠萝、李子、桃子、草莓、西瓜、樱桃、猕猴桃、枇杷、甘蔗、山楂等。

花篮中所用的蔬果可以根据地方的风土人情的情况进行选择。如山东的大蒜串和湖南、四川的红辣椒串，都具有强烈的地方色彩。南方与北方的水果市场，同一季节会有不同的品种。进行插花设计时，提倡因地制宜，就地取材，不必过于苛求。

蔬果花篮是较为特殊的插花表现形式，有别于一般的花篮插花。许多蔬果的体量和质量较大，制作上有别于鲜花。因此，在花篮制作时，要注重结构、掌握平衡、形色协调。蔬果花篮要注重结构的合理性，蔬果与花材的配置应按照插花的基本制作规律，错落有致地表现。蔬果花篮在插制时应注意均衡，蔬果通常较花材重量大，如苹果、香蕉、梨、石榴等制作蔬果花篮时，不仅要实现视觉上均衡稳定，同时要在提篮时蔬果花篮的分量也是平衡的。在造型与色彩上蔬果花篮有别于鲜花花篮，一些特殊蔬果品种更是新奇独特，如火龙果、菠萝、竹笋等。因此在将蔬果与鲜花配置时，应综合考虑，切勿顾此失彼。

蔬果花篮花材与蔬果的选择搭配同样有一定技巧。悠久的中国文化孕育了许多人文思想，它是我国优秀传统文化的一部分，应当保留和继承。如送人远行时，花篮里配柳与银柳、勿忘我、石榴，寓意“留客”。在拜访朋友送的花篮中配百合、柿子和灵芝，寓意“百事如意”。在祝贺婴儿满月时送的花篮中，放一只生梨和数个苹果，寓意“一生平安”。祝寿花篮可用桃子，表示“寿比南山”。店铺开张时，花篮可配金橘、柠檬、香蕉，表示“招财进宝”。结婚送花篮可用月季花插成心形，并配以草莓，意为“心心相印”。结婚纪念日用花篮中配置甘蔗与苦瓜，意在“同甘共苦”。在花篮中放入红辣椒，喻示生活会“红红火火”。在花篮中放入10种蔬果，意为“十全十美”。

蔬果花篮由于蔬果的重量较大，并且不易固定，在搬运过程中常因碰撞、颠簸发生花枝易位或蔬果散落，因此在插制时应采用特殊的方法进行加固，来提高花篮的稳固性。常用的方法包括：①加固定位。花泥先用塑料纸或铝箔包住下半部分，后嵌实在花篮内，可使用竹签呈十字状交叉地与花篮连接起来，以达到固定的目的，若用小盆、小盒等辅助的插花器具，除了嵌实在花篮内，可以用热熔胶将其胶合在篮内。②防止蔬果散落。苹果、橙子、猕猴桃等圆形的水果容易散落，应该考虑用包装纸包封或用保鲜膜包封。大件的水果如香蕉等，可通过相互挤压的方法固定。

蔬果礼品花篮在材料的配置上，应较多地使用水果，较少地使用蔬菜。可以使用丝带花结进行装饰并辅以贺卡对赠送花篮的对象告白，便于对方了解心意。特别是在委托他人送花篮时，贺卡又具有书信作用。

(3)创意花篮(图4-14)

创意花篮是一种具有个性化的造型的宾礼花篮，每一个作品均为独立形态，没有模式化的表现形式。观赏花篮讲究形、色、意的创新与创意，富于个性创造，常并有韵律关系。创意花篮可用于各种宾礼活动的花礼馈赠。

图4-14 创意花篮

创意花篮不仅在花型结构上富于变化，追求创新，在篮器选择、花材运用上也常常别具一格。在中国古代花篮造型中，可以看到篮子已采用艺术化的编织方法，脱离了生活用篮的形式，花体呈现出高低错落和疏密搭配，有着较强的观赏性。现代的创意花篮在古典形式的基础上有了进一步的发展，更强调作品的和谐关系与平衡关系。和谐的美如同自然界的生态链一样，主辅共荣，相互依托。自然界中，一棵高大的树木身上，往往会缠绕着藤类植物，枝干上也会附生许多蕨类植物。各种植物在同一环境中，遵循着各自的生活方式，相得益彰。因此，在创意花篮的选材上，更多地采用木本、藤本植物并配以草花，以突显自然之美。例如，使用柳枝表现疏影横斜、飘逸流畅之美；使用菊花自然错落，营造"东篱有菊香"的情趣意境。

创意花篮花型结构同样不拘一格，不等边三角形等非对称形式的花型被普遍采用。花型平衡感的设计采用不对称的平衡，其原理运用在花篮中，要求重心位置始终位于花篮体的范围内，当花枝向一侧斜出时，另一侧就增加花材的体量。例如，在春暖花开之际，选择迎春花柔枝蔓条插入花篮，会出现重心向外移的现象，可以用茶花或其他花卉在近篮体部分从另一侧插入，就能起到平衡作用。

创意花篮的设计常常讲究诗情画意，创造一件作品如同谱写一部乐章，需要抑扬顿挫，此起彼伏，每一枝花、每一片叶，都是一个音符。

创意花篮的设计要注意以下几点：①选择花卉要注意大小搭配和不同品种的组合。如使用两种花形相近的花卉材料，应以一种为主，另一种为辅。②同样一种花卉材料也应注意选择不同开放程度的花朵。有的绽放，有的半开，有的含苞待放，才能表现自然生态的美。③在排列上创造韵律。从平面花体轮廓线上看，并不是所有线条都光滑平整，而是花朵或向内收、或向外凸，或深或浅，长短变化也随之形成。如果使用线状枝条时，让枝条大范围外展，弧线明显，再让稍短的枝以反弧线加以呼应。

4.3 宾礼花束的制作与应用

花束是宾礼活动中的常见插花形式。花束插制简便、快速，携带方便，广泛应用于迎送宾客、探亲访友、生日祝贺、新婚祝福、表彰、颁奖等各种社交活动及日常生活中。花束是一种礼仪用品，需要在人们手中传递和表示，这就要求花束能适合人的形体和体能。

4.3.1　花束的构成

一束花一般由花体、手柄和装饰三部分组成。

(1) 花束花体部分

花体部分是指花束上部以花材为主，经过艺术加工展示的主体部分。花束造型丰富多彩，有许许多多的款式及造型，其变化不胜枚举。但无论形式如何改变，花束都是为了给人创造一个视觉点，展示花及花艺造型的美感。

(2) 花束手柄部分

手柄部分为花束供握手的部分，也是花体部分的延续。花束是一种手持的艺术品，其表现需要考虑握手的部分，少了手柄，花束就不称其为花束。花束手柄的长度虽然没有一个统一的长度标准，但手柄的长度应以方便手持、比例协调为原则。花束手柄最短也需在一手握持的长度以上，一般都需 15cm 以上的长度。有些花束的手柄为了与花体部分相协调，会适当加长。还有些创意花束为突显花束的修长，刻意做出加长手柄，以突出手柄的美感。当花束体量有所增加时，手柄长度也应当作出适当调整。

花束的手柄根据花束用途的不同，对于手柄的处理也会不同。简易的小型花束和送到家里的花束，手柄部分可以让枝干裸露；有些花束要求能有较长的展示时间，同时又无法使用花器水养，则在花柄部分用包装材料进行保鲜与防水处理。无论用什么方法处理花束的手柄部分，其长度和使用功能是不变的。

(3) 花束装饰部分

装饰部分是指花束的花体与手柄部分之间的装饰。装饰部分在花束配置上起到补充与点缀的装饰作用，并非花束的展示主体，所以装饰材料的多少常根据花束的实际需要确定。

花束装饰部分的设定，主要是建立花体与手柄之间的联系，简单地说就是花体与手柄之间过渡的纽带。装饰部位的确定，装饰包装的多寡，要做到正确与合理。在常规的花束配置上，装饰部位是按花束的绑扎位来确定的，绑扎点为各花枝相交点，也是装饰部位。有些特殊的花束造型，处理时要区别对待。例如，单枝月季花的装饰部位，可以设定在花枝接近花朵的 1/3 处。装饰部分所用的材料，包括包装纸、丝带、缎带、网纱、拉菲草、艺术枝等。

4.3.2　花束的造型

花束作为思想、情感交流的媒介，需要多种造型的支撑，以满足顾客的各种需求。花束的造型经过插花创作者的不断努力和创新，已经有了很多的款式，给我们生活和生产带来了便利。花束造型常见的有把束形、扇形、半球形、流线形花束；也有单枝型、迷你型等简易花束；有多层型、艺术型等变化造型；还有现代新潮款式架构型等。从观赏面来看，可以分为单面观花束与四面观花束。

1) 单面观赏花束

单面观花束是单一观赏面的花束类型。这一类型的花束花体部分花面向外，花束背部设计包装衬垫，让花草与身体有间隔。常见的单面观花束的花型结构有扇形、尾羽形、直线形、不对称组群花束等。

(1)扇形花束(图4-15)

扇形花束是一种展面较大的造型结构，观赏的视觉冲击力较强。其实扇形花束并非展开角度如扇面一样大，而是略呈收缩的折扇造型。扇形花束的展开角度应该大于60°。

(2)尾羽形花束(图4-16)

尾羽形花束与扇形花束十分接近，展面略小，其展开角度小于60°。尾羽形花束造型若是做外包装处理，展面形式仍按花材表现划定，但需要注意包装材料应附随花体形状，切勿过大，不然其束形会随之改变。

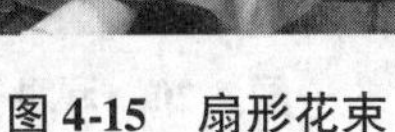

图4-15　扇形花束

图4-16　尾羽形花束

(3)直线形花束(图4-17)

直线形花束有着轻松、简洁的线条，与人体形态较为默契。该造型花体部分相对比较集中在中轴线附近，只是花枝伸展的前后跨度比较大。

(4)不对称组群花束(图4-18)

不对称组群花束是一种活泼、灵动的艺术形态，没有任何刻板和严肃的面孔，适合在生活中运用。这种花束造型在制作上有些难度，既要每个组群的花有明显区分，又要在手柄上与其他花材结合。从结构关系上看，不同的花材分类组合，各花群按方位组合。但不论如何配置，所有的花材都必须围绕在中轴线的周围进行表现。

图4-17　直线形花束

图4-18　不对称组群花束

2) 四面观花束

四面观花束是可以从四周任何一个角度进行观赏的花束，花束造型饱满，适合在公众场合使用。如颁奖典礼，领奖者手捧四周观赏花束，举起向观众示意，处在不同角度的观众都能感受到鲜花给予的气氛。四周观赏花束的造型有半球形、漏斗形、火炬形、放射形、球形等。这些形态都比较匀称，若设定中轴线，可以看到左右两半是同形同量的。当然也有变化形态的花束造型，如局部外挑等花型。

(1) 半球形花束(图 4-19)

半球形花束是一种密集型的花体组合，无论大小，花束顶面始终呈圆形凸起状态。花体部分从侧面看是圆的一部分，理想展示角度是以高度为半径，形成半球。

图 4-19　半球形花束

图 4-20　漏斗形花束

(2) 漏斗形花束(图 4-20)

漏斗形花束是以花体侧面造型似漏斗状或喇叭状而得名的。花体的顶面可以是平面或弧面，也可以适当有些起伏。漏斗形花束的花体部分比半球形长，其展开角度也较小。

图 4-21　火炬形花束

(3) 火炬形花束(图 4-21)

火炬形花束是由花自上而下，逐层扩展的表现形态。其造型像火炬、宝塔，从几何角度看，花体部分是一个等腰三角形。若从主体几何角度看，花体部分是一个圆锥形。

(4) 放射形花束

放射形花束是运用线状花材，由花束聚合点向上及周围散射的形式。这种形式从侧面看与扇形外轮廓结构有相似的地方，而从主体的角度看，造型与半球形相似。造型既饱满又通透，既简约又富于变化，适合探亲访友、举家去拜访时使用，因为这样的花束可直接放入花瓶。

(5) 球形花束(图 4-22)

球形花束是花材聚合成球状的花束造型。要求花束的构成完全呈球形是不可能的，因为手柄处需要留出部分空间。从其结构上分析，花束手柄的起始位置看似在圆的切线上，实际上手柄略向花体内移。花体与手柄的聚合点在圆的切线内。

(6)局部外挑花束(图4-23)

局部外挑花束并无明确的形态定式，而是在各种规则的基本定式或形态上，用线状花材如刚草、熊草、文心兰等去突破框框，使原来规则的结构变得活泼。不同的规则形态都可以接受线条的突破，但是需要注意形体破线的位置和数量，切勿使花体出现失衡现象，做到有变化而不失固有特色。

图4-22　球形花束

3)其他类型花束

(1)单枝花束

单枝花束的使用有许多文化因素存在，通过赠花能够说出语言难以表达的意思，还能营造良好的气氛。有含义的单枝花束的花材多选用月季、香石竹、菊花等块状花，一来花枝坚挺易包装，二来每种花都有明确的含义。如月季花是友情、爱情的主体花；香石竹是感谢父母、长辈的主体花；菊花(黄菊、白菊)是丧仪上的告别花。其他花材在一般的社交中可以根据需要进行选用。单枝花束包装常见有单枝花袋的包装与艺术纸包装。其手柄与花体的划分，一般是按1/3与2/3的比例。

图4-23　局部外挑花束

(2)礼盒花束(图4-24)

礼盒花束是以礼盒包装的形式出现的花束，礼盒是花束的二次包装。有的花束用塑料盒包装，花束在完成包装后仍能看到全貌；有的花束用纸盒包装，通常在纸盒的顶盖上开一个窗口，封以透明塑片，花束放入后可看见局部。礼盒一般是长形的，也有一些变形的盒子，花束需要根据盒形制作。

礼盒花束具有携带与传递方便的优点。花束的携带与传递一直是难点，因其摆放不便、怕挤压、不可重叠。有送花服务的花店从业者，每当有送花束业务时，都会感到不便。有了礼盒包装，这些问题即迎刃而解。

图4-24　礼盒花束

(3)架构花束(图4-25)

现代艺术潮流在影响世界文化的同时，也对插花艺术发生了作用。架构是现代花艺的一种表现方式，其创造性进一步揭示新的意义和新的形态。

架构花束可以分成两个部分考虑：一是构架的处理；二是花材的配置。构架具有装饰和固花双重作用。每一个构架都需要精心设计与制作，才能创作出独具匠心的艺术作品；构架又充当花架的作用，在中部或某一特定的位置留出空当，以便控制和保护插入的花枝。配入构架的花材是根据构架所设定的空间位置来定位的，有构架的支撑，花材不会随意移动。

图4-25 架构花束

4.3.3 花束包装

鲜花花束是一种高雅的礼品，进行合理的装饰与包装，馈赠时更具风采。

常用的工具有剪刀、小刀、枝剪、胶带纸、胶带纸座、双面胶、订书机等。

1) 花束的包装材料

花束的常用包装材料有包装纸、丝带、防水包装材料等。

(1) 包装纸

包装纸是花束包装主要的包装材料，是花束包装中最能渲染气氛的用品。市场上销售的包装纸种类繁多。从质地分，有纸质包装纸、塑料包装纸、纱网包装纸等；从外形分，有袋状、片状，其中片状纸有圆形、方形等；从色彩上分，有无色透明、单色、复色的；从图案上分，有碎花、网格、团花等图案。

除纸以外，也有采用薄纱、棉布、麻布、蜡染布等作为包装纸的类型，这些特殊材料往往可以营造出令人意想不到的效果。如用粉红纱或白纱包装的新娘捧花就能给人浪漫幸福的感觉。

(2) 丝带

丝带在花艺制品包装中的应用也很重要，常常将丝带制作成各式丝带花结装饰花束，往往可以起到画龙点睛的作用。

不同花型、款式、用途的花束应选择适宜的质地、形状和色彩包装材料加以应用，以取得烘托、陪衬等装饰效果。

(3) 防水包装材料

为了保持花束中花朵的新鲜、美丽，常需在花材基部做保鲜处理，防止花材失水萎蔫。常见的保鲜处理方法是在花枝基部包裹浸透水分或保鲜液的脱脂棉，然后采用防水材料将花束基部包裹起来。

常见的防水包装材料为塑料包装纸、锡箔纸等。花束包装时先采用防水包装材料包裹花束基部，然后进行装饰包装。

2) 花束包装方法

花束的常见包装方法有花托式包装、叶片式包装、大型花束包装等。

(1) 花托式包装

花托式包装是指将包装纸像花朵的苞片一样衬于花束的基部，使整个花束看起来如同一朵大型的鲜花。这样的包装方式多用于四面观花型，如球形、半球形、火炬形、水

滴形花束的包装。具有浪漫美丽、端庄典雅的风格。

操作步骤如下：

①选用片状圆形纸2张，可同色也可异色，但必须注意包装纸与花束、包装纸与包装纸颜色要协调。

②将其中的一张纸对折，再对折，在带角的一端剪去一个小角，将纸展开，圆形纸的中央就有一孔，把花束基部从纸孔中穿过。

③在花束花茎的基部裹上浸透了水的脱脂棉，然后进行防水包装。

④将另一张包装纸展开，平铺于桌上，将花束的基部立于包装纸的中央位置，左手扶住花束，右手将第二张包装纸慢慢拢起，然后左手握起花束，使包装纸形成许多皱褶。右手适当地调整皱褶和紧密程度。

⑤将花束的基部用丝带扎紧，留出丝带两端适当的长度，并在扎紧处系上一个丝带花。也可以将制作好的丝带花结直接绑结在花束的装饰位上。

这种方法也可以用方形纸代替，代替时先通过折叠，把方形纸剪成圆形状，就可以按以上步骤操作应用。

(2)叶片式包装

叶片式包装是指将包装纸像叶片一样，把花束包裹起来。多用于单面观赏的扇面形、三角形、尾羽形花束。这种包装轻盈简洁。

操作步骤如下：

①方法一：包装纸一大一小　选用片状方形包装纸一张，尺寸略小于包装纸的方形衬纸一张。将花束沿对角线方向平放于衬纸上。将花束基部的衬纸一角向上折叠，而后将横向的另外两角向中间拢起，略叠压后再向外翻出，整理好后用扎绳扎紧。

将外包装纸展开，平铺于桌面上，再将包好衬纸的花束平放于外包装纸的对角线上。将外包装纸横向的两侧向内折起，并用扎绳固定。将花束基部的外包装一角向内折起，压平后系上丝带及丝带花即可。

②方法二：包装纸大小相同　选用片状方型纸2张，可同色也可异色，但必须注意包装纸与花束、包装纸与包装纸颜色要协调。2张方形包装纸角错开叠在一起，形成好似8个角的一张大纸。花束沿对角线方向平放于包装纸上，将最下面的两角折叠起来(可以向内折起，也可以将花束基部包上再折)，再将横向的两端拢起，达到中线后，略叠压后再向外反转，折压成形，整理后用扎绳扎紧。系上丝带和丝带花即可。

③方法三：简要包装　如果顾客购买的鲜花数量不多，可以选用简要的包装方法。即只用一张方形的包装纸包装，操作步骤同上。

(3)大型花束包装

①选用3张片状方形包装纸，同色或异色均可。

②取1张包装纸沿对角线对折，再将三角形的一侧沿图中所示虚线折叠，向外拉出，将另一侧同样折叠、拉出，不要将皱褶压成死褶。

③将另一包装纸也按第二步操作进行折叠。

④左手持花束，右手将折好的包装纸拿起，附在花束一侧，握紧，再将另一折好的包装纸附在花束的另一侧，2张纸将花束围起，基部用扎绳扎紧。

⑤取第三张包装纸平铺于桌面上，将花束立于纸张的中央，再将第三张包装纸向上拢起，基部用手握紧，使包装纸上部形成自然皱褶，并进行整理。

⑥在花束的基部手握处系上丝带和丝带花。

(4)其他包装方法

花束的包装方式繁多，变化无穷。使用塑料袋和礼品盒包装，不使鲜花裸露在外，又便于携带。

专用的花束塑料袋有多种规格和形式，有单枝装的塑料袋，常用来包装月季花，情人节时，很受青年人的欢迎。有银底单面观赏的花束袋，可以挡住花卉的背部。还有印花花束袋，可使花束更为富丽堂皇。在花束下部扎上一只丝带制成的彩球，可以改变花束的单一性，各种花球、花结又能表现出各种不同的效果。如印有红心的彩球扎在月季花束上，可以送给恋人；印有圣诞快乐字样的彩球扎在花束上，在圣诞节赠友最为合适。

4.3.4　花束赠受礼仪

花束的使用范围十分广泛，但其受赠有一定的礼貌礼仪要求。

如宾客或亲友从远方而来，去机场、车站、码头等地接客，可以带一束花相赠。从礼仪的角度讲，当花束赠送之后，客人的行李应由主人或接待方搬运，客人只需拿花束与主人交谈即可。

花束可以用于舞台献花。在各种文艺演出中，经常会有热情的票友送鲜花表示祝贺。其中赠送花束最为普及。花束在舞台赠送上具有良好的装饰性，同时又具有一定的灵活性，一束花可以一只手握持，人的位置移动也不会影响花的装饰。

花束可以作为探亲访友的馈赠礼品。人们生活逐渐富足，物质上的需求逐步转化为精神的需求，送一束鲜花，就足以表达友情和亲情。若是探望病人，送一束素雅、馨香的花束，能够给病人带来安慰和温馨。花束可以用于朋友间交往赠送。迷你情侣花束适宜于情侣之间的交往。情侣的交往需要有一个轻松而又浪漫的氛围，一束小花既表达了情感，又不会成为累赘。

技能训练

技能4.1　单面观花篮插制

1. 目的要求

通过单面观花篮插制的操作训练，理解探视花篮的花材选择的要求、单面观花型结构特点，掌握单面观花篮的插制方法。

采用单面观花型结构(三角形、倒T形、L形任选其一)，完成一个探视花篮的制作。

2. 材料准备

序号	名　称	规　格	单位	数量	备　注
1	操作台	150cm×80cm×80cm	张	1	
2	剪　刀	15～20cm	把	1	
3	小　刀	15～20cm	把	1	

（续）

序号	名　称	规　格	单位	数量	备　注
4	除刺夹	15cm	把	1	
5	绿铁丝		根	若干	
6	花　篮		只	1	
7	花　泥		块	1	
8	塑料包装纸		张	1	
9	丝　带		卷	1	
10	插　牌		套	1	
11	花　材	自选(骨架花、主体花、焦点花、补充花)	把	若干	

3. 方法步骤

分组完成骨架花、主体花、焦点花、补充花的花材选购。

要求花材新鲜，质量优良，色彩饱满，开放程度适中，符合探视要求。

(1)教师示范

教师展示单面观花型花篮的作品实例，讲解花篮插制过程，分析插制要点。

(2)学生操作

①花篮插花的准备：

a. 花材整理与加工：学生依据花材特点完成所选花材的整理与加工操作。

b. 花泥的准备：在花篮内衬垫塑料包装纸，进行防水衬垫；依据花篮的大小与形状裁切花泥；将花泥浸透水分，放入花篮内。

②花型插制：依据实际情况选择单面观花型，如三角形、倒T形、L形等花型结构，进行花型插制。完成骨架花、主体花、焦点花、补充花的插制。

③丝带花装饰：依据花篮的风格与色彩特点，选择适宜的丝带花花型(蝴蝶结、绣球结、法国结任选其一)，进行丝带花结的制作。选择适宜装饰位置绑结丝带花结，完成丝带花装饰。

④插牌放置：填写插牌祝福语。要求插牌内容符合探视语境，文字优美，格式标准。

4. 效果评价

完成效果评价表，总结单面观花篮的制作要点。

序号	评分项目	具体内容	自我评价
1	花型结构	花型合理，结构完整，焦点设置准确，造型匀称，作品重心稳定	
2	色彩配置	色彩搭配合理，赏心悦目	
3	花材固定	花枝固定牢固，合理遮盖花泥	
4	花篮装饰	花结的花型、色彩、大小与花篮相宜；插牌色彩、大小、形态与花篮相宜，祝福语文字优美，符合语境	
5	现场整理	场地清洁，摆放整齐	
备注	自我评价：合理☆、基本合理△、不合理○		

技能4.2 四面观花篮插制

1. 目的要求

通过四面观花篮插制的操作训练，理解生日花篮的花材选择要求、四面观花型结构特点，掌握四面观花篮的插制方法。

采用四面观花型结构(半球形、圆锥形任选其一)，完成一个生日花篮的制作。

2. 材料准备

序号	名　称	规　　格	单位	数量	备　注
1	操作台	150cm×80cm×80cm	张	1	
2	剪　刀	15～20cm	把	1	
3	小　刀	15～20cm	把	1	
4	除刺夹	15cm	把	1	
5	绿铁丝		根	若干	
6	花　篮		只	1	
7	花　泥		块	1	
8	塑料包装纸		张	1	
9	丝　带		卷	1	
10	插　牌		套	1	
11	花　材	自选(骨架花、主体花、焦点花、补充花)	把	若干	

3. 方法步骤

分组完成骨架花、主体花、焦点花、补充花的花材选购。

要求花材新鲜，质量优良，色彩饱满，开放程度适中，符合生日要求。

(1)教师示范

教师展示四面观花型花篮的作品实例，讲解花篮插制过程，分析插制要点。

(2)学生操作

①花篮插花的准备：

a. 花材整理与加工：学生依据花材特点完成所选花材的整理与加工操作。

b. 花泥的准备：在花篮内衬垫塑料包装纸，进行防水衬垫；依据花篮的大小与形状裁切花泥；将花泥浸透水分，放入花篮内。

②花型插制：依据实际情况选择四面观花型，如半球形、圆锥形等花型结构，进行花型插制。完成骨架花、主体花、焦点花、补充花的插制。

③丝带花装饰：依据花篮的风格与色彩特点，选择适宜的丝带花花型(蝴蝶结、绣球结、法国结任选其一)，进行丝带花结的制作。选择适宜装饰位置绑结丝带花结，完成丝带花装饰。

④插牌放置：填写插牌祝福语。要求插牌内容符合生日语境，文字优美，格式标准。

4. 效果评价

完成效果评价表，总结四面观花篮的制作要点。

序号	评分项目	具体内容	自我评价
1	花型结构	花型合理，结构完整，焦点设置准确，造型匀称，作品重心稳定	
2	色彩配置	色彩搭配合理，赏心悦目	
3	花材固定	花枝固定牢固，合理遮盖花泥	
4	花篮装饰	花结的花型、色彩、大小与花篮相宜；插牌色彩、大小、形态与花篮相宜，祝福语文字优美，符合语境	
5	现场整理	场地清洁，摆放整齐	
备注		自我评价：合理☆、基本合理△、不合理○	

技能4.3　蔬果花篮插制

1. 目的要求

通过蔬果花篮插制的操作训练，理解蔬果花篮的材料选择的要求、结构特点，掌握蔬果花篮的插制方法。

采用新月形或不对称三角形花型结构，完成一个蔬果花篮的制作。

2. 材料准备

序号	名　称	规　格	单位	数量	备　注
1	操作台	150cm×80cm×80cm	张	1	
2	剪　刀	15～20cm	把	1	
3	小　刀	15～20cm	把	1	
4	除刺夹	15cm	把	1	
5	绿铁丝		根	若干	
6	花　篮		只	1	
7	花　泥		块	1	
8	塑料包装纸		张	1	
9	丝　带		卷	1	
10	插　牌		套	1	
11	花　材	自选（蔬果材料、花材）	把	若干	

3. 方法步骤

分组完成蔬果材料与花材的选购。

要求花材新鲜，质量优良，色彩饱满，开放程度适中，蔬果色彩鲜艳，成熟程度适中，寓意符合馈赠情景。

(1)教师示范

教师展示蔬果花型花篮的作品实例，讲解花篮插制过程，分析插制要点。

(2)学生操作

①花篮插花的准备：

a. 花材与蔬果材料的整理与加工：学生依据花材特点完成所选花材与蔬果材料的整理与加工操作。

b. 花泥的准备：在花篮内衬垫塑料包装纸，进行防水衬垫；依据花篮的大小与形状裁切花泥；将花泥浸透水分，放入花篮内。

②花型插制：依据实际情况选择新月形或不对称三角形花型结构，进行花型插制。完成蔬果摆放与花型的插制。

③丝带花装饰：依据花篮的风格与色彩特点，选择适宜的丝带花花型(蝴蝶结、绣球结、法国结任选其一)，进行丝带花结的制作。选择适宜装饰位置绑结丝带花结，完成丝带花装饰。

④插牌放置：填写插牌祝福语。要求插牌内容符合馈赠语境，文字优美，格式标准。

4. 效果评价

完成效果评价表，总结蔬果花篮的制作要点。

序号	评分项目	具体内容	自我评价
1	花型结构	花型合理，结构完整，焦点设置准确，造型匀称，作品重心稳定	
2	色彩配置	色彩搭配合理，赏心悦目	
3	花材固定	花枝固定牢固，合理遮盖花泥	
4	花篮装饰	花结的花型、色彩、大小与花篮相宜；插牌色彩、大小、形态与花篮相宜，祝福语文字优美，符合语境	
5	现场整理	场地清洁，摆放整齐	
备注	自我评价：合理☆、基本合理△、不合理○		

技能4.4 创意花篮插制

1. 目的要求

通过创意花篮插制的操作训练，理解贺寿花篮的花材选择的要求、创意构思、构图特点，掌握创意花篮的插制方法。

采用创意花型结构，完成一个创意贺寿花篮的制作。

2. 材料准备

序号	名 称	规 格	单位	数量	备 注
1	操作台	150cm×80cm×80cm	张	1	
2	剪 刀	15~20cm	把	1	
3	小 刀	15~20cm	把	1	
4	除刺夹	15cm	把	1	
5	绿铁丝		根	若干	
6	花 篮		只	1	
7	花 泥		块	1	
8	塑料包装纸		张	1	
9	丝 带		卷	1	
10	插 牌		套	1	
11	花 材	自选(骨架花、主体花、焦点花、补充花)	把	若干	

3. 方法步骤

分组完成创意花篮意境构思与构图设计，完成骨架花、主体花、焦点花、补充花的花材选购。

要求花材新鲜，质量优良，色彩饱满，开放程度适中，符合贺寿要求。

(1)教师示范

教师展示创意花型花篮的作品实例，讲解花篮插制过程，分析插制要点。

(2)学生操作

①花篮插花的准备：

a. 花材整理与加工：学生依据花材特点完成所选花材的整理与加工操作。

b. 花泥的准备：在花篮内衬垫塑料包装纸，进行防水衬垫；依据花篮的大小与形状裁切花泥；将花泥浸透水分，放入花篮内。

②花型插制：依据创意构思，插制创意花型构图。完成骨架花、主体花、焦点花、补充花的插制。

③丝带花装饰：依据花篮的风格与色彩特点，选择适宜的丝带花花型(蝴蝶结、绣球结、法国结任选其一)，进行丝带花结的制作。选择适宜装饰位置绑结丝带花结，完成丝带花装饰。

④插牌放置：填写插牌祝福语。要求插牌内容符合贺寿语境，文字优美，格式标准。

4. 效果评价

完成效果评价表，总结创意花篮的制作要点。

序号	评分项目	具体内容	自我评价
1	花型结构	花型合理，结构完整，焦点设置准确，造型优美，作品重心稳定	
2	色彩配置	色彩搭配合理，赏心悦目	
3	花材固定	花枝固定牢固，合理遮盖花泥	
4	花篮装饰	花结的花型、色彩、大小与花篮相宜；插牌色彩、大小、形态与花篮相宜，祝福语文字优美，符合语境	
5	意境表达	作品意境优美，符合贺寿情景	
6	现场整理	场地清洁，摆放整齐	
备注	自我评价：合理☆、基本合理△、不合理○		

技能4.5 直线形礼仪花束插制

1. 目的要求

通过直线形礼仪花束插制的操作训练，理解直线形礼仪花束的花材选择的要求、花型结构特点，掌握直线形花束的插制方法。

采用直线形花型结构，完成一个直线形礼仪花束的制作。

2. 材料准备

序号	名　称	规　格	单位	数量	备　注
1	操作台	150cm×80cm×80cm	张	1	
2	剪　刀	15～20cm	把	1	
3	小　刀	15～20cm	把	1	
4	除刺夹	15cm	把	1	
5	绿铁丝		根	若干	
6	脱脂棉		团	若干	
7	包装纸	塑料包装纸、纸质包装纸	张	1	
8	丝　带		卷	1	
9	卡　牌		套	1	
10	花　材	自选(骨架花、主体花、焦点花、补充花)	把	若干	

3. 方法步骤

分组完成骨架花、主体花、焦点花、补充花的花材选购。

要求花材新鲜，质量优良，色彩饱满，开放程度适中，符合直线形礼仪花束制作要求。

(1)教师示范

教师展示直线形礼仪花束的作品实例，讲解花束扎制过程，分析插制要点。

(2)学生操作

①花材整理与加工：学生依据花材特点完成所选花材的整理与加工操作。

②花型插制：依据直线形礼仪花束的花型结构，进行花束扎制。

③花束包装：采用脱脂棉，完成花枝保鲜处理；采用塑料包装纸进行防水包装。采用纸质包装纸进行装饰包装。

④丝带花装饰：依据花束的风格与色彩特点，选择适宜的丝带规格、色彩，制作花结(蝴蝶结、绣球结、法国结任选其一)。选择适宜装饰位置绑结丝带花结，完成丝带花装饰。

⑤卡牌放置：填写卡牌祝福语。要求祝词内容符合馈赠语境，文字优美，格式标准。

4. 效果评价

完成效果评价表，总结直线形礼仪花束的制作要点。

序号	评分项目	具体内容	自我评价
1	花型结构	花型合理，结构完整，焦点设置准确，造型匀称，作品重心稳定	
2	色彩配置	色彩搭配合理，赏心悦目	
3	做工技巧	花枝绑扎牢固，防水包装正确	
4	花束装饰	花束包装方法正确，外观简洁，色彩相宜；花结装饰位置得当，花型、色彩、大小与花束相宜；卡牌色彩、规格与花束相宜，祝福语文字优美，符合语境	
5	现场整理	场地清洁，摆放整齐	
备注	自我评价：合理☆、基本合理△、不合理○		

技能4.6　尾羽形礼仪花束插制

1. 目的要求

通过尾羽形礼仪花束插制的操作训练，理解尾羽形礼仪花束的花材选择的要求、花型结构特点，掌握尾羽形花束的插制方法。

采用尾羽形花型结构，完成一个尾羽形礼仪花束的制作。

2. 材料准备

序号	名　称	规　格	单位	数量	备　注
1	操作台	150cm×80cm×80cm	张	1	
2	剪　刀	15~20cm	把	1	
3	小　刀	15~20cm	把	1	
4	除刺夹	15cm	把	1	
5	绿铁丝		根	若干	
6	脱脂棉		团	若干	
7	包装纸	塑料包装纸、纸质包装纸	张	2~5	
8	丝　带		卷	1	
9	卡　牌		套	1	
10	花　材	自选(骨架花、主体花、焦点花、补充花)	把	若干	

3. 方法步骤

分组完成骨架花、主体花、焦点花、补充花的花材选购。

要求花材新鲜，质量优良，色彩饱满，开放程度适中，符合尾羽形礼仪花束制作要求。

(1)教师示范

教师展示尾羽形礼仪花束的作品实例，讲解花束扎制过程，分析插制要点。

(2)学生操作

①花材整理与加工：学生依据花材特点完成所选花材的整理与加工操作。

②花型插制：依据尾羽形礼仪花束的花型结构，采用交叉法进行花束扎制。

③花束包装：采用脱脂棉，完成花枝保鲜处理；采用塑料包装纸进行防水包装。采用叶片式包装方法，依据花型及花束大小用2~5张纸质包装纸进行装饰包装。

④丝带花装饰：依据花束的风格与色彩特点，选择适宜的丝带规格、色彩，制作花结(蝴蝶结、绣球结、法国结任选其一)。选择适宜装饰位置绑结丝带花结，完成丝带花装饰。

⑤卡牌放置：填写卡牌祝福语。要求祝词内容符合馈赠语境，文字优美，格式标准。

4. 效果评价

完成效果评价表，总结尾羽形礼仪花束的制作要点。

序号	评分项目	具体内容	自我评价
1	花型结构	花型合理，结构完整，焦点设置准确，造型匀称，作品重心稳定	
2	色彩配置	色彩搭配合理，赏心悦目	
3	做工技巧	花枝绑扎牢固，防水包装正确	

（续）

序号	评分项目	具体内容	自我评价
4	花束装饰	花束包装方法正确，外观美丽，色彩相宜；花结装饰位置得当，花型、色彩、大小与花束相宜；卡牌色彩、规格与花束相宜，祝福语文字优美，符合语境	
5	现场整理	场地清洁，摆放整齐	
备注	自我评价：合理☆、基本合理△、不合理○		

技能4.7　漏斗形礼仪花束插制

1. 目的要求

通过漏斗形礼仪花束插制的操作训练，理解漏斗形礼仪花束的花材选择的要求、花型结构特点，掌握漏斗形花束的插制方法。

采用漏斗形花型结构，完成一个漏斗形礼仪花束的制作。

2. 材料准备

序号	名　称	规　格	单位	数量	备　注
1	操作台	150cm×80cm×80cm	张	1	
2	剪　刀	15~20cm	把	1	
3	小　刀	15~20cm	把	1	
4	除刺夹	15cm	把	1	
5	绿铁丝		根	若干	
6	脱脂棉		团	若干	
7	包装纸	塑料包装纸、纸质包装纸	张	2~3	
8	丝　带		卷	1	
9	卡　牌		套	1	
10	花　材	自选(主体花、补充花)	把	若干	

3. 方法步骤

分组完成主体花、补充花的花材选购。

要求花材新鲜，质量优良，色彩饱满，开放程度适中，符合漏斗形礼仪花束制作要求。

(1)教师示范

教师展示漏斗形礼仪花束的作品实例，讲解花束扎制过程，分析插制要点。

(2)学生操作

①花材整理与加工：学生依据花材特点完成所选花材的整理与加工操作。

②花型插制：依据漏斗形礼仪花束的花型结构，采用螺旋法进行花束扎制。

③花束包装：采用脱脂棉，完成花枝保鲜处理；采用塑料包装纸进行防水包装。

采用花托式包装方法，依据花型及花束大小用2~3张纸质包装纸进行装饰包装。

④丝带花装饰：依据花束的风格与色彩特点，选择适宜的丝带规格、色彩，制作花结(蝴蝶结、绣球结、法国结任选其一)。选择适宜装饰位置绑结丝带花结，完成丝带花装饰。

⑤卡牌放置：填写卡牌祝福语。要求祝词内容符合馈赠语境，文字优美，格式标准。

4. 效果评价

完成效果评价表，总结漏斗形礼仪花束的制作要点。

序号	评分项目	具体内容	自我评价
1	花型结构	花型合理，结构完整，焦点设置准确，造型匀称，作品重心稳定	
2	色彩配置	色彩搭配合理，赏心悦目	
3	做工技巧	花枝绑扎牢固，防水包装正确	
4	花束装饰	花束包装方法正确，外观简洁，色彩相宜；花结装饰位置得当，花型、色彩、大小与花束相宜；卡牌色彩、规格与花束相宜，祝福语文字优美，符合语境	
5	现场整理	场地清洁，摆放整齐	
备注	自我评价：合理☆、基本合理△、不合理○		

技能4.8　半球形礼仪花束插制

1. 目的要求

通过半球形礼仪花束插制的操作训练，理解半球形礼仪花束的花材选择的要求、花型结构特点，掌握半球形花束的插制方法。

采用半球形花型结构，完成一个半球形礼仪花束的制作。

2. 材料准备

序号	名　称	规　格	单位	数量	备　注
1	操作台	150cm×80cm×80cm	张	1	
2	剪　刀	15～20cm	把	1	
3	小　刀	15～20cm	把	1	
4	除刺夹	15cm	把	1	
5	绿铁丝		根	若干	
6	脱脂棉		团	若干	
7	包装纸	塑料包装纸、纸质包装纸	张	2～5	
8	丝　带		卷	1	
9	卡　牌		套	1	
10	花　材	自选（主体花、焦点花、补充花）	把	若干	

3. 方法步骤

分组完成主体花、焦点花、补充花的花材选购。

要求花材新鲜，质量优良，色彩饱满，开放程度适中，符合半球形礼仪花束制作要求。

(1)教师示范

教师展示半球形礼仪花束的作品实例，讲解花束扎制过程，分析插制要点。

(2)学生操作

①花材整理与加工：学生依据花材特点完成所选花材的整理与加工操作。

②花型插制：依据半球形礼仪花束的花型结构，采用螺旋法进行花束扎制。

③花束包装：采用脱脂棉，完成花枝保鲜处理；采用塑料包装纸进行防水包装。采用叶片式包装方法，依据花型及花束大小用2～5张纸质包装纸进行装饰包装。

④丝带花装饰：依据花束的风格与色彩特点，选择适宜的丝带规格、色彩，制作花结（蝴蝶结、绣球结、法国结任选其一）。

选择适宜装饰位置绑结丝带花结，完成丝带花装饰。

⑤卡牌放置：填写卡牌祝福语。要求祝词内容符合馈赠语境，文字优美，格式标准。

4. 效果评价

完成效果评价表，总结半球形礼仪花束的制作要点。

序号	评分项目	具体内容	自我评价
1	花型结构	花型合理，结构完整，焦点设置准确，造型匀称，作品重心稳定	
2	色彩配置	色彩搭配合理，赏心悦目	
3	做工技巧	花枝绑扎牢固，防水包装正确	
4	花束装饰	花束包装方法正确，外观简洁，色彩相宜；花结装饰位置得当，花型、色彩、大小与花束相宜；卡牌色彩、规格与花束相宜，祝福语文字优美，符合语境	
5	现场整理	场地清洁，摆放整齐	
备注	自我评价：合理☆、基本合理△、不合理○		

思考题

1. 什么是礼仪？礼仪包括哪些内容？
2. 什么是宾礼？常见的宾礼礼仪有哪些？
3. 我国常见的礼仪插花包括哪几种类型？
4. 宾礼插花常见插花形式有哪些？
5. 宾礼花篮的制作材料有哪些？各有什么用途？
6. 如何依据不同受赠人选择生日花篮的花材？举例说明如何填写贺卡。
7. 简述蔬果花篮的插制要点。
8. 宾礼花束的制作材料有哪些？各有什么用途？
9 单面观花束的常见类型包括哪些？举例说明制作要点。
10. 四面观花束的常见类型包括哪些？举例说明制作要点。

自主学习资源库

插花教程图解（入门篇）. 叶云，杜锦兰. 广东人民出版社，2009.

手工坊都市花艺教程——花艺新课堂（花篮篇）. 阿瑛. 湖南科学技术出版社，2009.

手工坊都市花艺教程——花艺新课堂（手捧花篇）. 阿瑛. 湖南科学技术出版社，2009.

实用插花教程系列丛书——花束设计. 吴秋华. 湖南美术出版社，2008.

项目5 典礼插花制作

学习目标

【知识目标】

(1)领会典礼的礼仪、礼节。

(2)理解典礼插花的基本形式。

(3)掌握常见典礼插花的制作过程与方法。

【技能目标】

(1)能依据典礼活动，合理安排典礼插花的类型。

(2)能依据典礼的用花需要，合理选择插花花材，制作典礼插花作品。

(3)能依据典礼的用花需要，完成典礼现场的花卉布置。

案例导入

花店接到一项商场的周年庆典插花装饰业务，其中有领导发言、嘉宾剪彩、文艺表演等环节，要求花店根据活动需要设计一套用花方案，并完成活动当天的相关插花布置。如果你是小丽，你认为这项插花装饰业务包括哪些内容？如何设计并制作相关插花商品？

分组讨论：

1. 列出完成这项业务所需的业务能力。

序号	典礼插花制作所需知识和能力	自我评价
1		
2		
3		
4		
⋮		
备注	自我评价：准确☆、基本准确△、不准确○	

2. 如果你是小丽，你会怎么做？

理论知识

典礼礼仪插花是指用于各种庆典仪式，如开业庆典、周年庆典、毕业典礼、文艺汇演、节日庆典、时装表演等庆典仪式，为了活跃现场的热烈气氛而进行插花装饰与布置。

典礼的插花的常见类型包括：典礼场景花饰、讲台花、剪彩花球、嘉宾胸花、礼仪花束、花匾、庆贺花篮等。

5.1 典礼场景花饰制作与应用

典礼插花的场景花饰，可采用插制典礼花带的形式进行场景花饰布置。装饰花带，在典礼中运用相当广泛，通过花带可以组合成各种形状，实现对背景墙面、典礼主席台、欢迎牌等的装饰。

花带可以分为单朵花做成的线形花带，也有多朵花做成的宽窄不同的条形花带。

(1)线性花带

线性花带一般采用细铁丝对花材加以固定，铁丝将散状花绑成一小丛，然后与花朵串起来形成花带。线形花带一般用香石竹作主花，当然也可以用大花蕙兰、石斛兰等作为主花。在花带的花材选择上，香石竹、勿忘我、满天星等在脱水的状态下可以保存较长的时间，比较适合做花带花材。典礼花带还可以用缎带、串珠等加以装饰。线性花带主要用于装饰欢迎牌、主席台等。

(2)宽形花带

宽形花带使用花泥进行固定，装饰范围明显扩大，常用来装饰背景墙面。花带可以用花泥吸盘固定在装饰的墙面上，每隔一段距离放置一块花泥，花泥与花泥的间隔为一枝花的长度，然后插上主花和散装花。典礼场景花饰的布置可以将在舞台背景中央设计的一个较大型的插花作为典礼的背景主景，然后采用线状花材将主景插花与花带相连接，形成整体装饰效果(图5-1)。

图5-1　典礼场景花饰

例如，主景插花使用百合作为焦点花，用唐菖蒲作为线状花材，用月季作主体花，石斛兰作为补充花，用天门冬、蓬莱松等叶材作为铺垫，插制成辐射状心形花型结构。花带则是用香石竹、霞草和天门冬等花材制作而成，在色彩上与主景插花相互呼应，突出了中间主景的地位。然后用剑叶、刚草等弯曲成弧线连接花带与主景插花，形成整体效果。

5.2 剪彩花球制作与应用

庆典活动常有剪彩的仪式，传统的剪彩花球一般采用红绸做成花球。如果要进行整体的典礼花卉装饰，也可以使用鲜花做成剪彩花球。

(1)缎带剪彩花球(图5-2)

缎带剪彩花球制作常采用红色缎带进行扎结。可以为单一花球，也可以为多个花球。

选择长绸带一条，在绸带中央扎结花球。将彩绸按30cm左右的长度来回折叠，视需要花的大小决定叠的层数，一般需十几层。从中间将折叠好的一摞彩绸系紧。然后将一层层的绸子用手抻成花朵状即可。

图5-2　缎带剪彩花球

图5-3　鲜花剪彩花球

(2)鲜花剪彩花球(图5-3)

鲜花剪彩花球的制作，一般采用鲜花花材插制成花球，并用缎带进行连接即可。鲜花剪彩花球可以为单个花球，也可以制成多个花球。单个剪彩花球吊挂于缎带中央即可，多个剪彩花球则可以放置于支撑柱上，在花球两侧将红绸绑上铁丝插入花球，连接形成多个花球。

鲜花剪彩花球制作时，可以采用塑料花托作为固定花器。鲜花花球的花材通常选择花型成团状、花朵重瓣饱满的花材，如香石竹、月季等都是理想材料。在花托的花泥上插制花材，将花材紧密插制形成圆球形。

花球制作完成后还应注意：若花球较小，或采用较为硬挺的花材，如香石竹等花材制作，则花球花瓣较为挺拔，无需其他支撑。若花球较大，或采用质感较柔弱的花材制作花球，如洋桔梗等，则需要用较粗的铅丝做一个三角支撑，便于放置在礼仪小姐的托盘中，确保托盘中花球底下的花朵不被压扁。

5.3 讲台花制作与应用

在大型庆典活动中，主席台上常设置演讲台。主持台也常用花卉进行装饰。主持人

图5-4　讲台花

或领导讲话一定会成为典礼的焦点，那么讲台花饰也就非常重要(图5-4)。

讲台花饰比较常见花型为椭圆形、瀑布形等。讲台花饰一般布置在讲台的檐口，不影响话筒、讲稿以及茶杯的放置。讲台花一般均采用花泥进行固定，可以采用针盘作为容器，也可以用塑料包装纸或锡纸包裹花泥直接放在讲台上，主要目的是防止漏水或遮盖花泥。

讲台花的插制先插线条花，如散尾葵、星点木，将其插成所需要的形状；再插入焦点花如百合、安祖花、蝴蝶兰、大花蕙兰等；然后插补充花如月季、香石竹、勿忘我、桔梗等，用剑叶或刚草勾绘线条；最后用蓬莱松等将花泥遮盖。讲台花饰的色彩要与整个场景布置相协调，既要体现隆重热烈的气氛，又要美观、大方。

5.4　庆贺花篮制作与应用

图5-5　庆贺花篮

庆贺花篮是典礼插花的常见形式。常用于庆典活动的室外场景布置，增添活动的热烈气氛。庆贺花篮也是商店开业、展出活动、演唱会等大型活动的常见礼仪用花类型。庆贺花篮多为单位或个人互相致贺所使用。

庆贺花篮的结构形式为立式花篮，花体高度一般50～200cm。庆贺花篮的花型常见以下3类：一是扇面形和由扇面形变形的各式花篮；二是以半球体花形为主型，套用在各种款式篮子内；三是架子支撑，采用单体或多体的不定型插花方式等。

庆贺花篮制作上首先要考虑的是花篮的稳定问题，常采用重物置于花篮底部，使花篮稳定。其次，庆贺花篮一般都置于室外，花材容易失水萎蔫，因此更需要做好花材的保鲜，制作时可将浸水花泥置于篮体内，用扎绳加以绑缚固定，然后才能插花(图5-5)。

下面就以扇形立式花篮为例介绍其插制方法。

扇面形花篮的制作，首先应根据花型结构安置花泥，并用扎绳设法将花泥加以固定。若是单层花篮，则只需在花篮上部放置花泥即可；若是多层花篮，则需要根据每一插花插制的位置，对应地放置多块花泥。花泥使用前应浸透水分，并用塑料包装纸进行防水包装。

花枝的插入要先定位，方法是在中间最高定位点插入1枝花，确定花篮的中轴线及花体顶点位置；选择2枝花分列左右两侧，限定花篮的宽度，两边花枝到中轴线距离相等；再用1枝花插在花篮前下部，由中轴线处花体的最低点向前伸出，限定花篮向前的最远距离。通过4枝花定位，从花枝顶端开始相互之间画出连接线，其他花卉则根据这些无形线的范围逐层插入。

扇面形花篮的用花，在外围部分较多使用线状花卉，如唐菖蒲、蛇鞭菊、肾蕨等，让其均匀地向外伸展，给人以放射状的感觉。如果将花体比喻成喷薄欲出的太阳，外围的线状花就像光芒在向四周放射。花体中部使用的花材不受限制，衬叶也没有太多的讲究。

四周观赏的庆贺花篮，讲究丰满、稳重、得体、大方。制作方法与西方插花艺术中的半球形插花相同，采用五枝定位法确定花体框架，并逐层插入。最后在空隙处填补叶材，如天门冬、文竹等。

庆贺花篮插制完成后可使用缎带进行装饰与题词。可使用红色缎带扎制花结，装饰花篮提梁，花结下制作两条飘带，可在飘带上题写贺词或对联，庆贺用红联题黄字或金字题写。

5.5　餐桌花制作与应用

庆典活动往往与餐饮活动相结合，如大型庆典活动常常就在庆典现场设置酒会，或在庆典活动之后进行聚餐。因此，餐桌花就成为庆典时餐饮活动的常见礼仪插花形式。在其他社会礼仪活动中，餐饮也占有较大的比重，许多交流是在餐桌上完成的。小到两人世界、家庭聚餐、婚礼酒宴，大到年终庆典、国宾宴会，人们都能见到与餐饮活动相搭配的插花布置与装饰。

根据餐饮习惯的不同，宴会一般可分为中餐宴会与西餐宴会两类。中餐宴会使用的餐桌以圆形的桌面为主，大小根据入座客人的数量确定，以每桌10～12人的餐桌居多，在一些重要的活动中，主桌人数达20～30人的餐桌也很常见。圆桌具有主次同等的含义，因为从任何一个角度看桌子，都是相同的。正是由于这个原因，餐桌上的花篮是以圆形为主，从各个位置观赏都是正面（图5-6）。西餐宴会使用的餐桌以矩形的桌面为主，各种用具和装饰与中餐餐桌有所不同。因此，西餐宴会的餐桌花可以插制成长条形，或分成几个部分进行装饰（图5-7）。

图5-6　中餐餐桌花

餐桌花作为庆典活动的重要插花类型，起到装饰环境与烘托气氛的作用。餐桌花作为餐饮活动的装饰产品，应首先满

图5-7　西餐餐桌花

足餐饮活动的功能需要，不能喧宾夺主，其制作的大小应视具体情况而定。一般餐桌花都对插花的高度有较严格的限制，不能妨碍用餐人员的正常交流，插花作品高度应以不遮挡人对视高度为度，不能因餐桌较大而超出应有的高度。常规的桌子高度在80cm左右，餐桌花篮高度应控制在15～30cm。如果桌椅的情况比较特殊，制作者可以先坐在座位上，再确定花枝插入的高度。重要宴会餐桌布置餐桌花以四周对称的形式为主，所用的花材与花色都是均匀分布的，这是出于对所有宴会出席者的尊重。出席者从任何角度观赏花篮都能获得同样的效果，不致出现主与次、正面与背面的区别。

5.6　礼仪胸花制作与应用

在各种庆典活动中，常见主持人、嘉宾以胸花作为服饰花进行装饰。胸花是一种用花卉等材料制作的装饰品，主要装饰在人体的胸部，常规的做法是别于左胸。胸花是人们参加重要活动和礼仪场合的装饰物，有时也是区分重要宾客的标志。胸花制作得好坏，直接关系到主人的形象。

(1)胸花的佩戴方法

胸花佩戴也有特定的礼仪要求。

通常男士佩带胸花，穿西服者，以左侧领为佳；穿衬衣者，以左上袋口为着花点。女士着装比较复杂，如果是职业装，可以参照男装方式佩戴；若是礼服，特别是晚礼服，可将胸花倒过来佩饰。因为女性礼服较薄，对胸花的承载能力较弱，将胸花倒过来可使重心下移。将花束倒置，从近肩处衣带向前胸发展，就能自然而流畅地将花与服装合为一体。如将一束花以花头向下，花柄向上，略带倾斜地佩于近肩处，可烘托出女性的雍容华贵。

(2)胸花的花材要求

胸花在佩戴过程中，无法吸收水分，完全依赖自身积蓄的水分来维持生机。因此，制作胸花的材料，要求具有一定的抗脱水能力，要选择花瓣不易脱落的植物材料。

胸花制作的花材常包括主体花、配花、配叶3类。用于制作胸花的常用主体花花材有月季、香石竹、洋兰、蝴蝶兰、蕙兰、非洲菊、唐菖蒲等。配花可以选择霞草(满天星)、补血草(情人草)、一枝黄花、澳洲梅、勿忘我等。配叶可以选择肾蕨、高山羊齿、蓬莱松、熊草、文竹、武竹等。

胸花的花材选择也应符合庆典或节日的特定要求，使用之前应对参加活动的内容有所了解，以免造成误会。例如，母亲节使用香石竹胸花，情人节使用月季胸花，会议、庆典贵宾用洋兰等。

(3)胸花的制作

胸花实质上是一个小型花束，但是麻雀虽小，五脏俱全，胸花也需要多种材料，通过多个步骤来制作完成。就素材而言，胸花由主花与陪衬花、陪衬叶，以及饰物组成。主花以块形花和团形花为主，陪衬花以补充花为主，陪衬叶以填充叶和小型叶为主，装饰物是指附合在胸花上的缎带花、装饰花边和网纱等异质素材(图5-8)。

图5-8　各式胸花

从胸花组成的结构看，可以将胸花划分成3个部分，即花体部分、装饰部分和花柄部分。花体部分主要负责视觉吸引，一般由1~2朵主花和适量衬花、衬叶组成，是胸花的主要观赏部位。装饰体部分位于花体的下部，起烘托和陪衬作用。装饰材料的种类很多，可以制成各种花结，但体量应与花体协调。花柄部分是花体的延伸，具有平衡作用。常见的形态为单柄造型和分叉造型(图5-9)。

胸花在制作时，首先需选取花材制作假茎，在花梗上逐一缠上20~24号铁丝。如果做成分叉状，须将每枝素材柄都用绿棉胶带缠上；如果做成单柄状，只需将中段缠紧即可。尾部分叉的胸花的制作方法是将每朵花、每片叶，都用22号铁丝做双线缠绕，若花体较大可用20号铁丝，然后用绿棉胶纸将铁丝包裹起来。所有的胸花材料都准备好之后，将花材、叶材搭配组合在一起，最后使用缎带扎制成丝带花，装饰花柄上部即可。

图5-9　单柄胸花与尾部分叉胸花

技能训练

技能5.1　鲜花剪彩花球插制

1. 目的要求

通过鲜花剪彩花球插制的操作训练，理解鲜花剪彩花球的花材选择的要求、花型结构特点，掌握剪彩花球的插制方法。

采用圆球形花型结构，完成一个单个鲜花剪彩花球的制作。

2. 材料准备

序号	名　称	规　格	单位	数量	备　注
1	操作台	150cm×80cm×80cm	张	1	
2	剪　刀	15～20cm	把	1	
3	小　刀	15～20cm	把	1	
4	除刺夹	15cm	把	1	
5	花　托		个	1	
6	缎　带		卷	1	
7	花　材	自选(主体花、补充花)	把	若干	

3. 方法步骤

分组完成鲜花花球的花材选购。

要求花材新鲜，质量优良，色彩饱满，开放程度适中，符合鲜花剪彩花球制作要求。

(1)教师示范

教师展示鲜花剪彩花球的作品实例，讲解花球插制过程，分析插制要点。

(2)学生操作

①花材整理与加工：学生依据花材特点完成所选花材的整理与加工操作。

②花型插制：依据球形花型结构，采用花托进行花球插制。完成主体花、补充花的插制。

③连接缎带：将剪彩花球吊挂在缎带中央。

4. 效果评价

完成效果评价表，总结鲜花剪彩花球的制作要点。

序号	评分项目	具体内容	自我评价
1	花型结构	花型合理，结构完整，造型匀称，重心稳定	
2	色彩配置	色彩搭配合理，赏心悦目	
3	做工技巧	花枝插制牢固，缎带装饰正确，花球大小适宜	
4	现场整理	场地清洁，摆放整齐	
备注	自我评价：合理☆、基本合理△、不合理○		

技能5.2　讲台花插制

1. 目的要求

通过讲台花插制的操作训练，理解讲台花的花材选择要求、花型结构特点，掌握瀑布形讲台花的插制方法。

采用瀑布形花型结构，完成一个瀑布形讲台花的插制。

2. 材料准备

序号	名　称	规　格	单位	数量	备　注
1	操作台	150cm×80cm×80cm	张	1	
2	剪　刀	15～20cm	把	1	
3	小　刀	15～20cm	把	1	
4	除刺夹	15cm	把	1	
5	绿铁丝		根	若干	
6	针　盘	长方形	个	1	
7	花　泥		块	1	
8	花　材	自选(骨架花、主体花、焦点花、补充花)	把	若干	

3. 方法步骤

分组完成骨架花、主体花、焦点花、补充花的花材选购。

要求花材新鲜，质量优良，色彩饱满，开放程度适中，符合讲台花制作要求。

(1)教师示范

教师展示讲台花的作品实例，讲解瀑布形讲台花的插制过程，分析插制要点。

(2)学生操作

①花材整理与加工：学生依据花材特点完成所选花材的整理与加工操作。

②花泥固定：依据讲台花的布置要求，将花泥固定于针盘内，并放置在讲台适当位置。

③花型插制：采用瀑布形花型结构，进行讲台花的花型插制。完成骨架花、主体花、焦点花、补充花插制。

4. 效果评价

完成效果评价表，总结讲台花的制作要点。

序号	评分项目	具体内容	自我评价
1	花型结构	花型合理，结构完整，焦点设置准确，造型匀称	
2	色彩配置	色彩搭配合理，赏心悦目	
3	做工技巧	花枝插制牢固，合理遮盖花泥，作品重心稳定	
4	装饰效果	装饰位置得当，花型、色彩、大小与讲台相宜	
5	现场整理	场地清洁，摆放整齐	
备注	自我评价：合理☆、基本合理△、不合理○		

技能5.3　庆贺花篮插制

1. 目的要求

通过庆贺花篮插制的操作训练，理解庆贺花篮的花材选择的要求、花型结构特点，掌握立式花篮的插制方法。

采用扇形花型结构，完成一个双层庆贺花篮的插制。

2. 材料准备

序号	名　称	规　格	单位	数量	备　注
1	操作台	150cm×80cm×80cm	张	1	
2	剪　刀	15～20cm	把	1	
3	小　刀	15～20cm	把	1	
4	除刺夹	15cm	把	1	
5	绿铁丝		根	若干	
6	立式花篮	藤编	个	1	
7	花　泥		块	2～3	
8	扎　绳	塑料包装袋	卷	1	
9	缎　带		卷	1	
10	水　笔	金色	支	1	
11	花　材	自选(骨架花、主体花、焦点花、补充花)	把	若干	

3. 方法步骤

分组完成骨架花、主体花、焦点花、补充花的花材选购。

要求花材新鲜，质量优良，色彩饱满，开放程度适中，符合庆贺花篮制作要求。

(1)教师示范

教师展示庆贺花篮的作品实例，讲解立式花篮插制过程，分析插制要点。

(2)学生操作

①花材整理与加工：学生依据花材特点完成所选花材的整理与加工操作。

②花泥固定：依据双层庆贺花篮的花型结构，放置花泥，进行防水包装，并固定牢固。

③花型插制：采用扇形花型结构进行双层花篮的花型插制。

④缎带装饰：用缎带做成飘带，装饰在花篮提梁中央，完成缎带装饰。使用金色水笔题写贺词。要求祝词内容符合馈赠语境，文字优美，书写规范。

4. 效果评价

完成效果评价表，总结庆贺花篮的制作要点。

序号	评分项目	具体内容	自我评价
1	花型结构	花型合理，结构完整，焦点设置准确，造型匀称	
2	色彩配置	色彩搭配合理，赏心悦目	
3	做工技巧	花枝插制牢固，防水包装正确，作品重心稳定	

（续）

序号	评分项目	具体内容	自我评价
4	缎带装饰	花结装饰位置得当，花型、色彩、大小与花篮相宜；祝福语文字优美，书写规范，符合馈赠语境	
5	现场整理	场地清洁，摆放整齐	
备注		自我评价：合理☆、基本合理△、不合理○	

技能5.4　礼仪胸花制作

1. 目的要求

通过礼仪胸花制作的操作训练，理解礼仪胸花的花材选择的要求、花型结构特点，掌握胸花的制作过程与方法。

采用单柄胸花的花型结构，完成主持人与典礼嘉宾胸花的制作。

2. 材料准备

序号	名　称	规　格	单位	数量	备　注
1	操作台	150cm×80cm×80cm	张	1	
2	剪　刀	15～20cm	把	1	
3	铁丝钳	18cm	把	1	
4	绿铁丝		根	若干	
5	绿胶带		卷	1	
6	缎　带		卷	1	
7	花　材	自选(主花、配花、配叶)	把	若干	

3. 方法步骤

分组完成礼仪胸花的花材(主花、配花、配叶)选购。

要求花材新鲜，质量优良，色彩饱满，开放程度适中，符合礼仪胸花制作要求。

(1)教师示范

教师展示礼仪胸花的作品实例，讲解胸花制作的过程，分析制作要点。

(2)学生操作

①花材整理与加工：学生依据花材特点完成所选花材的整理与加工操作。

②制作假茎：根据选定花材、叶材的特型，选择适宜制作方法，用绿铁丝制作假茎，并用绿胶带进行装饰包裹。

③花型插制：依据单柄胸花花型结构，完成主花、配花、配叶的插制。

④丝带花装饰：依据胸花结构、色彩等特点，合理选择丝带扎制花结，装饰胸花。

4. 效果评价

完成效果评价表，总结礼仪胸花的制作要点。

序号	评分项目	具体内容	自我评价
1	花型结构	花型合理，结构完整，造型优美，重心稳定	
2	色彩配置	色彩搭配合理，赏心悦目	
3	做工技巧	假茎制作方法正确，花枝固定牢固，花柄装饰美观；丝带花精致、美观，装饰正确，花结大小适宜	
4	现场整理	场地清洁，摆放整齐	
备注	自我评价：合理☆、基本合理△、不合理○		

技能5.5　典礼场景插花制作

1. 目的要求

通过典礼场景插花制作的操作训练，理解典礼场景插花的花材选择的要求、花型结构特点，掌握带状场景插花的插制方法。

采用宽形带状花型结构，完成带状典礼场景插花的插制。

2. 材料准备

序号	名　称	规　格	单位	数量	备　注
1	操作台	150cm×80cm×80cm	张	1	
2	剪　刀	15～20cm	把	1	
3	小　刀	15～20cm	把	1	
4	除刺夹	15cm	把	1	
5	绿铁丝		根	若干	
6	花　泥		块	3～5块	
7	花　材	自选(骨架花、主体花、焦点花、补充花)	把	若干	

3. 方法步骤

分组完成骨架花、主体花、焦点花、补充花的花材选购。

要求花材新鲜，质量优良，色彩饱满，开放程度适中，符合典礼场景插花制作要求。

(1)教师示范

教师展示典礼场景插花的作品实例，讲解带状典礼场景插花插制过程，分析插制要点。

(2)学生操作

①花材整理与加工：学生依据花材特点完成所选花材的整理与加工操作。

②花泥固定：依据带状典礼场景插花的花型结构，放置并固定花带与主景插花的花泥，进行防水包装，并固定牢固。

③花带花型插制：采用带状花型结构，完成花带的花型插制。

④主景插花花型插制：采用放射状花型结构，完成主景插花花型插制。运用线状叶材连接主景插花与花带，使插花线条流畅，浑然一体。

4. 效果评价

完成效果评价表，总结带状典礼场景插花的制作要点。

序号	评分项目	具体内容	自我评价
1	花型结构	花型合理，结构完整，焦点设置准确，造型匀称	
2	色彩配置	色彩搭配合理，赏心悦目	
3	做工技巧	花型固定牢固，花枝插制牢固，合理遮盖花泥，作品重心稳定	
4	装饰效果	空间配置合理、装饰位置得当，花型、色彩、大小与场景相宜	
5	现场整理	场地清洁，摆放整齐	
备注		自我评价：合理☆、基本合理△、不合理○	

思考题

1. 什么是典礼？常见的典礼礼仪有哪些？
2. 典礼插花常见插花形式有哪些？典礼花饰对花材与色彩有什么要求？
3. 典礼场景插花的常见插花类型有哪些？
4. 简述剪彩花球的制作要点。
5. 讲台花饰的常见形式有哪些？简述讲台花制作要点。
6. 庆贺花篮的常见形式有哪些？简述立式庆贺花篮的制作要点。
7. 餐桌花的常见形式有哪些？简述餐桌花的制作要点。

自主学习资源库

实用插花教程系列丛书——桌花设计．吴秋华．湖南美术出版社，2008.

饭店餐桌花艺．吴晓伟，司萍．中国旅游出版社，2011.

实用插花技艺丛书——商务插花技艺．犀文图书．湖南美术出版社，2012.

学习目标

【知识目标】

(1)掌握婚礼插花的基本形式。

(2)掌握常见婚礼插花的制作过程与方法。

【技能目标】

(1)能依据婚礼活动的合理安排婚礼插花的类型。

(2)能依据婚礼的用花需要，合理选择插花花材，制作婚礼插花作品。

(3)能依据婚礼的用花需要，完成婚礼现场系列插花布置。

案例导入

花店接到一项婚礼插花布置业务，客户要求采用具有时代气息的婚礼插花布置，要求花店根据新人的喜好设计一套用花方案，并完成活动当天的相关插花布置。如果你是小丽，你认为这项插花装饰业务包括哪些内容？如何设计并制作相关插花商品？

分组讨论：

1. 列出完成这项业务所需的业务能力。

序号	婚礼插花制作所需知识和能力	自我评价
1		
2		
3		
4		
⋮		
备注	自我评价：准确☆、基本准确△、不准确○	

2. 如果你是小丽，你会怎么做？

理论知识

婚礼是我国嘉礼的重要形式，婚礼插花既包括举行结婚仪式的场合用花，也包括婚礼酒会的用花以及接送新人的婚车、新房的插花布置，是一个系统花艺工程。婚礼插花的形式除场景插花布置以外，胸花、头花、捧花、花束、肩花、腕花、腰花、耳坠花、鞋花等人体饰花也是婚礼插花的常见形式。

6.1 新娘捧花与胸花的设计制作

6.1.1 新娘捧花

新娘捧花是一种特殊形式的花束。新娘捧花是新娘身份的标志，在新娘的人生舞台最幸福的时刻扮演最重要的角色。新娘捧花的制作，不是一个简单的花束造型问题，还需要了解婚礼的整体风格类型、环境氛围、新郎新娘的喜好与个性，以便设计出能够渲染婚礼气氛、令人满意的婚礼插花作品。新娘捧花应与新娘的服饰相配套，其大小和尺寸应和新娘的体形相称。

(1)新娘捧花的选材

制作新娘捧花要根据新娘和新郎的身高、服装款式、色彩及个人喜好等选择花材。

中式婚礼需选择红色或粉色的花材，以突出喜庆、吉祥的婚礼气氛。花材种类选择常使用月季、红掌、粉掌、粉百合、蝴蝶兰、大花蕙兰，甚至牡丹、芍药等都可以作为焦点花。

西式婚礼应根据礼服的色彩选择白色或绿色的花材，以烘托高雅、纯洁、浪漫的婚礼气氛。常使用如白百合、月季、白兰、花毛茛、蝴蝶兰、绿兰、兜兰、文心兰、大花蕙兰等作为焦点花。

新娘捧花一般选用与礼服色彩相协调的颜色，如礼服是红色的，就选用红色或粉红色的花材；如礼服是白色的，就选用白色或绿色的花材。色彩的搭配需与婚礼的氛围、环境色彩相协调。

新娘捧花在花材选择上还要考虑花的寓意。如在婚礼上常用白百合，寓意洁白无瑕、百年好合；用两枝红掌寓意心心相印；用绿色的大花蕙兰寓意青春朝气、生机勃勃、事业家庭两兴旺等。

(2)新娘捧花的造型

新娘捧花的造型常见半球形、瀑布形、弯月形、提篮形、心形等各种造型。新娘捧花可以直接用花材扎制成花束，也可使用花托进行插制。直接扎制的新娘捧花造型自然、手工精美，要求花艺师有较高造型水平。采用花托进行捧花插制，制作相对简单，插制也较为快捷(图6-1)。

图6-1　捧花花托

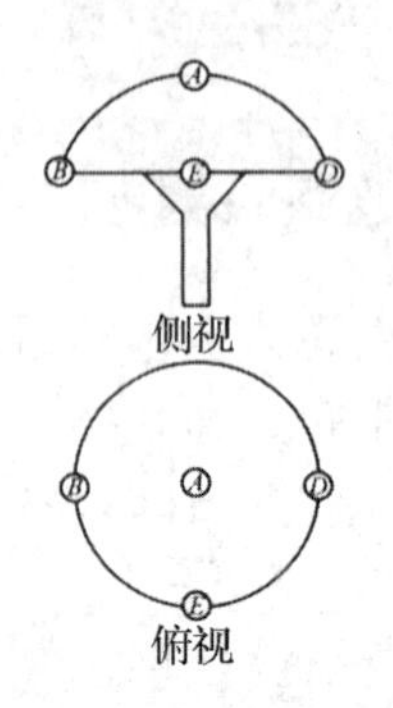

图 6-2 半球形新娘捧花

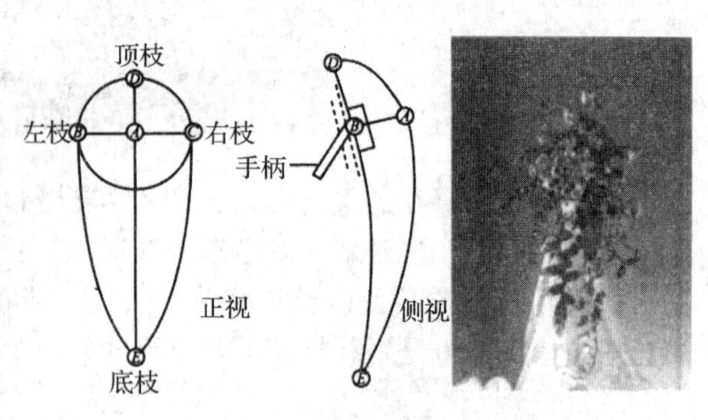

图 6-3 瀑布形新娘捧花

半球形新娘捧花造型为半球形花型结构，依据花枝分布，对称扎制 A、B、C、D 花枝，依据花型结构，填充其他花材即形成半球造型，在花型下方扎制丝带花即可(图 6-2)。

瀑布形新娘捧花造型需在半球形基础上插制下垂花枝，形成瀑布下垂效果。下垂花材可选用文竹、常春藤、幸运星等枝条柔弱的藤蔓类花材插制(图 6-3)。

(3)捧花装饰

新娘捧花在特定花型结构的基础上，常采用植物的或非植物材料进行装饰。如用小枝条串成枝条串或用月季花瓣串成花瓣串来装饰捧花，使捧花具有朦胧美。再如用装饰带、珍珠、金银丝等装饰材料来装点捧花，使捧花具有富丽堂皇的美感。

新娘捧花的制作应与伴娘捧花、花童捧花以及胸花、肩花、头花、腕花等，形成一个系列，相互间在造型上、色彩上均要协调一致，在体量、装饰的数量上要突出新娘捧花。

6.1.2 婚礼胸花

胸花是婚礼中的常见人体花饰，婚礼中新郎与新娘将胸花佩戴于胸前。婚礼胸花常采用 2 ~ 3 个类型进行制作，分别用于新娘与新郎、双方父母、婚礼嘉宾等。

婚礼胸花的花型结构及制作方法与典礼胸花的花型及制作方法基本一致。婚礼胸花的用材除满足胸花制作对耐脱水的要求外，还应与婚礼整体花饰风格相一致，与新娘捧花风格及花材相一致。

胸花制作时新郎胸花往往美观大方，并与新娘胸花的花材、风格相协调。新娘胸花娇艳动人，体量常大于新郎胸花，或体量相当。双方父母及婚礼嘉宾胸花则花型较为简洁、素雅。

6.2 头花、肩花、颈花与腕花的设计与制作

6.2.1 头花的设计与制作

头花是婚礼插花中新娘饰花的常见形式。头花指用鲜花装饰头部发型的花饰，又称发型花饰。头花一般用在婚礼或丧礼中，以婚礼中新娘戴的头花最为常见，所以也称新娘头花。

头花的造型千变万化，常见的有皇冠形、月牙形、花环形、不等边三角形、小瀑布形等。其花材选择和制作方法与胸花差不多，插作时均应事先做好主花、衬花、衬叶的整理加工工作，将所有花材的花梗剪掉，用24～26 号铁丝穿入花头基部作为假花梗，再包缠上绿胶带，根据具体造型形式，逐枝聚缠在一起即可。

头花一般应与新娘捧花为一个系列，从花材、造型到色调完全统一。常见的几种头花形式包括皇冠式、鬓边式、头箍式、花环式等。

(1)皇冠式头花

皇冠式象征高贵，是新娘头饰花中运用较广泛的一种形式。皇冠式头花佩戴于新娘头顶中央。其造型要求主体花鲜明突出，视觉焦点明确。制作时选择鲜明的主体花位于正中，略将花头抬起，位置突出，用铁丝固定；依次将花朵由中部向两侧排列，适当加入陪衬花和衬叶。

(2)鬓边式头花(图 6-4)

鬓边式头花将花材进行造型，侧戴在鬓边。制作时花材按照大花在中、小花在外的原则依次排列到位，用铁丝绑扎，做成设计造型；然后用少许小花和衬叶向下掩盖花茎，或用缎带进行装饰。

(3)头箍式头花

头箍式头花类似弦月造型，常与发箍连成一体或制作成发箍状，佩戴于新娘头上。头箍式头花采用花蕾或小花型花朵以及叶材，分别用铁丝缠绕绑扎成弦月的两个角，一个略大，一个略小；在花体中部先确定 2 朵或 3 朵略大的花，去除花柄，穿入铁丝，两体相连，中部加上大花，整理修饰即可。

(4)花环式头花(图 6-5)

花环式头花形似天使圈，为佩戴在头顶或额头的头花形式。花环式头花的制作要求均匀平和，不求突出、独立，一般不使用个性很强的花材。制作时选择两种或几种主体花，用铁丝逐一穿刺；几种花材依一定次序混合相连、缠绕，根据所需大小，确定花环规格。

图 6-4　鬓边式头花

图 6-5　花环式头花

6.2.2　肩花的设计与制作(图6-6)

肩花是婚礼插花中新娘饰花的常见形式，也可运用于典礼中女性嘉宾的装饰。肩花是一种人体的插花装饰形式，需要根据人的肩部结构和着装情况进行设计与制作。肩花较多采用弯月形设计。这是根据人体形态，将花从肩部向前胸延伸的自然表现。

肩花的常见花型，如弯月形肩花，以肩膀为中心，在前后两侧似瀑布状往下饰花，中部可以以某一种花材为主体，形成花型结构，然后配以配花、配叶，花体在前面、侧面和背面观赏时，都具有良好的展示效果。

肩花使用的花材，要求具有一定的耐脱水能力，需要保证花体在整个活动中不发生萎蔫，花型完好无损。不宜选用花瓣单薄的、易脱水的花卉。常用的花材有月季、香石竹、非洲菊、洋兰、蕙兰、满天星、情人草、勿忘我、高山羊齿、蓬莱松、文竹等。

图6-6　肩　花

肩花的制作是采用分解组合的方法。先将每一朵花用铁丝做柄，并由前至后依次缠绕，再用绿棉胶带覆在铁丝表面，小花用24号铁丝，大花用22号铁丝，前后连接的龙骨用20号铁丝。肩花的体量控制在不影响人的自由活动为度(例如，头部转动时，不可碰到花)。

6.2.3　颈花的设计与制作(图6-7)

颈花装饰一般是在重大的礼仪与社交场合使用，如婚礼、开业典礼、晚会等。颈部的修饰能给人以灿烂而又青春的美感，女性用鲜花来装饰，更能显示光彩夺目、妩媚动人的姿彩。

颈饰用花要求轻松、随和，与服装、服饰相协调，花形要求优雅、美丽。主体花常采用白洋兰、蝴蝶兰、小苍兰、茉莉花、白兰花等。配叶要纤细、秀美，如文竹、蓬莱松、阔叶武竹等。用色讲究淡雅简洁，或与服装用色一致。一般白色、绿色是最佳的用花色彩，与任何颜色的服装都能搭配。

图6-7　颈　花

颈花的制作要根据花材情况决定，如主花为总状花序

或穗状花序，可以用铁丝缠绕定型后直接做成颈花。第二种方法是将花朵全部摘下后，用22号铁丝加工后重新组合。这种组合的随意性较大，可以是单一品种的组合，也可以是多品种的组合，或用间隔状组合等。第三种是采用花串的方法制作。这种方法广泛流传于民间，每年仲夏时节，街上时常碰到叫卖茉莉花、白兰花的人，他们有时会将花串成颈花出售。

6.2.4 腕花的设计与制作(图6-8)

腕花是新娘饰花的常见类型。手腕用鲜花装饰，是人体花饰的一部分，能够创造出美艳动人的效果，常见于女子在礼仪场合中装饰和新娘在婚礼上装饰。

图6-8 腕 花

手是人体活动最为频繁的一个部位，容易碰到身体和其他物体。所以用花要选择较坚挺硬实的素材，如洋兰、小月季、蝴蝶兰等。手腕本身是一个活动部位，花体与手腕之间要保持适当的间隙，防止花体影响手部的转动。

腕花的表现形式有两种：一种是链式的造型；另一种是表式的造型。链式造型制作时，可将花朵逐一用22号铁丝加工固定，再将整体串联起来。表式造型是选择一朵定型花或块状花，如蝴蝶兰等，定位于手腕的中间，边上用小花和补充花及叶材来连接。这种形式的腕花饰，易使人的视觉点集中，艺术感较强。

6.3 花车的设计与制作

结婚是人生中的一件大事，婚车是迎接新人的主要交通工具，用鲜花装饰迎接新娘的车辆成为婚礼中不可或缺的一个时尚，并逐渐演变成一列分主花车、副花车和从花车的花车队。

6.3.1 婚礼花车设计(图6-9)

婚礼花车的设计以体现喜庆、热烈的婚礼气氛为目标，扎制花车要新颖、别致，体现优雅、浪漫婚礼氛围。

要想扎制优美的婚礼花车，首先要对车辆有一个大概的了解。车辆的外型特点是花车花型设计的基础条件，最为常见的是轿车，也有采用商务车、面包车等车型的，在花型设计时应根据车型合理地设计插花造型，选配花材，才能扎制出符合婚礼要求的花

图6-9 婚礼花车

车。在花车的花型设计时，车辆的品牌、档次等也是花型设计与花材选择的重要参考条件。但不管是名牌车还是普通车，都能够根据实际情况选择合理的花型，扎制出优美的花车，为婚礼增添喜庆气氛。

婚礼花车最为常见的是轿车。轿车的插花装饰位置主要有前车盖、车顶、后车盖和车的两侧。

(1)前车盖花饰

前车盖是花车的主要饰花位置。前车盖位于车辆之首，是人们视觉的第一切入点，又有较大的平面位置可以装饰花。但是这些位置是驾驶员的视线前沿，故花体要以不遮挡驾驶员视线为宜。所以，通常要留出在驾驶员视线正前方的位置，并且花体以贴近车盖面的方式出现。常见花车的花饰常装饰在副驾驶座位的前方，或轿车前车盖的中央。据此可以在前车盖进行斜线饰花，即副驾驶座位的花体较高，驾驶员的一侧没有高大的花体，以保证驾驶员安全驾车。

(2)车顶花饰

车顶也是花车常见的饰花位置。从上向下看，车顶的面积最大，但站在与车同一层面看车顶，只有一个很狭的线。所以在处理车顶时，可以利用视觉差来配置花体，以求合理使用花量。斜线装饰是车顶饰花的一种形式，是花体以车顶的对角拉一直线，用花组成宽带状。人们无论是从正面，还是从侧面观看花车顶部，都能见到一个较大的花面。

(3)后车盖花饰

后车盖也是花车的次要饰花位置，用花量通常较小，可以简化或省略。后车盖上的花是根据前面的用花情况决定的，前面体量大，后面也略大；前面体量小，后面也略小或省略。花材的使用常与前车盖用花相一致。花体位置根据花车整体花饰确定，一般设置在中间或一侧，体量不得比前部的花体大。

(4)车两侧花饰

轿车两侧的插花装饰，只作陪衬性的点缀。制作时可以沿车顶两边以点饰跑花边装饰并向前后车盖汇合。车门把手上可挂花球或在门上贴小花束或单枝花朵等方式进行装饰。

6.3.2　常见婚礼花车设计

(1)V形花饰花车(图6-10)

V形花饰是一种低平、密集形的轿车前车盖上的花体装饰方法。造型取意V字之胜利、欢乐。通过V字的表现来寓示新人的美好前景。

图6-10　V形花饰花车

V字造型的花车插花，比较贴近车体，不会影响驾驶员的视线，又具有良好的装饰性，比较容易产生强烈的色彩效果。V形花体从几何结构而言，具有一定的稳定性，人们观看花车时，有一种四平八稳的感觉。所以，在综合设计花车时，要以前后一直线方案为主。

(2)摆件花车(图6-11)

在婚礼花车上设置摆件和装饰品，设置的摆件一般都是与婚礼这个主题有关，从而形成摆件花车。

摆件花车常用网纱做成花球、花带等造型，用心形的饰件组合在花里，也有用一对娃娃扮成新郎新娘的摆件装饰。如在一种花车造型中，设计在前车盖上以一对娃娃为中心，组成一个花组造型。此时的鲜花造型十分简单，都围在娃娃周围，形成一个圆环状，起到烘托作用。也有在花型以外，用摆件进行搭配装饰的花车设计。在花材价格较高的季节，采用配件可节约制作成本。在花卉市场上已有专用"新人娃娃"等布偶摆件，摆件底座下连接吸盘，只要放在花车的合适位置上，使吸盘收紧，即可牢固地立在车上。

图6-11　摆件花车

(3)组字花车(图6-12)

组字花车是将鲜花插制成文字内容装饰在花车上的应用，是一种可以直接表达心意的花车花饰形式。花车在前车盖是组字的最佳表现场所。

婚礼花车组字的内容一般与爱有关，如"LOVE"、心形图案、双喜等。每一种字或图案都应根据使用的花卉密集组合，并找出亮度对比的素材烘托陪衬。如在一辆花车设

图 6-12　组字花车

计中，花车前车盖上用了很大的面积组字“LOVE”。字母用大红色的月季双朵排列，字底用武竹和满天星构成，白色、绿色将红色的花字衬托得光彩夺目。花字的定位很重要，可以在插花前，先在花泥上划刻好图形，然后按此图形插花。

(4)彩带与花车

花车的装饰，不完全是鲜花的世界，彩带也有一席之地，有时将鲜花与彩带对花车造成的影响进行评判，可以说是伯仲之间，难分高下。

用于花车装饰的彩带品种很多，有缎带、无纺布、花边、网纱等。其色彩更是千变万化，不胜枚举。在选择彩带之前，先要对需进行包装的车辆情况和用户要求有一个大致了解，例如，车的颜色、用花色彩、客户要求等，然后进行具体操作。在用花量不大的花车上，如只有前车盖上有一丛花，通过缎带结花球和拉线装饰，完善花车的表现。彩带的装饰方式很多，可以用拉线装饰，将车的前后连成一体，表现为飘带状，使花车产生动感；也可用彩带做成花结和花球，装饰在车上烘托气氛。

(5)花车的点饰(图 6-13)

在花车装饰上，点饰尽管没有大面积插花来得豪华富贵，但也能起到装饰和提示作用。点饰一般作为大花体的辅助装饰，可以使花体得到延伸和发展，使花车装饰更趋完善合理。

点饰的方法是将单朵或几朵花并拢，配入少量满天星、蓬莱松、文竹、武竹、情人草、勿忘我等填充素材，组成一枝小花。点饰花固定到车上有两种方法：一种是在花上安置小吸盘，让吸盘吸附在车的外壳上；另一种方法是直接用玻璃胶带将花粘贴在车上。比较科学的方法是采用小吸盘固定，既能随意设定和改变位置，又不会对车体造成任何影响。有些车顶是皮制的，玻璃胶和吸盘都无法固定，可以设法先拉出缎带，再将花朵粘在缎带上。点饰布置时，可以采用均匀的定位，如在前车盖斜线条布置主花体，点饰花沿着车的框线位等距离地粘贴花朵，俗称为“跑花边”。也

图 6-13　花车的点饰

可以采用不规则的点饰，车的某些重要位置或与主花体呼应的位置，适当多贴一些，并用点花组成连线和花纹等。点饰用花一定要与主体花保持一致，一般以月季为主，也可用蝴蝶兰、大花蕙兰、洋兰等。

(6)多方位装饰花车

花车的装饰主要取决于人的审美观和社会潮流。进行花车装饰时，可以在某一个点布置，也可以将整辆车子铺满。

多方位装饰的花车显得豪华富贵，更能衬托出婚礼的隆重与尊贵。多方位装饰的装饰部位有：最前部的保险杠插花，可用红掌、百合、月季为主体花，寓意红红火火、永结同心，上方用两枝鹤望兰高低错落，表示比翼双飞。前车盖上方插花，有组字型、摆件型、V形、斜线形，即对称或不对称的构型。车顶的眉头部位插花可插在中间，不对称形可插在左边或右边。车的后车盖插花，一般花型较小，可在中间，也可在两边插花，要注意与前面部分的呼应与协调。

以上介绍的各个局部装饰组合花车，实际应用时，可以有选择地使用。彩带拉线、做花球、网纱的应用等也要配合默契和井井有条。在制作时会有千变万化的乐趣。

花车的装饰依主花车、副花车、从花车的隆重程度递减，从花车只做点饰。

6.3.3　其他花车

(1)迎宾花车

迎宾花车车型多为大中型客车。主花体装饰车前方保险杠处，其他地方以点饰为主或以彩带装饰。

(2)葬礼花车

葬礼花车用花有白月季、黄月季、白菊、黄菊、白百合、勿忘我、萱草等。突出哀悼气氛。

(3)游行花车

游行花车为大型特定花车。用于庆典活动、商业宣传、旅游节、国外的选美活动、花卉节等。花车用花量大，设计风格多样。

6.4　婚礼场景花饰设计与制作

结婚是人生一个重要的里程碑，很多新人都希望自己的婚礼隆重、新颖、浪漫和别致，因此除了准备新房和布置新房以外，很重要的工作是婚礼当天的场地、场景安排。而场景花饰在婚礼当天起到了不可或缺的作用，它不仅可以营造婚礼热烈而浪漫的气氛，也能够充分反映新人的内涵和气质，因此婚礼场景插花装饰是相当重要的。

不同风格的婚礼其举办场地应有所区别，不同的婚礼风格与婚礼场地决定着场景插花装饰的风格。婚礼场景按婚礼风格和婚礼场地常分为以下几类。

6.4.1　按婚礼风格分类

婚礼场景的风格可以分为中式和西式风格。不同的风格采用的花卉装饰的形式、花材、色彩是不同的。

(1)中式婚礼场景花饰(图6-14)

中式婚礼的色彩以大红为主。新人的服饰装扮是中式古装凤冠霞帔或旗袍、马褂，服饰富贵、艳丽，色彩丰富。场景布置一般也是采用中式厅堂的布局，红绸绕梁、红灯笼高挂、红双喜字贴窗户，呈现一片喜庆、吉祥、热闹的景象。

中式婚礼场景的插花装饰一般用大红色系为主烘托传统婚礼的喜庆，如迎宾装饰用大量的红色月季做成心形，然后用中国结加以装饰，起到了很好的装饰效果；来宾签到台上放置的红色水晶与两个身着中式服装的玩偶增添了高贵又不失浪漫的气氛；整个大厅的布置以红色系为主，庄重而热烈，中间的红双喜更是突出了主题；餐桌中间的瓶花用红色的月季做成半球形，并用天门冬加以点缀，色彩对比强烈；玻璃瓶中放置了白色石斛兰既浪漫又起到了色彩调和的作用。

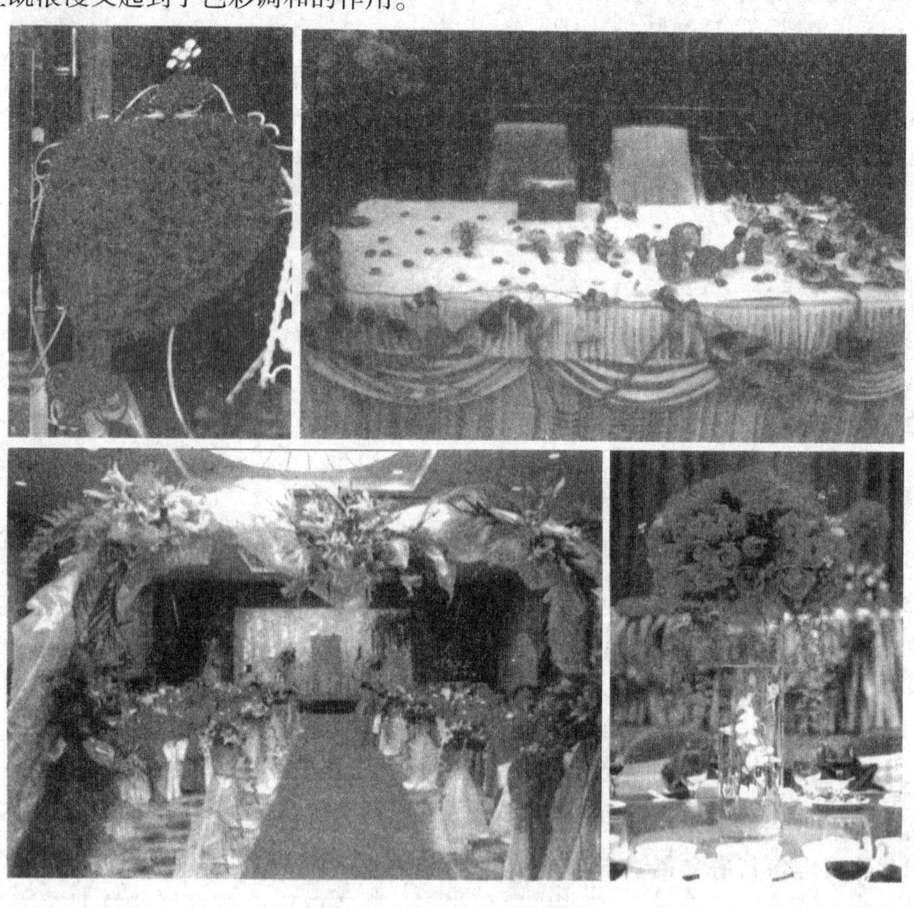

图6-14　中式婚礼场景花饰

(2)西式婚礼场景花饰(图6-15)

西式婚礼的色彩一般以白色为主，体现纯洁、浪漫的氛围。新人的服饰一般是以白色为主，新娘一身白色婚纱，新郎是白色或黑色的西服，场景布置一般也以白色为主，或者加以粉色紫色以增强浪漫色彩。

西式婚礼场景常用白色月季和白色石斛兰做成的拱门迎接这一对新人走向美好的未

图 6-15　西式婚礼场景花饰

来。餐桌上用酒杯作为花器，用白色紫罗兰、白色月季、白色石斛兰以及桉叶做成的插花作品增添神圣而浪漫的气息。用树枝和白色石斛兰做成的路引，使来宾仿佛置身于春花烂漫的田园。主舞台的布置也极富层次感，后面的大屏幕述说着新人从相识相知到相爱以及对美好未来的憧憬。

6.4.2　按婚礼场地分类

由于中国的习俗婚礼要邀请亲朋好友喝喜酒，所以婚礼一般是在室内进行，但由于西方文化的渗入，现在很多年轻人喜欢将婚礼放在不同的场地进行，如草坪、教堂、城堡，甚至空中和海底。于是婚礼场景布置就需要因地制宜，根据新人的喜好、习俗结合实际场地和氛围精心设计。按婚礼场地分一般可分为室内大厅婚礼、室外草坪婚礼、教堂婚礼、古堡婚礼、游泳池婚礼等。

(1)室内大厅婚礼场景花饰(图 6-16)

室内大厅的婚礼场景花饰常以粉色为主色调，场景整体色彩以粉色为主路，引用粉色、白色月季，粉色香石竹，粉色、白色桔梗插在欧式的花盆里用缎带加以连接，地毯上洒满月季花瓣，周围用玻璃烛台相配引导新人走向幸福的未来。

来宾签到台的布置用粉色月季、粉色香石竹、百合、白色蝴蝶兰配以星点木，用刚草和黄金球增加线条感，配以烛台营造浪漫氛围。

图 6-16　室内大厅婚礼场景花饰

婚礼上新人手把手共同切蛋糕是一个经典项目，蛋糕台的花卉装饰也是点睛之笔。

中国式婚礼喝喜酒是免不了的，于是餐桌上的花卉装饰也是很重要的，不仅父母桌和宾客桌的瓶花要有区别，而且在口布和椅背上都可以进行花卉装饰，让一对新人在极富浪漫和喜庆氛围的花卉装饰布置婚礼上步入新的人生。

(2) 室外草坪婚礼场景花饰(图 6-17)

室外草坪婚礼一般在比较开阔的草坪举行，而且多举行西式的婚礼。色彩一般以白色、绿色为主。

一般草坪比较开阔，因此在布置婚礼场景时要注意选择和重点布置仪式台的背景，

图 6-17　室外草坪婚礼场景花饰

如背靠建筑，或者做一个帷幔庭，或者用“LOVE”组字为背景。新人从鲜花拱门出发，走过路引走向仪式台，路引的设计也很别致，由玻璃瓶和青竹做花器插上白色蝴蝶兰、白色桔梗、绿色小菊和星点木并用刚草和白色缎带拉线，既有层次感又有纯洁而浪漫的感觉，与之相协调地布置迎宾牌。通过用白色蝴蝶兰、白色马蹄莲、绿色石斛兰以及阔叶武竹装点的迎宾牌清新、素雅，给来宾留下深刻的印象。

(3)教堂婚礼场景花饰(图6-18)

信教的年轻人或者有父母是信徒的新人喜欢在教堂举行婚礼。教堂婚礼一般有神圣肃穆的气氛，因此在花卉装饰上也要体现神圣、纯洁、浪漫的氛围。

根据教堂的布局可以在中间过道利用座椅做成鲜花路引，重点布置圣坛，可以作为证婚处。如可以选用白色、粉色、蓝紫色为主要色彩，用白色和粉色的月季、白色的百合、紫色的绣球等装点场景鲜花拱门和路引，都采用心形的元素表达心心相印、白头偕老的意愿，拱门的心形和迎宾牌相互呼应。

图6-18 教堂婚礼场景花饰

技能训练

技能6.1 新娘捧花制作

1. 目的要求

通过新娘捧花插制的操作训练，理解瀑布形新娘捧花的花材选择要求、花型结构特点，掌握新娘捧花的插制方法。

采用瀑布形花型结构，完成一个新娘捧花的制作。

2. 材料准备

序号	名　称	规　格	单位	数量	备　注
1	操作台	150cm × 80cm × 80cm	张	1	
2	剪　刀	15 ~ 20cm	把	1	
3	小　刀		把	1	
4	除刺夹	15cm	把	1	
5	花　托		只	1	
6	花　泥		块	1	
7	丝　带		卷	1	
8	花　材	自选(花材与叶材)	把	若干	

3. 方法步骤

分组完成主花、配花、叶材的花材选购。

要求花材新鲜，质量优良，色彩饱满，开放程度适中，符合新娘捧花制作要求。

(1)教师示范

教师展示瀑布形新娘捧花的作品实例，讲解新娘捧花的扎制过程，分析扎制要点。

(2)学生操作

①花材整理与加工：学生依据花材特点完成所选花材的整理与加工操作。

②花型插制：依据瀑布形新娘捧花的花型结构，采用花托完成捧花插制。利用线状花材插成瀑布下垂造型，插入主体花、焦点花、补充花，完成花型插制。

③丝带花装饰：依据捧花的风格与色彩特点，选择适宜的丝带规格、色彩，制作花结。选择适宜装饰位置绑结丝带花结，完成丝带花装饰。

4. 效果评价

完成效果评价表，总结新娘捧花的制作要点。

序号	评分项目	具体内容	自我评价
1	花型结构	花型合理，结构完整，焦点设置准确，造型自然，重心稳定	
2	色彩配置	色彩搭配合理，赏心悦目，符合婚礼需要	
3	做工技巧	花枝插制牢固，方法正确；丝带花结做工细致，制作精美；花结装饰位置得当，花型、色彩、大小与花束相宜	
4	现场整理	场地清洁，摆放整齐	
备注	自我评价：合理☆、基本合理△、不合理○		

技能6.2　婚礼胸花制作

1. 目的要求

通过婚礼胸花插制的操作训练，理解婚礼胸花的花材选择的要求、花型结构特点，掌握婚礼胸花的制作方法。

设计一组婚礼胸花，包括新娘胸花、新郎胸花、新人父母胸花与嘉宾胸花。按照婚礼花

饰的总体风格确定花型结构与花材类型，完成一组婚礼胸花的制作。

2. 材料准备

序号	名 称	规 格	单位	数量	备 注
1	操作台	150cm×80cm×80cm	张	1	
2	剪 刀	15~20cm	把	1	
3	除刺夹	15cm	把	1	
4	铁丝钳	18cm	把	1	
5	绿铁丝		根	若干	
6	别 针		只	5	
7	缎 带		卷	1	
8	绿胶带		卷	1	
9	花 材	自选(花材与叶材)	把	若干	

3. 方法步骤

分组完成主花、配花、叶材的花材选购。

要求花材新鲜，质量优良，色彩饱满，开放程度适中，符合婚礼胸花制作要求。

(1)教师示范

教师展示一组婚礼胸花的作品实例，讲解婚礼胸花的扎制过程，分析扎制要点。

(2)学生操作

①花材整理与加工：学生依据花材特点完成所选花材的整理与加工操作。

②花型插制：依据婚礼花饰的整体风格，确定花型结构，采用胸花扎制步骤，分别完成新娘胸花、新郎胸花、新人父母胸花与嘉宾胸花的扎制。

③缎带花装饰：依据婚礼胸花的风格与色彩特点，选择适宜的缎带规格、色彩，制作花结。选择适宜装饰位置绑结花结，完成缎带花装饰。

4. 效果评价

完成效果评价表，总结婚礼胸花的制作要点。

序号	评分项目	具体内容	自我评价
1	花型结构	花型合理，结构完整，焦点设置准确，造型美观，重心稳定	
2	色彩配置	色彩搭配合理，赏心悦目，符合婚礼需要	
3	做工技巧	制作方法正确，假茎美观，花材扎制牢固；缎带花结做工细致，制作精美；花结装饰位置得当，花型、色彩、大小与胸花相宜	
4	整体效果	胸花整体风格一致，造型、色彩协调，符合不同佩戴角色的装饰需要	
5	现场整理	场地清洁，摆放整齐	
备注	自我评价：合理☆、基本合理△、不合理○		

技能6.3　新娘头花制作

1. 目的要求

通过新娘头花制作的操作训练，理解新娘头花的花材选择的要求、花型结构特点，掌握头花的制作方法。

按照婚礼花饰的总体风格设计新娘头花花型结构与花材类型，完成头箍式或花环式新娘头花的制作。

2. 材料准备

序号	名　称	规　格	单位	数量	备　注
1	操作台	150cm×80cm×80cm	张	1	
2	剪　刀	15～20cm	把	1	
3	小　刀		把	1	
4	铁丝钳	18cm	把	1	
5	绿铁丝		根	若干	
6	绿胶带		卷	1	
7	花　材	自选(花材与叶材)	把	若干	

3. 方法步骤

分组完成主花、配花、叶材的花材选购。

要求花材新鲜，质量优良，色彩饱满，开放程度适中，符合新娘头花制作要求。

(1)教师示范

教师展示新娘头花的作品实例，讲解新娘头花的扎制过程，分析扎制要点。

(2)学生操作

①花材整理与加工：学生依据花材特点完成所选花材的整理与加工操作。

②花型插制：依据婚礼花饰的整体风格确定花型结构，采用头花扎制步骤，将主花、配花、配叶进行绑扎固定。连接头花花型各部分，完成发箍式或花环式新娘头花的制作。

4. 效果评价

完成效果评价表，总结新娘头花的制作要点。

序号	评分项目	具体内容	自我评价
1	花型结构	花型合理，结构完整，焦点设置准确，造型美观，重心稳定	
2	色彩配置	色彩搭配合理，赏心悦目，符合婚礼需要	
3	做工技巧	制作方法正确，花材扎制牢固，做工细致，符合佩戴装饰需要	
4	整体效果	头花与婚礼花饰整体风格一致，造型、色彩协调	
5	现场整理	场地清洁，摆放整齐	
备注	自我评价：合理☆、基本合理△、不合理○		

技能6.4　新娘腕花制作

1. 目的要求

通过新娘腕花插制的操作训练，理解新娘腕花的花材选择的要求、花型结构特点，掌握腕花的制作方法。

按照婚礼花饰的总体风格设计新娘腕花花型结构与花材类型，完成链式新娘腕花的制作。

2. 材料准备

序号	名　称	规　格	单位	数量	备　注
1	操作台	150cm×80cm×80cm	张	1	
2	剪　刀	15～20cm	把	1	
3	除刺夹	15cm	把	1	
4	铁丝钳	18cm	把	1	
5	绿铁丝		根	若干	
6	绿胶带		卷	1	
7	缎　带		卷	1	
8	花　材	自选(花材与叶材)	把	若干	

3. 方法步骤

分组完成主花、配花、叶材的花材选购。

要求花材新鲜，质量优良，色彩饱满，开放程度适中，符合新娘腕花制作要求。

(1)教师示范

教师展示新娘腕花的作品实例，讲解新娘腕花的扎制过程，分析扎制要点。

(2)学生操作

①花材整理与加工：学生依据花材特点完成所选花材的整理与加工操作。

②花型插制：依据婚礼花饰的整体风格确定花型结构，采用腕花扎制步骤，完成新娘腕花的扎制。

③缎带装饰：依据新娘腕花的风格与色彩特点选择适宜的缎带规格、色彩，连接花型，制作花结。

4. 效果评价

完成效果评价表，总结新娘腕花的制作要点。

序号	评分项目	具体内容	自我评价
1	花型结构	花型合理，结构完整，焦点设置准确，造型美观，重心稳定	
2	色彩配置	色彩搭配合理，赏心悦目，符合婚礼需要	
3	做工技巧	制作方法正确，花材扎制牢固，做工细致；缎带连接巧妙，色彩、大小与腕花相宜，制作精美，符合佩戴装饰需要	
4	整体效果	腕花与婚礼花饰整体风格一致，造型、色彩协调	
5	现场整理	场地清洁，摆放整齐	
备注	自我评价：合理☆、基本合理△、不合理○		

技能6.5　婚礼花车制作

1. 目的要求

通过婚礼花车插制的操作训练，理解婚礼花车的花材选择的要求、花型结构特点，掌握婚礼花车的制作方法。

按照车辆外形特点设计婚礼花车花型结构，依据婚礼花饰的总体风格选择花材，完成婚礼花车的制作。

2. 材料准备

序号	名　称	规　格	单位	数量	备　注
1	操作台	150cm×80cm×80cm	张	1	
2	剪　刀	15～20cm	把	1	
3	小　刀		把	1	
4	除刺夹	15cm	把	1	
5	铁丝钳	18cm	把	1	
6	绿铁丝		根	若干	
7	缎　带		卷	1	
8	花　泥		块	若干	
9	花泥架		只	1	
10	花　材	自选(主体花、焦点花、补充花)	把	若干	

3. 方法步骤

分组完成主体花、焦点花、补充花的花材选购。

要求花材新鲜，质量优良，色彩饱满，开放程度适中，符合婚礼花车制作要求。

(1)教师示范

教师展示婚礼花车的作品实例，讲解婚礼花车的插制过程，分析插制要点。

(2)学生操作

①花材整理与加工：学生依据花材特点完成所选花材的整理与加工操作。

②花型插制：依据婚礼花车的整体风格，确定花型结构，完成婚礼花车的插制。

③缎带装饰：依据婚礼花车的风格与色彩特点选择适宜的缎带规格、色彩，制作花结，装饰婚礼花车。

4. 效果评价

完成效果评价表，总结婚礼花车的制作要点。

序号	评分项目	具体内容	自我评价
1	花型结构	花型合理，结构完整，焦点设置准确，造型美观，重心稳定	
2	色彩配置	色彩搭配合理，赏心悦目，符合婚礼需要	
3	做工技巧	插制方法正确，花材插制牢固，做工细致；缎带色彩、质感与花车相宜，制作精美，符合婚礼装饰需要	
4	整体效果	花车与婚礼花饰整体风格一致，造型、色彩协调	
5	现场整理	场地清洁，摆放整齐	
备注	自我评价：合理☆、基本合理△、不合理○		

技能6.6 婚礼花门制作

1. 目的要求

通过婚礼花门插制的操作训练，理解婚礼花门的花材选择的要求、花型结构特点，掌握花门的制作方法。

按照婚礼花饰的总体风格设计婚礼花门花型结构与花材类型，完成婚礼花门的制作。

2. 材料准备

序号	名 称	规 格	单位	数量	备 注
1	操作台	150cm×80cm×80cm	张	1	
2	剪 刀	15~20cm	把	1	
3	小 刀		把	1	
4	除刺夹	15cm	把	1	
5	铁丝钳	18cm	把	1	
6	绿铁丝		根	若干	
7	纱 带		卷	若干	
8	花 泥		块	若干	
9	拱 门		只	1	
10	花 材	自选(主体花、焦点花、补充花)	把	若干	

3. 方法步骤

分组完成主体花、焦点花、补充花的花材选购。

要求花材新鲜，质量优良，色彩饱满，开放程度适中，符合婚礼花门制作要求。

(1)教师示范

教师展示婚礼花门的作品实例，讲解婚礼花门的插制过程，分析插制要点。

(2)学生操作

①花材整理与加工：学生依据花材特点完成所选花材的整理与加工操作。

②花型插制：依据婚礼花饰的整体风格确定花型结构，完成婚礼花门的插制。

③纱带装饰：依据婚礼花门的风格与色彩特点选择适宜的纱带规格、色彩，制作花结，装饰花门。

4. 效果评价

完成效果评价表，总结婚礼花门的制作要点。

序号	评分项目	具体内容	自我评价
1	花型结构	花型合理，结构完整，焦点设置准确，造型美观，重心稳定	
2	色彩配置	色彩搭配合理，赏心悦目，符合婚礼需要	
3	做工技巧	制作方法正确，花材插制牢固，做工细致；纱带色彩、质感与花门相宜，制作精美，符合婚礼场景装饰需要	
4	整体效果	花门与婚礼花饰整体风格一致，造型、色彩协调	
5	现场整理	场地清洁，摆放整齐	
备注	自我评价：合理☆、基本合理△、不合理○		

思考题

1. 常见的婚礼礼仪有哪些？不同类型的婚礼有什么特点？
2. 婚礼插花常见插花形式有哪些？婚礼花饰对花材与色彩有什么要求？
3. 婚礼场景插花的常见插花类型有哪些？如何制作婚礼花门？
4. 新娘捧花的常见形式有哪些？简述其制作要点。
5. 新娘头花的常见形式有哪些？简述其制作要点。
6. 新娘腕花的常见形式有哪些？简述其制作要点。
7. 婚礼花车的常见形式有哪些？简述其制作要点。

自主学习资源库

手工坊都市花艺教程——花艺新课堂(婚庆花篇). 阿瑛. 湖南科学技术出版社，2009.
时尚花艺：婚庆花. 绿韵园林绿化工程有限公司花艺部. 辽宁科学技术出版社，2010.

项目7 丧礼插花制作

学习目标

【知识目标】

(1)掌握丧礼花艺的基本形式。

(2)掌握常见丧礼插花的制作过程与方法。

【技能目标】

(1)能依据丧礼活动合理安排丧礼插花的类型。

(2)能依据丧礼的用花需要，合理选择插花花材，制作丧礼插花作品。

(3)能完成丧礼场景花卉装饰的布置。

案例导入

花店接到一项丧礼插花布置业务，客户要求布置一个肃穆的丧礼，以此寄托自己的哀思。要求花店设计一套用花方案，并完成活动当天的相关插花布置。如果你是小丽，你认为这项插花装饰业务包括哪些内容？如何设计并制作相关插花商品？

分组讨论：

1. 列出完成这项业务所需的业务能力。

序号	丧礼插花制作所需知识和能力	自我评价
1		
2		
3		
4		
⋮		
备注	自我评价：准确☆、基本准确△、不准确○	

2. 如果你是小丽，你会怎么做？

理论知识

丧礼属于凭吊、慰问、抚恤之礼，要体现肃穆、怀念的气氛。自古以来丧礼是人们生活的重要部分。因为人们认为死亡并不意味着死者和他的家庭断绝关系，而只是生命的转移过程，死者和生者之间依然保持着亲属关系，这种永恒的亲属关系加强了家庭观念，也加强了家庭在社会上的地位。家庭不是孤立的，在历史长河里，一个家庭绵延不绝、承前启后。

中国自古就是礼仪之邦，丧礼作为已故之人和在世亲属生死相连的最后舞台，人们必然会竭尽心力来表达对逝者的哀悼与怀念。随着人们物质文明和精神文明的不断进步，我国殡葬文化不断地改革，以往焚香、烧纸钱的丧葬习惯慢慢淡化，越来越多的人开始采用鲜花凭吊亲友、寄托哀思。随着文明丧葬文化的普及，丧礼插花也随即成为我国花店业常见插花业务。

7.1 丧礼花艺的花材

(1) 丧礼花材的色彩选择

丧礼用花除了表现对逝者的哀悼，还有对生者的慰藉。因此，丧礼用花分两大类：悼念用花和慰问用花。悼念用花常用肃静庄重的黄、白素色花材，以表达沉痛的哀思。慰问用花常用温暖明亮的彩色花材，以安抚和鼓励亲属。在色彩选择上无论取用何种花材，黄、白素色都是较常用的丧礼插花色彩，以表达肃穆庄重，寄托哀思。

丧礼花使用还有一些约定俗成的规矩：50 岁以下的逝者，丧礼花要以全白、全黄等素色花材为主；50～70 岁的逝者，可与亲属协商，适当在加入一些红色花材，如非洲菊，寓意子孙兴旺发达；70 岁以上的逝者，丧礼花中可更多地使用红色花材，以喻子孙繁荣昌盛；如果逝者年高百岁以上，则全部用红色花都没问题。

西方花艺设计师认为，当今社会人口老龄化导致高龄老人的葬礼数量增加，新的丧礼用花趋势也随之显现，送别他们的丧礼用花变得范围更广泛、色彩更大胆。例如，月季、百合、蝴蝶兰，甚至是红掌、火鹤这种色彩热烈的花材也有应用。色系上黑色、暗紫色、深蓝色，甚至红色、粉色都可使用。

(2) 丧礼花材种类的选择

丧礼插花对于花材种类的使用并无局限。在我国多将菊花用于丧礼，以取其高洁之意。在丧礼花材选用上，应该较多地考虑逝者的身份、性别、喜好、宗教信仰等因素。如果选择逝者生前最喜欢的花来设计制作，则更有意义。

如周恩来生前特别喜欢马蹄莲，所以在他的葬礼上用到了大量的马蹄莲。“一代歌后”邓丽君，生前喜爱粉红、粉紫色，她的丧礼被桔梗、香水百合、文心兰、蕙兰等装饰成一片粉色的海洋，给人们悲痛的心带来一丝安慰。对于有宗教信仰的逝者，如香港艺人林青霞父亲去世，因为林家都是虔诚的基督徒，整个灵堂采用百合及月季布置，很好地营造了唱诗、祷告的氛围。

7.2　丧礼花艺的基本形式

丧礼花艺布置的重点是灵堂布置和追思会或追悼会场地布置。一般而言，在殡仪馆举办的丧礼中，丧礼花艺包括灵堂花艺布置、遗体花坛、遗体铺花、丧礼花圈、悼念花篮、悼念花束、悼念胸花、灵车花艺等。

(1)灵堂花艺布置

灵堂花艺布置一般是花篮和几案花相结合，并配以纱幔加以装饰。两侧是对称的花篮或小型插花，中间摆放几案花或小型花圈，三组插花之间用植物或白纱加以连接。所用花材品种、色彩等基本相似，使其组成协调的整体(图7-1)。

图7-1　灵堂花艺布置

礼厅是新俗丧礼的主要悼念场地，由旧俗的灵堂转变而来。通常礼厅大门门楼会悬挂黑色横幅，两侧悬挂挽联。中间布置遗像或者“奠”字，以供人瞻仰。礼厅内部摆花整体多是对称性设计，并充分考虑功能性需求。如遗体告别时，围绕遗体预留的走道，礼厅外用花篮进行引导，配以白色纱幔加以装饰，更好地营造丧礼气氛。

(2)遗体花坛

遗体花坛是围绕棺椁的簇围型花坛式花艺设计。礼厅中，被鲜花包围的棺椁被放置在显要位置，供人们凭吊瞻仰。逝者长眠在花丛中，显得安详肃穆。在棺椁下方，正对礼厅大门的一面，可以设置一个心形花牌或者是“奠”字。

(3)遗体铺花

遗体铺花是用鲜花铺洒于遗体周围的丧礼插花形式。现代葬礼中以鲜花取代冥币铺垫的习俗，让死者置身于一片花海中，由鲜花伴其一路走好。具体铺花方式有平铺、撒花瓣、摆束花等形式。共产党员、国家干部多覆盖党旗，党旗上不铺花。

(4)丧礼花圈(图7-2)

花圈是常见丧礼花艺装饰，是丧礼上必不可少的慰问用花。

花圈据说起源于希腊，古称“斯吉芳诺思”，是装饰神像的“圣物”。献花圈原是西方的礼俗，清朝末年传入中国，现已普遍采用。前来吊唁的人士敬送花圈，献给死者以表示哀悼与纪念。

花圈，顾名思义是圆形的。如今在圆形的基础上，又演变出其他形状，如心形、菱形、十字架形、方形等。一般用竹子做成的三角架支撑，三角架可以用手揉纸或白纱装饰。直径在80~100cm，中间由白色、黄色、蓝色等冷色调大型花材或花材群密集布置，或者留空，放上一个大大的“奠”字，两边挂上白底黑字的挽联。

图7-2　花　圈

花圈的制作材料既有鲜花等花材插制的也有采用纸花绢花等制作的。我国最常见的花圈花材是菊花和非洲菊，白色香石竹、白月季、百合、非洲菊也很多见。常见的叶材是松柏枝，以表示逝者的思想长存。

（5）悼念花篮（图7-3）

悼念花篮是以篮为容器制作成的丧礼慰问插花，插花方式上区别于花圈，立式花篮为丧礼上常见悼念花篮形式。

图7-3　悼念花篮

立式花篮一般为竹制或藤编花篮，可以是单层的，也可以插成双层篮，甚至三层篮。一层式花篮用花量少，可选用高档花卉。二层式花篮花材用量一般，既能满足美观需要，又经济实惠，便于运输，在丧礼中最为常用。

（6）悼念花束（图7-4）

悼念花束是常见的丧礼慰问插花。悼念花束一般有两种用途：一是在追思会和遗体告别式时，悼念者祭放在灵堂遗像前或者灵柩上以示缅怀；二是在上坟扫墓时，亲属敬献在坟前，以示哀悼。

悼念花束的制作方法和宾礼花束基本相同，主要区别是在花材的选择和色彩上要符合丧礼的情景需要。

悼念花束的花材也是以菊花和非洲菊为主，也有如白色马蹄莲、白色紫罗兰、绿色甘蓝等其他花材。色彩则以白色和黄色为主。所用的配饰包括包装纸、缎带等也是以素色为主，以此来寄托哀思。

图7-4　悼念花束

图7-5　悼念胸花

(7)悼念胸花(图7-5)

悼念胸花是指去参加悼念活动的来宾所佩戴的胸花。

悼念胸花的制作方法类似于宾礼胸花。但在色彩上，大多采用白色和黄色，装饰带一般用白色，有时也用金色或银色。悼念胸花一样要求小巧精致，具有一定的观赏性和艺术性。

(8)灵车花艺(图7-6)

灵车是殡仪馆专门用来运载灵柩或骨灰盒的车辆。

灵车通常要经过特殊改装，车尾悬挂黑色纱幔及花圈，车头及车身两侧用花材做缅怀文字，以区别其他的车辆，醒目了然。缅怀文字往往要符合逝者的身份。

图7-6　灵车花艺

普通灵车一般是小轿车、商务车等，灵车的布置方式与婚车类似，分车头、车身、车尾几个部分进行。但在花材种类与装饰色彩上有明显的区别，花材常以白色和黄色为主，缎带等也是以黑色、素色为主，以此来寄托哀思。

重要人士的灵车一般是大型客车，并有车队开道，不能前去祭拜的人们在路边等待灵车经过，默默送别。敬爱的周恩来总理逝世时，长安街两边挤满了追随灵车送别的人群。

7.3　丧礼插花的制作技巧

丧礼插花的花篮、花束、胸花等形式与宾礼、嘉礼插花的形式较为相似，其制作技巧基本相同，区别主要是花材和色彩的不同。但花圈、十字架祭祀花、遗体花坛几种形式是其他礼仪插花未涉及的，下面就主要介绍这几种丧礼插花的制作技巧。

(1)花圈的制作(图7-7)

花圈的制作首先是要选择合适的花圈架；其次将花泥切割成合适的形状，绑在竹架

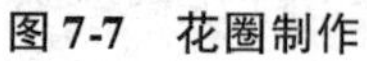

图7-7 花圈制作

图7-8 十字架祭祀花

中间插花的地方。鲜花花圈，为了保鲜必须用花泥进行插花，花泥用锡纸包裹后既利于保水，又便于插花。花泥固定后，从外围开始插花，接着按圆形逐步往内一枝一枝插上主花，形成丰满的圆形，然后在花与花之间插上补充花和叶材，使之富有层次感。最后在底部插上用纱做成的花作为装饰，在顶部插上"奠"字，一个简单的花圈即完成。花圈的制作关键在于主花的定位要圆而丰满，也可在顶部插上几支唐菖蒲稍有变化。

(2)十字架祭祀花的制作

十字架祭祀花主要用在教堂丧礼，或信奉天主教亡者的丧礼场合中。十字架祭祀花在小型的丧礼上可用作台式花，稍大一些的可用作立式花，也可用作灵堂布置。

十字架祭祀花制作时，首先要用泡沫塑料制作一个"十字架"，并在其后用竹竿做支架加以固定。插制花材时可以采用"组字插花"的方式，也可以采用艺术插花的方法进行创作。

以图7-8为例，用巴西木的叶片将十字架包裹，用花胶黏接固定。在十字架交叉点绑上包裹锡纸的花泥，插入百合、非洲菊、贝壳花、勿忘我、一枝黄花、马蹄莲、龟背叶、蓬莱松等花材，一件十字架祭祀用花即完成。

(3)遗体花坛的制作

遗体花坛的制作，首先要准备一个四面围合在棺椁周围的不锈钢架，上面放置可蓄水的花槽。然后在花槽中放满花泥，浇足水分，以确保花朵新鲜。

花材插制时，均匀对称地围绕四周插制即可。花材配置尽量整块颜色统一，以示庄重肃穆。

技能训练

技能7.1 丧礼花圈制作

1. 目的要求

通过丧礼花圈插制的操作训练，理解丧礼花圈的花材选择的要求、花型结构特点，掌握丧礼花圈的制作方法。

按照丧礼花饰的总体风格设计丧礼花圈花型结构与花材类型，完成丧礼花圈的制作。

2. 材料准备

序号	名　称	规　格	单位	数量	备　注
1	操作台	150cm×80cm×80cm	张	1	
2	剪　刀	15～20cm	把	1	
3	小　刀	15～20cm	把	1	
4	除刺夹		把	1	
5	铁丝钳		把	1	
6	锡　纸		卷	1	
7	绿铁丝		根	若干	
8	白　纱		卷	1	
9	鲜花泥	7cm×10cm×23cm	块	若干	
10	花圈架		只	1	
11	花　材	自选(骨架花、主体花、焦点花、补充花)	把	若干	

3. 方法步骤

分组完成骨架花、主体花、焦点花、补充花的花材选购。

要求花材新鲜，质量优良，色彩饱满，开放程度适中，符合丧礼花圈的制作要求。

(1)教师示范

教师展示丧礼花圈的作品实例，讲解丧礼花圈的插制过程，分析插制要点。

(2)学生操作

①花材整理与加工：学生依据花材特点完成所选花材的整理与加工操作。

②花泥固定：采用花圈架或将竹竿绑扎成三脚架，把浸透水的花泥包裹锡纸后牢固绑扎固定在花圈架中间。注意花泥保持充足水分，利于花材保鲜。

③花型插制：依据丧礼花饰的整体风格的确定花型结构，依据花型结构分步骤完成丧礼花圈插制。

④纱带装饰：依据丧礼花圈的风格与色彩特点选择适宜的纱带规格、色彩，制作花结，固定在花圈底部，也可在顶部插上“奠”字。

4. 效果评价

完成效果评价表，总结丧礼花圈的制作要点。

序号	评分项目	具体内容	自我评价
1	花型结构	花型合理，结构完整，焦点设置准确，造型美观，重心稳定	
2	色彩配置	色彩搭配合理，赏心悦目，符合丧礼需要	
3	做工技巧	制作方法正确，花材插制牢固，做工细致；纱带花色彩与花圈相宜，符合丧礼场景装饰需要	
4	整体效果	花圈与丧礼花饰整体风格一致，造型、色彩协调	
5	现场整理	场地清洁，摆放整齐	
备注	自我评价：合理☆、基本合理△、不合理○		

技能7.2 十字架祭祀花制作

1. 目的要求

通过十字架祭祀花插制的操作训练，理解十字架祭祀花的花材选择的要求、花型结构特点，掌握祭祀花的制作方法。

按照丧礼花饰的总体风格设计十字架祭祀花花型结构与花材类型，完成立式十字架祭祀花的制作。

2. 材料准备

序号	名称	规格	单位	数量	备注
1	操作台	150cm×80cm×80cm	张	1	
2	剪刀	15～20cm	把	1	
3	小刀	15～20cm	把	1	
4	除刺夹		把	1	
5	铁丝钳		把	1	
6	锡纸		卷	1	
7	绿铁丝		根	若干	
8	花胶		瓶	1	
9	鲜花泥	7cm×10cm×23cm	块	1	
10	泡沫塑料		块	若干	
11	花材	自选(骨架花、主体花、焦点花、补充花)	把	若干	

3. 方法步骤

分组完成骨架花、主体花、焦点花、补充花的花材选购。

要求花材新鲜，质量优良，色彩饱满，开放程度适中，符合十字架祭祀花的制作要求。

(1)教师示范

教师展示十字架祭祀花的作品实例，讲解十字架祭祀花的插制过程，分析插制要点。

(2)学生操作

①花材整理与加工：学生依据花材特点完成所选花材的整理与加工操作。

②花泥固定：将泡沫塑料做成20cm宽、60cm长以及20cm宽、90cm长的两块，用巴西木叶片将泡沫表面用花胶水粘贴满。将沾满巴西叶的泡沫叠成十字架，用铁丝固定，用竹签做成支架支撑在十字架背面。在十字架中间绑上浸透水并包裹上锡纸的花泥。

③花型插制：依据丧礼花饰的整体风格的确定花型结构，依据花型结构分步骤完成十字架祭祀花插制。

4. 效果评价

完成效果评价表，总结丧礼花圈的制作要点。

序号	评分项目	具体内容	自我评价
1	花型结构	花型合理，结构完整，焦点设置准确，造型美观，重心稳定	
2	色彩配置	色彩搭配合理，赏心悦目，符合丧礼需要	
3	做工技巧	十字架构形态规整，外形美观；叶材遮盖合理，做工细致；制作方法正确，花材插制牢固	
4	整体效果	祭祀花与丧礼花饰整体风格一致，造型、色彩协调	
5	现场整理	场地清洁，摆放整齐	
备注	自我评价：合理☆、基本合理△、不合理○		

思考题

1. 什么是丧礼？常见的丧礼礼仪有哪些？
2. 丧礼插花常见插花形式有哪些？丧礼花饰对花材与色彩有什么要求？
3. 丧礼场景插花的常见插花类型有哪些？
4. 丧礼花圈的常见形式有哪些？简述其制作要点。
5. 灵堂插花的常见形式有哪些？简述其制作要点。
6. 遗体花坛的如何布置？简述其制作要点。
7. 十字架祭祀花的常见形式有哪些？简述其制作要点。

自主学习资源库

丧礼花艺设计．刘若瓦．中国林业出版社，2009.

模块 3

艺术插花制作

1. 艺术插花的创作程序

艺术插花的创作需要遵循一定的步骤，即构思、构图、选材、造型、命名和整理。

2. 艺术插花的构思原理

艺术插花创作首先必须明确所要表现的主题或中心思想(立意)，才能有针对性、有目的地制作插花作品(图1)。构思就是确定插花作品的主题，或根据已有的主题确定插花作品所要表现的中心思想。作品要表现什么，怎样表现，必须做到胸中有数，即所谓意在笔先，胸有成竹。

图1 《春城鸥鸣》

艺术插花作品的构思主要从以下两方面着手：

根据作品的用途确定作品的格调 由插花作品的用途确定其主题和格调。例如，为开业庆典而设计的插花，应该根据庆典的内容、性质及参加庆典人员多少、文化层次等来确定作品的主题和格调，若参会者以年轻人为主，应以节奏感强、色彩明快的格调为主，营造活泼、欢快的气氛；若参会者多为中年人，是以社会精英为主的庆典活动，作品则应以华丽、庄重的格调为主，营造富丽堂皇、热烈的气氛。

根据作品摆放的环境确定作品的形式 插花作品的构思要考虑到作品所处环境的大小、气氛、位置(高低、居中还是靠拐角处)等，使作品的构图尺寸、色调搭配、所用花材器皿与环境协调，艺术效果更加完美。

艺术插花作品的构思具体表现如下：

(1)借花材的秉性和寓意表现主题

借物咏情、见景生情是中国传统插花艺术惯用的手法。如牡丹，花大色艳，雍容华贵，是富贵吉祥、繁荣幸福的象征；梅花，傲霜斗雪，坚忍不拔，踏雪寻梅，人生乐事；荷花，“出污泥而不染”，洁净清丽，寓意高尚品德；竹，虚怀若谷，不屈不挠，是虚心、气节高尚和长寿的象征；玉兰，先叶开花，傲立早春，展示其冰清玉洁的情怀(图2)。

选用寓意和象征恰当的花材来表现插花作品的主题，常会引起欣赏者的思想共鸣，取得意想不到的艺术效果。如用绿色花材代表山中树林，用珠帘代表流水，用纤维丝代表云，以此表达“云居水涧”的主题。又如在浅水盆中只用荷花、睡莲的花、叶就可插制表达“荷塘月色”的意境(图3)。

(2)借季相景观表现主题

表现时令的插花主题，其季节性鲜明，时间性强，能使人们的生理节律与自然的变

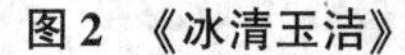

图2 《冰清玉洁》

图3 《荷塘月色》

化吻合，有利于人体身心健康。春季，芳香诱人、色彩鲜艳的花和幼嫩的叶片都能表现春天的气息和意境，如桃花、山茶、迎春、连翘、郁金香、百合、紫罗兰、柳枝等；夏季，气温较高，大红大绿的花材容易使人感到烦躁，宜选用清淡素静的花材为主，如鸢尾、满天星、月季、唐菖蒲、荷花、睡莲及八角金盘、文竹、蕨类植物的叶等花材则能创造出一种清凉的感觉；秋季，是丰收的季节，拥有丰富的色彩，可选用色彩斑斓的花叶，如秋菊、千日红、非洲菊、麦秆菊及红枫、银杏的叶片等；冬季，天气寒冷又值新春佳节，宜选用象征丰收喜悦、祝福万事如意等色彩浓艳的花材，如金橘、佛手、火棘果、水仙花、蜡梅、银芽柳、一品红等(图4)。

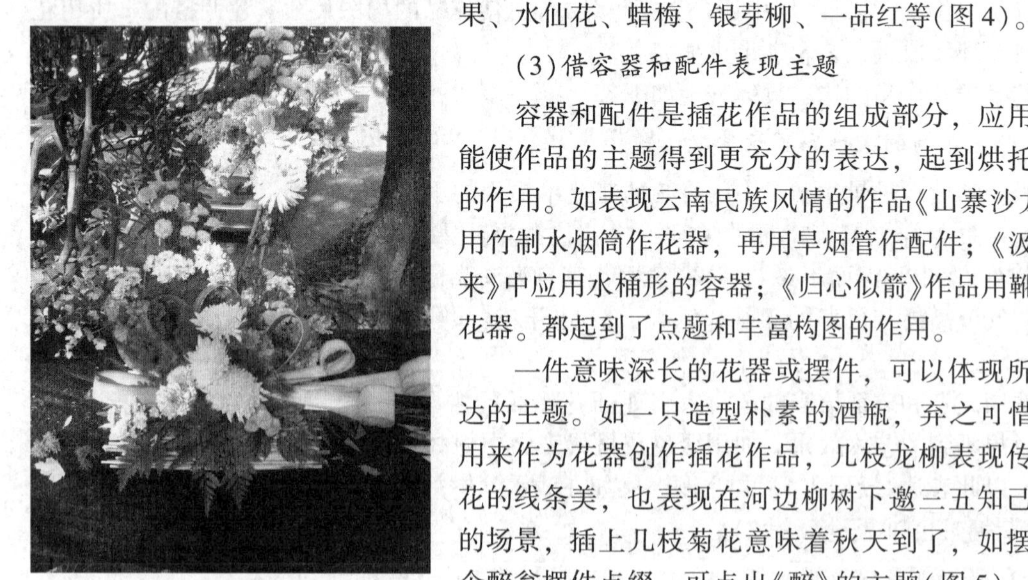

图4 《傲霜》

(3)借容器和配件表现主题

容器和配件是插花作品的组成部分，应用得当能使作品的主题得到更充分的表达，起到烘托主题的作用。如表现云南民族风情的作品《山寨沙龙》中用竹制水烟筒作花器，再用旱烟管作配件；《汲水归来》中应用水桶形的容器；《归心似箭》作品用靴子作花器。都起到了点题和丰富构图的作用。

一件意味深长的花器或摆件，可以体现所要表达的主题。如一只造型朴素的酒瓶，弃之可惜，可用来作为花器创作插花作品，几枝龙柳表现传统插花的线条美，也表现在河边柳树下邀三五知己畅饮的场景，插上几枝菊花意味着秋天到了，如摆上一个醉翁摆件点缀，可点出《醉》的主题(图5)。如将醉翁换成螃蟹摆件，就是一个《蟹肥菊黄》的主题。

图5 《醉》

图6 《鹊桥》

可见器具、摆件在表达意境上的作用。

(4)借造型要素表现主题

利用作品的造型形象地表现作品的主题。插花作品的造型多种多样，不同的造型有不同的表现主题。如直立型可表现向上、挺拔、健康、奋发、刚劲之意(图6)；倾斜型则表现生动活泼、自然舒展，倾向于变化，给人以一种动态的美感；水平型的横向造型，适合于表现行云流水、恬静安逸、柔情蜜意等，给人以舒展、优美的感觉；下垂型则可表现悬崖瀑布、近水溅落，飘逸、蜿蜒、流畅线条优美的事物；写景型则把自然之美浓缩于插花作品中等。因此，选择适宜的造型能准确地把构思转化成立体的艺术造型，表达作者的思想、情趣。

(5)借环境、色彩表现主题

环境和色彩会使人在视觉感官上有不同的感受和不同的联想。如紫色代表神秘、幽静，绿色代表生命及勃勃的生机，白色代表纯洁、洁白无暇，粉红色代表温馨，蓝色代表深邃、广阔、沉静等。如用白色的白玉兰为主创作的插花作品可以取意为“纯洁”；用淡红色百合为主表现好合团圆，白色花表现满月创作的作品取意“花好月圆”，似月光洒落在大地的朦胧景色，恬静而富有诗意(图7)。

(6)根据诗词名句、传说典故表现主题

中国诗词名句、传说典故，内容丰富，语言精练，意蕴深邃，博大精深。许多可作为插花作品的的主题。如“汲水归来花沾衣”“酒香情浓”“秋声赋”“春色满园关不住，一支红杏出墙来”“读书万卷悟真意，不及插花自然俏”“柳叶伴金菊，红绿留春色”“在天愿做比翼鸟，在地愿为连理枝”“举杯邀明月，对影成三人”“共婵娟”“一帘幽梦”等。因此，了解历史，掌握丰富的文学知识有助于构思，表现主题(图8)。

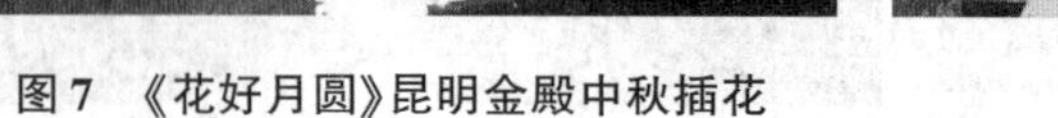
图7　《花好月圆》昆明金殿中秋插花　　　　图8　《一帘幽梦》

3. 艺术插花的构图法则

艺术插花是一种最少固定、最多例外，最少常规、最多变化的艺术创作活动。插花作品的造型千变万化，有着各种不同的形状，但即便如此，插花创作还是有规律可循的。如插花作品构图中，比例与尺度、变化与统一、协调与对比、动势与均衡、韵律与节奏这五大构图原理运用是否得当，就是衡量插花作品美与不美的重要标准。

具体内容见项目3中3.3节内容。

项目8 东方式插花制作

学习目标

【知识目标】

(1)了解东方式插花的风格与特点。

(2)了解中国插花艺术发展简史。

(3)领会东方式插花的插花造型、制作材料与表现技巧。

【技能目标】

能进行东方式瓶花、盘花、缸花、篮花、筒花、碗花的制作。

案例导入

小丽接到一个任务，要求在一个中国古典园林的厅堂布置插花作品，风格为东方式插花，小丽以前没有接触过东方式插花，也不知道东方式插花的风格特点、分类、形式等。小丽觉得既然是东方式插花，不仅有中国传统插花，还有日本花道也是属于东方式插花，但对其中细节知之甚少。如果你是小丽，你会怎样解决所遇到的困难？

分组讨论：

1. 列出小丽业务能力不足的方面。

序号	东方式插花制作所需知识和能力	自我评价
1		
2		
3		
⋮		
备注	自我评价：准确☆、基本准确△、不准确○	

2. 如果你是小丽，你会怎么做？

理论知识

8.1 东方式插花的风格与特点

东方式插花以中国和日本的传统插花为代表。最早的插花是六朝时代的寺庙供花，后为宫廷所吸收，形成了宫廷插花，唐朝得到了普及和提高。隋唐时代，日本吏臣小野妹子来到中国，将中国的插花艺术传入日本，并在日本得到发展，成为日本的“花道”。

8.1.1 中国传统插花艺术的风格与特点

历史悠久的中国传统插花艺术，经过漫长的形成和发展过程，融入了中国古代以自然、平和为美的哲学思想及伦理道德观念。而中国古代的哲学思想实质是儒、道、佛三家思想的综合体。儒家重人伦、轻功利；道家“依乎于天地，顺其自然”，追求虚静，向往原始、自然的生活；佛家追求“清静无为”“息心去欲”的境界。三者融汇，长久地影响着中国文化艺术。日本插花源于中国，因此，以中国和日本插花为代表的东方式插花有如下特点：

(1)崇尚自然，追求线条美

选材简洁，所用材料数量不多，追求花枝或枝干的自然神韵(图8-1)。花的线条造型借鉴了书法、绘画中线条的艺术表现手法。线条的展现力无穷无尽，插花有了线条画面就会产生生动活泼的形状和意境；线条有流动感，会产生韵律，柔美秀雅或刚劲苍老枝条线条最富有画意和表现力，经常用它来构图造型；曲折、精细、长短、疏密、软硬不等的线条能表现出优美、生动活泼的轮廓，展现出“一叶一世界，一花一乾坤”的艺术

图8-1　《月影疏斜》

图8-2　《金灯破晓》

天地。

(2)花不在多，体现秀雅的美

我国古代的插花，除了宫廷插花比较繁复隆重外，文人插花用花量较少，色彩清新淡雅(图8-2)，这正是我国传统插花的典型代表。《瓶花谱》"插贮"一节说道："瓶中插花，只可一种、二种，稍过多，便冗杂可厌。"然而，古人插花也并非绝对不用色彩艳丽的花材，只是不以色彩的艳丽为追求目的，更注重追求花枝的姿态与神韵，以及插花的意境，而且花朵数量较少，不会显得炫耀刺眼。

(3)不对称造型，追求自然美

中国传统插花除宫廷插花的构图比较规则，造型比较丰满外，文人插花还讲究构图简洁，花枝不拘泥形式，自然活泼。布局结构讲究疏密有致，起伏有势，不齐不匀，虚实相生。

(4)注重内涵，体现意境美

"意"和"境"是两个范畴的统一："意"是"情"与"理"的统一，"境"是"形"与"神"的统一。意境在形、神、情、理的相互渗透、相互制约的关系中形成。中国传统插花的意境美就是情、理、形、神、韵的统一。看一件意境深邃的插花作品，就如同一壶回味无穷的茶，醇厚甜美的回味使人心旷神怡。作者所表现的意境美把观者的思想引入作者所要表达的意境之中，使作者和观者有一个心灵的对话，共同在插花作品中得到思想的交流、意识的冲撞，使观者得到启示、震撼，从而获得美的享受，情操的陶冶。中国人将花材视为生命有感情的机体，因此，花材不仅仅是插花表现形式美的主要物质基础，而且更是表现意境美的主要因素，特别是中国传统的文人插花，喜欢将花材"人格化"甚至神化，利用多种传统的花材的象征寓意，寄托情思，抒发情怀，创造意境。

在这样的审美情趣支配下，古代的插花对花材的选择与组合非常慎重。多选用木本花卉的小乔木，如梅花、桃花、玉兰；灌木如牡丹、山茶、迎春、杜鹃花；炮本如紫藤、珊瑚藤、炮仗花等。同时也常选用一些木本的叶作衬叶，如罗汉松、黑松、变叶木、花叶鹅掌柴、马褂木等。因为木本花材寿命长，整形修剪又方便，便于构图造型，所以传统的中国插花喜欢选用木本花材。也常用一些形好、艳丽的草本花卉，如红掌、香雪兰、百合、萱草、郁金香、金鱼草等，它们具有美好和深刻的寓意。"凡材必有意"，使观赏者感受到一种平淡和淡雅的野趣，渐渐升华到一种更高的境界。如梅、竹、菊象征着不畏严寒；白玉兰、海棠、牡丹组合在一起象征着"玉堂富贵"；牡丹与竹组合象征着富贵平安；梅、竹、松组合颂扬君子之风；荷花与莲叶莲蓬组合意味着一尘不染、洁身自好；蜡梅与红果的南天竺组合意味着"新年吉祥"；苍松表示刚直、不畏强暴、坚贞不屈的精神；梅花表示傲雪斗霜、英勇不屈；牡丹表示雍容华贵。这些均为创作插花的中心思想，追求花材的枝情花韵优美，表现为最高的艺术境界。用花代替语言来与欣赏者的思想感情沟通，以含蓄的或表露的虚虚实实结合的手法，便于产生一种形式统一又超乎于形式的境界。引人入胜，启迪人去思索。以景写情，寓情于景，情景交融，给人以回味无穷的享受。

自古以来，我国古代民间有春天折梅赠送，夏日采莲怀人的传统。传统的中国插花运用花材的内涵丰富、寓意深刻来创作，使花材既有自然美，又有意境美，作品充满了诗情画意的艺术魅力。

东方式插花不仅表现花材组合的形式美和色彩美，更强调插花作品的意境美和内在神韵美。意境深远和富有诗情画意是东方式插花的主要艺术表现手法(图8-3)。

图8-3　《松涛鹤影》

8.1.2　日本插花艺术的风格与特点

日本与我国一衣带水，插花艺术上有相同之处，但也形成了一定的特色。日本插花又名“花道”，与“茶道”一样闻名于世。日本花道起源于中国隋唐时代。日本使臣小野妹子将中国插花艺术带回日本，在日本得到高度的发展，形成了日本民族文化特征的艺术形式之——日本花道。

中国插花艺术传入日本后，在日本掀起了学习中国插花的热潮。日本人将中国的插花艺术融会吸收并创造了日本风格的“花道”。插花逐渐成为民众生活不可缺少的内容。日本姑娘出嫁前要学习插花，这使插花艺术深入民间。

日本花道是以儒家的理论为哲学基础，禅、宗、佛为指导的。禅、宗认为万象是一个和谐的整体；儒家认为一条线是象征性的，两条线是和谐的，三条线表示完美。在这个基础上，确定了日本花道统一和谐的艺术原理及三主枝构图的原则。三主枝为别为天、地、人，或主、副、客，或真、副、体枝。三主枝以外的枝条为从枝、伴枝或称“对待”。

(1)构图严谨、追求章法

表现手法多用三主枝，即天、地、人作为骨架，高低错落，前后、左右呼应。在构图上崇尚自然，高于自然，采用不对称的构图手法，讲究画意，作品主次分明，虚实相间，俯仰呼应，顾盼相呼。善用线条造型，追求自然的线条美，能充分利用自然界千姿百态的植物来抒发自己的情感及寓意。注重花材的画意、花语，突出花材的寓意，用自然界的画表达作者的精神世界。

(2)重视思想内涵及意境表达

以型传神，形神兼备，情景交融，使作品不但具有装饰效果，而且还具有诗情画意的意境美。日本插花之艺之所以称之为“道”，是因为它拥有高深的理论和思想哲理，日本花道的精神和理论在不同的流派中各有千秋，但基本点都是相通的，那就是天、地、人三位一体和谐统一的“三才论”思想。这种思想，贯穿于花道的仁义、礼仪、言行以及插花技艺的基本造型、色彩、意境和神韵之中。花道并非植物或花型本身，而是一种表达情感的创造。因此，任何植物、任何容器都可以用来插花。花道通过线条、色彩、形态和质感的统一来追求“静、雅、美、真、和”的禅宗意境。

(3)注重花材与花器、几架、配件的组合

提倡花材、插花瓶(盆、篮)及几架、配件的共同欣赏。很多资深插花家还是陶艺家，自己设计所需的花器造型，然后在自己流派的陶窑中烧制合适的陶艺作品作为花器，做出花卉、造型、花器浑然一体的高雅插花作品。

(4)注重家元制度，世袭传承

在日本插花发展过程中形成了众多的流派，各流派不仅各有特点，还形成不同的理论，以便发展和传承(图8-4)。

图8-4　日本花道(池坊流—立花)

8.2　中国插花艺术发展简史

插花艺术是中国古老的传统艺术之一，它源远流长，博大精深，钟自然山川之灵秀，寓世间万象之精华，在五千年悠久文化积淀的基础上，经过与姊妹艺术(如绘画、书法、造园、陶瓷工艺等)的交流切磋，撷英取华，消化吸收，开拓创新，形成了独具中华民族文化特色的中国传统插花艺术，它属于东方插花艺术的范畴。中国是东方插花艺术的起源国。

(1)插花艺术的原始期——殷周、秦汉时期

远在新石器时代(前10000—前4000，为原始社会)，花卉引起了我们的先民们关注，受到他们的喜爱。他们已经把许多美丽的花卉纹样，绘制在各种陶制用品上。

到周初至春秋中期(前11世纪—前7世纪，为奴隶社会)，反映这个期间社会生活的诗歌总集《诗经》中，将自然美与人品道德融为一体，以花卉之美来比喻人品、人貌之美，表达丰富的思想感情。其中《郑风·溱洧》有：“维士与女，伊之相谑，赠之与芍药”的记载。说的是春天的时候，青年男女在野外游玩，谈情说爱，为表达相互爱慕之情，临分手时摘下芍药花枝相赠。这摘下的花枝古称折枝花，相当于现在的切花。大自然的精华——花卉，以它优美的姿态，鲜丽的色彩，芳香的气味，早已深深打动人们的心。对花卉从引起人们的注意、喜爱，到了解并赋予花卉以一定的寓意，表明花卉已经深入到人们的生活之中，并进入到花卉文化领域。大自然的美和人们对美的追求相结合，就演绎出数千年来的文化艺术史，包括插花艺术史。

汉代(前206—公元220)是我国封建社会大发展的时期。新形成的生产关系，适应生产力的发展，也大大促进了文化艺术的发展。汉代的艺术形式，构图严谨，注重左右对称，强调西方八位的构图法则，具有写实、朴素、浑厚而凝重的风格。汉代以壁画、石刻、画像砖等艺术形式而著称于世。

随着文化艺术的交流，佛教从印度传入我国。佛教教育开始同中国传统理论和宗教观念相结合得以广泛传播。随着佛教的传入，佛前供花(作为佛前供养三宝即香花、灯明、饮食的主要成分)也传进来了，后来佛教发展起来，我国民间的插花形式，也很自

然地与佛事活动相结合。因此，源于民间的我国插花艺术在相当长的历史时期内，多带有浓厚的宗教色彩。许多传世的古画、古诗词、古书法中，都有佛事供花的画面或记述。这也和其他艺术形式的早期发展相类似。

(2)插花艺术的发展期——魏晋南北朝

三国至南北朝时期(220—589)，其间战事频仍，政局动荡，人们饱受战乱之苦，要求生活安定，感到空虚郁闷，寻求精神上的寄托与安慰。这300多年间，各地广建佛教寺院，佛事活动日见兴旺。一些文人或虔诚于宗教，或隐居于山野。文艺思想表现出超脱世俗，以山水花鸟为友，怡然自得的思想境界。如东晋·陶渊明(365—427)于《饮酒》诗中说："采菊东篱下，悠然见南山。"当时佛前供花以荷花和柳枝为主要花材。表现善男信女对佛的崇拜与虔诚，不讲求插花的艺术造型。

(3)插花艺术发展的兴盛时期——隋、唐、宋时期

隋唐时代(589—960)是中国插花艺术发展史上的兴盛时期，政局稳定，国泰民安，经济繁荣，文化艺术取得灿烂辉煌的成就，插花艺术也进入了黄金时代，爱华之风盛极一时。每年农历二月十五日定为"花朝"，即百花的生日，常举行大规模的盛会。唐代牡丹处于国花的地位，每当牡丹花期，"花开花落二十日，一城之人皆若狂。"正如白居易(772—846)在《买花》一诗中描述的那样，"帝城春欲暮，喧喧车马度。共到牡丹时，相随买花去。贵贱无常价，酬值看花数，灼灼百朵红，戋戋五束素……家家习为俗，人人迷不悟。"人们竞相赏花、买花，成为时尚。这期间插花有了很大发展，从佛前供花扩展到宫廷和民间。佛前供花有瓶供和盘花两种形式，仍与荷花与牡丹为主，构图简洁，色彩素雅，注重庄重和对称的错落造型，宫廷和民间插花多以牡丹为主，花材搭配，较为考究，常以花材品格高下以定取舍。宫廷中举行牡丹插花盛会，有严格的程序和豪华的排场。罗虬的《花九锡》中说："重顶幄(障风)、金错刀(剪截)、甘泉(清)、玉缸(贮)、雕文台座(安置)、画图、翻曲、美醑(欣赏)、新诗(咏)。"将牡丹宫廷插花的9个程序，名曰"九锡"，视为至高无上、不容擅动的庄严仪式，就像帝王送给有大功或有权利的诸侯大臣的9件器物一样。对插花放置的场所、剪截工具、供养的水质、几架以及挂画都有严格的规定，并咏诗、作歌、谱曲，再饮以香醇的美酒方能尽兴，进行视觉、听觉、味觉多层次的艺术欣赏，罗虬认为与牡丹相配的花材，"须兰、蕙、梅、莲辈乃可披襟"；"若芙蓉、踯躅、望仙、山木、野草，直唯阿耳"，根本不适合作配材。此期间人造花的应用日渐广泛。新疆吐鲁番阿斯塔那出土的文物中发现一束人造绢花以萱草、石竹等组合而成，仿真程度很高，精作精细，花色鲜艳。六尊者相册卢楞枷画中圆花几上放一小缸花，以盛开的牡丹为主体，配以枝叶，端庄富丽。吴道玄《送子天王图》中有侍女手捧瓶荷的画面等。

由上可见，隋唐时代我国对插花艺术已有相当深入的研究，并有很高的欣赏水平：注重插花的花材搭配，陈设环境，讲究严格的插花程序和排场，追求整体的艺术效果，表明中国插花艺术逐渐进入成熟阶段。此时，随着文化艺术和宗教交流，中国插花艺术传到日本，对日本花道的形成和发展起着极其重要的作用。

五代十国(907—960)，佛教由盛转衰，政局动荡，文人雅士多避乱隐居，吟诗泼墨，抒发内心的苦闷和无奈，插花也成为他们表露或发泄思想感情的工具。佛前供花仍

承袭隋唐以瓶花和盘花为主的形式，如白衣观音像中，以荷花和牡丹为主的盘花；观世音菩萨毗沙门天王像中观音手持插着花的净水瓶；八臂十一面观音手托插着荷花花蕾的花瓶等。民间插花风格有了很大的改变，突破了唐代讲求庄重和排场的旧风，不拘一格，就地取材，名花佳卉，山花野草，均可使用。插花容器也不仅采用瓷、铜制的瓶与盘，广泛使用竹筒、漆器，出现了吊挂和壁挂等形式。追求自然情趣，朴实简洁，清新活泼，挥洒自如。

五代期间，插花艺术发展迅速，应用的花材种类更加丰富，花器的种类增多，制造精美，插花造型优美多样。有瓶花、盘花、缸花、吊花、壁挂、篮花等，形式多样，技艺和风格等都有突破。

宋代(960—1270)是插花艺术发展的极盛时期，经过五代的战乱，到宋代国家又归于统一。由于政局稳定，经济繁荣，文化艺术发展迅速，插花艺术也取得辉煌的成就。插花之风盛行，形式多样，技艺精湛，意境深邃，赏花境界很高。宋代崇尚理学，这是一种儒家的哲学思想，认定“理”是先天地而存在的，这抽象的“理”实际就是封建的伦理准则，主张“理”是永恒的，是至高无上的，要去“人欲”，存“天理”，提出“太极”“阴阳”“天人合一”等哲学思想。花材也多选有深刻意义的松、柏、竹、梅、兰、桂、山茶、水仙等上品花木。不像唐代那样讲究富丽堂皇，构图突出“清”“疏”的风格，追求线条美，从而形成以品花、花德，寓意人伦教化的插花形式，对后世有较大的影响。

宋代佛前供花仍占重要的地位，如北宋的柳枝观音像中有一大型盘花，以大朵盛开的牡丹为主体，衬以萱草和火红的山茶花，搭配合宜，丰满艳丽。此画现存四川博物馆。北宋武宋元所绘《朝元仙仗图》中，多数玉女均手持瓶花或盘花，朝谒盛况，蔚为壮观。

综上所述，插花艺术发展到宋代，从花材选择、色彩、构图造型、内涵意境、插花理论与技艺都达到了较高的水平，逐渐进入插花艺术的成熟阶段。

(4)插花艺术的成熟时期——元、明时期

元代(1271—1368)由于朝代更迭，文化艺术不振，插花艺术也发展缓慢，仅在宫廷和少数文人中流行，一般平民少有赏花、插花的闲情逸致。宫廷插花继承宋代注重理念的形式，以瓶花为主。当时文人受绘画等姐妹艺术的启迪，加之消极避世思想的推动，插花风格逐渐摆脱宋代理学的影响，不注重人伦教化的思想感情。常利用花材的寓意和谐音来表达作品的主题，没有固定的造型模式，无拘无束，随意挥洒，或以花明志，或借花消愁。如元人绘制的“平安连年”，用花材和容器的寓意和谐音表现作品的主题，荷花挺拔突起，花瓣凋落叶上，造型怪僻，充分表现出作者凄凉孤零的心态。

明代(1368—1644)是中国插花艺术复兴、昌盛和成熟的阶段。在枝艺上、理论上都形成了完备系统的体系。作品多基于对自然美的追求和作者思想情趣的展现，内容重于形式，有浓厚的理性意念，与宋代极为相似。作品讲究清、疏、淡、远，不注重排场形式和富丽堂皇。人们以花为友，以花喻人，将之人格化。提出松、竹、梅为“岁寒三友”；莲、菊、兰为“风月三昆”；梅、兰、竹、菊为“四君子”；梅、蜡梅、水仙、山茶为“雪中四友”等。这种寓意仍为今天赏花者所接受。在审美情趣上独具特色，提倡“茗赏”，即品茶赏花，格调高雅。

明代晚期插花日臻成熟，有许多有关插花艺术的专著问世。其中以袁宏道(1568—

1610)的《瓶使》影响最大，书中谈到了构图、采花、保养、品第、花器、配置、环境、修养、欣赏、花性等诸多方面，在理论和技艺上进行了系统全面的论述。将实践上升为理论，文笔简练，论点精到，它是我国插花史上评价最高的一部插花专著。后来传到日本，备受日本花道界的推崇，奉为经典，据之形成一个花道流派——宏道流。

(5)插花艺术发展的衰微期——清朝时期

清代(1644—1911)入主中原以后，接受儒家学说，推行工程理学，政局稳定，经济繁荣，文化艺术逐渐兴旺发展起来，花市繁盛，不减前朝。插花风格崇尚自然美，以花草为笔，描绘自然美景，将优美的大自然引入室内。

清代文人沈复(1763—?)不仅在文学艺术上有一定的造诣，在插花理论和技艺上也有独到的见解。他在《浮生六记·闲情记趣》中提出“插花朵数宜单，不宜双，每瓶取一种，不取二色”；“起把宜紧”“瓶口宜清”，花材要进行艺术加工，更独创了插花固定器等，对当时和后世插花的发展起了促进作用，尤其“起把宜紧”“瓶口宜清”的主张，至今仍为插花界所称道，奉为东方式插花的插作准则之一。张歙提出插花“胆瓶其式之高低，大小须与花相称；而色之深浅，淡浓又须与花相反”的论点，颇有见地。陈淏子在《花镜·养花瓶插法》中对插花水养方法、花枝处理技术、陈设和花器选择亦有论述。这些著作对中国插花理论和技艺的完善和成熟均做出重要贡献。到清明随国势之衰弱，插花艺术也处于停滞衰微的境地。

(6)插花艺术发展的复兴期——20世纪70年代末期

中国插花艺术经历了清末的萧条，又沉寂了数十年，直到20世纪70年代末80年代初，随着改革开放和我国园艺事业的发展，插花艺术这门古老的艺术也得到了复苏并迅速发展起来。北京、上海、广州等地先后成立了插花组织，进行地区性的插花活动。1987年4月，在北京农业展览馆召开了第一届中国花卉博览会，大会包括了全国插花展览，北京、上海、广州等城市参展，中国香港和日本的插花艺术家也参加了展出。这是新中国成立后第一次全国性的插花盛会，表现了插花艺术发展的强劲势头。1989年9月第二届全国花卉博览会召开时参加插花展览的已有十多个省、自治区、直辖市。全国许多城市都相继开展了插花艺术活动。1990年5月19日中国插花花艺协会正式成立。各种类型插花展览会的频频举办，受到了人们的喜爱和好评，其既锻炼了插花人员的应变能力，提高了业务水平，又培养了大批插花爱好者和懂行的观众，并且促进了插花艺术的交流，对中国插花艺术的进一步普及和发展，有巨大的推动作用。此外，举办了各种类型的插花培训班，或赴中小城市及边远地区，进行插花讲学和展览等，以普及插花知识，推动插花活动的开展。为了适应插花花艺事业深入发展的需要，还在有关大中专院校开设了插花课程。

近年来，各地积极开展了与香港、台湾地区及海外插花艺术界的学术交流活动。如中国香港、台湾与马来西亚、日本的插花艺术家都先后在北京、上海、广州、昆明等地举办展览和讲座。他山之石可以攻玉，汇聚了百川才能成为大海，中国插花艺术在汲取各国、各地区艺术的精华中，逐渐成熟起来。随着插花艺术的普及和提高，插花艺术理论和技艺的研究也日益深入。

8.3 东方式插花的插花造型

8.3.1　东方式插花的基本花型

东方式插花崇尚自然，不论是瓶花还是盆花，构图均避免“四平八稳”“平淡无奇”的几何对称手法，在不对称中显示均衡，力求给人以自然却稳定的感觉。一般以线条构图为主，要求通过线条、格调与色彩的配合达到赋花木以再生的意境。

东方式插花的轮廓骨架主要由3个主枝为中心构成，多为不等边三角形的外轮廓线。根据主枝在容器中的位置和姿态，可分为直立式、倾斜式、平卧式和下垂式。

(1)直立式

直立型构图形式表现植株直立生长的形态，第一主枝基本呈直立状，在垂直方向左右30°角之间，所有插入的花卉，都呈自然向上的姿势，整个作品充满向上的勃勃生机。插花时力求层次分明，错落有致。第一主枝在花器中必须插呈直立状；第二主枝插在第一主枝的一侧，略有倾斜；第三主枝插在第一主枝的另一侧，也略作倾斜。后两枝花要求与第一枝花相呼应，形成一个整体。三主枝均不能有大的弯曲度(图8-5)。

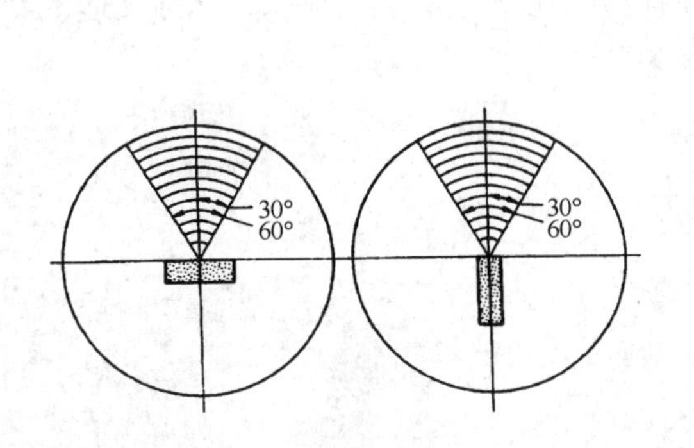

《暗香》

图8-5　直立式

(2)倾斜式

倾斜式插花是以第一主枝倾斜于花器一侧为标志。这种形式较为自然，如同风雨过后那些被吹、压弯的枝条，重又伸展向上生长，蕴含着不屈不饶的顽强精神，从审美的角度看，也有临水花木疏影横斜的韵味。

第一主枝表现的位置是在垂直线左右各30°之外至水平线以下30°位置的两个90°范围内。倾斜式的第一主枝变化范围最大，可以在左右两个90°内确定花体位置。第一主枝的延长线应尽可能避免与花器口水平线相交，第二、第三主枝围绕第一主枝进行排列变化，可以呈直立状，也可以是下垂状，不受第一主枝摆设范围的限制，以与第一主枝形成呼应为原则。三主枝也不宜插在同一平面上，应形成类似自由生长的花木朝着一个方向竞相争取阳光时的姿态(图8-6)。

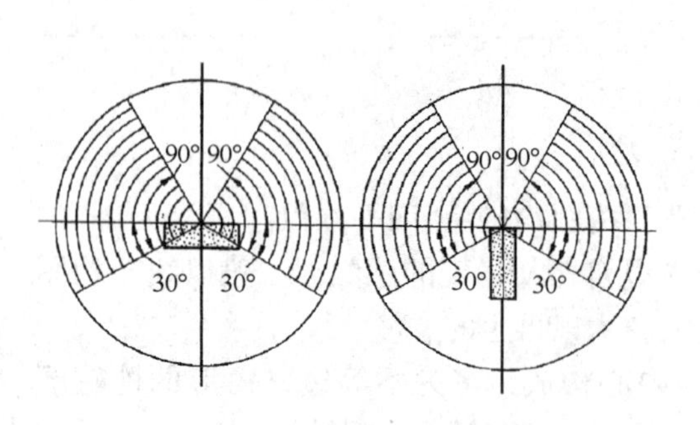

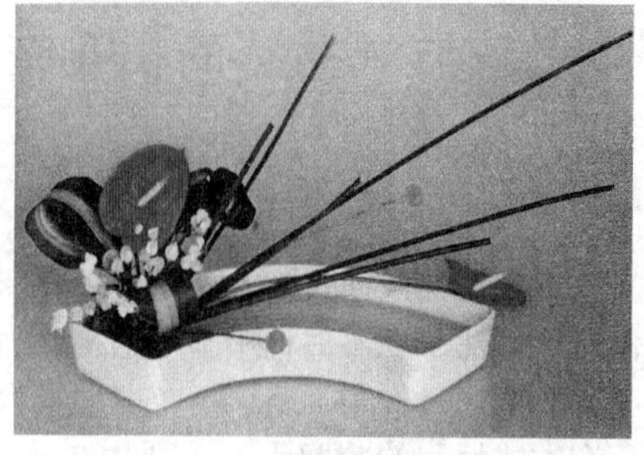

《心有灵犀》

图 8-6　倾斜式

(3) 平卧式

平卧式的构图形式主要表现是第一主枝平行伸展。平卧式插花 3 个主枝基本上在一个水平面上，造型如地被植物匍匐生长，枝条间没有明显的高低层次变化，只有向左右平行方向长短的伸缩。但每一枝花的插入也是有长有短，有远有近，也能形成动势。一般情况下，枝条在水平线上下各 15°的范围内进行变化。各枝条之间应达成一定的平衡关系。平卧式第一主枝近于水平伸出，全部花材在一个平面上表现出来，构图形式平稳安静。平卧式造型适于布置餐桌、矮几，避免遮挡就餐人及谈话人的视线，也适于俯视的装饰环境和在受垂直空间环境限制的地方摆设。有行云、流水、恬静安适、柔情蜜意等主题，给人以平稳、安静的感觉(图 8-7)。

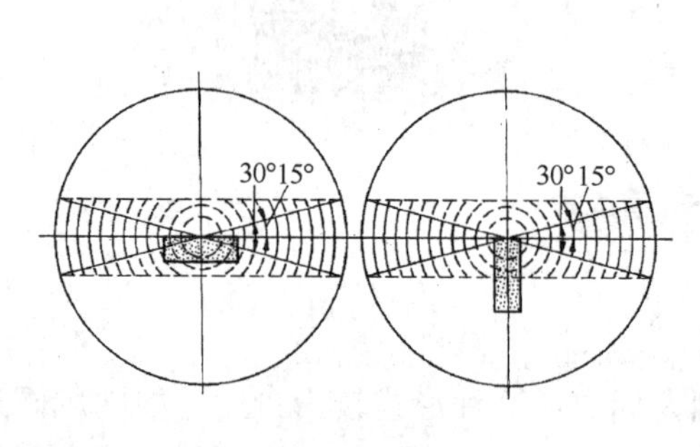

《萧瑟秋风今又是》

图 8-7　平卧式

(4) 下垂式

下垂式又称悬崖式插花，是以第一主枝在花器上悬挂下垂作为主要造型特征的插花形式，如高山流水、瀑布倾斜，又似悬崖上的古藤悬挂。枝条要求柔软轻曼，轻疏流畅，其线条简练而又夸张。下垂式插花较多应用于较高的花器，或壁挂、吊挂和置放在高处。对使用的花材长度没有明显的限制，可长可短，主要是根据花器大小和摆放位置、环境来决定。

第一主枝插入花器的位置，是由上向下弯曲在平行线以下 30°以外的 120°范围内。

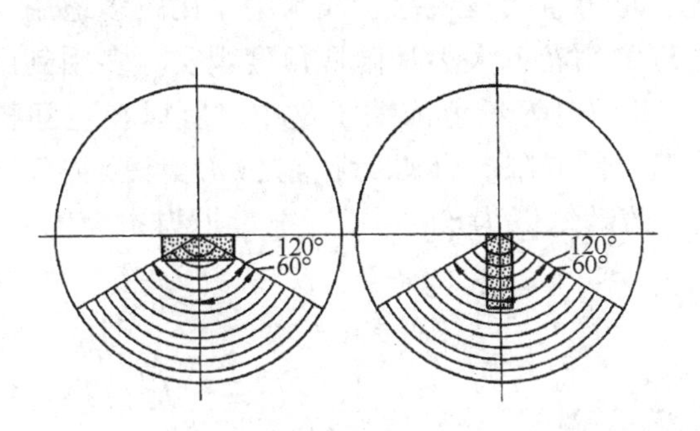

《春城鹤舞》

图8-8　下垂式

花卉枝条可以适当保持弯曲度，使作品充满曲线变化的美感。第二、第三主枝的插入，主要是起到稳定重心和完善作品的作用。插入的位置可以有所变化，但同样需要保持趋势的一致性，不能各有所向(图8-8)。

8.3.2　中国插花艺术的基本造型

中国东方式插花根据所用容器可分为瓶花、盘(盆)花、缸花、碗花、筒花、篮花6种。瓶花是高、窄口花瓶插花，插入花后一般不易倒伏，但是定性较难。而盆花是用浅水盆插花，由于浅水盆上宽，枝条难以固定，一般用花插来固定。用花插固定枝条造型变化较多，使作品不显呆板，更生动自然。东方式插花根据创作者的创作思想来分，可分为四大类型花，即理念花、心象花、写景花、造型花。东方式插花根据主枝在容器中的位置和姿态可以有4种基本造型，即直立式、倾斜式、下垂式、平卧式。根据花器、环境、花材等因素在六大器具花中基本造型均有应用。东方式传统插花的固定方式一般采用自然固定以及花插固定，一般不允许用花泥固定。

1)六大器具花

(1)瓶花

瓶花源自印度。瓶据说可盛装一切万物之德。佛家用象征天宝的莲花供佛，所以说"瓶供"为中国插花之源，后成为中国插花之代名词。中国瓶花约起源于5世纪的南齐，盛兴于明。明朝等《瓶史》，即袁宏道所著，是记载插花事物的专著，因其大力提倡，瓶花得以在明朝大放异彩。瓶类花器一般指细长、口小、容水较深、腹大颈长的容器，口较大的尊器、口窄腹大的罐也归入瓶类。瓶花，是中国传统插花最重要的代表类型之一，它有高雅、尊严的美感。但是瓶口窄小，表现的花材就较小，所以需要精选富于形态、生态美的花材插下，使瓶中佳韵体现自然之态与艺术之美，以精雅见长。瓶花陈设于厅堂、斋室非常适宜，也适用于大型展览等场合(图8-9)。

(2)盘(盆)花

盘花起源于6世纪的南朝时代。汉朝时，陪葬之风非常盛行，喜欢以陶盆装水象征池塘或湖泊，盆里放置陶制的楼与鸭，或树木花草，象征着大自然无限的生机。这一观念到南朝，就与佛教供花结合，成为重要的插花用具。花盘，口径大、储水浅，适用于插制盛放修剪后的鲜花，可以用剑山固定，也可直接浸或浮于浅水中。比较多地用于酒宴上，宾客借花香以醒酒。盘花是较好的观赏用花，大多是俯视角度观赏。多用剑山等物支撑花材，是其不可多得的优点，可以将丛树等景色浓缩于盆中，所以在空间扩展上，盆花实现了从点到面的扩大，突破了瓶口的局限。唐朝欧阳詹之《春盘赋》记载当时的长安仕女说："多事佳人假盘盂而作地，疏畚绣以为珍……"，把盘子当作大地插花，此为"写景花"(图8-10)。

图8-9 瓶 花

图8-10 盘(盆)花

(3)缸花

缸花起源于9世纪的唐代，而盛于明清之间。唐朝罗虬《花九赐》记载："玉缸"贮水，充当插作牡丹的花器。到明清，缸器在造型方面与水盂、笔洗及"篡"器相结合，形式渐矮，缸口大，渐渐演化成盆。清沈三白说："若盆碗盘洗……"即是。缸，是介于瓶、盆之间的大型器皿，宽口，型阔，底稍窄。缸的造型敦实，颇具壮健的力度，水面又宽敞，可以插比较硕大或数量较多的花材。缸花在空间的表现上比较有深度，缸形腹部硕大而稳重，插作时以表现花材块状与枝条对比之美为主，较强调"体"，总用大丛的花材与缸器协调。但在传统插花中缸口空间不易占满，以留空为佳。缸花造型丰满、壮丽，多用于大厅堂以及展览(图8-11)。

(4)碗花

碗花起源于10世纪的前蜀，而盛兴于宋代，碗器宽口而尖底，插作时皆以"极点"出枝。早期碗花只有主花，后来才有主客或主使，至今有完整的"主、客、使"三主枝。

碗是口大底小的器皿，又称此类花为皿花。碗原本用来盛食物。历经变迁，形状基本不变，而材质各有不同，有瓷、木、玻璃等碗。在古代，首先是由佛门弟子将碗盛花供佛，后来用碗插花就流行起来。还有钵、杯、盂、瓯、笔洗等都归入碗一类花器。碗花，需用剑山支撑花材。由于碗口较小，所以宜插简洁、明快的构图。另外，碗花也可在水中浸、浮花材，成漂浮花。花枝不宜多，三两枝便可。插作时要注意枝叶不可遮盖碗的边缘，起把宜紧，水际应明朗，基盘要厚，不可散漫、挤逸(图8-12)。

图8-11　缸　花

(5)筒花

筒花源自五代，而盛于北宋。筒花又称“隔筒”。清·异录说：“李后主每春盛……并作隔筒，密插杂花……”至宋代更为讲究，春季花展时，即以“湘筒”贮花。“湘筒”者，是以湘妃竹所作之竹筒也，极为珍贵。筒花是指用竹筒、笔筒、木漆筒等花器插的花。筒器都属于圆筒状的花器。既可单取一节插花，就如花瓶一样运用，也可将两节以上竹筒竖着，挖开大小不等的壁孔，插入花材多少不等。分有单隔筒、双隔筒及多隔筒等多种。隔，指竹节的横隔，所以亦有上、下隔之分。也可将竹筒劈去一边横放，两头削成三角状，即成船型，有单舱、双舱、三舱等。甚至有用整柱毛竹的(以竹节相隔，每一节为一舱)。在舱中插花枝，高低错落排列。筒花可以单放，也可以相互组合，几个高低错落的筒式花或者竖放的筒式花和横舟式筒式花相互组合，变化很多。由于竹筒颇具苍朴之感，深受人

图8-12　碗　花

图8-13　筒　花

们喜爱。一般用毛竹，也可用湘妃竹制成。竹筒花放在书斋尤为适宜，放在厅堂、卧室也可。但主要还是以文士雅韵的环境为宜。竹筒还有吊垂、悬挂等形式，随意挂于门窗、墙柱，相当活泼(图8-13)。

(6)篮花

篮花源于宋代。正所谓“生命如花篮”，因为其呈现出多彩多姿的特色，所以自古以来都是被视为华丽灿烂的代名词，佛教法会时用竹编做类似的盘器，用来盛花，遍洒会场，以体现盛大的场面，这种器具称为“华筥”，为了方便手提，就加提梁而成花篮。宋代篮花都以宫廷应用为主，枝叶繁多，花朵大，色彩缤纷，硕壮盘满。元代则比较有文人气息，朴实清雅，潇洒野逸。篮花摆置形式分为两种，一种是放置在台座上，一种则是挂篮。置放的形式又可分为正置、偏置、侧置。而挂篮是吊起的，又称吊花或吊篮，如有提梁的铜器，其他容器亦可插作。

篮花是指在特制的花篮或箩筐等柳、草、竹编的篮器中插花(图8-14)，这也是我国传统插花的花型之一。最初是人们是用竹篮之类去采花，发现插放篮筐中的花别具美态，于是出现了花篮插花。今天的花篮插花，往往借鉴西方式插花，用三角形、馒头形等丰满花型来插制，四面均可观赏。还有L形、不等边三角形等。花材运用品种较多。中国传统的篮花是以表现自然生机为主，花材多样，取材自如。传统篮花，很注重篮内外空间的分隔，注重篮的整体造型，亦把篮攀的线条、蓝沿的线条、篮身的线条，用花材来加以衬托，使这些线条有显有隐，富有变化，更加生动。花篮插花可以花型饱满，充满篮口，也可留出空隙，以大朵花为中心，向四边伸出枝条，比较活泼，这在大型的作为厅堂摆放的花篮中较多采用。但不管哪一种布置，总有前、中、后的纵深感，以及上、中、下的层次感。而作为布置在书斋的篮花三两枝花朵即可。总之，厅堂中的篮花比较适宜丰满、热烈，书斋静室则宜清疏、秀雅。篮花所选用的花材色彩需与花篮的色彩相协调。篮花在生活中应用很多，是重要的礼仪花形式。如迎宾篮、贺喜花篮、婚礼

图8-14 各式竹篮

用花篮、祝寿花篮、探病花篮、节日用花篮等。在花篮的篮攀上，还可以结上装饰带做成的各式花结，以增加动感。花器必须审慎选择，不可随意安放，否则有损花器本身的存在价值，也破坏了整个插花艺术的创作情趣。

总之，各类花器有独特的造型，插作方法与使用习惯亦有所不同：瓶花高昂，盘花深广，缸讲块体，碗求中藏，筒重婉约，篮贵端庄。加上固定器类似剑山(花插)的发明与改良，都直接影响花型的变化。

2)四大类型花

(1)理念花

理念花为宋代理学审美观下的产物，带有揭示理想的旨趣；以理为表，以意为里，或解说教义，或阐述教理，或影射人格，或述说宇宙哲理等，以瓶式为多；花材以松、柏、梅、兰、桂、山茶、水仙等素雅者为主，结构以“清”为精神所在，以“疏”为意念之依旧，注重枝叶的线条技能，与绝对的比例，为宋代插花的主流(图8-15)。

(2)写景花

写景花或称写实花，是以真善美的“真”为出发点，透过盆景表现手法，以描写自然或赞美自然为目的，表现的内容或是篱边小景，或满山秋光，以达到沈三白所谓“能备风晴雨露”的境界方为至妙，以盘花为最多，源于唐代而盛行于清代(图8-16)。

(3)心象花

心象花为文人借花浇愁，以舒心中积郁的插花艺术表现，盛兴于元代及清代初期。作品偏重于以“情”为出发点，内容为个人内在的冥想，不表达严谨的构成，但求随意拈来，以创造个人欲望且独立形象的新个体，是情绪抽象概念的具体化。个性稍强的心象花多大具有齐古悲怆之美，常见花材除格调高雅的花草外，还可用如枯木、灵芝、如

图8-15　理念花

图8-16　写景花

图8-17　造型花

意、孔雀尾等，一般心象花常流于放荡不羁“自由之花”形式。

(4)造型花

造型花是插花艺术创作的目的，它是依美学原理，或依美的形式为基础从事造型，创造出一种崭新的、纯粹的美的一种插花类型，正如老子所说的“澡无可名之形”的造型艺术的极致。

造型花旨在美的创造，装饰成分颇为浓厚，古时常与服饰相结合，如用鲜花制作花冠佩戴等都是造型上的应用。历史悠久，常用于婚礼、酒会、招待会、午餐会及喜庆节日等特殊场合，为了加强场合的特定气氛，多采用强烈的对比色。花材长度较自由，花器多用古雅器皿，材质分为金属、竹、木、陶器等，技能上分别有置、吊、挂等，形态分为小口、中口、广口等。插花者有较多的选择余地，较易创作出多姿多彩的插花作品(图8-17)。

8.3.3 日本插花艺术的基本造型

日本花道是受中国传统插花艺术的影响，结合日本各时期的特点，逐步形成了生花、立华、盛花、投入花、自由花5种形式。以立华和生花最富有日本花道的特色。所表现的是草木自然生长的样子，追求“三才”(天、地、人)调和。即每一盆插花均由天、地、人3个主要花枝组成。3个花枝中最高的一枝象征天，最低一枝象征地，中间的象征人。根据3个主枝的形状可分为直态、斜态、横态、垂态等。日本插花有五大基本形式：

(1)立华(图8-18)

立华含义为竖立的花。它以7~9枝花材构图，分成上、中、下3段，成为一种左右对称并竖立的花型，一种左右对称并竖立的花型，以一立体花瓶表现平面庭院风景。花的高度以不超过1m为原则。“立华”本身产生于佛教供花，“立”就是要使花和花瓶直立，要表现出端正的、符合信仰的姿态。

图8-18 立 华

(2)生花(图8-19)

其含义为生长着的花。以三主枝为骨架，组成半月形及不等边三角形的不对称花型。三主枝分别代表宇宙间冬天、地、人。生花受儒教影响较大。花型固定由于三角形的构成，强调弯曲的技巧，以天、地、人三主枝来表现，称为副、体、真。

生花的花型因花器的不同而有“真、行、草”三态，进一步由花材的形态和插法，又分真行草三姿，合起来称“三态九姿”。所谓真、行、草，其含义是

图 8-19　生　花

从中国书法演绎而来。书法中有正楷，也称“真书”，形体方正端正，笔画平直。所以，真的花型也比较严肃端丽而素直。花器采用细口或寸筒型，适于插曲线少的草木，其弯伸度一般不超出花器之外。草书笔画牵连婉转，游丝不断，自由奔放。因此，草的花型是洒脱恬淡，变化大，表现草木特殊的生长姿态，或横展或下垂。行书是介于真书和草书之间的一种书体，是对楷书的草写简化，既有楷书工整清晰的特点，又有草书活泼飞动的长处。书写时，凡楷法多于草法的叫行楷，草法多于楷法的叫行草。行的花型也介于真与草之间。比真的花型生动活泼，是艳丽而舒畅的花型，但不如草型变化大。宜用小广口壶形花器。

(3)盛花

盛花是由小原流创立者小原云心创造的花道形式，“盛花”字面意思是堆积花，是用浅盆花器和插花器插制花材的一种形式，以盆为大地，插制表现植物自然生长态势，表现自然景观之美。盛花使用水盘或篮子，把花材盛在器具上。明治末期，因为西洋花草的栽种和西洋建筑的增加，构思出这种不限于壁龛装饰花的插花术。其流派有小原流、安达式等。可以说盛花是现代插花的主流。

(4)投入花(图 8-20)

作为投入花的容器一般其颈较高，把花枝按其自然的姿态投入花器，且不用插花器固定花材，仅依靠容器内壁和底部来稳定。投入花给人一种随意投入的自然感。这种插花法能够表现艺术性

图 8-20　投入花

和独特的个性。通常有3种摆放方式：吊在壁龛上，挂在柱子上和放在壁龛上。投入花和生花一样起始于江户时代。

(5)自由花(图8-21)

随着社会的变化，观念的更新，插花也随之受到影响。不拘泥于传统的新类型的插花法也得到了人们的认可，同时，随心所欲以花草设计为乐趣的人也在增加，这类可归为自由花。自由花主张表达个性，表达各种花材自然之美和基本特性，其风格有自然式和抽象式两种。

图8-21　自由花

8.4 东方插花制作材料

选材主要是根据构思设想，选择适当的花材和插花器皿，准备好插花工具。插花所用花材是从植物体上剪切下来的花朵、花枝、果枝、叶片以及干枯枝条等材料。自然界具有非常丰富的植物种类，其中绝大多数都可以用作插花。适于插花的植物应具备以下条件：①在水养条件下能保持其固有的姿态，并具有一定的观赏价值；②不能污染环境和衣物，无毒、无臭，花粉不易引起人过敏；③花材的形状、花语符合当地用花习俗，不使用当地传统习惯上忌讳的植物。

8.4.1 插花器皿和工具

(1)插花器皿

插花器皿就是插花的容器，常称花器。它的作用一是盛放、支撑花材；二是作为插花作品构图的重要组成部分；三是可储水以供养花材。因此，花器是插花创作中不可缺少的重要素材。选择适宜的花器是插花造型的第一步。现代花器的种类很多，只要能插花、盛水的器具都可以用做花器。常见的花器有陶器、玻璃、石头、金属、塑料、草编、藤编、木制器皿等。其常见的形状有以下几种(图8-22)：

A　　B　　C

图8-22　插花器皿

①盘(盆)　盘具有盘浅口阔的特点，常使用花插和花泥固定花材，其与空气接触的水面广阔，有利于延长插花的观赏期，是基本花型、图案花型和抽象花型的常用花器。盘是我国古代较早的花器，后来发展到比盘稍深的盆。盆盛水较多，可将自然界的山水、树石、森林景观浓缩于盆中，成为盆景。

②瓶　瓶具有口窄身高的特点，一般多用清雅高瘦的花枝。瓶有利于盛水养护花材。

③钵　钵是底小口大的碗型花器，高于花盘。常使用花插和花泥固定花材，用于制作大堆头的西方式插花。浅钵用法与盘类似。

④篮　这一类容器一般是用竹或藤编制而成。外形如篮，常用于制作各种花篮。运用时要注意垫上塑料纸，保水养花。

此外，日常生活中的盘、碟、罐、烟灰缸、瓶、筐等都可以用作花器。也可以根据插花作品的构思，有针对性地自己动手制作个性化的花器。注意：所有花器在制作插花作品之前必须洗刷干净，并在插花作品的展示过程中保持清洁。

(2)插花工具

①刀　用于削、截鲜切花。

②剪刀　用于剪截粗硬的木本枝条。

③喷雾器　为插花作品喷雾保湿工具。

④铁丝　常用26号和18号绿色插花专用铁丝，用于花材的造型、加长。

⑤铁丝网　多用于大型花篮中加大花泥的支撑力，固定花泥等。

⑥胶带　插花专用胶带，有多种色彩，用于固定、黏合插花材料。

⑦花插(针座、插花器)　又称剑山，由许多不锈钢针或铜针固定在锡座上铸成，起固定和支撑花材的作用。

⑧花泥　花泥用酚醛塑料发泡制成，起固定和支撑花材的作用。可分为干燥花泥和湿花泥两种。干燥花泥用于插干燥花和人造花，湿花泥则是干燥花泥吸水后用于鲜切花作品制作。一般使用1～2次后报废。花泥不易分解，会造成环境污染，因此，提倡用花插，少用花泥。

⑨插花配件(摆件)　是一些小型的工艺品，如瓷人、小动物等，能起到烘托气氛、加深意境、活跃画面和均衡构图的作用。是否选用配件，取决于构思立意的需要。配件

不应滥用，不能喧宾夺主，原则上能不用就不用。

此外，东方式插花还讲究花几、花架及花座的选用，可以起到均衡插花作品、增强作品艺术感染力的作用。

8.4.2 花材的类型和用途

插花作品的构思不同，选用的花材类型就不同。线状花材、团块状花材、奇形花材、散状花材、叶材各得其位，相互配合，相互呼应，才能更好地表现作品的主题。常用的花材有以下类型：

①线状花材 花材呈长条状和线状。如常春藤、垂柳、唐菖蒲、金鱼草、蛇鞭菊、小苍兰、晚香玉等。线状花材有丰富的表现力，常常是决定插花作品大小比例、高度的材料。

②团块状花材 呈团圆状或块状的花材。如月季、石竹、菊花、香石竹(香石竹)、百合、牡丹、芍药、郁金香、虞美人、三色堇、金盏菊、水仙、向日葵、睡莲、荷花、大丽花、鸡冠花等。这类花材花色鲜艳，花姿优美，是插花构图的主要材料。

③奇形花材 也称特殊花材。这类花材外形奇特，形体较大，1~2朵足以引人注目，适于在作品的中心或突出位置作焦点花。如鹤望兰、红掌、蝴蝶兰、蝎尾蕉等。

④散状花材 也称补充花材。它是由许多简单的小花构成星点状蓬松轻盈的大花序。如霞草、丝石竹、大花补血草(勿忘我)、补血草(情人草)、孔雀草、珍珠梅等。这类花材适宜插在大花之间的空隙，增加层次感，起烘托、陪衬作用。

⑤叶材 在插花中用于扶持、衬托主要花材的绿色枝叶。如凤尾蕨、肾蕨、鱼尾葵、散尾葵、苏铁、高山羊齿、龟背竹、蓬莱松、天门冬、变叶木、巴西木、石松、蜈蚣草、大叶黄杨、九里香、八角金盘等的叶片。叶材主要是填充空间，使鲜花在绿色的背景前、或在绿色的衬底上更醒目、更动人，从而起到对插花作品进行整体修饰的作用。

⑥木本枝条 在东方传统插花中体现线条美的主要花材，如杜鹃花枝、石榴枝、松枝、柏枝、竹枝、桂枝、柳枝等等。

8.5 东方式插花表现技法

8.5.1 线条的表现技法

东方式插花艺术的表现手法受我国书法艺术与绘画的影响，崇尚线条美，对线条情有独钟，这是我国传统的欣赏习惯，人们觉得“线”比“面”更生动活泼、更有情趣、更能抒发情意。

线条是东方式插花构图的骨架，它确定整个作品的大小、方向、高度、宽度、重点突出花性与寓意。运用线条的形态可以表现不同的内涵。如粗壮挺拔的线条表现坚强、刚直；细嫩柔弱的线条表现温馨秀丽、有韵味；飞动的线条表现浑洒自如、酣畅淋漓的美；密集排列、顺势而下的线条表现一泻千里的情景；蜿蜒迂回的线条又有溪水漫流的韵味。线条造型主要通过不同长短、软硬、曲直、粗细及疏密的枝条来表现，展现出一叶一世界、一花一乾坤的艺术天地。

枝条构图要求主次分明，错落有致，左右呼应，表现出大自然的和谐美，还须与插花的色彩、大小相协调(图8-23)。花材色泽浓艳、花朵大，就须配上粗犷刚劲的枝条，如松枝、树藤、石榴枝、龙爪枣枝等；花材色泽淡雅、花朵较小，就须配上轻盈飘逸的枝条，如垂柳、迎春、“花叶”南蛇藤、“花叶”长春藤、龙爪柳等的枝条。枝条的位置安排既需符合植物自然生长的形态，又要符合书画结构布局的要求，不可对称平齐，需高低错落，前后伸展。在枝条的数量上，两条以上的取单数不取双数。形体上要有所变化，做到虚实相生。实是指浓、重、密；虚是指松、浅、模糊、空白，虚实应搭配良好。密时不可太密，花材与花材之间应留有空白，便于每朵花显露出自己的特有风姿。空白有水面的空白、空间的空白两种类型。水面的空白是指枝条插于一侧，左右两侧留有水面空间供枝条伸展。空间的空白是由枝条伸展所形成的。

图8-23　《乡恋》

8.5.2　写实的表现技法

写实的表现技法主要是崇尚自然，以现实的、具体的植物形态、自然景色或动静物的特征作原型进行艺术再现。写实的表现手法所表现的形式主要有自然式和写景式两种。

(1)自然式表现技法

表现自然或主要表现花材的自然生长形态为主，对枝条的基本要求是要符合植物自然生长的规律。自然草木从动芽破出整个生长过程都是从一点出发向上向四周伸展，所以插花时应视插花盆为大地，多条枝条的基部集中插于一点，才能显示植物的盎然生机(图8-24)。日本的池坊流的立花和生花，强调“点”的插法。

自然式表现手法也讲究线条美，线条所蕴藏的表现力给自然式插花以无穷的创造力。运用不同粗细、直曲的线条表现不同的内涵，使作品更富于生机、更有情趣。线条之间不可均匀对称，需高低错落，前后伸展，这样才能既符合植物生长的形态又符合书画结构布局的要求，数量上一般取奇不取偶。

(2)写景式表现技法

写景式表现技法是用摹拟的手法来表现植物自然生长状态的一种特殊的艺术插花的创作形式。不是自然美景的翻版，摹拟中要去粗存精，对美景作夸张的描写，集自然与艺术于一体。容器宜选择制作水石盆景的浅盆，多用花泥固定花枝，表现手法多样，可借鉴园林设计和盆景艺术的布局手法，并与插花的基本成形方法揉合在一起，“缩崇山峻岭于咫尺之间”，再现富有诗情画意的自然美景(图8-25)。为了补充画面的意境和渲

图 8-24 《枫丹霜露》

图 8-25 《鸟鸣 流水 人家》

染气势，常配置以山石、人物、动物、建筑等摆件，使创作更为生动感人，呈现出更具天然之趣的自然风光。

(3) 象形式表现技法

象形式表现技法是用摹拟的手法来表现人物及动物的一种特殊的艺术插花的创作形式(图 8-26)。

图 8-26 《九天神韵》

图 8-27 《心心相印》

8.5.3 写意的表现技法

写意的表现技法是借用花材属性和象征意义表现宇宙哲理、社会伦理或个人心态的一种艺术插花创作形式。选材时要注意植物的名称、色彩、形态及其象征寓意与主题的意念联系，另外花器与摆件的选择也不能忽视。只有恰当选材，才能很好地表达主题(图 8-27)。如我国传统插花中宫廷插花，常以牡丹作为主景，意在牡丹素有富贵花的好口彩，而将南天竹、梅花、苹果和爆竹来进行插花构图，其花名的谐音便构成了“竹报平安”的吉祥名称。根据花材的象征意义，将松、竹、梅合插在一起，誉为“岁寒三友”，将莲、菊、兰合插在一起，则有“风月三昆”的美好寓意。写意式插花是传统插花中理念花的继承和发展，与理念花属同一类型。

东方式插花写意与写实的表现技法受中国绘画的影响。写意的手法，多采用比较粗大的花材如干枯的大树叶、荷叶，芭蕉叶、鹤望兰叶及印度橡胶树叶及一簇根、一团草、一扎细柳枝等，如用两片大蕉叶修剪成多角形外伸，两枝剑兰弧线形上挺，红花绰约，表现出风帆翼然、桅杆高耸、百舸争流的生动景象。

8.5.4　注重花材与花器几架及配件之间组合的表现技法

传统的中国插花注重花器与几架的选择，它与中国的盆景一样，对所选用的花器和几架十分讲究，无论是款式或色彩都必须与插花的主题取得和谐统一。花器一般多用淡雅古朴为宜(图8-28)。古代的花器多位铜制的，如盛酒的尊觚、壶等。后来陶瓷工业发展了，便开始有陶瓷花器，如净瓶、梅瓶、浅水盆等。几架有铜制、红木、花梨木、水曲柳及树桩头、根雕座等。花材、花器及几架配合适当，大大提高额观赏价值及丰富主题，使作品更富有诗情画意。

图8-28　插花与几架完美结合

配件在一般情况下起烘托主题的作用，但绝不是无足轻重的。有时甚至起着举足轻重或画龙点睛的作用。

一件优美的插花作品，其本身就富有内涵及魅力，要让人们更有深入的理解和联想，还需构架起沟通的桥梁。这样一来，插花作品的小配件功能就大了，它能在插花作品中起到画龙点睛的作用。

技能训练

技能8.1　东方式瓶花插花作品创作——东方式瓶插

1. 目的要求

通过东方式瓶插的实践，使学生理解东方式插花的构思要求，了解东方式瓶插的基本创作过程，掌握制作技巧、花材处理技巧、花材固定技巧。在教师的指导下完成一件东方式瓶插作品。

2. 材料及用具

①容器材料：花瓶。

②花材：创作所需的时令花材。包括线条花，如龙柳、银柳及其他木本枝条。焦点花，如牡丹、百合、月季等团状花。补充花，如小菊、补血草等散状花。叶材，如龟背竹、肾蕨等。

③固定材料：树枝、铁丝网等。

④辅助花材：铁丝、绿胶带、铁钉等。

3. 方法步骤

(1)教师示范

①运用固定技巧制作瓶口固定架。有“井”字形、“十”字形、“丫”字形等。

②按顺序插线条花、焦点花、补充花、叶材等花材。

③整理、加水。

(2)学生模仿

按操作步骤进行插作。

4. 作品演示

所用花材：绣球枝条3枝、百合3枝、吊兰叶3片、琴叶蔓绿绒4片。

5. 评价标准

①构思要求：独特有创意。

②色彩要求：新颖而赏心悦目。

③造型要求：符合东方式瓶花的造型要求。

④固定要求：整体作品及花材固定均要求牢固。

⑤整洁要求：作品完成后操作场地整理干净。保证每一朵花都能浸到水。

6. 考核要求

提交实验报告，内容包括对东方式瓶花全操作过程进行分析、比较和总结。

技能8.2　东方式盘花插花作品创作

1. 目的要求

通过东方式盘插的实践，使学生理解东方式插花的构思要求，了解东方式盘插的基本创作过程，掌握制作技巧、花材处理技巧、花材固定技巧。在教师的指导下完成一件东方式盘插作品。

2. 材料及用具

(1)容器材料：盘或水盆。

(2)花材：创作所需的时令花材。包括线条花，如龙柳、银柳及其他木本枝条。焦点花，如牡丹、百合、月季等团状花。补充花，如小菊、补血草等散状花。叶材，如龟背竹、肾蕨等。

(3)固定材料：剑山、树枝、铁丝网等。

(4)辅助花材：铁丝、绿胶带、铁钉等。

3. 方法步骤

(1)教师示范

①运用固定技巧制作剑山固定。教师示范枝条弯曲等枝条处理技巧，草的丛束固定。

②按顺序插线条花、焦点花、补充花、叶材等花材。

③整理、加水。

(2)学生模仿

按操作步骤进行插作。

4. 作品演示

以上述作品为例，完成技能实训(图8-29)。

1. 在花器中放入花泥和苔藓

2. 低低地插入八仙花

3. 将日本吊钟花的枝组成的固花器固定于花器上，将红点百合和落新妇插入花泥，薜荔连盆使用

4. 完成作品

图8-29　作品演示

项目9 西方式插花制作

学习目标

【知识目标】

(1)了解西方式插花的风格与特点。

(2)了解西方式插花的艺术发展史。

(3)掌握西方式插花的基本花型，制作材料及表现技巧。

【技能目标】

能够制作西方式圆形插花以及S形插花、半球形插花、L形插花等。

案例导入

花店想开拓高档酒店插花业务，小丽考察了部分酒店，觉得很多酒店的装潢都是西式风格。如果要承接酒店的插花业务，必需要了解西方式插花的相关知识，但小丽对西方式插花不是很了解。如果你是小丽，你会怎样解决所遇到的困难?

分组讨论：

1. 列出小丽业务能力不足的方面。

序号	西方式插花制作所需知识和能力	自我评价
1		
2		
3		
⋮		
备注	自我评价：准确☆、基本准确△、不准确○	

2. 如果你是小丽，你会怎么做?

理论知识

9.1 西方式插花的风格与特点

由于东西方地理位置的差异，民族性格、风格习惯及哲理观念各不相同，所以插花艺术也有比较大的差异。传统的西方式插花艺术与西方的建筑雕塑绘画等艺术形式有许多相同之处。西方人的哲理观念是“人是万物之首”、“宇宙要由人来主宰”和“将胜利留给自己”。民族性格较豪放，不加掩饰，反映在插花艺术上不以花枝的自然线条美和意境情感为重，而是强调理性和色彩，以抽象的艺术手法将大量的绚丽悦目的花材堆成各种图形，表现出几何美(图 9-1)。西方的传统插花艺术以欧洲为代表，其特点如下：

①选材注重外形和装饰，花材数量较多，结构紧密丰满。

②配色浓重艳丽，以达到五彩缤纷、雍容华贵的艺术效果。

③造型以规则的几何形图案为主，讲究对称，如圆形、三角形、扇形、T 形等，给人以端庄大方之感。

④插制方法以大堆头插法为主，整个插花作品就是多个色块的组合，呈现出绚丽多彩的热烈气氛，所以人们常把西方大堆头的插花称为块面式插花(9-2)。

⑤西方式插花能营造出强烈的或欢快热烈，或庄严素雅的气氛，意在表现插花作品的人工美和图案美。

西方式插花艺术以花材的色彩美为主，而轻意境和情趣。插花作品以色取胜，配色时力求和谐悦目。浓重的艳丽色彩，五彩缤纷，气氛热烈。给人以雍容华贵之感。因此，在选择花材上，特别注重色彩的搭配。一件作品宜精而不宜杂。如多色配合在一起，则应有主有次，主次分明，有主色调。切忌各色平分春秋，使作品显得丰富多彩且

图 9-1　西方式插花

图 9-2　《丰收》

能产生强烈的艺术魅力。

随着时代的发展，西方插花艺术也有很大的变化，从创作题材上、表现手法上、构图造型上及选材、配件的选择等方面有了更多的自由发挥，造型灵活多变，选材自由广泛，既有线条美，又有色彩美，且装饰效果好，深受人们的喜爱，已发展到对作品或场景的花艺设计。

9.2　西方插花艺术发展史

西方插花历史悠久，它源于古埃及。埃及人很早就有将睡莲花插在瓶、碗里作装饰品、礼品或丧葬品的习俗。以后随着文化的传播，插花艺术先后传到希腊、罗马、比利时、荷兰、英国、法国等，并得以发展。插花早期在欧洲流传，多作为宗教用花。西方人认为花可以驱除巫术和闪电，常用橄榄叶和月桂叶做成花环戴在脖子上或头上做护身符，挂在门上、墙上防邪魔进门。

14～16世纪的欧洲文艺复兴运动，使插花摆脱了宗教的束缚，得到了迅速发展。受西方艺术中几何审美观的影响，形成了传统的几何形、图案式风格。这一时期的宫廷插花，多以口径较大的圆罐做容器，以草本花卉为主要花材，初步形成造型简单规整，花朵匀称丰满，色彩艳丽的西方大堆头式插花风格。17～18世纪，随着航海业的发展，各地花卉广泛交流，插花技艺得以传播，插花也成为了各国画家绘画的主要对象。18～19世纪，欧美经济、文化艺术有较大发展，插花得以普及，民间插花也广为流行，并形成欢快、简朴的民间插花风格。

19世纪下半叶是西方家庭园艺，也是西方传统插花的黄金时期。插花成为时尚，用插花装饰餐桌及居室已成为文明风雅的生活艺术。西方插花逐渐走向理论化、系统化，呈现出以下特点：插花作品色彩浓烈，花材量大，以几何构图为主，严格要求对称和平衡，层次分明，有规律，表现出一定的节奏，以数学协调为主流，以人工美取胜，使传统欧洲式插法的特点得以最充分的体现。

第二次世界大战后，日本花道传入欧美，从而推动了西方插花艺术的发展，呈现出五彩缤纷的局面。东方式插花与传统西方式插花相互融合，形成了更具时代感、更具艺术魅力的现代西方式插花，也是目前流行的装饰型插花。同时自由式、抽象式及各种大型花艺更为盛行，更能表达当代人的欣赏品位和审美情趣。现在，在西方人的日常生活中，花已经成为不可缺少的一部分，在社交场合、婚丧喜事、访亲探友，鲜花都是传递友谊，表达高雅的情感之物。

插花艺术是一门古老的艺术，由于历史、文化诸多方面的原因，在世界上形成了两种不同风格的插花艺术，但随着国际文化艺术交流的增多，插花艺术的两种风格也在相互渗透、相互融合，但又保持了各自的基本特点，不断发展、创新。插花艺术逐渐成为一种世界通用的语言，成为全世界人民共享的精神财富。

9.3 西方式插花的基本花型

西方式传统插花有对称式构图和不对称式构图。对称式构图有明显的中轴，轴线两侧的图形对应相等，外表丰满圆整、对称平衡、均匀，而内部结构紧密，以表现花材的群体色彩美及整体图案美。对称构图有三角形、半球形、球形、塔形、圆形、扇形、倒T形、水平形、放射线形、对角线形、平行形等，不对称构图有L形、S形、新月形、火炬形等。

(1)三角形

三角形插花是西方式插花最普通的插法，常见单面观花形。三角形多为对称的等边三角形或等腰三角形。先插直立顶点花，垂直于花器；再插水平花，两枝紧贴容器边缘成180°开展，与顶点花成等边或等腰三角形；再在三角形中插配辅枝及补充花，完成构图。插作时须保持宽、深、高比例及花枝分布均匀平衡。常用于壁炉、大厅等室内陈设。

图9-3 半球形

(2)半球形

半球形插花呈半球形，比较规整，八面玲珑，是四面观花形(图9-3)。

注意，垂直主花枝应高于底边直径的1/2，才似半球。插作时垂直花枝直立，水平花枝均匀配置，色彩搭配同色不相邻，边缘要圆滑，突出半球状。半球形插花一般选用团块状花材，如菊花、花毛莨、香石竹等，整个半球形花枝高度、宽度和密度应均匀平衡。适用于餐桌、会议桌、茶几、冷餐台摆设，也是花束和新婚捧花常用的花型。

图9-4 球 形

(3)球形

球形插花外形轮廓为圆球形，对称，丰满，稳定，可四面观看(图9-4)。

插作时选用圆形花材，艳丽的花朵插于中央部位。而上下左右均须配置相似的花朵，以保持构图的均衡。球形插花一般选用团块状花材，如菊花、香石竹、郁金香、花毛莨、香石竹等。适用于窗台、大厅、服务台摆设及剪彩使用的花球。

(4)塔形

塔形插花的外部轮廓为下部较宽上部较窄，犹如水塔一般，可四面观看(图9-5)。主花枝垂直三枝，水

图9-5 塔 形

图9-6 火炬形

平花枝前后左右四枝与垂直枝构成等圆锥体的轮廓，其余花枝的插作均不超过这一轮廓，使造型显得挺拔、洒脱。这种构图稳重，插作时下部的花朵较大，上部的花朵较小，空余部位用散状花补充。各花朵之间分布均匀自然，错落有致。适用于窗台、客厅、服务台摆设。

(5)火炬形(流线形)

火炬形插花的外部轮廓像点燃的火炬，严整挺拔(图9-6)。

插作时多选用高长直立的花朵，艳丽的花枝，下部中心位置花朵较大，上部及左右花朵较小，形成火炬形构图画面。适用于书桌、客厅转角摆设。

(6)圆形

圆形插花的外部轮廓像一个竖立的鸡蛋，这种造型优美端庄。插作时垂直花枝和四枝水平花枝相交90°，垂直花枝直立不向任何一方倾斜，水平花枝贴容器边缘作180°展开，高度、宽度、长度均需平衡。中部较宽，两头渐窄，下部的花枝略向下倾斜。自然覆盖花器的边缘，形成一个竖直的鸡蛋形。可以封闭呈圆球，也可顶部开放，为开放式圆球。适用于客厅、壁炉、服务台摆设。

图9-7 扇 形

(7)扇形

扇形插花的垂直花枝、水平构成等半径半圆形(图9-7)。插作时垂直花枝应比水平花枝稍长，视觉上才能有扇形

插花的感觉，构图简洁明快。扇形的外部轮廓像打开的折扇，单面观看，造型优美。插作时垂直花枝向后倾斜15°，左右保持平衡。水平花枝贴花器边缘作180°展开。适用于会客室、服务台、壁炉、窗台、酒店摆设，也可用于一些大型的庆典活动。

(8)L形

L形插花是西方常见的一种不对称的构图插花，构图形式活泼，有一种动态美(图9-8)。是单面或双面观花型，因其表现形式与英文字母手写字体"L"相似而得名。在欧美住宅里绘有画像的壁炉上面经常可以看到曲线优美的L形插花。L形插花是一根竖线与一根横线相连的造型，以竖线为主，竖线长于横线，竖线的长度应大于横线长度的3/4，横线长度不得小于竖线长度的1/2，按此比例就能够插出比较明显的L形来。一般来讲，造型与字母相同，也可竖线在右，横线在左，需要时可将左右横线L形插花摆放在一块，形成对称构图，摆放在转角处效果也很好。插作时强调纵横线，纵横两交点处花枝不能太多，注意重心稳定及高、宽、深的平衡。横线不能过长，否则，重心将出现偏差，整个作品就会出现失衡。反之，横线过短，就会失去L形的字形的特点。同时还要注意花材与花器的关系，如用小盆插花，则横线适当缩短点，要尽量做出优美的曲线。L形插花适用于窗台、壁炉、厅转角等处摆设。

(9)S形

S形插花运用英文S字母的美丽线条进行构图，其造型富有动感，是不对称构图中最优美的构图之一(图9-9)。插作时宜选两枝细长弯曲的花枝，分别插于容器的左上方和右下方。使其形成S形骨架，然后用小花顺着骨架配置，艳丽的花朵作焦点花，置于中心部位。S形插花常用于大厅、窗台、壁炉等处摆设。

图9-8　L形

图9-9　S形

图 9-10 倒 T 形

图 9-11 新月形

(10)倒 T 形

倒 T 形插花又叫可可形，类似于三角形，但纵横花枝连线内的花枝要少且低(图 9-10)。为单面观花型，垂直花较高，稍向后倾。水平花贴容器边缘呈 180°展开，可略向下倾斜，宽、高、深比例均衡。焦点花插于三线的交叉点上，其他部位用散状花陪衬。注意在垂直轴和水平轴两顶连线上不能有花，否则就成为三角形构图。适用于窗台、壁炉、茶几上摆设。

(11)新月形

新月形插花属不对称构图，是单面观花型，其外部轮廓像半个月亮，清新典雅(图 9-11)。插作时按照半月形线条伸展，主枝在容器中以弧线左右向上抱合形成月形，构图轻巧、柔和。花朵艳丽的插于中心位置，两侧插小花或线状花。适用于转角橱柜、书桌、茶几等处。

图 9-12 水平形

(12)水平形

水平形插花的垂直花枝较低矮，水平花沿容器边缘向两侧呈 180°伸展，可略向下，中心部位花朵较大且艳丽，两边的花朵逐渐变小(图 9-12)。一般两侧喜欢选用散尾葵等叶材或线条花，水平插于容器两侧。适用于讲台、酒柜、餐桌、演讲台等。

(13)放射线形

放射线形插花造型一般都呈立体放射的形状，由中心的一点向周围作放射线伸展，具有空间扩张性(图 9-13)。花器宜选

图 9-13　放射线形

图 9-14　对角线形

直立形并具有相当高度的，以与呈椭圆形伸展的花枝形成对比。假如是放在桌子上，矮的水盆也可。在欧美国家，放射线形插花大多用于葬礼，也有用于门口、橱窗的空间装饰，或者做桌上摆设。

(14) 对角线形

对角线形是一种菱形的花型，花型的 4 个角斜向 45° 伸展，中心位置的花互相交叉搭配，使整体端庄大方(图 9-14)。与中心花相比，四周花朵小些，整个花型斜展流畅，流动着菱形的优美线条。适用于客厅、窗台摆设。

(15) 平行形

平行形插花又称欧洲式插花，是西方 20 世纪 80 年代出现的一种新的插花构图，称为平行式或欧洲式构图，可以单面或者四面观看(图 9-15)。这种插花一般选用直立的线条，花材常选用一枝黄、蛇鞭菊、千屈菜、剑兰、唐菖蒲等。将其直立竖向线条分成几个组，组织在一起，也可以自然协调地搭配或大小、高矮组合对比。总体景观是上部，下部较密实，中间较疏空，基部有的用块状花材或衬叶遮挡。插此花型有较强的装饰性。可置于窗台前、长形餐桌上、酒柜或壁炉等处。

图 9-15　平行形

9.4　西方插花制作材料

要插制一件西方式插花作品，需准备 4 种类型的花材(图 9-16)：

(1)骨架花

用骨架花勾勒出所需造型的轮廓。一般选用线条花，如唐菖蒲、蛇鞭菊、大花飞燕草、金鱼草等。

(2)焦点花

焦点花起主要装饰效果，插制在显著位置，一般选用团状花，如菊花、大丽花、郁金香、非洲菊、百合、香石竹等，花大小适中，但要艳丽，形状端正，枝叶茂盛，形态均匀。

(3)补充花

补充花起配角和补充的作用，一般选用散状花，如霞草(满天星)、补血草(情人草)、大花补血草(勿忘我)、多头香石竹、多头月季等。

图9-16 西方式插花的4种花材

(4)叶材

叶材用以陪衬花朵，起到丰满构图的作用，如肾蕨、武竹、蓬莱松、石松等。插花时还要求色彩和谐，花果分布均匀、对称，以体现花卉的色彩美、图案美、群体美及装饰美。

9.5 西方插花的表现技巧

(1)几何图形表现技法

西方式插花注重图案，造型均匀、稳重。它不以具体事物为依据，也不受植物生长规律的约束，只将花材作为造型要素的点、线、面及颜色因素进行造型，是纯装饰性插花。强调理性、量感、美感和色彩，将大量色彩丰富的花材堆成各种几何图形，表现人工的数理美。西方式插花图案的形状有三角形、椭圆形、对角线形、S形、扇形、半球形、塔形、新月形、L形、倒T形、放射线形、水平形等。也可以由几个图形合为一体，呈混合形或不规则图形。无论哪种花型，均有一较明显的轴线，尽管采用成簇的插法，但杂而不乱，浑然一体，花枝与花枝之间、衬叶与衬叶之间层次分明，有深度，有节奏，体现出图案美。作品常表现出热情奔放、雍容华贵、端庄典雅的风格。

西方式插花用花材量多，使整个造型紧凑丰富、绚丽悦目。外形轮廓由最外围花的顶点组成，这些顶点连线所呈现的形状就是作品的花型轮廓，插花时各个花枝的长短不能伸出其轮廓线。整个外形轮廓清晰，立体感强。西方式插花的外形轮廓所呈现出来的形状是立体的，如塔形插花，实质上是一个三角锥体；又如半球形插花，实质上就是一个立体的半球。

(2)色彩表现技法

西方式插花注重花材的色彩，用花多选绚丽悦目、五彩斑斓的花卉如郁金香、百合、红掌、菊花、唐菖蒲等，较少用木本花卉，无论哪种造型都是以色取胜，用大量不同颜色、不同质感的花组合而成。一般选用协调色和对比色进行组合，如紫配粉红、橙色配大红、黄色配绿色、紫色配黄色等(图9-17)。

(3)线条与色彩结合的表现技法

随着国际文化的交流日益加强，国际间交流增多，人民的生活水平提高，对文化艺术的需求更加迫切，插花艺术受到各方面的影响和启示，渐渐地突破了原来传统风格，形成了许多现代的插花形式和表现手法。

现代西方式插花是东西方插花艺术的结合体，它既运用了东方式插花以线条美为重又体现了西方式插花重色彩和几何图形，因此现代西方式插花的构图讲究装饰、造型，注重大块而且艳丽的色彩和群体艺术效果，也渗入了东方式插花技法：减少花朵数量，留出空间，并插入优美的线条造型，形成了自然美和人工美和谐统一，作品清新活泼，具有很强的装饰效果(图9-18)。

图9-17　色彩艳丽的花环

图9-18　烛台的线型妙用

技能训练

技能9.1　开放式圆形插花制作

1. 目的要求

通过西方式开放式圆形插花的实践，使学生理解西方式插花的几何式构图要求，了解西方式开放式圆形插花的基本创作过程，掌握几何式构图制作技巧、花材处理技巧、花材固定技巧。在教师的指导下完成一件西方式开放式圆形插花作品。

2. 材料及用具

①容器：高脚花器、象形盆。

②花材创作所需的时令花材：包括线条花，如散尾葵、银柳等柔软、比较容易弯曲的花材；焦点花，如百合、菊花、月季、非洲菊等团状花；补充花，如小菊、补血草、霞草(满天星)等散状花；叶材，如八角金盘、肾蕨悦景山草等。

③固定材料：花泥。

④辅助材料：绿铁丝、绿胶带等。

⑤插花工具：剪刀、美工刀等。

3. 方法步骤

(1)教师示范

①将花泥固定在花器中。

②利用线条花插成开放式圆形的框架，然后按顺序插入焦点花、补充花、叶材等花材。

③整理、加水等。

(2)学生模仿

按操作顺序进行插作。

4. 评价标准

①构思要求：独特有创意。

②色彩要求：新颖而赏心悦目。

③造型要求：符合西方式插花的开放式圆形造型要求。

④固定要求：整体作品及花材固定均要求牢固。

⑤整洁要求：作品完成后操作场地整理干净。保证每一朵花材都能浸到水。

5. 考核要求

提交实验报告，内容包括对西方式开放式圆形插花全操作过程进行分析、比较和总结。

技能9.2　S形插花制作

1. 目的要求

通过西方式S形插花实践，使学生理解西方式插花的几何式构图要求，了解西方式S形插花的基本创作过程，掌握几何式构图制作技巧、花材处理技巧、花材固定技巧。在教师的指导下完成一件S形插花作品。

2. 材料及用具

①容器：高脚花器。

②花材：创作所需的时令花材。包括：线条花，如散尾葵、银柳等比较柔软的线条花材；焦点花，如百合、菊花、月季、非洲菊等团状花；补充花，如小菊、补血草、霞草(满天星)等散状花；叶材，如肾蕨、天门冬等。

③固定材料：花泥。

④辅助材料：绿铁丝，绿胶带等。

⑤插花工具：剪刀、美工刀等。

3. 方法步骤

(1)教师示范

①将花泥固定在花器中。

②利用线条花经修剪或弯曲插成S形的框架，然后按顺序插入焦点花、补充花、叶材等花材。

③整理、加水等。

(2)学生模仿

按操作顺序进行插作。

4. 作品演示(图9-19)

所用花材：迎春花枝条、马蹄莲、郁金香等。

1. 将迎春花枝条按图示插成S形

2. 在焦点部位按照S形插入5枝马蹄莲，在马蹄莲周围插上较短的迎春花枝条

3. 在马蹄莲附近按照S形疏密有致插入郁金香，注意整体的S形

4. 补充迎春花短枝，使作品更丰满，作品完成

图9-19　S形插花演示

5. 评价标准

①构思要求：独特有创意。

②色彩要求：新颖而赏心悦目。

③造型要求：符合S形插花造型要求，可以是直立式S形，也可以是倾斜式S形或悬挂式S形(S形的上部长度小于下半部长度即为悬崖式S形)。

④固定要求：整体作品及花材固定均要求牢固。

⑤整洁要求：作品完成后操作场地整理干净。保证每一朵花材都能浸到水。

6. 考核要求

提交实验报告，内容包括对S形插花全操作过程进行分析、比较和总结。

技能9.3　半球形插花制作

1. 目的要求

通过西方式半球形插花的实践，使学生理解西方式插花的几何式构图要求，了解西方式半球形插花的基本创作过程，掌握几何式构图制作技巧、花材处理技巧、花材固定技巧。在教师的指导下完成一件西方式半球形插花作品。

2. 材料及用具

①容器：塑料盆。

②花材：创作所需的时令花材。包括：线条花，如香石竹、菖兰等；焦点花，如香石竹、菊花、月季、非洲菊等团状花；补充花，如补血草、霞草(满天星)等散状花；叶材，如肾蕨、悦景山草等。

③固定花材：花泥。

④辅助材料：绿铁丝、绿胶带等。

⑤插花工具：剪刀、美工刀等。

3. 方法步骤

(1)教师示范

①将花泥固定在花器中。

②利用线条花插成半球形的框架，然后按顺序插入焦点花、补充花、叶材等花材。

③整理、加水等。

(2)学生模仿

按操作顺序进行插作。

4. 作品演示(图9-20)

所用花材：月季、小菊、肾蕨等。

5. 评价与标准

①构思要求：独特有创意。

②色彩要求：新颖而赏心悦目。

③造型要求：符合西方式插花的半球形造型要求，均匀、饱满。

④固定要求：整体作品及花材固定均要求牢固。

⑤整洁要求：作品完成后操作场地整理干净。保证每一朵花材都能浸到水。

6. 考核要求

提交实验报告，内容包括对西方式半球形插花全操作过程进行分析、比较和总结。

1. 在花泥中心插入 1 支月季

2. 按照半球形的形状在花泥四周插入相同长度的月季

3. 在半球形架构中插入其他月季，使半球形更丰满

4. 在月季花之间插入补充花和叶材，并保持半球形的形状

图 9-20　半球形插花演示

技能 9.4　L 形插花制作

1. 目的要求

通过西方式 L 形插花的实践，使学生理解西方式插花的几何式构图要求，了解西方式 L 形插花的基本创作过程，掌握几何式构图制作技巧、花材处理技巧、花材固定技巧。在教师的指导下完成一件西方式 L 形插花作品。

2. 材料及用具

①容器：高脚花器。

②花材：创作所需的时令花材。包括：线条花，如鸢尾、蛇鞭菊、菖兰等；焦点花，如百合、菊花、月季、非洲菊等团状花；补充花，如小菊、补血草、霞草(满天星)等散状花；叶材，如八角金盘、肾蕨、悦景山草等。

③固定花材：花泥。

④辅助材料：绿铁丝、绿胶带等。

⑤插花工具：剪刀、美工刀等。

3. 方法步骤

(1) 教师示范

①将花泥固定在花器中。

②利用线条花插成L形的框架，然后按顺序插入焦点花、补充花、叶材等花材。

③整理、加水等。

(2) 学生模仿

按操作顺序进行插作。

4. 作品演示(图9-21)

所用花材：蛇鞭菊、康乃馨、勿忘我(波状补血草)、悦景山草、肾蕨等。

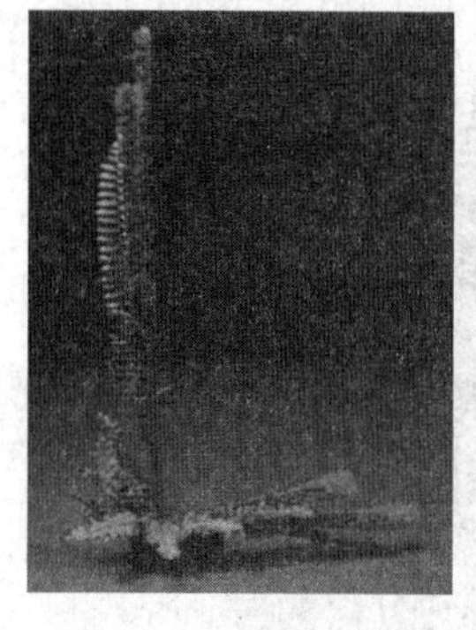

1. 将蛇鞭菊和肾蕨插成L形

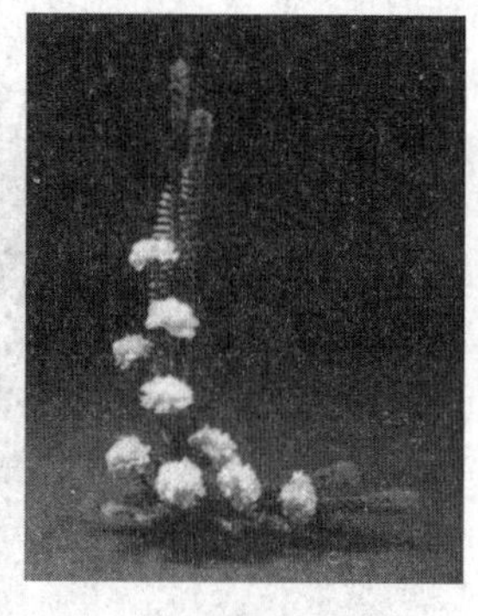

2. 将康乃馨按照高低错落的原则插成L形

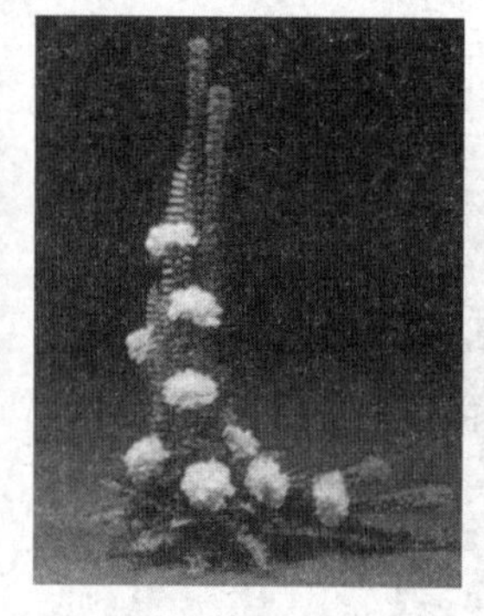

3. 在花与花之间插入补充花(波状补血草)或补充叶材(悦景山草)

4. 作品完成

图9-21　L形插花演示

5. 评价与标准

①构思要求：独特有创意。

②色彩要求：新颖而赏心悦目。

③造型要求：符合西方式插花的L形造型要求，可以是直立式L形，也可以是倾斜式L形。

④固定要求：整体作品及花材固定要求牢固。

⑤整洁要求：作品完成后操作场地整理干净。保证每一朵花材都能浸到水。

6. 考核要求

提交实验报告，内容包括对西方式L形插花全操作过程进行分析、比较和总结。

项目10 干燥花、人造花插花

学习目标

【知识目标】

(1)了解干燥花基本知识。

(2)掌握干燥花插花的表现形式及制作方法。

(3)领会人造花插花。

【技能目标】

(1)能插作干燥花插花作品。

(2)能制作人造花插花作品。

案例导入

小丽接到一个任务，在新建房地产楼盘的样板房进行插花布置，由于是在样板房，放置时间比较长，所以要求花材使用人造花或者干燥花。小丽以前没有用人造花或者干燥花进行插花，不知道和鲜花插花在工具使用、制作手法等方面有何不同，甚至对人造花或者干燥花的特点也不是很清楚。如果你是小丽，你会怎样解决所遇到的困难?

分组讨论:

1. 列出小丽业务能力不足的方面。

序号	人造花、干燥花插花所需知识和能力	自我评价
1		
2		
3		
⋮		
备注	自我评价：准确☆、基本准确△、不准确○	

2. 如果你是小丽，你会怎么做?

理论知识

10.1 干燥花基本知识

10.1.1 干燥花的定义

干燥花是将植物材料经过脱水、保色和定型处理而制成的具有持久观赏性的植物制品。它着力体现花卉的自然风貌和韵味，具有独特的魅力。干燥花并不纯粹是指干燥后的植物花朵，而是泛指用植物材料，如花、叶、茎、果实、种子和根等器官，以物理或化学方法进行干燥、保色和定型处理而得到的花材。为增加装饰效果，在加工过程中还经常运用漂白和染色等技术手段(图10-1)。

图10-1 干燥花花材

干燥花包括平面干燥花和立体干燥花两大类。平面干燥花亦称“压花”，是指将植物材料进行保色、压制、定型和干燥处理而成的植物制品。常见的压花制品有书签、贺卡、电报卡、请柬、餐垫、干燥花画等。立体干燥花亦称“干燥花”，是指对植物材料进行保色、形成或人工造型处理而制成的植物制品。常见的干燥花制品有花篮、花环、门饰、壁饰、花束、捧花、胸花、装饰盘、香花等。

10.1.2 干燥花的特点

干燥花作为装饰品之所以能风靡全球，主要是由于干燥花具有其他装饰品无法替代的优点，使得干燥花装饰艺术成为一种独特的形式。

(1)原料来源广泛

用于制作干燥花的植物种类非常丰富，既有人工栽培的植物，又有大量野生植物。在人工栽培的植物中，有天然干燥花植物，如麦秆菊、满天星、勿忘我、狗尾草等；有农作物，如小麦、燕麦、高粱、彩色玉米、棉花、芝麻、黄秋葵、苋等；也有观赏植物，如月季、美女樱、八仙花等。还有大量野生植物及常见的杂草，如毛茛、银莲花、翠雀、画眉草、车前、狗尾草、芦苇、益母草等。到目前为止，世界各国经常使用的干燥花植物种类有2000～3000种。

(2)姿态自然质朴

干燥花都是由植物材料加工制作而成，不仅具有植物的自然风韵，而且保持了植物固有的色彩和形态，如麦秆菊、千日红等，也有一些干燥花，尽管无法体现植物原有的艳丽色彩，但仍能呈现出其质朴的色泽和自然形态，如月季、紫罗兰、小苍兰等。即使是那些经漂白、染色处理的干燥花以及创作花，也尽可能地保留了植物的自然形态和独特质感。

(3)使用管理方便

已经干燥定型的干燥花与鲜切花比较，不仅可在较长的时间里保持其形态和色彩，而且储存、销售期长。只要保持清洁的环境和较低的相对湿度，可以随时取用。特别是在周年供应上比之鲜花有更高的自由度和更稳定的供应。多数鲜切花通常的货架寿命较短，较长的也只有5～7d；而干燥花及其装饰品的货架寿命最少可保持6个月。干燥花在一般条件下可储藏2～3年，甚至更长。

(4)创作随意，应用广泛

与鲜花相比，干燥花不受“保鲜”条件的限制，因而在干燥花装饰品的创作手段上就更加灵活方便。以干燥花插花为例，其所选用的载体和容器，既可使用插制鲜花的各种瓶、盘、钵，又可使用各种草、柳、藤、竹编制的造型制品。同时，干燥花几乎可以在任何季节内应用在任何想装饰的地方。在西方，人们常在圣诞节前后，用干燥花插制成花环，装饰于房门或院门上，任凭雨雪风霜吹打，其独特的观赏效果依然存在。又如应用压花不仅可以制作明信片、电报卡、贺卡、大型压花画，而且还用来装饰灯罩、玻璃器皿、首饰盒、发卡等。

此外，应用漂白、染色技术还可以制作出自然界没有的颜色，如金色、银色，同时保留了植物的自然形态。利用创作花的想象、设计、组装手段，还可以创作出自然界不存在的花卉，而不失自然界的风韵。在人们刻意追求自然的今天，由于干燥花具有鲜花的自然风韵，又有人造花的使用随意、耐久的有点，干燥花越来越受到人们的喜爱。干燥花多姿多彩的气质，不仅点缀装扮了优美清新的环境，而且日渐成为高雅文化生活中不可缺少的组成部分，具有广泛的发展前景。

10.1.3 世界干燥花概述

1)干燥花的起源与发展

早在人类懂得种植农作物的初期，便掌握了将谷物干燥贮备的方法，但那时的目的是食用。其他花材如薄荷、野菊花、金银花等，我们祖先很早就掌握了将其干制的方法。但当时人们并非是为了观赏应用而是作为药用。随着人类社会的发展，人们逐渐将干燥后的植物用于宗教祭祀、庆典等场合。

直到近代，一些干燥植物制品才在欧美真正作为装饰品，并应用在生活的各个领域，干燥花才真正成为专类饰品，干燥花的种植和加工行业才真正成为一种产业。

16 世纪初，意大利首先将干燥植物作为装饰。而后英国也普遍将干燥花用于日常生活。18 世纪初，干燥花在澳大利亚、新西兰、南非、欧洲各国和美洲兴起。20 世纪中叶，干燥花制造技术在荷兰得到了提高和发展。19 世纪日本出现了压花，并成为较高层次交往的馈赠礼品。而日本的干燥花实际是在 20 世纪 50 年代兴起并打入国际市场的。随着世界经济文化事业的发展和科学技术的进步，干燥花制作和观赏效果也趋向于更加真实、更加自然。目前干燥花已遍布世界的各个角落，成为各国人民生活中时尚装饰品之一。

2）世界主要生产国干燥花的发展概况

由于各个国家和地区拥有的干燥花植物资源、科技发展水品和欣赏习惯有较大差异，使得世界各国干燥花加工方式、干燥花产品种类、装饰的创作风格有许多不同之处，形成了各国的特色。为便于读者了解，按干燥花的取材、加工方法、产品特色，将生产国家和地区划分为欧美干燥花生产体系、亚洲干燥花生产体系和澳非干燥花生产体系。

（1）欧美干燥花生产体系

欧美干燥花生产体系多注重保持植物材料的自然形态和色泽，其装饰品以维多利亚的装饰风格为特色。属于这一体系的有荷兰、丹麦、意大利、西班牙、英国、德国等欧洲国家及美国、加拿大等美洲国家。

欧美干燥花生产体系在选材上，多以繁生小花类型材料为主，另有自然干燥或强制干燥的鲜花如月季、飞燕草等。这些产品细腻、优雅，富于柔和感与浪漫气息。即使是漂白、染色的干燥花产品亦比较接近自然色。这一生产体系中又以荷兰的干燥花生产最具代表性。其产品不论从色泽、形态上，还是从质量、规格、标准以及生产加工工艺方面都位居当今世界的首位。尤其是它的强制干燥花的快速生产技术遥遥领先于世界上其他干燥花生产国。

欧美干燥花生产体系中的压花生产及装饰品的造型也着力追求自然和野趣的风格。特别是在装饰品的制作上，犹如欧洲的绘画风格，多以"粗线条"为主。主要生产国有英国、德国等。其产品则以压花贺卡、压花盘垫等为主。此外，这一体系中的香花生产也有很长历史。

（2）亚洲干燥花生产体系

亚洲体系的干燥花及其装饰品，以漂白、染色的加工工艺见长，注重东方式的装饰效果。其中以日本和中国台湾的漂白干燥花最具特色，主要产品有霞草、蕨类、叶材等，其色彩艳丽，姿态华贵而典雅。用压花制作的饰品注重东方绘画式表现手法，工艺精细，色彩和造型明快而流畅，深受各国人民的喜爱。

（3）澳非干燥花生产体系

澳非体系的干燥花生产主要是以当地特有的植物制作干燥花。其产品多为大型本色

及红褐色干燥花和叶类花材，以厚重、豪迈的原始情调为特点。装饰造型一般注重表现硕大而奇特的当地特有的植物自然风格。这一体系中的主要生产国有澳大利亚、新西兰和南非。主要产品有佛塔树类、桉树类、凌风草、芒草、银桦树类、大昆布等植物的叶和果穗。

干燥花产业起源于欧洲，尤其是地中海一带，干燥花原料植物开发研究已相当完善。而植物资源最为丰富的热带地区开发仍有空白。近年来随着世界经济、贸易的发展，许多热带、亚热带已经成为新兴干燥花材料生产地，如马来西亚、印度尼西亚、泰国等。这些新兴的干燥花生产国，依靠其资源和劳动力优势，在世界干燥花市场上十分活跃，成为新兴的干燥花产业发展的强有力的竞争者。

应用干燥花装饰美化生活，已成为当今世界各国人民追求的一种时尚。干燥花消费量在不断增加，市场日益扩大，这在中等发达国家尤为突出。

3) 世界干燥花消费概况

(1) 欧洲干燥花消费市场

欧洲是现在干燥花及其装饰艺术品的生产发源地，目前欧洲各国的干燥花装饰艺术仍然颇为盛行。特别是在圣诞节期间，几乎家家都要用干燥花制成的装饰品。压花贺卡是欧洲人馈赠亲友必不可少的礼品之一。他们在生产技术、规模、设计理念和经营手段上，都对世界干燥花市场起着决定性的作用。要发展干燥花产业就应该对欧洲市场进行研究。

(2) 北美干燥花消费市场

北美洲的消费市场主要以美国、加拿大为主。通常他们要求干燥花产品，一要有自然和谐的色彩和造型；二要有较高的品质。两国干燥花及其饰品的消费量总和超过 0.7 亿美元。目前两国的干燥花进口数量正在迅速增长，其来源主要是欧洲、南美洲、大洋洲和非洲。

(3) 亚洲干燥花消费市场

亚洲消费市场主要以日本、中国台湾和东南亚国家为主。随着经济的发展，日本对干燥花的要求也在急剧地增加。据不完全统计，日本每年要进口干燥花制品及原材料 200～300 种，价值在 1.5 亿美元左右。而且每年的增长速度超过 15%。近年来日本的压花饰品需求也在迅速增加，但由于其园内的种植、加工成本较高而对进口的需求也越来越大。日本的干燥花消费市场同样有巨大的潜力。除日本外，西亚石油国家的干燥花市场也有一定的开发潜力。

10.1.4　我国干燥花的历史与现状

(1) 我国干燥花的植物资源

我国地域辽阔、气候复杂、植被类型多，植物资源及其丰富。仅以华北为例，经初步调查、筛选，已发现可以制作干燥花的植物就有 200 余种，而植物资源丰富的西北、西南地区可利用的植物种类远多于华北地区。可以说我国是一个干燥花植物材料的宝库。

(2)我国干燥花的历史和现状

我国应用干燥花作为装饰的历史，可以追溯到商周时期。那时人们将灵芝作为仙物贡品献给帝王，于是宫殿的陈设中便出现了干燥的灵芝。到了唐宋时期，随着宗教的产生和发展，干燥的灵芝又成为祠堂和寺庙祭祀和供奉的装饰品，以此象征长生不老。

在农村，人们常将玉米、辣椒的果实穿在一起，悬挂于乡居的门前进行干燥，以备冬季食用。这一串串红色、黄色的果实，表现了丰收的喜悦，但也是一种独特的装饰方法。可以认为，这是我国蕴含着强烈乡土气息的干燥花装饰艺术的雏形。

20世纪初，我国出现了叶脉书签等压花装饰品，后来停滞了较长时期。直到80年代初，干燥花及其装饰艺术才真正引起人们的注意。80年代，中国干燥花事业处于研究、学习和试验的阶段。80年代后期我国出现了干燥花消费市场及作坊式小规模的干燥花生产。90年代初干燥花产业进入起步阶段，国内相继成立几家干燥花生产企业，90年代中期在大城市出现了干燥花销售、生产高潮，但生产方式仍延续作坊式生产，产品结构和质量与国际市场仍有相当大差距。近几年来干燥花产业向国际化方向迈进，产品结构有了较大调整，干燥花市场份额向有较强开发设计能力的企业集中，生产企业开始出现以设计为先导的新的经营模式，干燥花制造商与花材供应商开始分离。目前，我国干燥花产业仍处于发展阶段，尚未普及，与发达国家相比仍有较大差距。

(3)我国干燥花的发展前景

在我国发展社会主义市场经济的今天，人们收入水平和生活水平都在逐渐提高，对居室装饰和环境美化的要求也越来越迫切。随着生活节奏的加快，人们对自然环境的渴求日益增长。干燥花以其自然、质朴和耐久性，越来越受到人们的喜爱。国内市场上，北京、上海、广州、昆明等大城市干燥花已开始普及，并逐渐成为时尚消费。我国干燥花市场发展具有广阔的前景。在国际市场上，我国干燥花产品已引起外商的注意，并开始进入国际市场。我国的草、柳、竹编、藤制品及木器、陶制品等均具有独特的传统技艺，如能很好利用这一优势，制成干燥花产品，加之我国丰富的劳动力资源，发展我国的干燥花产业大有可为。目前开发我国具有特色的干燥花产品，使我国丰富的植物资源得以利用，使我国成为具有国际竞争力的干燥花出口国是大家的使命。

10.2 干燥花插花的表现形式及制作方法

10.2.1 表现形式

干燥花的表现形式有花束、花篮、悬挂花球、花环壁挂、干燥花树、微型干燥花插花、香花、压花等(图10-2)。

10.2.2 制作方法

1)制作干燥花的用品和材料

①干燥花花泥　可在花店中买到。有很多种形状。其中花泥块最为实用，可以修饰成各种形状。

②胶水、胶带　这种快速干的透明胶水可用于粘贴干燥的植物材料，或将植物材料粘贴在容器上，也可将干燥花花泥固定在容器上。一面具有黏性的胶带能够很好地将干燥花花泥固定住。

③剪切工具　高质量的花剪既可修剪植物材料，又可剪较细的金属线。此外，还需要以下工具：多用途钢刀、用于切干燥花花泥的长刃刀、用于剪断粗金属线和铁丝网的铁线钳。

④支撑棍、金属线、铁丝网及细绳　用来加长或替代一些重花头的花梗，起支撑作用。

⑤橡胶带　橡胶做的胶带，用于捆扎金属线，使之如同自然的花茎。

⑥用于加重容器　如鹅卵石、黏土、石膏粉。

图10-2　干燥花壁挂

2) 绑扎技法

花叶子及其他植物材料长度不足或茎干柔软时通常需要用铁丝绑扎以弥补。桩用铁丝还可以用来加长短的花枝或连接折断的花茎。胶带常用于遮住不自然的铁丝。

3) 加工容器及骨架

用竹器、木箱，并加以改造，创造出所需要的特殊容器，也可以将家庭用品，如纸篓等加以装饰，为其添上自己的风格。

①干草篮制作　准备一个合适尺寸的篮子，将篮子在铺好的干草层上滚动，用两根长的酒椰叶纤维将干草绑在篮子上，如有必要，可以加绑酒椰纤维，最后修剪和整理干草。

②苔藓包箱子　用一层苔藓与干燥花装饰木质箱子，即为有趣的容器。制作时在苔藓上加些粉色石楠小花穗、绒毛状的花头，使花器更美丽，用速干胶水粘在箱子外面，覆盖厚度适中，注意压实，使其盖住木头。

③骨架　有用稻草环做成的挂环，有的用缠绕的藤茎做挂环骨架，还有的用木框、木条做骨架。

4) 干燥花插花制作

(1) 花束

小花束是一种简洁的、优雅的、四面观的花束。而大花束常是指较大的、背部扁平的花束。将不同颜色和质地的干燥花组合起来，既可以做成完整的花束，也可将其用于其他插花作品中。

①自然式小花束　将准备好的干燥花，花茎绑着铁丝，开始用一卷轴细铁丝将两枝花的花茎缠绕在一起。将其他的花枝一朵一朵地缠绕上去，创造出一个有曲线的小花束，花枝要求高低错落，给人以自然的效果。最后加上蝴蝶结，这既装饰了花束又遮盖了铁丝。

②规则式小花束　是由围成圈的蓝色矢车菊、淡紫色的八仙花和细小的罂粟组成，

然后用羽衣草绕在花束的外围。最后在花束上扎个蓝色蝴蝶结丝带，强化了花束的简洁效果。

③夏季大花束　一束具有明亮色彩的夏季花束，是由绿色的苋红色的月季、黄色勿忘我、粉色和白色的鳞托花、竹叶、八仙花组成。最后用酒椰纤维成蝴蝶结扎紧。

④秋季大花束　一个大型的、呈扇形散开的、具有秋季色调的花束，是由黑种草的种穗、具异国情调的松果、粉色和绿色的草和各种颜色的种穗组成的，整个花束最后由一奶油色的蝴蝶结系起。

(2) 花环

从雕塑及绘画中知道，早先的花环，特别是香花花环，如月季和芳香植物组成花环，已经用于传统的墙体或门饰。做花环骨架的方法有多种。选定了骨架，就决定了花环的基调。不必用干燥花材料将整个圆周都完全插满。如果骨架本身具有装饰性，可以让框架全部显露出来，或露出一部分。

自制一个小花环：取一个已经做好的苔藓花环骨架，取出一些啤酒花枝、银苞菊的花头、燕麦穗和黄月季，在其花茎部绑上铁丝，再用绿色橡胶带包裹梗和铁丝，将银苞菊的茎插入骨架作为花环设计的背景，将每一花梗铁丝通过苔藓，并从花环的背面弯到花环里面，确定花环的悬挂点，而后在其苔藓上插入燕麦穗、啤酒花枝、黄月季花和银苞菊。

①丰收花环　按上述方法制作。花环表现了早秋的柔美和温暖。用稻草环架做成花环。这个简单的花环由淡粉色和奶油色的麦秆菊、矢车菊和满天星插制而成，所有的花都插在稻草环上。一个大粉色的缎带蝴蝶结完成了整个花环的最后修饰。

②一个使人联想的花环　用缠绕的藤茎作为花环的框架，用月季叶片和松果插制在藤框上。然后将一个由干稻草制成的鸟巢附在藤环下边，放入几个鸡蛋，最后放上一只蓝色的知更鸟俯视着鸟巢。

③草扇状花环　这个草扇状花环，是由草茎、罂粟果和银树的球果呈扇状排列，覆盖了部分苔藓花环骨架形成的。罂粟和银树的果需要绑扎铁丝。

④草辫花环　用稻草编成辫子状花环骨架，粉色蓝色飞燕草、香甜的薰衣草和小燕麦旋转插满了大半个环形，留下部分裸露的草辫。

⑤花材与缎带结合的花环　带蝴蝶结的粉红色缎带缠绕在藤茎做成的花环骨架上。几束淡紫色的八仙花、桃红的月季花和满天星被绑扎在木质的藤茎间。

(3) 花鞭

花鞭适用于大型场合的装饰，可用作垂花带装饰和花冠装饰，还可以用来缠绕到帐篷的支柱或悬挂壁炉的两侧。其能创造出令人惊讶的装饰效果。制作方法效仿花环制作，但它是非闭合的。

(4) 花带

花带是一条用于悬挂两点之间的花鞭。常用于特殊场合的装饰，如节庆的聚会、婚礼或洗礼仪式、门廊、衣架、栏杆、壁炉等，无论制作什么风格的花带，均会给人焕然一新的感觉。

(5)干燥花树(图10-3)

图10-3　干燥花树

用干燥花制成微型树看似极具艺术性，其实既可自由摆放地板上，亦可做得像盆景一样摆放在低矮的桌上。设计时，首先确定所需要的树的高度，要注意其周围将摆放什么物品；然后以自然为指导，确定与室内的环境条件相协调的树形。可以选择橡树、圆锥形的月桂树、针叶树形或枝形开展的玉兰树为设计基础。找一条与设想的树形相似的树枝作为主干，并仔细选择与其相配的容器。

①塔形干燥花树制作　选好花盆，将树干插入中央，可用小石头固定，也可用石膏调和后固定。在盒上加盖苔藓，将锥形的干燥花泥紧紧地固定在树干上，选取短的小号铁丝对折成U形作为钩钉，并用它们把苔藓打到锥形花泥上。将干燥花的茎部穿过苔藓插入干燥花泥中，先插入作背景的草，然后再插上红月季和鸡冠花，最后再插上一些精美的小树枝。

②蓬头形干燥花树制作　选有分枝的树干，将球形的用地衣包裹的花泥固定到分枝被削尖的主干顶端。选取羽状的干燥花材料，将其高低不同地插到球体上。

(6)微型干燥花插花

干燥花特别适宜于制作微型插花，在微型作品中，其宝石般的质地尤为突出。在一个小的容器中插入一些大的花朵或果穗、冷杉球果，看起来会更引人注目，若是在插入一些花会取得更好的效果。可以将一些小麦秆插于麦秆菊中，或将一些矢车菊插入小雏菊中，插于苔藓上，然后放在一个小的低沿篮子、一个小壶或花瓶中去，将它们布置在桌旁，或者在台板上做一个小盆景展示。可创作的作品很多，如在一个小的覆盖苔藓的盘子上做一个花园盆景，在一个小碟子里的石头间布置花穗等。

5)百花香和干压花的制作

(1)百花香制作

月季、薰衣草、含羞草、石竹、百合、茉莉、牡丹等干燥以后均能在很长一段时间内保持其原有的香味。当这些有香味的花混合在一起的时候，将发出淡淡的香味，如果加上香草、香料、树皮、种子以及保香剂，香味会更加浓郁，这样即制成百花香。

这里有两种制作百花香的方法。最初的方法是使用半潮湿的材料，将有香气的半干燥花瓣分层撒上盐，保存在密存的容器中大约2周。然后将香草、香料以及保香剂混合进去，继续在密封的容器中保存约6周。最后，加入少量的香油或香精，保存2周，再将其放入带孔的有盖的容器中。现在最流行的制作方法是：使用全干的材料，将干制的有香味的花瓣、干树皮、香料、保香剂和油等保存在密封的容器中约6周，然后将它们转移到开口的容器中。

(2)干压花制作

有些花和叶片压制以后可以保持它们原有的颜色和精致图案。干压花的最佳应用方

式是制作二维作品，并加以框架。压花图案设计没有固定的格式，它主要视所选用的材料本身的特性，恢复它的花朵、枝叶和它的生长方式。刺绣图案和有关植物的画都可以提供设计灵感。压花所用的纸最好是质地很好的毛面单色纸。通常用米色或奶油色。用于花和叶片的组合搭配可以试着用几种不同的组合。可以用一些小叶片或花朵来布置图案的边缘部分，月季叶片和蕨叶是很好的材料，瓜叶菊的叶片、小叶片的常春藤也是可。在花和叶的布置中要特别注意，不要靠纸张边缘太近，可以用胶黏剂或透明胶带将花材固定。选择边框时应注意与花叶的关系，不要喧宾夺主。

10.3 人造花插花

人造花又称仿真花，是一种以自然界植物体或植物的某一部位作为模拟对象，进行创造的人造花卉形式。人造花在制作过程中，有完全尊重原形的写真表现，亦有经过设计师修改变形的夸张表现，甚至有些人造花的花与叶的组合会出现移花接木的现象。

人造花因其使用的材料不同，主要有纸花、绢花、纱花、木质花、藤花等，它是将制作材料通过裁切、压痕、粘贴、浇注、染色、组合等工艺手段完成。人造花的流行，最初是纸花，然后是工业化生产的塑料花，目前运用最多的是涤伦花。

我国是人造花生产大国，每年都有大量人造花出口到世界各地。广东东莞集中了众多的人造花生产企业。山东也是人造花的主要生产地，木片花生产具有特色。福建的人造花生产品种多，数量大。

10.3.1 人造花插花工具与材料

人造花枝干的材质不同于鲜花的材质，一般常见的有铁丝、塑料、纸等，有的甚至使用钢丝，所以在处理时，需要有适合的工具，正所谓“工欲善其事，必先利其器”。

①剪刀　用于剪枝叶，修改花叶。

②大力钳　用于剪铁丝和含铁丝的人造花枝干。

③美工刀　切割干燥花泥、纸张等。

④铁丝　花材绑扎时用。

⑤自黏带　有10多种颜色，用以包圈花枝。

⑥热熔枪　为手枪形电热容器。

⑦热熔胶条　在高温下熔化，冷却后迅速凝结固定。

⑧干燥花泥　这是一种形状似海绵的化学制品，用作插花基座，花可从任意角度插入。

⑨缎带　在作品中作补充装饰。

⑩白胶　人造花在插入花泥前，应先蘸树脂，然后插入，可以起到固定花枝、防止变形作用。

10.3.2 人造花插花特点

人造花是一种无生命的物质，优秀的花艺设计师可通过艺术的手段赋予其生命的律

图 10-4　人造花花环

动，获得自然的和谐。人造花的枝干一般都由铁丝作支撑物，所以较硬直。因此，在人造花的应用上，需要对自然界植物生态有一个基本的了解，便于适度加工，达到以假乱真的效果。

人造花的色彩都是染色而成，与鲜花的自然色有一些区别，所以在制作时要留意处理。有些人造花的色彩是根据人的思想予以着色的，如油画花，花形与一般人造花无异，而色泽上有油画的特色。另外，人造花还有黑色、褐色等自然界所没有的花色。所以，人造花有着鲜花更为广泛的色彩，一个品种可以具备若干个花色，一朵花上可以通过局部处理而产生变化(图 10-4)。

人造花的茎干多以铁丝为蕊，有利于插花造型。插花时只要弯曲花茎就可以达到合理的定位。有些大型花朵的花瓣中也有铁丝，这种有铁丝的花朵，其开合与变化较随意。可将同一品种的花朵开放程度不同的多种造型集中于一体(图 10-5)。

图 10-5　人造花壁挂

10.3.3　人造花插花的保养

人造花插花的养护主要是除尘和整理，这是非常重要的。通过合理保养，可使人造花插花保持良好的观赏价值，又可延长使用寿命。

①除尘处理　用胶合处理而成的涤伦花、丝花等人造花，可以用水洗的方法清洗，最好在水中加入洗衣粉或洗洁精。洗净后放在阴凉处吹干，避免阳光照射而引起褪色。如果是不宜入水的花或整盆的花，应用刷子清尘。

②花型整理　当人造花受到外力影响时，形态会出现变形，所以需要适当予以整理，以保持花型的完美。

10.3.4　人造花与干燥花的混合使用

在实际的插花运用中，人造花与干燥花经常是混合使用的(图10-6)。干燥花有着天生的自然形态，可以感受到真实植物的存在，而人造花通过人工设计、处理，具有花姿、花色艳丽缤纷的特点。还可以与一些植物制成的装饰品如竹编、藤编、檀香扇等有机组合，效果更佳。

利用人造花、干燥花制作大型作品时，花器中添加沙、石或其他重要物、以防倒伏。

人造花和干燥花在造型、色彩、立意等方面，均与鲜花插花原理相同，凡经过鲜花插花学习者，插作人造花、干燥花艺术插花，也容易入门。

图10-6　人造花与干燥花装饰作品

技能训练

技能10.1　干燥花插花作品制作(图10-7)

1. 目的要求

通过干燥花插花的实践，使学生理解干燥花插花的构图要求，了解干燥花插花的基本创作过程，掌握干燥花插花的制作技巧、花材处理技巧、花材固定技巧。在教师的指导下完成一件干燥花插花作品。

图10-7　干燥花插花

2. 材料及用具

①容器：花瓶。

②花材：创作所需的干燥花花材。包括：线条花，如麦穗、香蒲棒、漂白柳条、枯藤等；焦点花，如组合花，百合、非洲菊、牡丹、麦秆菊等团状花；补充花，如八仙花、补血草、霞草(满天星)、高粱穗、兔尾草等散状花；叶材，如苏铁、蕨叶、桉树叶、木兰叶等。

③固定材料：干燥花花泥。

④辅助材料：绿铁丝、绿胶带等。

⑤插花工具：钢丝钳、剪刀、热胶枪、美工刀等。

3. 方法步骤

(1)教师示范

①将干燥花花泥固定在花瓶中，用热胶枪将热胶固定花泥。

②利用线条花插成不等边三角形的框架，然后按顺序插入焦点花、补充花、叶材等花材。

③整理等。

(2)学生模仿

按操作顺序进行插作。

4. 评价标准

①构思要求：独特有创意。

②色彩要求：新颖、赏心悦目。

③造型要求：符合不等边三角形构图造型要求。

④固定要求：整体作品及花材固定均要求牢固。

⑤整洁要求：作品完成后操作场地整理干净。

5. 考核要求

提交实验报告，内容包括对干燥花插花全制作过程进行分析、比较和总结。

技能10.2　人造花插花作品制作

1. 目的要求

通过人造花插花的实践，使学生理解人造花插花的构图要求，了解人造花插花的基本创作过程，掌握人造花插花的制作技巧、花材处理技巧、花材固定技巧。在教师的指导下完成一件人造花插花作品。

2. 材料及用具

①容器：花瓶。

②花材：创作所需的人造花花材。包括：线条花，如大花飞燕草、鸢尾、菖兰、枯藤等；焦点花，如百合、红掌、月季、牡丹、非洲菊等团状花；补充花，如小菊、补血草、霞草(满天星)等散状花；叶材，如龟背、肾蕨、桉树叶等。

③固定材料：干燥花花泥。

④辅助材料：绿铁丝、绿胶带等。

⑤插花工具：钢丝钳、剪刀、热胶枪、美工刀等。

3. 方法步骤

(1)教师示范

①将干燥花花泥固定在花瓶中，用热胶枪将热胶固定花泥。

②利用线条花插成不等边L形的框架，然后按顺序插入焦点花、补充花、叶材等花材。

③整理等。

(2)学生模仿

按操作顺序进行插作。

4. 评价标准

①构思要求：独特有创意。

②色彩要求：新颖、赏心悦目。

③造型要求：符合不等边L形构图造型要求。

④固定要求：整体作品及花材固定均要求牢固。

⑤整洁要求：作品完成后操作场地整理干净。

5. 考核要求

提交实验报告，内容包括对人造花插花全制作过程进行分析、比较和总结。

知识拓展

仿真花在生活中的运用(图10-8)。

仿真花吊顶

仿真花装饰的茶室

仿真花装饰的墙壁

图 10-8　仿真花在生活中的应用

思考题

1. 简述中国插花艺术的风格与特点。
2. 东方式插花根据主枝的长度和位置，可分为哪 4 种基本花型？
3. 一般东方式插花的三主枝长度计算依据是什么？
4. 简述理念花、心象花、造型花、写景花各自的特点。
5. 何为六大器具花？简述其特点。
6. 日本插花有哪些特点？简述立华和生花的造型特点。
7. 简述西方式插花艺术的风格与特点。
8. 简述西方式插花艺术的表现形式。
9. 说出西方式插花的基本花型。
10. 简述 4 种西方式插花的特点。
11. 干燥花的定义是什么？

12. 干燥花的特点是什么？干燥花有哪几种表现形式？

13. 简述人造花插花的特点。

自主学习资源库

花卉装饰技艺．朱迎迎．高等教育出版社，2011.

模块 4

花艺设计

项目11 花艺设计基本知识

学习目标

【知识目标】

(1)掌握花艺设计的概念。

(2)了解花艺设计的风格与特点。

(3)掌握插花的基本要素在花艺设计中的应用。

(4)掌握三大构成在花艺设计中的应用。

【技能目标】

(1)能利用花材制作平面构成作品。

(2)能利用花材制作立体构成作品。

案例导入

小丽已经在花店工作了一段时间。这次接到一个任务，客户要求有花艺设计作品，小丽以前没有接触过花艺设计，一筹莫展。小丽觉得自己仍然需要进一步学习。如果你是小丽，你会怎样解决所遇到的困难?

分组讨论：

1. 列出小丽业务能力不足的方面。

序号	花艺设计所需知识和能力	自我评价
1		
2		
3		
4		
⋮		
备注	自我评价：准确☆、基本准确△、不准确○	

2. 如果你是小丽，你会怎么做?

理论知识

11.1 花艺设计概念

随着社会的发展变化，插花艺术的表现形式、内容与其他艺术一样打上了各个时期的烙印，由古典形式逐步发展到合乎现代人欣赏要求的现代形式。传统插花在理论和实践上都有很高的成就，是花艺设计的基础和母体，而花艺设计是传统插花的延续和派生，没有传统插花理论的浸润就没有花艺设计的存在和发展。花艺设计在传统插花艺术的基础上有了更新、更美、更完善的发展。如花材从传统的季节性、以本地新鲜的木本材料和草本材料为主发展到跨季节、跨国界并应用大量干燥植物材料和非植物材料；作品构图从传统的心象花、理念花等发展到现在讲究单一的或多种规范构图形式的组合；花器从传统的铜、陶、瓷、竹发展到现在多种现代化质地和抽象造型的器皿以及各种现代非自然材料所作成的构架。花艺设计的产生也是受了各种文化艺术的影响，抽象的绘画、结构主义的画面、意识流和黑色幽默文学作品、环保意识、自然意识，由于种种变化对花艺设计的冲击，人们自觉不自觉地使作品受到了影响。

花艺设计属于插花艺术的范畴，但有别于传统的插花艺术，是传统插花艺术的延续和发展，更带有现代气息，更富有艺术设计的内涵，既源于又不拘泥于传统的花器、花材及插花手法。变化丰富多彩，创意别具一格。花艺设计是设计师以植物材料为主，用植物的各种器官（如叶片、树段、花瓣、种子等），根据艺术造型原理，运用串、缠、绕、粘等有别于传统插花技艺的手法创作出具有时代特征、民族特点、造型特色的一种插花造型艺术（图 11-1）。

图 11-1　花艺设计（作者：朱永安）

花艺设计在近几年有了蓬勃的发展，随着国际性的插花艺术交流越来越多，“走出去请进来”，多方面的信息交流使得人们的精神生活逐步趋向国际化，拓宽了思路，接受了各种风格、各种流派插花艺术的长处，不完全局限于传统插花的框架中，使花艺设计走出了新的路子，有专门的花艺设计协会，世界上还有各种层次的花艺设计大赛，如世界杯花艺设计大赛、欧洲杯花艺设计大赛、台湾花艺设计大赛等。不仅通过大赛涌现了大量的花艺设计大师，同时这也是一个切磋技艺、提高技艺的很好机会，使世界花艺水平有了长足的发展。

11.2 花艺设计风格与特点

花卉是人类借以装点生活、陶冶情操的娱情之物，它伴随着人类一同进步与发展。东西方插花都具有数千年的历史，每一个时代的艺术家都在忠实地、敏捷地以他们的作品反映当时的种种现实。花卉美的展现也一样受到社会、环境的影响，花卉美的意识在一定程度上反映着人们的心理和社会变迁，每一个时期对花卉的欣赏都折射出该时代人们生活审美情趣的特色。时至今日，在现代人的生活里，“花”不仅具有沟通人与人之间情感的代言地位，更具有疏解现代社会繁忙压力、缓和情绪紧张的作用。花艺设计反映的是现代人有兴趣关注的问题，它跟随着时代的潮流，在内涵上探求更高的审美境界，满足现代人不断发展的审美需求。

11.2.1 花艺设计的风格

所谓风格就是符合文化思想和环境所创造出来的格式。花艺设计受东、西方插花艺术及其他造型艺术的影响形成了自己独特的艺术风格和特点，花艺设计在现代科技进步的浸润下越发具有时代的特征。可以归纳为返璞归真、环保意识、时代特征、民族特色。

(1)返璞归真

现代社会以科技发展为基础，科学技术日新月异，人们在享受科技发展的种种成果时，仍希望保持与大自然的亲近。人们纷纷走出城市，走出水泥森林，来到郊外田野，来到大自然的怀抱，尽情享受大自然所赐予的阳光、大地、花草、树木、空气、风霜雨露，在享受的同时，还有奢望，那就是要将大自然的自然景象留在身边，使自己永远置身于大自然之中，于是模仿自然的一种形式——园林应运而生。园林又称第二自然，它使得人们可以在家的附近、在办公室的窗外随时亲近大自然，拥抱大自然。而在室内就可利用盆栽，或艺术插花、花艺设计来装点室内环境，使得自然气息环绕在身边，这是现代社会人们所企求、盼望、一直在追求的。在花艺设计上，则表现为以自然植物的形体、色彩、存在形式来表达内心意象、表达思想内涵，其布局构图描述自然景色、强调自然之美，如自然设计、园景设计等就是在这种回归自然的趋势中发展出的花艺设计类型(图 11-2)。

(2)环保意识

插花素材都是取之于大自然的草叶花木，都是百分之百可以回归大地的自然植物，原本不至于有环保上的问题，但其他附加物，如容器、装饰品，甚至花材固定材料等，因某些物质不能为自然所分解而造成污染问题。虽然这些污染相对其他行业的污染来说是微不足道的，但作为一种体现人们热爱大自然的艺术形式，应具有更强的环保意识和自我约束意识。如选用陶、木制品作为容器，可以多次使用；改进花泥品质，使之再废弃之后尽快分解，甚至不用花泥这种塑料制品来固定花材，改用花插、卵石或自然固定方法等。在色彩上也摒弃大红大紫的艳丽色彩，以自然景色中常见的黄、绿、白三色为主色，配以枯叶的褐色等组成“环保色”(图 11-3)。

图 11-2　莲叶荷花田

(3)时代特征

现代绘画、现代雕塑高度的抽象形式、新奇的内容影响着花艺设计，使花艺设计始终紧跟着时代潮流的步伐。这不仅是外在形式上的改变，同时也包括色彩、结构、材质的变化，是一种以自然与非自然的物质为基础，加上创作者的自我认识，而驰骋于无限的设计空间。

在具有时代特征的作品中始终追寻着时尚的脚步，现代艺术中一个新的形式、新的设想、新的材料都会被花艺设计师所捕捉，并运用于创作中。有时还会追求新潮前卫，常选用新颖的线条、强烈的色彩，对于花材也不一定要求完美无缺，枯枝败叶、被虫咬过的花朵等也被选用，或者把植物材料分割、剖开，或者在植物上喷漆、镀金、镀银，在作品中加入金属、玻璃等异质材料，让金属、玻璃的坚硬、光亮、冰冷与鲜花的娇艳产生对比，从而产生强烈而眩目的视觉效果。传统观念的插花美是完整美，这种美能被大部分人所接受，不论是内行还是外行都能感觉到美；而随着现代艺术的崛起，无序、出奇、荒诞，又成为一种新的美，即残缺美、朦胧美。这种美有一定的争议，有的人能理解，有的人不能理解，所以对一些新潮前卫花艺设计作品的鉴赏有一定难度，不能单纯从传统的范畴考虑，还要注意表现手法、操作技巧等方面。俗话说，“外行看热闹，内行看门道”，对新潮前卫花艺设计作品的鉴赏要有更高的艺术修养、更广泛的知识，才能对作品的理解有深度。当然，新潮前卫花艺设计作品也强调形、神、色三方面的美，因为插花的形态非常重要，没有良好的造型，就很难体现作者所要表达的创作思想及意境，而意境又是插花作品的灵魂。色彩在新潮前卫花艺设计作品中占很重要的地位，色彩得当有利于作者对表达的情思意志加以提炼、定格和升华。所以花艺设计始终保

图 11-3　自然固定花艺设计

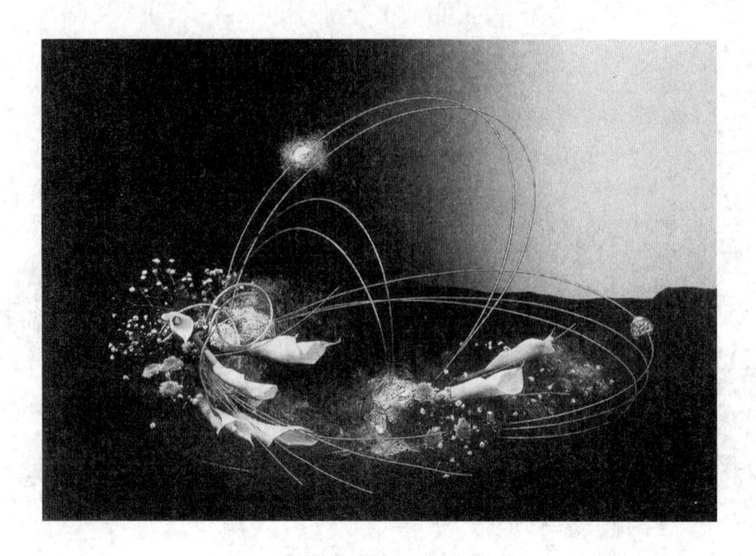

图 11-4　行星轨迹

持着时尚的要求，为广大时尚爱好者所追捧(图 11-4)。

(4)民族特色

时代进步、科技发展，国与国之间缩短了距离，世界已日趋一日地向地球村方向发展。文化交流的日益密切，不断使各种文化之间相互渗透、相互结合。虽然美的原则不分民族、国度，花卉的应用也没有地区的限制，不过当花与人的思想结合而发展成插花花艺时，人的思想观念会因本身文化背景的不同，在风格上产生差异。欧美崇尚理性、装饰的形式美，东方崇尚虚实相生的意境美，这都给各自的花艺设计留下了深深的烙印。插花与花艺中有许多表现自然风光、风土民情的作品，各国迥异的山水，不同的民俗，使花艺作品有着不同的形式与风格。从古典到现代、从传统到创新，花艺设计是传统插花的延续体，是一种动态的发展，没有传统的基础，创新是没有根基的，最有民族性的才是最有世界性的。中华民族传统文化博大精深，中国传统美学思想与现代美学思想在本质上是一致的。如图 11-5 所示，用枝条染成富有中国特色的红色构成一个外方内圆的构架，体现中国天圆地方的理念，然后在中间插上中国传统花卉牡丹，既体现了浓厚的中国民族特色，又是一件极富现代气息的现代花艺作品。在花艺设计的艺术之路上，我们应博采众长、兼收并蓄，建立起既符合世界花艺发展潮流，又有自己民族特色的花艺设计风格。

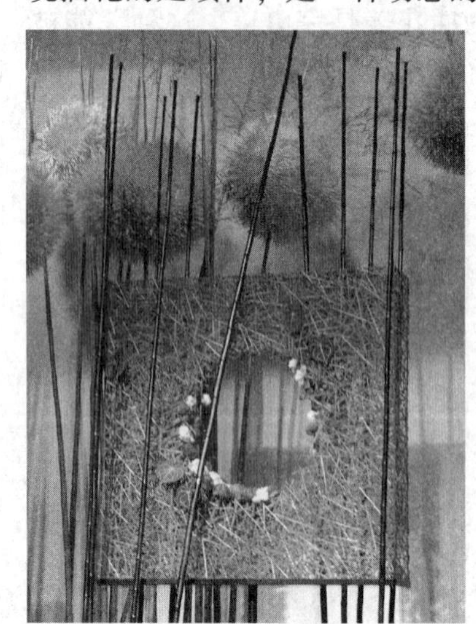

图 11-5　花艺设计
(作者：朱永安)

11.2.2　中国花艺设计的特点

近年来我国物质生活得到改善，社会环境宽松，人们的文化素养有了提高，文化意识有了增强，越来越多的人喜爱插花这门雅俗共赏的艺术。同时现代的民族风貌，现代的文化内涵，以及国际新潮文化的影

响对我国传统插花艺术的发展提出了新的要求，尽管传统的插花艺术历史悠久，具有浓厚的东方艺术特色，在国内外都有极高的欣赏价值，但传统插花艺术的表现手法、操作技巧、艺术内涵也应有发展和更新，才能符合现代社会人们的精神生活情趣和时尚情调。现在社交场合，礼仪往来，各种洋节日、传统节日需要大量的现代插花作品装饰，而且不同场合、不同对象需要不同造型、不同意境的作品点缀，这就要求传统插花有新发展，充实新的内容。例如，中国花艺设计中运用大量进口花材就是一大突破，一方面丰富了中国花艺设计的用材，有利于更深刻反映意境；另一方面因为进口花材为国外所熟悉，各国间有相同的欣赏角度，通过插花艺术有利于加强国际间的交流，使中国的花艺设计为世界上更多的国家和民族所接受，所以中国花艺设计应适应现代社会环境，迎合现代人的心理要求，符合社会发展潮流，这样才能给中国传统插花以新的生命力。中国花艺设计的风格特点在花艺设计总体风格特点的基础上又有自己独特的一面。

(1)线条运用的完美和变化

线条艺术是中华民族诸艺术之源，是美术艺术的灵魂。绘画、舞蹈、雕塑、园林等都离不开线条美妙的组合、构勒和舒展。例如，绘画就是借助线条的运动构画人物的形态和性格、物象的轮廓和质感；又如雕塑艺术就是充分运用刚劲的、柔和的、纤细的、粗犷的各种线条构画雕塑体的轮廓，就是音乐如果用一条线把高低不同的音符连接起来，也会成为一条起伏的曲线，即旋律。插花是一种更具象的线条运用，而且现代插花在线条运用上有了较大的变更和创新，除了运用自然界千姿百态的花木枝叶等植物材料线条外，还较多地运用经过人工干化处理的植物材料和经工艺加工过的非植物材料的线条，并由自然伸展为主发展到经人工加工成规则或非规则线状来活跃作品的构图。目前线条的质地很多是塑料的、金属的、草本、木本、藤制干化等，形态上有制成螺丝状、螺旋状、直线状、瀑布状、不规则形状等，可根据作品主题需要而选择运用。几乎所有的现代插花作品都离不开线条的运用和变化，因为线条的构图方向、造型的变化代表着作者需要表达的意念，在讲究创作寓意的中国现代插花中也特别重视线条的运用(图11-6)。

图11-6 花艺设计

(作者：丁稳林)

线条的运用也是东方插花区别于西方插花的标志之一。目前有些西方插花作品也借鉴东方插花线条运用的特点，使东西方插花艺术在共同发展的道路上靠近了一步。

所谓构图就是头脑中的构思具象化，通过模型具体地表现出来，构图的基本原理是对变化统一法则的运用，这里包括稳定状态和变化状态两种。倾向于稳定状态的有均衡、对称、照应、重复，处于变化状态的有对比、反衬、奇突、运动，在中国现代插花中较多的是两种状态的交叉运用，以反映作品的多种变化。插花构图离不开点、线、面的运用，在这一问题上东西方也有区别，一般来讲西方插花较多运用点和面即花朵和色块，使用规则甚至等距离的排列构成各种几何图形、象形字母图形；而中国现代插花在点、线、面的运用中更注重线条的变化运用，用线条表现花体框架、质感，用线条的优势构画千变万化的艺术空间，从线条变化运动的轨迹中使自然界中规则或不规则的形象姿态在花体中得到反映。由于插花艺术的特殊性，其构图没有某一种固定模式，特别是大型作品构图变化较多，但无论表现哪一种形式都是相似、是约等于而不是等于，讲究的是神似，如果是绝对相像，那么构图就非常机械，没有了中国插花艺术的特点，而且现代插花在艺术上要求追新求美，不落俗套，不论规则还是不规则的构图，也不论是单一的或多种形式的组合，它既注重艺术形式上的创新，又追求艺术情趣上的高雅和艺术内涵上的深广，所以构图的完美变化是现代插花的又一特点。

插花是人对自然景物的再创造，形象生动的对自然场景进行优化组合，重其形和质，兼而传其神。这种艺术追求的不是自然再现或是模仿得惟妙惟肖，而是再现自然美的内在秩序和诗情画意的艺术境界，即将自然材料重新整理赋予新的秩序，反映作者的情怀和意趣。要运用好这一特点必须做到3点：一是善于观察；二是勤于联想；三是大胆构思。对自然界的各种植物姿态、色彩的组合等应仔细观察，善于联想，取其精华，大胆构思，将自然场景和人文精神密切结合，浓缩于作品之中，才能创作出具有现代生活气息的艺术插花作品。

(2)现代的文化内涵

插花艺术除了色彩、造型给人以直接的美感外，还有题材广泛、内容丰富的思想和深邃的意境，使人与自然融为一体，用花木抒发人的意志、人的愿望。“借花言志”“寓性于花”这是中国插花的又一特点。不同的历史时期有着不同的经济、思想、文化影响，有着不同的审美观念，所以各个时代的意境美也有所差异。现代插花意境不同于传统插花，传统插花将花人格化、神化，表现的主题多为“岁寒三友”“四君子”“玉堂富贵”等含意。近几十年人们对插花艺术表现的内容和思想有了新的要求，希望在传统基础上进一步完善和发展，运用现代表现手法和操作技巧加进新的内涵使之与当代的社会文化相适应。客观上插花艺术本身也是在无法阻止地向前发展，受着时代精神的影响，自觉不自觉地打上了现代文化、现代思想和相关时尚的烙印，将传统的意境、西方的花语融进了作品中，成为现代人文精神与大自然的结合。从国际大范围讲，西方国家讲花语，中国插花讲意境，而意境要比花语深邃得多，因为它是多种花语的组合提炼，是复式的而不是单一的。中国人口多、面积大，中国插花艺术的风格对整个世界有一定影响，应根据本民族特点结合时代精神，将现代人的思想、意志融于作品之中，让世界更多的国家与地区接受中国文化、中国插花艺术。凡是美的事物必须是由形式到内容均为观赏者所能理解的，若空有内容、意境而没有合适的形式或空有形式而没有表达的内容，都不能说是完整的美，美是形式和内容的完美结合，作者必须加强美学、哲学、文学等人文方面修养来培养实感，才能创作出内涵丰富、生机盎然的作品(图11-7)。

(3)色彩的朴素大方、优雅明快

插花艺术的色彩最引人注目，给人的感染力也最强，而色彩与造型又有密切的联系，形与色相互依存、相互烘托，形与色完美结合是表达主题的重要手段。中国现代插花讲究色彩的调和和自然过渡，较少运用反差强烈的对比色，特别是现代大型作品较多运用接近色或同色系的色彩配置，即一种原色与含有该原色的中间色配置，称为类似色，因为它们共同含有的色相成分，可使色彩变化逐渐过渡，显得柔和、协调、高雅。作品运用浅色给人一种清新、优雅、明快、活泼、扩张的感觉，运用深色则显得深沉、稳重、辉煌、成熟、收缩。当然，现代插花也不绝对排斥对比色的运用，对比色运用得

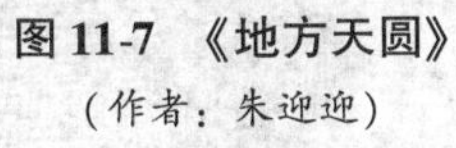

图11-7　《地方天圆》
（作者：朱迎迎）

图11-8　花艺设计
（作者：朱永安）

当会产生丰富的色彩变化和深远的空间层次感，增强作品的深度和韵律，有些喜庆场合运用对比强烈的色彩能更好地渲染气氛调节情绪。色彩和构图都是为了突出主题，所以把握好色彩的配置，是现代插花很重要的一个方面，而色彩运用是一门艺术，也是一门科学，学习插花要懂得有关色彩方面的知识，了解色彩的基本要素即色相、纯度、明度3个方面内容，才能把握色彩的运用(图11-8)。

11.2.3　西方花艺设计的特点

西方花艺设计在花艺设计总体的风格特点的基础上有别于中国花艺设计，主要有以下3个特点：

(1)造型美的不断创新

在欧洲每一位花艺设计者，至少必须经过7年以上的训练。由认识植物，到如何栽培、收成(切花、盆景)、设计、欣赏、实用(运输、保鲜)等，而以设计课程学习尤为重视。基本训练更是要有长达3年以上的不断反复练习，以达到深入浅出的境界。从19世纪的维多利时代就一直强调比率对称，以一种理智的表现，追求传统几何造型绝对的美。现代的花艺设计强调冲击感。欧洲花艺设计的特点是强调花材的组合，保持空间和立体感，线条明朗，有动感、平衡感和层次感，受后现代主义、简约主义、解构主义等思潮的影响，花艺设计也出现了抽象奇特的造型，以新颖奇特为最终追求的目标，表现有创造性风格(图11-9)。

图11-9　花艺设计
（作者：楼家花行）

(2)艳丽华贵的色彩

在色彩运用上，喜好华丽的暗红、金色，高贵的紫色、银色，或艳丽的金黄色等，有时也有白色和银色的搭配，红色和金色的搭配等。追求豪华、神秘、富贵及自然、环保品位。如图 11-10，作者大胆运用了金属银色和橙色大色块的组合，使作品具有强烈的现代气息。

(3)手法自由前卫、制作精美

西方花艺设计的手法追求自由、前卫并且制作精良。通过各种手法将植物的一枝、一叶甚至一个花瓣组合制作成精美的花艺作品。不会刻意追求主题，甚至出现无主题的创造，花艺设计者在花艺作品制作过程中随着创意的不断涌现，不断创作，在花艺创作原则的基础上似无意而有心，主题因观赏者不同的欣赏角度、不同的欣赏水平而自由决定，追求感官的美感和视觉的冲击力(图 11-11)。

图 11-10　花艺设计
（作者：许惠）

图 11-11　自由手法的花艺设计

11.3　插花的基本要素在花艺设计中的应用

花艺设计作品是以各种具体的花材制作而成的，我们可以把各种类型的花材抽象为点、线、面、体、色彩、肌理等基本设计要素构成。

(1)点

“点”在造型艺术中是最简洁的、最小的要素，在花艺设计中可以把“静”的无方向性的花看成“点”，如菊花、月季、非洲菊、郁金香、石竹等，尽管它们也具有一定的体积和各种形状，但在整个花艺作品空间中只具有点的视觉效果。

在一般情况下，作为“点”的花材多选用奇数，如“1，3，5，7”。当“点”多于 7 个时，人的瞬间视觉就不能分辨是偶数还是奇数了。

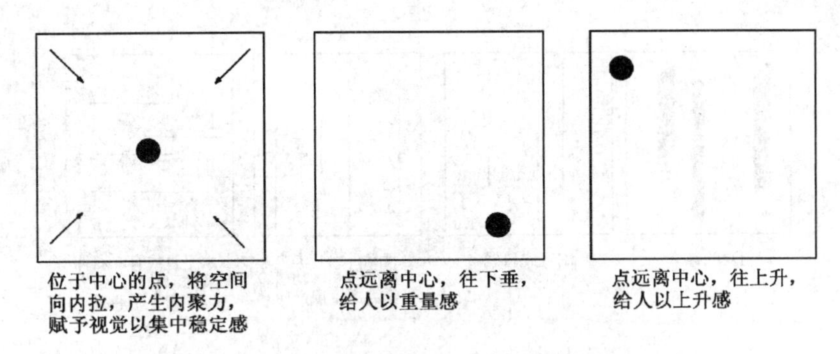

图 11-12　构图中一个点对视觉的影响

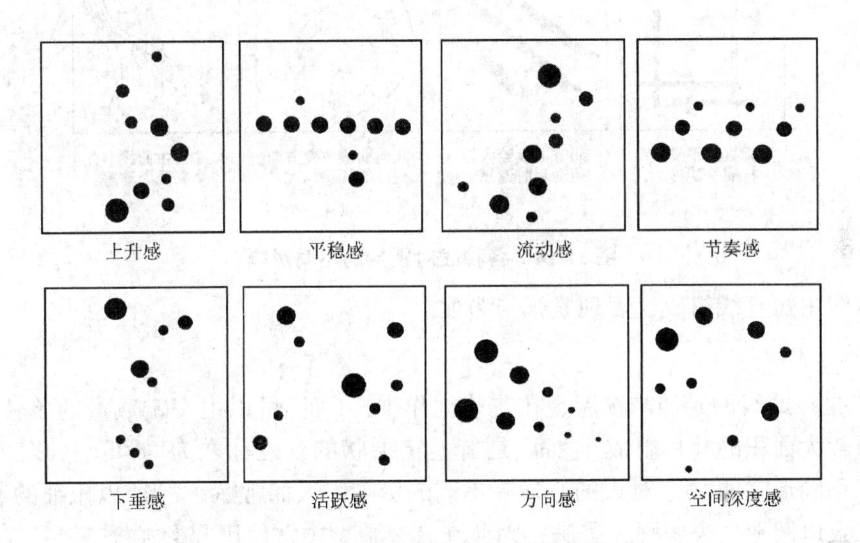

图 11-13　构图中多个点对视觉的影响

在构图中只有 1 个点时，其位置的高低、左右会对视觉产生影响(图 11-12)。3 个以上“点”的排列则可成为多种感觉(图 11-13)。

认识“点”的这些表现力，有助于表达作者情绪，以达到所希望的效果。

(2)线

在东方式插花中，线条是造型的重要手段，而在花艺设计中“线”直接在作品中充当造型的主角。可以看成“线”的花材包括各种木本植物的枝条，如菖兰、龙胆等直立型的花，鹤望兰、安祖花等有很长花茎的上扬开展型的花，以及蒲叶、蒲棒、水葱、竹秆等植物材料。它们有粗有细，有曲有直，在花艺作品中有明确的方向，比“点”更能传达创作者的主观动机(图 11-14)。

“线”包括“直线”(垂直线、水平线、斜直线)、“曲线”(几何曲线、圆弧线、自由曲线)、“折线”。

①直线比“曲线”紧张有力，具强硬感，明确感；粗直线感觉钝重、强壮，细直线感觉敏锐、快速。

②曲线具有优雅柔和感，给人以单纯、明快、有弹性的感觉。

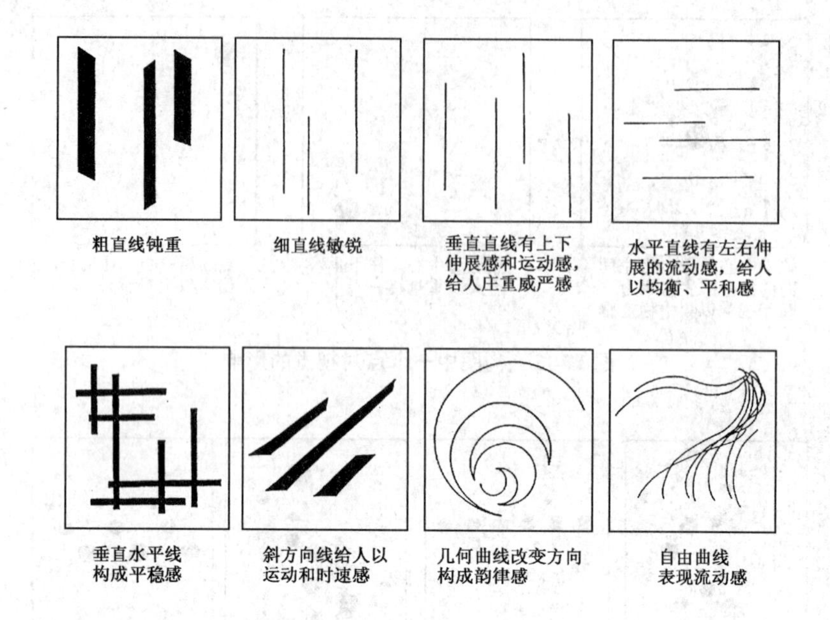

图11-14　各种线对视觉的不同影响

③折线由短直线组成，表现紧张与力度。

(3)面

“面”是点或线的延伸与扩展。在花艺创作中，“面”可以由一定数量的单枝花组成，也可以由较大面积的叶片组成。“面”是有一定形状的，也称之为“形”。“形”的样式十分丰富，不同形状的“形”对人的心理有不同的影响，人们常赋予“形”以象征的意义。例如，中国人以圆形代表团圆、美满，因此在花艺造型中常使用圆形式样。

“形”有“自由形”和“几何形”两大类。几何形是有秩序的、机械的理性形态。如三角形、方形等直线几何形传达出理智、严肃、平稳的情绪；圆形、椭圆形等曲线几何形传达出团圆、美满、生动、和谐、运动不已的情绪。自由形是不规则的、富于变化的感性形态，如花艺中常用的“曲线自由形”就传达出柔美、优雅、活跃、生机的情绪。同时，不同的“形”的组合，可表现出更多、更丰富的感觉。

(4)体

花艺与绘画不同，不仅是平面上的艺术构成，更是占据一定空间，有一定体积的艺术作品。特别是现代花艺，更强调空间感和体积感。“体”可分为“几何体”和“自由体”，也可分为“实体”和“虚体”。实体是由花材等紧密结合而成的，严严实实，形成“占据空间”；虚体是由细小的花材较稀疏地构成的，形成“构成空间”。

(5)色彩

自然界的花草万紫千红，花艺在某种程度上也是色彩的艺术，了解色彩的理论对于花艺的创作至关重要(用色原理见模块1)。

(6)肌理

任何物质都有它独特的肌理性质，花材也一样，各种不同的花材表现为不同的肌理

性质，同一种花材的不同部位也可以表现为不同的肌理性质，因此，根据花材肌理的不同理解，可以设计出不同的花艺作品。花材肌理表现为有的刚毅，如松、柏、竹，直立而刚劲的枝条等；有的柔弱，如芦苇、小菖兰等；有的粗糙，如粗糙的树皮、帝王花、向日葵等；有的细腻，如百合、安祖花等；有的富贵，如牡丹、桂花、荔枝等；有的朴素，如菊花、雏菊、郊野小花等；有的光滑，如荷花、玉兰、郁金香等；有的多皱，如扶桑、蟆叶秋海棠等。花材的肌理性质有的是相对的，有的是绝对的，如竹子，刚直有节，但若劈成篾就有刚柔相济之美。又如芦苇，把芦苇秆折成锐角就有柔中带刚之美。有的花材不同部位具有不同的肌理性质，例如月季，花表现为柔美、娇艳，而叶茎则表现为倔强和不屈。

了解了花材的肌理性质，还要了解各种辅助植物材料的肌理性质，如玻璃、各种石材、钢材、塑料制品、金属制品、纸质制品等。因为各种规格、形状的玻璃、卵石、黄石、湖石、石板、不锈钢、钢条、钢板、变形钢条(板)、铝丝、铜丝、铅丝、照相纸、瓦楞纸等，均是花艺设计的上好材料，只要深刻理解材质的肌理性质，合理应用、独特构思，就能成为一件上好的花艺设计作品。

各种艺术都有自己的“语言”，即“艺术语言”。在同一层次上的艺术语言之间能进行交流、沟通。就如音乐，它是用 7 个基本音符反复变化组成的，是抽象的；而花艺设计，是用各种花材变化组合而成的，是具象的。音符是音乐的艺术语言，花材是花艺设计的艺术语言。对语言的深刻理解和把握是设计的关键。

11.4　三大构成在花艺设计中的应用

艺术构成中包括平面构成、色彩构成、立体构成三大构成，插花艺术是运用植物材料的造型艺术。三大构成运用于整个插花艺术创作过程之中。

11.4.1　平面构成在插花艺术中的应用

平面构成可以分为重复构成、近似构成、渐变构成、发射构成、对比构成、特异构成、疏密构成等形式。

(1)重复构成

将重复的基本形排列就形成重复构成。重复构成具有平缓和谐、持续律动的装饰效果，广泛地运用在工艺美术设计中。在插花艺术中重复构成可以是相同的花朵或构架的重复排列(图 11-15)，或者在压花艺术中用基本相同的花瓣或叶片进行重复排列以强调主体，或者是进行“面”的布置。重复构成很容易造成单调平

图 11-15　重复构成

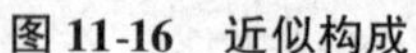

图 11-16　近似构成

图 11-17　色彩的渐变

庸、缺乏变化的效果，因此，运用平面重复构成着力点在于变化，如在色彩、肌理、方向以及位置等方面可以求得变化。

(2) 近似构成

近似构成是重复构成的轻度变异，不再重复而是趋向于某一种规律。近似构成打破了重复构成的单调，表现出有变化又不失系列感，既统一又有对比的特征(图 11-16)。近似构成的基本形必须形状相似，但近似程度要适宜，近似程度太大，统一感极强就接近重复构成；近似程度太小又失去了近似构成的特点。如用统一品种但色彩相近的花卉或者用同一类型的容器插花。

(3) 渐变构成

渐变构成是做有规律的循序渐进的变化，从而产生有空间感、运动感、次序感的空间效果。有形象的渐变，如将竹竿从细到粗排列；位置的渐变，如螺旋状排列；方向的渐变，如将有一定方向性的物体，进行有规律的渐进变化排列；色彩的渐变(图 11-17)，如将同一色系的花卉，按不同色相、明暗程度来逐渐改变排列。

图 11-18　发射构成

(4) 发射构成

发射构成是渐变构成的一种特殊形式，一组重复的形围绕中心向四周或内部中心进行推移和渐变。发射形具有多方面的对称性及视觉焦点，因而引人注目。根据发射方向的不同，可以分为离心式发射构成、向心式发射构成和同心式发射构成(图 11-18)。

(5) 对比构成

对比构成表现在形象与形象之间、形象与空间之间相互比较而产生的差

异。形象与形象之间的对比可以分为：①大小对比，通过大小不同从而可以造成轻与重、主与次、前进与后退等对比，如大朵花与小形花朵的对比；②形状对比，通过不同形状来表现动与静、简与繁、规则与不规则(图11-19)等对比，如细长条叶片与宽圆叶的对比；③色彩对比，通过色彩的色相、明度、纯度、冷暖、面积等方面的对比，如黄色花与紫色花的对比，深红色花与淡粉色花的对比、红色花与蓝色花的对比、大片白色花与小片红色花的对比等；④肌理对比，主要是指在表面纹理以及质感的对比，如蟆叶海棠与凤尾竹的对比。

图11-19　对比构成
（作者：林惠理）

(6)特异构成

特异构成是指在有规律性的构成中，如在重复构成、近似构成、发射构成等中突然出现异质变化，使人产生振奋、激动、新奇等心理反应。如大小特异，在一排小形花朵中突然出现一块装饰性的枯木，产生使视线集中至枯木的效果；又如在重复排列的花朵中，出现叶片的造型，使视线集中到叶片上(图11-20)。特异构成还可分为色彩特异、形状特异、肌理特异等。

(7)疏密构成

具有一定数量的基本形，自由地聚集与疏散形成疏密构成。疏密变化在插花艺术中运用相当广泛，通过疏密有致的布置，可以产生韵律感而富有变化(图11-21)。

图11-20　特异构成
（作者：林惠理）

图11-21　疏密构成
（作者：朱迎迎）

11.4.2　色彩构成在插花艺术中的应用

大自然是一个绚丽多彩的世界。自然界的每一种物质，大到宇宙，小到花草都有自己独特而且和谐的色彩。这些色彩随着光线的变化呈现出丰富多样的色彩变化。白天光线强时，物体呈现强烈的色彩，到夜晚光线昏暗时，色彩不明显甚至没有色彩，只是看到黑色的轮廓。因此，光线与色彩的关系密不可分。

色彩是物体的存在方式，是任何物体本身的色彩以及通过不同的光线反射形成多姿多彩的效果。在装饰设计中，色彩被称为“最廉价的奢侈品”。在人的视觉中最先感知的是色彩。现代研究表明，色彩又有自己的性格，应用得好可以提高设计质量。

在插花艺术中，色彩的搭配就显得尤为重要，常常成为决定成败的关键因素。花色搭配涉及许多有关色彩学方面的基本知识，若能很好地掌握，就能把握好插花艺术中色彩的运用。

1) 色彩的三要素

每种色彩都由3种重要属性，即色相、明度和纯度构成，由于这3种属性的不同，因此形成了千差万别的色彩体系。

(1) 色相

色相指色彩的本身相貌，每种颜色都有自己独特的色相，区别于其他颜色，如日光色谱上就有红、橙、黄、绿、青、蓝、紫7种基本色相。每种色又可按照不同的色彩进一步可以分成不同的色相，如红色中有大红、品红、玫瑰红、深红。绿色中有淡绿、粉绿、翠绿等色相。

(2) 明度

顾名思义，明度是色彩的明暗程度，如果把不同的颜色拍成黑白照片，就可以看出明度的差别，这就是明度关系。色彩的明度可以分为3个方面：①各种基本原色放在一起具有明度差异，如黄色的明度最高，紫色的最低；②每一种色与同种色的其他色有差异，如大红、酒红，大红比酒红明度高，深红明度低；③一种色在加入白与黑的成分时，加白成分越多，明度越高，加黑越多，明度越低。

(3) 纯度

纯度又称色彩的彩度，即色彩的饱和度或纯净程度，也称为一种色彩中所含该色素成分的多少，含量越高，纯度就越高；相反，则纯度就越低。一种色彩降低其纯度的方法有：①加入白色：加入越多，纯度越低，趋向粉色。②加入黑色：加入越多，纯度越低，趋向灰色。③加入对比色：加入越多，纯度越低，趋向灰色。任何一种颜色在纯度最高时，都有特定的明度，如果降低其明度，纯度也应相应降低。不同色彩的明度跟纯度不成正比。

2) 三原色与互补色

(1) 三原色

颜料中有3种色是不能由其他色调和出来的，而用这3种色可以调和出任何一种色彩。这3种色就是红、黄、蓝，被称为色彩的三原色。

(2) 互补色

人眼的色彩识别结构在同时看到这3种色时感到比较舒适。如果只看到其中两种或这两种色的混合色，则周围的环境或人眼中的盲点就会自动产生第三种色的幻觉。所以，一种原色与其他两种原色的混合色就构成互补关系。这两种色并置在一起会形成强烈的对比。因此，互补关系又称为对比关系，互补色又称为对比色。如黄色与紫色、红色与绿色、蓝色与橙色等。

3) 色彩的视觉效果

不同的色彩会带给人以不同的反映和感觉，如色彩会给人以冷暖、轻重、远近等各种感觉，这些都是人们长期生活实践中总结出来的，应恰当地将它运用到插花中。

(1)温度感

温度感或称冷暖感。它是一种最重要的色彩感觉，色彩的调子主要分为冷暖两大类。

红、橙、黄系统的色彩，会使人产生温暖、热烈和兴奋的感觉，称为暖色调。多用在喜庆、集会、舞会等场合，以烘托欢快、热闹的气氛。

蓝、紫、白会使人产生寒冷、沉静的感觉，称为冷色调。多用在盛夏酷暑时的室内装饰，以产生凉爽的感觉。另外，悼念场所也多以此色调的花材布置，以营造庄严、肃穆的气氛。

绿色介于冷暖色调之间，为中性色，称为温色调。插花中衬叶的作用，就是为了起到调节色彩对比的作用。

此外，金、银、黑、灰也属(中)温色调，对任何色彩起缓冲协调作用，在插花创作中，可通过此类色调的花器或金、银色的金属珠链等装饰品，来调节作品中色彩对比关系。

(2)距离感

冷色和暖色并置时，暖色有向前及接近的感觉；冷色有后退及远离的感觉，6种基本色相的距离感按由近而远的顺序为：黄、橙、红、绿、青、紫。可将此特点运用在插花作品中，以增加作品的层次感和立体感。

(3)轻重感

色彩的轻重感主要取决于明度，明度越高，感觉越轻；明度越低，感觉越重。插花中经常用轻重来调节作品的重心平衡。

此外，色彩还会给人以方向感受、面积感受、运动感受等视觉反应，都可在插花创作中灵活运用这些特点。

(4)色彩的性格

每一种色彩都有它的寓意，会影响人的情绪，引起不同的心理反应，在插花艺术的色彩配置中，有效地利用这一特性，就可深切感受到色彩的艺术魅力，一般认为：

红色——喜庆、热烈、富贵、艳丽，适用于婚礼、喜庆、开业剪彩，以改变冷漠的环境气氛。

黄色——富丽堂皇，浅黄色柔和温馨，纯黄端庄、高贵，实际应用中，可将深浅不同的黄色搭配，产生微妙的观赏效果。

橙色——明亮、华贵，带给人以甜美、成熟、温暖的感觉，适用于丰收、喜庆、收获场景作主色调。

蓝色——深远、安静，使人心胸豁达，情绪镇定，适用于医院、咖啡屋、茶馆等安静场所。

紫色——华丽、高贵，淡紫使人感到柔和、娴静、典雅，适用于布置居室、舞厅等。

白色——纯洁，使人产生神圣、高雅、清爽的感觉，能有效增加其他花卉的鲜明度和轻快感。

绿色——大自然的气息、生机勃勃、平和安静，适用于庄严肃穆的会场。另外还可缓冲过于强烈的对比。

灰色——给人以朴素、稳重的感觉。最适与各色调和，现代插花创作中多采用银灰色金属丝等辅助材料。

黑色——神秘、庄严、含蓄，多为花器选择的色彩及插花作品的装饰背景。

另外，还要注意到光源色和环境色对作品色彩的影响。因为立体的物体在光线的照射下会产生强烈而丰富的光影变化。光能表现不同的体量、质感、色彩，从而形成不同的装饰气氛，光线的集中可以表现插花作品的视觉中心。光线可以造成神秘、温和和亲切的各种效果，因此在进行室内插花艺术时还要考虑光线的作用。

4)构成法则

(1)推移

色彩的推移也叫色彩的渐变。色彩的构成可以通过一定等差级的明度、色相和纯度按一定规律进行变化，产生如空间、协调、对比等色彩构成效果，这种等差级变化称为色彩的渐变。

①明度推移　也叫明度渐变，是明度由浅到深的逐渐变化过程，形成不同的明度台阶。

②纯度推移　也叫纯度渐变，一种色彩由纯色向无彩色的黑、白、灰渐次变化就叫纯度渐变构成。

③色相推移　也叫色相渐变，是色相向其他色相逐渐变化、推移的方法，分为梯级渐变和无级渐变。色相变化分为同类色之间渐变，类似色之间渐变，互补色之间渐变，对比色之间渐变，全色相渐变等。

(2)对比

色彩的对比是指两种以上不同的色彩放在一起，相互映衬与对比，组成一定形式的构成作品。任何颜色都不是孤立存在着，都与周围的颜色有着一定的对比关系，但是这种对比关系不一定是和谐与美观的，要想有好的色彩设计就必须有科学的色彩理论来指导。

①明度对比　即色彩深浅度产生的对比。明度最强烈的对比是黑白对比，称为“极色对比”，在平面构成、黑白画、木刻中经常采用，可以产生鲜明、确定效果。如图11-22所示，所用的就是黑白对比，构架是用黑色的西瓜子黏在手提包形模型的下半部，上半部用白色香石竹花瓣形成包口，黑白对比强烈，再在构架上插上几枝兜兰，形成一个极富创意的插花花艺作品。

图11-22　明度对比

②色彩明度对比　其强弱取决于强弱差别的大小，常用调性的长短来表示对比的强弱。长调对比作品对比色的明度差别在6级以上，给人以强烈、醒目的印象。中调对比作品对比色的明度差在4~5级，给人以温和、平静的印象。短调对比作品对比色的明度差在3级以内，给人以模糊、平和、柔弱的印象。

③纯度对比　指纯度较高的色彩与纯度低的色彩并置，即纯色与深色的对比。这种纯与浊的关系是相对而言的，纯色也可以是浊色中较高纯度色与较低纯度色之间的对比，以及不同色相间的纯度对比。色彩的纯度改变，则

明度也会随之变化。孟赛尔色立体各种色纯度可分等级很不一致，如红色分为 14 级，蓝色分为 6 级，紫色最少只有 4 级。为了便于掌握，可将每种色相的纯度都分为 12 级。其中构成的对比可以分为以下 3 种基调。

高纯度基调　也叫鲜强对比。相差 8 级以上，具有鲜明、强烈向上、朝气、积极的特点。

中纯度基调　也叫中中对比。相差 5 ~ 8 级，具有平和稳定、自然、冷静、文雅的特点。

低纯度基调　也叫灰强对比。相差 4 级以内，具有简朴、陈旧、平淡的特点。

④色相对比　即运用不同色相之间差异并置在一起形成的对比关系。

同类色对比也叫同一色相对比。在 24 色相环中，色相角在 5°以内的颜色形成的对比是同类色对比，这种对比关系较弱。

邻近色对比色相角在 30°以内的对比为邻近色对比。如黄色与橙色对比。

类似色对比色相角在 45°左右称为类似色对比。

中间色对比色相角在 90°左右为中间色对比。

对比色对比色相角在 120°左右为对比色对比。如红色与黄色对比、黄色与蓝色对比、红色与蓝色对比。

互补色对比色相角在 180°左右为互补色对比。如红色与绿色对比、黄色与紫色对比、蓝色与橙色对比。

其中前 4 种对比方法属于弱对比，较容易得到协调对比效果。后 2 种属于强对比范围，运用好可以产生强烈、鲜艳、刺激的效果；运用不好则容易产生过分强烈的冲突和刺激感，俗称"火"气，破坏了画面气氛。

(3)调和

任何色彩在自然或人工环境中都不是独立存在的，必然与周围或其他的色彩产生对比、映衬的关系。几种色彩摆放在一起彼此之间也会产生对比或调和的组合关系。如果两种以上的色彩组合在一起产生美感，就说明其关系是协调的，适合色彩调和的规律。这种把两种或两种以上色彩按照美学规律组合到一起，产生美感的色彩搭配方式就叫色彩的调和。

①色彩调和的原理　色彩搭配在一起，既不过分刺激，也不过分呆板，配色是调和的，没有个性的。完全缺乏变化的颜色，也不能算是调和的。

没有对比就没有调和，对比与调和是相辅相成的。按照人的视觉需要，补色搭配以求得生理平衡。

色彩的对比只是认识色彩变化的手段，调和才是运用色彩、解决色彩问题的关键。

②色彩调和的方法　单色相的调和(只变化明度与纯度)——这是一种最简单的调和手段，容易产生调和感和统一感，可以在主色与配色中选一项进行加白、黑、灰的处理，反衬另一项，进而取得对比中调和的效果，以及浊度与纯度间的调和效果。

类似色的调和——利用色相环相互临近的颜色进行搭配取得调和的方法称为类似色调和。

对比色调和——选择 24 色色相环距离角 120° ~ 180°的颜色进行搭配产生的调和关系，应运用色彩手段避免对比过分强烈。

色调为主产生调和——使画面或空间统一在一种暖或冷的色调中容易产生调和效

果，这种调色称为色调调和，可分为暖色色调、冷色色调、中性色色调等。

多边色调和——利用24色相环，将等边三角形或正方形，每角选一种色进行搭配，则产生调和效果，这种方法称为多边色调和。

11.4.3　立体构成在插花艺术中的应用

立体构成是指在三维空间内，通过材料的组合形成立体造型，并以立体造型的实际厚度、高度和宽度来塑造形象。立体构成与平面构成有很多相同之处，不同的是，立体构成是在三维空间内创造形象。立体构成要求对物体或造型进行多方位的观察与思考，采用不同材料，按照一定的法则组合成新的立体形态的过程。立体构成的目的是培养观察、认识、想象、分析、组合、决断等造型能力，理解造型的基本原理与培养一定的操作技能与表现技巧。在插花艺术过程中，很多地方需要运用立体构成的原理，最典型的是大型花艺设计、立体花坛的设计以及综合花展的设计等。

图11-23　立体构成光影感
（作者：张博成）

按照组成立体造型的材料和方法的不同，分为浅立体、线立体、面立体和块立体。不同材料组成的立体构成，给人的感觉也不同，线材给人一种轻快和空间感，面材给人一种充实感，块材给人以厚重感。

1）立体构成的特征

（1）光影感

所有立体造型都会通过光影加强自身的体积效果，因此造型本身的明暗变化与落影是立体构成必不可少的条件。如图11-23所示插花作品，用灯罩做一个构架、外贴食用菌竹荪，然后在缝隙固定试管插花，当灯打开时，有强烈的光影效果。

（2）空间感

人们要欣赏立体造型的全貌，领略空间的感受，视点必须移动，这样就由身体的移动而形成空间感。通过一个作品的不同角度观赏，可以领略插花作品的空间感（图11-24）。

（3）动感

立体造型是静止的，但组成它的点、线、面所产生的斜面、曲面及形体，它们在空间部位的转动而取得动感（图11-25）。

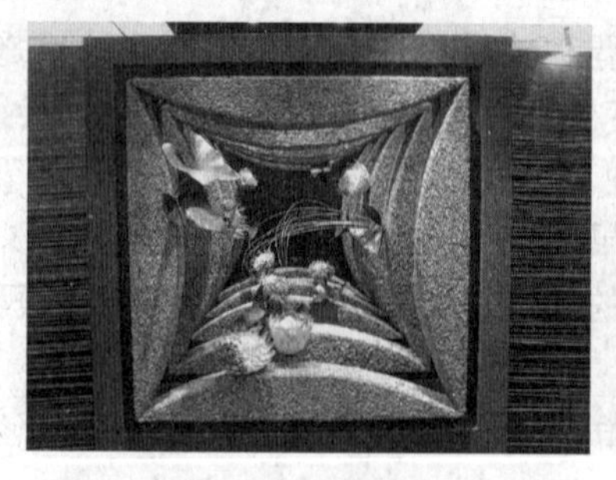
图11-24　立体构成空间感（1）

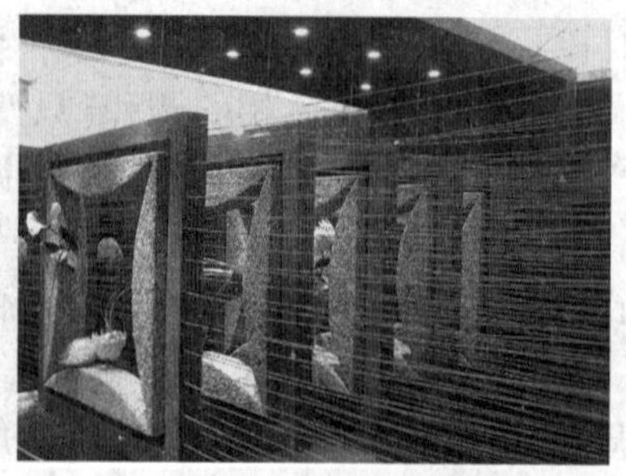
图11-25　立体构成空间感（2）

2）立体构成的形式法则

（1）节奏和韵律

立体构成设计在整体关系上要表现出一定的节奏和韵律美，也就是表现出一种协调的秩序和有规律性的变化，使人们观后产生柔和、优雅的感觉。

（2）对比与调和

对比指突出形象之间的差异，使个性鲜明化；调和是指在对比中找出统一的因素。在立体构成中，对比可使得形态生动、个性鲜明，而调和又对对比双方起着过渡和中和作用，使双方产生协调关系。

对比与调和是相互对立的一个统一体，在任何设计中，它们都是不可缺少的。

（3）均衡与对称

均衡是一件作品的整体布局，对称是最完美的均衡形式，比如中国古代宫殿建筑的设计常采用对称形式。

（4）形象的重复

在观察事物的过程中，形象的重复很容易引起人们的视觉注意，也往往会成为表现对象的重点。重复形象的造型从美学角度来看，呈现出一种秩序美的视觉形象，而且这些重复造型会产生一种相互呼应的作用，在客观效果上会有一种和谐的气氛。

（5）形象的变异

形象的变异就是指在一种有秩序的设计形象整体中，有个别变异的表现，这种构成形式在设计整体中产生富有变化、烘托气氛、“画龙点睛”的作用。

3）线立体构成

在几何学上，线是点运动的轨迹，只有位置及长度，没有厚度与宽度，是一个面的边。在我们周围有许多物体，它们的宽度、厚度非常小，与周围其他物体相比较，可看作线条，如电线、树枝、晒衣绳、毛笔、火车铁轨等。

线条的方向可当作一种象征，能使人产生一定的联想。一般来说，直线表示静，曲线表示动。在立体构成中，将线扩大为三次元的有实际质的体来表现。

线立体构成是以线材为基本形态，采用渐变、交叉、放射、重复等方法构成。线材是以长度为特征的型材。在线立体构成中按线材不同，可划分为软质线材和硬质线材两种。

硬质线材包括木材、塑料及其他金属等条材；软质线材包括棉、麻、丝、化纤等软线，还有铁丝、铜丝、铝丝等金属线材。这些材质都具有线材的特征。在线立体构成中，除了要注意艺术的感动性和美学上的要求外，还要注意空间与实体、力学与结构上的关系。

线材本身并不具有表现空间形体的功能，而是需要通过线群的集聚和利用框架的支撑形成面的效果，然后用各种面加以包围，才可以形成空间立体造型，转化为空间立体。

线材构成所表现的空间立体效果，具有半透明的性质。由于线群按照一定的规律集合，线与线之间会产生一定的间距，透过这些线之间的空隙，可观察到各个不同层次的线群结构。这样便能表现出各线面层次的交错构成。这种各线面不同层次交错产生的效果，呈现出疏密不同的网格状变化，具有较强的韵律感。

由于受材料限制，线材所围合成的空间立体造型，必须借助于框架的支撑。常用的框架有木框架、金属框架或其他能起支撑作用的材质做成的框架。

(1)硬质线材构成

用金属条、玻璃柱、木条、塑料等材料组成的立体造型，就叫硬质线材构成，简称硬线构成。在构成前，要按照作者的设计意图，确定好框架。构成后，可将临时支撑框架撤掉以保留硬线本身构成的效果。这种构成形式可运用到花艺设计、商品展架、装饰品等产品设计的造型中。选用透明的材质，如玻璃柱、塑料细管等所构成的立体造型，可呈现出晶莹剔透的效果。

硬质线材构成的表现形式种类丰富，主要有以下几种造型形式。

①垒积构造　以直线形条材，组成方形、圆形、扇形等基本体造型。然后，按一定规律排列重叠，可以进行渐变排列，也可以进行变向、转体、穿插等各种变化，这种构成形式可以表现构成群体的韵律美。按照这个原理可以用枝条设计出新颖的花艺设计构架。如图11-26，运用树枝枝条做成各种梭子形，在预先做好的"Ω"框架中，垒积成花艺设计的构架，在这个构架上插上鲜花即为一件很好的富有创意的花艺作品。

图11-26　运用硬质线材构成的花艺作品
（作者：朱永安）

②桁架构造　是由6根硬线材组成的正四面体。这种6根硬线材组构的正四面体是虚体(消极的体)。它的最大特点是能够用少量的材料造出较大的构成物(图11-27)。

③框架构造　是将条形硬质材料先制成框架，然后按照一定规律进行组合排列。有的面层用平行或垂直的有秩序排列，有的面层可以进行部分的斜向排列，有的局部也可以留出空间，各层次在整体造型上形成各种变化，便能造成相互交错的韵律美。再加以变化就成为一个花艺设计构架的初步造型(图11-28)。

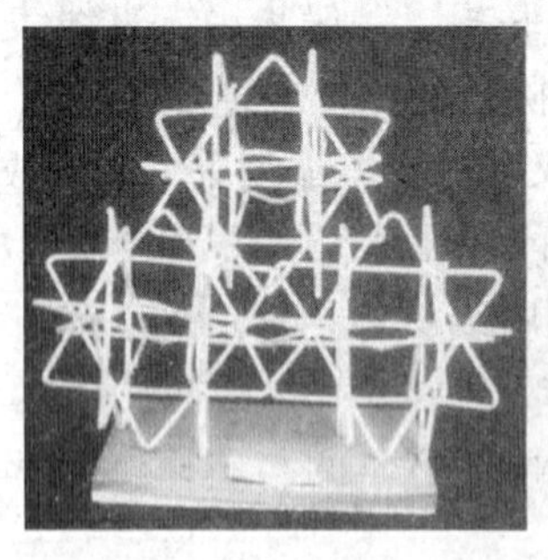

图11-27　桁架构造

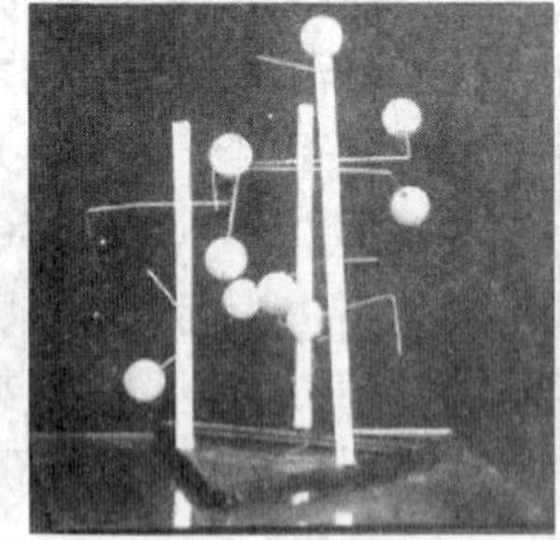

图11-28　框架构造

(2)软质线材构成

软质线材构成是以框架作为依靠和基础，用棉、麻、丝等软线按照设计者的意图来进行立体造型。

框架式常用硬材制作，作为引拉软线的基础。框架的造型是按作者的设计意图制作，其结构可以是任何形状。值得注意的是，作为引拉软线的基体的硬材框架必须相当结实。框架上的接线点，各边的数量要相等。其间距可进行等距分割，或从密到疏的渐变次序排列。线的方向可以垂直连接，也可以斜向错位连接，或者从横边连接到竖边，或从上部边框交叉方向连接到下部边框。线与线之间的交叉构成，由于其方向和交叉角度的变化，可产生各种丰富的构成效果。如图11-29所示，作者先用钢筋烧制成立体三角形框架，然后用绿色软绳绕成软线构成作为花艺作品的构架，再插上红掌、刚草、文心兰成为一个富有创意的插花花艺作品。

图11-29　运用软质线材构成的花艺作品
（作者：张莲芳）

4）面立体构成

在几何学上，面是线移动的轨迹，面只有位置长度和宽度，是一个体积的外部界线。在立体构成中，将面扩大为三次元的有实际质的体来表现。面立体构成，又称"板式构成"，是以长和宽为素材，采用渐变方式积聚等方法所构成的立体造型。面立体构成具有平薄和扩延感。它在二维空间的基础上，增加一个深度空间，便于形成空间的立体造型。如图11-30所示，作者运用了两块玻璃以及樟树段作为不同的面来进行面立体构成，形成插花花艺作品的构架，然后插上花卉就是一件很好的插花花艺作品。

图11-30　面立体构成的花艺作品
（作者：朱迎迎）

插花艺术作为一个造型艺术，三大构成原理在插花花艺作品的创作过程中应用广泛，深刻领会和熟练掌握三大构成原理对进行插花花艺作品创作有很大的帮助。

技能训练

技能11.1　利用花材制作平面构成作品

1. 目的要求

掌握平面构成的原理，为插花艺术作品创作打下基础。

2. 材料及用具

月季花瓣、一叶兰等叶片；20cm×20cm卡纸1张；剪刀、花胶等。

3. 方法步骤

①在卡纸上设计平面构成图案；

②用剪刀将花瓣或叶片剪成所需形状；
③用花瓣或叶片粘成一张平面构成作品。

4. 评价标准

①构思要求：独特有创意；
②色彩要求：新颖而赏心悦目；
③造型要求：符合平面构成的造型要求；
④固定要求：花材固定均要求牢固；
⑤整洁要求：作品完成后操作场地整理干净。

5. 考核要求

提交实验报告，内容包括准备过程、设计思想、操作过程以及心得体会。

技能11.2 利用花材制作立体构成作品

1. 目的要求

掌握立体构成的原理，为插花艺术作品创作打下基础。

2. 材料及用具

红瑞木枝条或竹子若干；白纸1张、笔、50cm×50cm夹板1张；剪刀、铅丝等。

3. 方法步骤

①在纸上设计画出立体构成图案；
②用剪刀将枝条或竹子剪成所需长短；
③用铅丝将枝条或竹子做成一件立体构成作品。

4. 评价标准

①构思要求：独特有创意；
②色彩要求：新颖而赏心悦目；
③造型要求：符合立体构成的造型要求；
④固定要求：整体作品及花材固定均要求牢固；
⑤整洁要求：作品完成后操作场地整理干净。

5. 考核要求

提交实验报告，内容包括准备过程、设计思想、操作过程以及心得体会。

思考题

1. 何谓花艺设计？
2. 花艺设计的风格与特点是什么？
3. 中国花艺设计的特点是什么？
4. 西方花艺设计的特点是什么？
5. 花艺设计的基本要素有哪些？
6. 平面构成分成哪几种形式？各有什么特点？
7. 简述立体构成在插花花艺创作中的应用。
8. 线立体构成一般有哪些形式构成？
9. 何谓色彩的视觉效果？举例说明。
10. 色彩对比形式有哪几种？举例说明。

项目12 花艺设计构件制作

学习目标

【知识目标】

(1)掌握花艺设计的表现技巧。

(2)掌握花艺设计构件的制作方法。

(3)了解合成花制作方法。

【技能目标】

(1)能制作串联手法的构件。

(2)能制作粘贴手法的构件。

(3)能制作编织手法的构件。

(4)能制作裁切手法的构件。

案例导入

小丽通过一段时间的学习已经了解了花艺设计的基本知识，但真正动手做却无从下手。小丽觉得自己该动手做些什么。如果你是小丽，你会怎样做？

分组讨论：

1. 列出小丽可能会做的工作。

序号	花艺设计构件制作所需知识和能力	自我评价
1		
2		
3		
4		
⋮		
备注	自我评价：准确☆、基本准确△、不准确○	

2. 如果你是小丽，你会怎么做？

12.1 花艺设计表现技巧

花艺设计之所以成为一种门类，是因为它不仅仅选用了千姿百态的花材，具有优美的造型、艳丽的色彩，而且具有一定的思想内容，表达出创作者的思想感情，使人在悦目的同时还赏心。因此巧妙独特的构思以及娴熟的技巧和表现手法是决定一件花艺设计作品成败的关键。因为光有好的独特的构思而无法用花艺设计要素充分表达，或有娴熟的表现技巧而没有独特的构思均不能成为一件优秀的作品。

花艺设计的表现技巧有别于传统插花，主要是通过用植物或非植物的材料根据设计者的思想制作成构架以及用植物的一部分如花瓣、小段枝条、种子等材料通过各种技法来表现花材。

12.1.1　构架的表现

花艺设计主要通过构架来进行创作，好的创意、制作精良的构架是一件好的花艺作品的前提。

1) 构架材料的性质特点

花艺设计用作构架的材料，主要有植物材料和非植物材料，植物材料主要是木本植物的树干或树枝，或使用经过加工处理过的干燥花枝条。非植物材料主要是在建筑装饰上所用的一些材料，如石、玻璃、钢铁、塑料、陶土砖瓦等。材料品种繁多，性质各异，有共性也有其特性。归纳起来材料的基本特性主要包括物理性质、化学性质和力学性质。在花艺设计过程当中主要了解材料的物理性质和力学性质。材料的物理性质有密度、与水相关的性质等。通过材料的密度可以了解材料的表面肌理特性，如密度高则材料表面细致光滑，密度低则表面粗糙。材料有亲水性和憎水性，亲水性的材料由于吸取空气中的水分色泽容易改变，而憎水性的材料色泽不容易改变。材料的力学性质是指材料在外力作用下抵抗破坏的能力和变形的有关性质，主要有强度、弹性和塑性。材料在外力作用下抵抗破坏的能力称为强度，强度越高则抗拉、抗压、抗弯、抗剪的能力越强，如钢铁与纸的比较。材料在外力的作用下产生变形，但取消外力后，能够完全恢复原来形状的性质称为弹性。材料在外力作用下产生变形，如果取消外力，仍保持变形后的形状和尺寸，并且不产生裂缝的性质称为塑性，如竹篾的弹性较强，铝丝、铅丝的塑性较强。在进行花艺设计时，选用什么材料制作构架，要充分考虑材料的性质特点。

2) 制作构架的材料

(1) 植物材料

根据花艺设计要求，可以创作出各种造型的花艺作品。很多作品打破传统插花所用器具，而运用构架来体现花艺作品的基本造型。通常运用植物材料作构架，如竹、木本植物的树干等。

①竹(竹枝、竹竿、竹篾、竹圈、竹制品等)　竹子是一种非常好的插花材料，在插

花作品中常常会用到竹来表现。不仅仅是因为竹子的君子比德思想很高洁，未出土时先有节，凌云处尚虚心。更是因为竹子本身有很强的造型可塑性，竹竿清青笔直代表刚直不阿；竹枝青翠可有各种不同造型；竹篾刚柔相济可创作出各种线条造型；将竹子锯成一个个竹圈可以自由组合成各种造型(图 12-1)；竹制品也可作为各种造型的单元如竹编等物；而竹竿中空可储水，也可放置花泥用以插花。

图 12-1　竹圈的构架表现

图 12-2　木框的构架表现

(《满园春色框不住》作者：刘飞鸣)

②木(木条、木板、木框等)　各种材质的木条、木板可以根据造型需要，通过锯、镶、钉、捆等各种方法创作出各种富有创意的作品构架(图 12-2)。

③树段(树枝、树根、树干等)　可利用修剪后废弃的树段、树枝、树根、树干进行花艺设计，把树枝剪成小段进行捆绑、编织、粘贴；将树干撇开；把树段锯成薄片(树段的年轮也是很好的观赏点)，通过各种手法组合造型，创作出多种的花艺设计构架(图 12-3)。

(2)非植物材料

①钢铁材料　利用钢铁材料的特性，通过焊接，制作多种构架或固定几架(图 12-4)。

图 12-3　树干的构架表现

(作者：王志东)

图 12-4　钢铁材料的构架表现

(《汇》作者：刘飞鸣)

②玻璃材料　通过对板形玻璃的加工进行造型，如打洞、经过加热后特制成各种弯曲度造型等。利用现成玻璃制品进行组合造型，如将各种形状、大小、色彩的玻璃容器根据设计要求进行再创作，构成花艺设计的构架(图12-5)。

③塑料材料　利用有些塑料材料的可塑性及丰富的色彩，通过设计创作出造型独特的花艺设计构架(图12-6)。

④石料　石料的加工处理后可以作为花艺设计很好的构架材料。例如，将稍大的鹅卵石用冲击钻，钻出放置试管的小洞，然后在试管中插花。或者将大小不一的卵石作为插花的配置材料，以体现源于自然的情趣(图12-7)。

⑤纸料　纸是中国古代的四大发明之一，目前已出现各种各样的纸，如纹理不同、色彩不同、厚薄不同、光泽不同，还有纸的质感不同等。通过对纸的性质的充分认识，可以通过卷、折、切、撕等手法加工创作不同的花艺作品造型(图12-8)。

⑥陶土砖瓦料　利用陶土砖瓦质朴的肌理特性可以创作出回归自然的花艺作品(图12-9)。

图12-5　玻璃材料的构架表现

(《聚》作者：谢明)

图12-6　塑料材料的构架表现

(《火树银花》作者：刘飞鸣)

图12-7　石料的构架表现

(《峭壁》作者：刘飞鸣)

图12-8　纸料的构架表现

(《和谐》作者：朱迎迎)

12.1.2　花材的表现

图 12-9　砖瓦料的构架表现

(《悠悠岁月》作者：刘飞鸣)

有了一个好的构架，有时候也需要对花材进行人工处理来创作出新颖别致的花艺作品。或者利用花材的一部分来进行创作花艺作品，这就需要对花材进行处理来更好地展现它的特性。

(1)直立线条的表现

①平行　所谓直立线条平行表现，是指大部分花材呈平行排列。有垂直平行(图 12-10A)、倾斜平行(图 12-10B)、水平平行(图 12-10C)及曲线平行(图 12-10D)4 种设计手法，可应用在不同的设计形式上。设计重点是每一种花材都有自己的着力基点，两枝花材之间，由底部至顶端均保持平行距离。在花材的选择方面，需选择茎干笔直的花材作为主要素材，每一群组最好是不同的花材和叶材，而每一群组之间须留

A

B

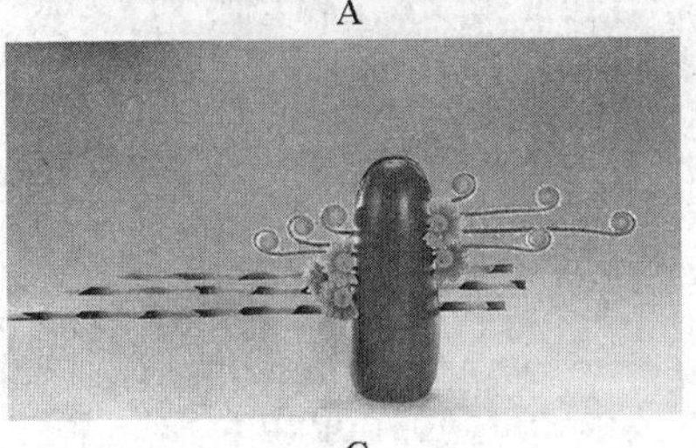

C

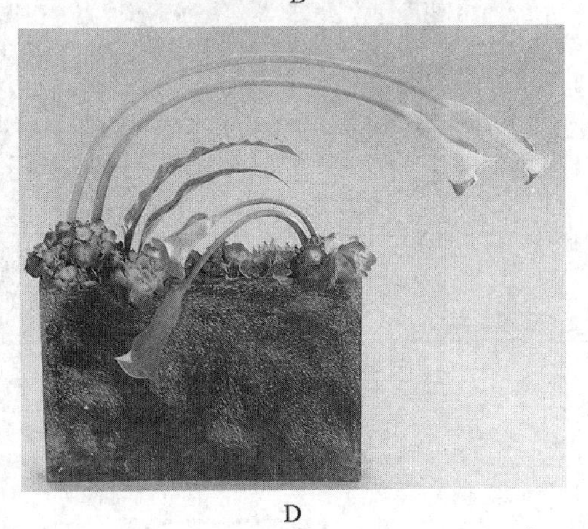

D

图 12-10　直立线条的平行表现

A. 垂直平行　B. 倾斜平行　C. 水平平行　D. 曲线平行

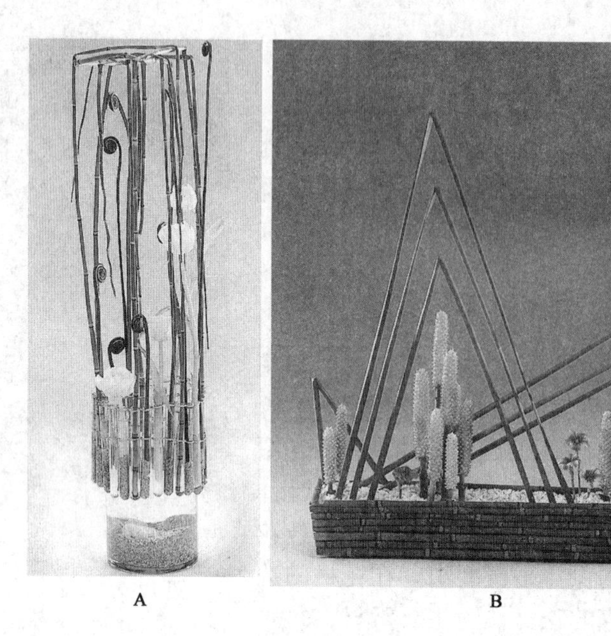

A B

图12-11 交叉表现

A. 直角交叉 B. 非直角交叉

有空间，须注意每一群组之间的高低比例和色彩搭配，底部以块状、点状、面状花叶铺底，花器口以宽阔为主。

②交叉 所谓直立线条花材交叉表现，是指主要线条花材交叉表现构图思想。有直角交叉(图12-11A)、非直角交叉(图12-11B)两种设计手法。重点是可以一种花材互相交叉，也可以是多种花材交叉。

③折曲 所谓直立线条花材折曲表现，是指利用直立型的花材折曲造型表现构图思想。有单枝折曲(图12-12A)、多枝捆绑折曲(图12-12B)。

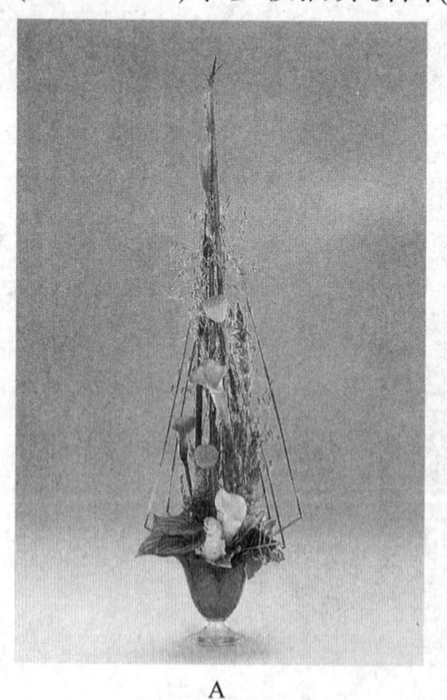

A B

图12-12 折曲表现

A. 单枝折曲 B. 多枝捆绑折曲

(2)藤蔓(柔韧)线条的表现

利用藤蔓(柔韧)型花材的下垂性、柔弱性而采取垂、罩、绕的手法来表现。垂，一般用在较高处似瀑布流泻，有一种动感(图 12-13A)。罩，一般将藤蔓型(柔韧)花材罩在已设计好的花型上，以增加柔弱性和朦胧感；或罩在花艺设计师预先设计好的架构上，以打破架构的硬线条，体现刚柔相济(图 12-13B)。绕，可绕于花材上，也可绕于架构上，也可绕于容器上，充分展示藤蔓(柔韧)型花材的依附性和柔弱性(图 12-13C)。

(3)花材组合的表现

花材的组合可以是一种花材的组合，也可以是多种花材的组合；可以是花材与花材的组合，也可以是花材与其他装饰材料的组合。通过排列(堆叠、阶梯)、捆扎(绑饰)、

A

B　　C

图 12-13　藤蔓线条的表现

A. 垂　B. 罩　C. 绕

垂挂等方式可以有多种表现。

①排列（堆叠、阶梯）　排列可以是平行排列，也可以是紧密排列成事先设计好的图案（图12-14）。是用花卉或非花卉材料紧密排列以遮盖作品底部的技巧，这种设计技巧来自于珠宝设计，采用相同尺寸的宝石紧密排列在一起以遮盖金属底座。在花艺设计中这种紧密排列花材的方式，能加强颜色和质感的对比效果。堆叠是指用各种花卉通常是叶材，紧密地一片片堆叠，彼此间不留空隙。堆叠的处理技巧可以创造出与叶材单一使用时完全不同的质感效果，如将七里香的叶片层层重叠可以成为类似云片状质感的花器效果（图12-15）。也可以将树段堆叠成螺旋形成为花艺设计的架构。也可以将叶片水平或立体排列成阶梯状，这是一种逐步延伸的插作方法，各叶片之间或各组花材之间留有空隙，形成阶梯状，有向上发展的感觉，富有韵律感（图12-16）。

②捆扎（绑饰）　捆扎使视觉上或实际上点的连接，这是将许多花朵或花枝帮紧在一起以达到强化的效果。绑扎技巧常用于制作胸花、新娘捧花、献花用花束（图12-17）。

图12-14　花材的紧密排列

图12-15　花材的紧密重叠

图12-16　花材的排列

A

B

C

图12-17　花材的绑扎表现

在绑扎过程中还可以在绑扎处用花材加以修饰，使绑扎具有艺术性。通过捆扎的处理技巧，可以使细而柔弱又不易固定的花材变得容易处理，也可以表现丛生、茂盛的景色(图 12-17)。

12.1.3 色彩的表现

花艺设计的色彩表现也与传统插花不尽相同，为了使花艺设计更具时代特点，花艺

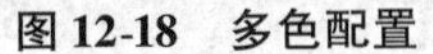
图 12-18 多色配置

图 12-19 黑色配置

设计在传统插花的基础上有时会更大胆地运用黑色、金色、银色等一些在传统插花中不常见的色彩。

(1) 多色表现

在花艺设计中的多色表现常运用对比色等色彩视觉感受强烈的色彩配置(图 12-18)。

(2) 黑色表现

在传统插花中黑色一般被视为黑暗、消沉等象征，所以运用不多。而现代花艺设计为了追求视觉冲击和现代时尚气息常常会使用黑色配置。如图 12-19 就是黑银色配置的花艺设计，非常富有视觉冲击和时尚感。

(3) 金银色表现

在现代花艺设计中，经常会用到金银色配置，特别是现在圣诞节的花艺布置中也运用大量的金银色系。不仅带来时尚，也带来了富贵、热烈的视觉效果(图 12-20)。

金色配置

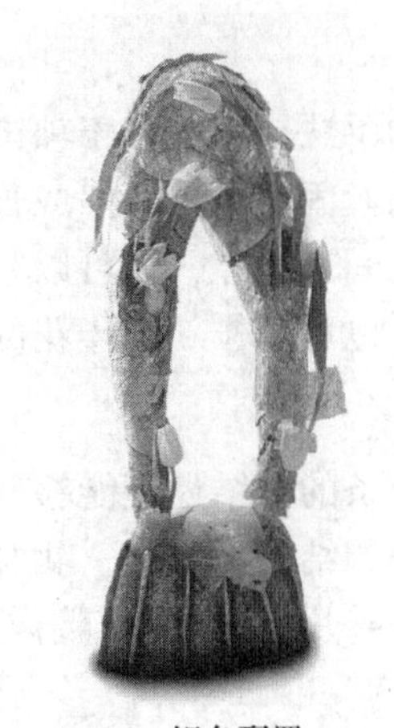

银色配置

图 12-20 金银色配置

12.2 构件制作方法

自然的花材可以通过人工的手法创作出超乎花材本身美感的意趣，只要有创新的精神、丰富的想象、扎实的专业基础，就会有丰富多样的花材处理方法，制作一个精良的构件是打下花艺创作的良好基础。

(1)编织

编织就是将柔软易弯曲的花材以直角或其他角度交织组合的过程，可以将叶片运用手工编织的手法，创作出所需的式样，如竹席式或各种动物形状等。纺织品的编织通常在编织机上完成，如纱线经线和纬线的交织。从史前发现的篮子和纺织品上发现，编织最初是以家庭手艺的形式开始。在花艺界，叶片编织技巧已成为一种设计主流，最常用的叶片有散尾葵、柳枝、麦冬等，其他狭长而易弯曲的叶片均可使用。有时还可加上饰品如缎带等以创意的手法表现。编织可以是一种技巧，也可以是一种设计形式。主要衡量标准是作品中编织物所占的比例。以编织为主就是一种设计形式(图12-21)。

编织形式

编织技巧

图12-21 编 织

(2)串联

串联的手法灵感来自于项链、珠帘的设计，将枝条剪成小段，将花瓣、叶片卷成小卷，用细铜丝固定，然后串成长长的一串。小的花朵和果实也可用线串。串联可以使植物与植物之间有缝隙，也可以紧密地联系在一起。然后用垂挂、罩、绕的手法装饰在花艺作品中，也可用作新娘捧花的设计(图12-22)。

(3)打结

植物枝条的打结处理能够改变花艺造型，但并非任何花枝都能打结，要选择枝条柔软的花材，如结香、垂柳、银柳、迎春、黄馨等。细长的植物叶片，如书带草、丝兰、新西兰麻等叶片，也可做打结处理。打结的松紧根据造型的需要来确定(图12-23)。

(4)撕裂

具有平行叶脉的植物叶，如箬叶等，对其做纵向撕裂，会产生纵向裂痕。也可以不完全撕透，按叶脉方向多拉几条丝，能产生弧线叶(图12-24)。

枝条线串　　花材紧密线

图12-22　线　串

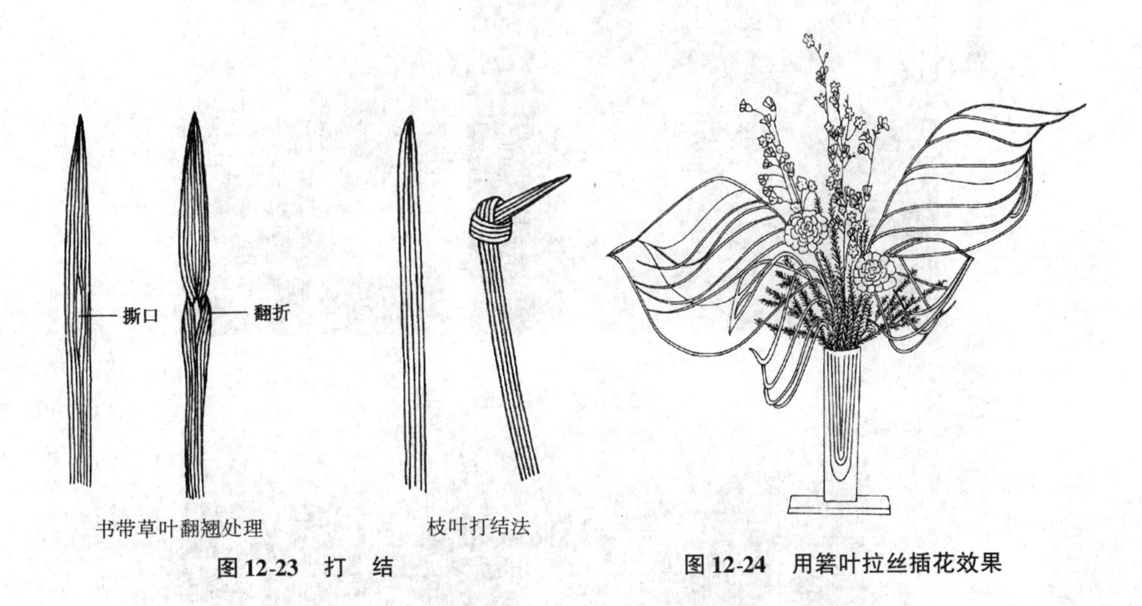

书带草叶翻翘处理　　枝叶打结法

图12-23　打　结

图12-24　用箬叶拉丝插花效果

(5)卷曲

利用外力使叶片造型时，准备一些铅丝、透明胶，然后把叶片放平，叶面朝下，找到中央叶脉，将铅丝附在中央叶脉旁，并用透明胶纸粘贴在叶上。处理后，需要让叶片有多少卷曲角度，就可随意调节，但要注意位置，谨防暴露人工痕迹。使用此法的植物有箬叶、姜花等。可以使整张叶片卷曲，也可以使一张叶片的部分卷曲(图12-25)。

(6)粘贴

可以将花材的叶片、果实、花瓣、种子、小型花朵运用花艺专门的冷胶、喷胶、双面胶、活热熔胶粘贴在事先设计好的构架或花器上。可以改变花器外形或做成各种配件，创造出令人惊奇的花艺作品(图12-26)。

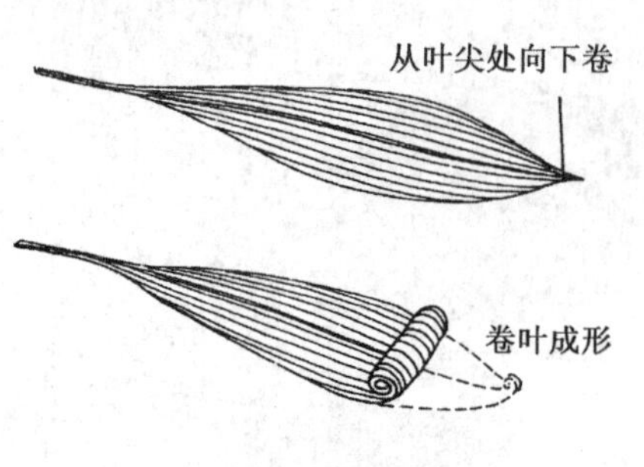

箬叶搓揉卷叶造型

用箬叶卷叶的插花效果

叶材完全卷曲

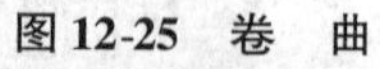

图12-25 卷 曲

花朵的粘贴

叶材的粘贴

图12-26 粘 贴

叶材的包裹

叶材的包裹

图12-27 包 裹

(7)包裹

一般是运用较大的叶片将事前设计好的构架加以包裹。用铅丝或花胶固定。包裹时

要注意叶片的的叶脉纹理以及叶片正反面的色彩对比(图12-27)。

(8)裁切

一般用叶面较宽大并且不易脱水的叶片，如蜘蛛抱蛋、剑叶等，可以将蜘蛛抱蛋的叶片裁切成圆形然后粘贴在事先做好的铁丝圈上作装饰，或者将剑叶裁切成一小片一小片，用竹签串起来作装饰。

12.3 合成花制作方法

合成花是用许多花瓣、叶片组合而成的圆形合成式花艺设计。合成花不仅可用作捧花，也可作为花艺设计的焦点花，使装饰性设计更具特色。可使用的花材有月季、山茶、百合、鸢尾、郁金香、君子兰、洋桔梗等，而任何阔叶形叶材如银荷叶、沙巴叶、常春藤叶等都可制作合成花。合成花的制作方法(图12-28)：月季、山茶等花瓣以类似扇型的方式两两交错交叠，用28号或30号U形铁丝穿入固定，作为合成花的花瓣，再依照月季或山茶花的实际样子组合成一朵大型合成花，最后以叶片作边饰收尾(图12-29)。

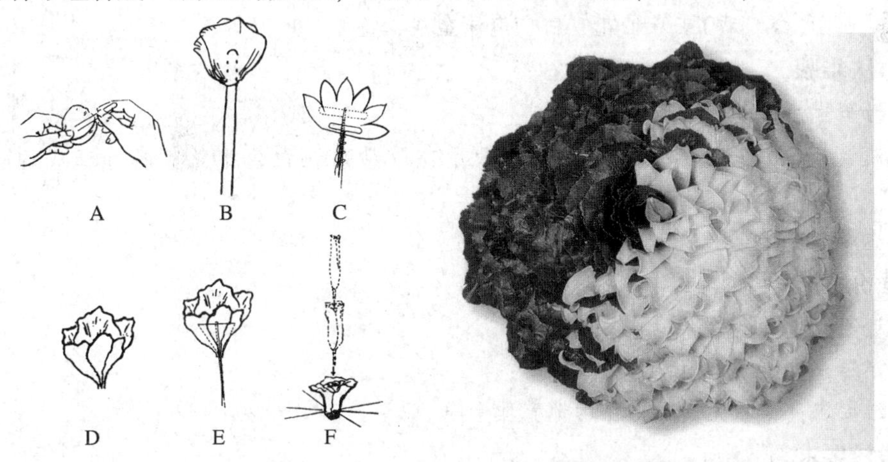

图12-28 合成花的制作方法　　图12-29 由银荷叶和百合花瓣做成的合成花

技能训练

技能12.1 制作串联手法构件

1. 目的要求

掌握串联手法构件制作的基本方法和要求。

2. 材料及用具

月季花瓣、铜丝；剪刀等。

3. 方法步骤

①将月季花瓣卷成小卷；

②将铜丝在中间缠上2圈固定；

③隔2~3cm再用铜丝缠住一个月季花瓣卷成的花瓣卷；

④最后形成一串长约80cm的花瓣串。

4. 评价标准

①造型要求：串联整齐、花瓣不破落；

②固定要求：要求牢固、花瓣不掉落；

③整洁要求：作品完成后操作场地整理干净。

5. 考核要求

提交实验报告，内容包括准备过程、设计思想、操作过程以及心得体会。

技能12.2 制作粘贴手法构件

1. 目的要求

掌握粘贴手法构件制作的基本方法和要求。

2. 材料及用具

波状补血草(勿忘我)或八仙花、白色泡沫塑料、花胶；剪刀等。

3. 方法步骤

①将白色泡沫塑料加工成立体心形；

②将波状补血草(勿忘我)或八仙花花朵用花胶粘贴在白色泡沫塑料加工成的立体心形上；

③最后形成一个花朵形成的心形构件。

4. 评价标准

①造型要求：粘贴整齐、平整；

②固定要求：要求牢固、花朵不掉落；

③整洁要求：作品完成后操作场地整理干净。

5. 考核要求

提交实验报告，内容包括准备过程、设计思想、操作过程以及心得体会。

技能12.3 编织手法构件的制作

1. 目的要求

掌握编织手法构件制作的基本方法和要求。

2. 材料及用具

散尾葵叶或葵心，剪刀等。

3. 方法步骤

①将散尾葵叶的小叶与小叶进行编织或葵心与葵心进行编制；

②形成一个编织构件。

4. 评价标准

①造型要求：编织整齐、平整；

②固定要求：要求牢固、编织不散落；
③整洁要求：作品完成后操作场地整理干净。

5. 考核要求

提交实验报告，内容包括准备过程、设计思想、操作过程以及心得体会。

技能 12.4　裁切手法构件的制作

1. 目的要求

掌握裁切手法构件制作的基本方法和要求。

2. 材料及用具

一叶兰、细铝丝、花胶；美工刀、剪刀等。

3. 方法步骤

①一叶兰剪切成如圆形、心形、方形等形状；
②将剪切成形的叶片固定在相应形状的铝丝框中，用花胶加以固定；
③最后形成一个叶片裁切构件。

4. 评价标准

①造型要求：粘贴整齐、平整；
②固定要求：要求牢固、叶片不掉落；
③整洁要求：作品完成后操作场地整理干净。

5. 考核要求

提交实验报告，内容包括准备过程、设计思想、操作过程以及心得体会。

思考题

1. 制作架构的植物材料一般有哪几种？列举 5 种并写出理由。
2. 直立线条花材有哪几种表现？列举 5 种直立线条花材。
3. 藤蔓(柔韧)型花材一般采取哪些手法来表现？列举 5 种藤蔓(柔韧)型花材。
4. 什么是堆叠？
5. 构件有哪些制作方法？
6. 例举 5 种可以编织的花材？
7. 串联分为几种？各列举 3 种可以串联的花材。
8. 粘贴手法注意事项有哪些？
9. 例举 10 种可以粘贴的花材。
10. 列举 5 种适合做合成花的花材。

项目13 花艺设计作品制作

学习目标

【知识目标】

(1)了解花艺设计的设计要求。

(2)掌握花艺设计的基本形式。

【技能目标】

(1)能制作架构花艺作品。

(2)能制作壁挂式花艺作品。

(3)能制作组群花艺作品。

(4)能制作平行线花艺作品。

(5)制制作堆叠式花艺作品。

(6)能制作模特花艺设计。

案例导入

小丽通过一段时间的学习已经了解了花艺设计的基本知识，并掌握了花艺设计构件的制作技巧。但真正动手做花艺设计作品还是没有头绪。小丽觉得自己应该可以尝试花艺设计作品。

分组讨论：

1. 列出小丽可能会做的花艺设计作品，可能会遇上的困难有哪些？

序号	花艺设计作品制作所需知识和能力	自我评价
1		
2		
3		
⋮		
备注	自我评价：准确☆、基本准确△、不准确○	

2. 如果你是小丽，你会怎么做？

理论知识

13.1　花艺设计的设计要求

(1)创新而不违背自然

花艺设计是一门艺术，艺术的创作源于自然而高于自然，源于生活而胜于生活，是一种创新，一种创造。设计花艺作品，就要求有创新精神，不受传统思想的约束，大胆创新。但在创新的过程中也不能违背自然规律。在艺术与工艺中孕育花艺设计，将抽象艺术转换为花艺设计，抽象思维与植物材料的自然形态相结合，使得花艺作品既创新又不违背自然。

(2)配色新颖而不违背原理

在色彩上既要追求新潮前卫，追求视觉的冲击力、感官的刺激，也要继承传统配色，追求淡雅、追求环保色、追求自然色，以符合色彩原理。

(3)构思独特而具有内涵

在进行花艺设计时，要考虑环境、用途、观众的需要等因素。如进行会场的大型花艺设计，就要考虑会议的性质、来宾的习惯、会议场所的环境要求等进行构思；如是婚礼场景的花艺设计，就要考虑新郎、新娘的职业、爱好、习惯，来宾的观赏要求以及婚礼内容所需的特殊场景花艺设计要求来进行构思。构思要求新颖独特。在花艺设计过程中要注意主题的内涵，只有深刻的内涵才会使观者回味无穷。

13.2　花艺设计的基本形式

13.2.1　图案造型(毕德迈尔设计)花艺设计

在花艺设计中，毕德迈尔设计非常特别，它是唯一对历史的怀念而引发出的设计，即因受当时风靡欧洲的毕德迈尔艺术影响而产生的设计。毕德迈尔一词源于1815—1848年的欧洲，人们摒弃巴洛克、洛可可时代的奢华，趋向简朴、务实的生活方式。圆的、质朴的、简洁的文化特质，反映在建筑、室内装潢、服饰、绘画上，蔚然成风，成为毕德迈尔设计。毕德迈尔(Biedermeier)原是巴伐利亚讽刺诗人埃西·路德笔下的一个人物，最早出现在1855年的《飞行快报》上。这个正直而不迂腐、热衷于音乐诗歌和艺术、沉湎小家庭的舒适、不问政治的小鞋铺主人的文学形象不胫而走，在德国和奥地利的城镇家喻户晓。他的性格称得上是一代人的典型，反映了在当时中欧市民阶级逃避政治、沉醉在个人生活和艺术闲情逸致里的普遍倾向。他的生活逻辑，他对自然和华丽细致艺术的无限享受，浪漫而又懒散的处世态度，对苦闷的社会存在诗意美化，恰恰代表了那个时期大众市民的文化情调，所以后人常用他来作为1848年欧洲大革命前后整个文化时代的代名词。

"毕德迈尔"是浪漫的，即使忧伤也是不失风度的。"毕德迈尔文化"充满了优雅的美感和愉悦轻松的精神，可以说是跟当时沉重的现实背道而驰的一种绚丽的假象。在所谓"毕德迈尔风格"的绘画里，处处都是华丽的暖色光调，让人觉得似乎维也纳终年都沐浴在阳光里；其实这个城市的天空每年至少有一半时间都笼罩着厚厚的云层，冬季漫长，常常风雪交加。但这对艺术无关紧要，"毕德迈尔"艺术表现的不是现实，而是幻想。"毕德迈尔"风格的建筑和家具，把这种罗曼蒂克的幻想带进了每个中产阶层市民的庭园。它的崛起，宣告了对百年来贵族社会富丽繁缛的巴洛克风格的一种大众化"革命"，日常生活里的雅致趣味压倒了庄严浮夸的气势和精神膜拜，这种新的设计风格基调明朗，没有那么多贵重的金色炫耀，突出圆弧形的曲线造型，追求细节和美丽的装饰风味，常用粉红色和其他温和的浅色调组合，创造柔软的色彩印象，渲染舒适温馨的家庭情调。

毕德迈尔花艺设计有环状式、螺旋式、群聚式、线条式、变化式 5 种形式。

(1) 环状式

最传统的"毕德迈尔设计"是用一朵最美丽的花插在圆的中心，其余花材以同心圆的方式环绕排列，成半球形的花型，在外形上可再演变为较扁的平面形和较高的圆锥形。环状式属于同心圆式的设计，同一环须采用大小相同的花材，环与环的配色要协调。不同花材形成不同的环状，颇有特色(图 13-1)。

(2) 螺旋式

群聚式设计由花型顶端，以不同的花材，用螺旋方式插作，整个花型至少要有 3 层以上的螺旋纹，且每一层都需延续到花器的边缘，插作时最重要的是深色花的两旁要插入浅色花，以突出螺旋纹的效果。也可变化呈放射式螺旋或单面设计螺旋(图 13-2)。

(3) 群聚式

花材以不同大小的组群分区插作，组与组间应采用不同花型、不同材质的花材，还要顾及色彩的平衡感，用绿叶作为区隔，则花型更加协调优雅(图 13-3)。

图 13-1　环状式

图 13-2　螺旋式

图 13-3　群聚式

(4) 线条式

以花型的中心为主轴，用不同色系、质感的花材，将花型表面分隔成大小相同的扇面，如将一个圆以圆心为中心平均分成若干个相同的扇形，或者设计成不规则的流动型(图 13-4)。

(5) 变化式

可在正方形、长方形、圆形或不规则的容器中，将花朵、果蔬、叶片或其他异质材料排成花列、图案或不规则的色块，保存毕德迈尔设计的特性。可做成扁平的、圆弧或不规则的各种造型。利用美丽协调的色彩和不同的质感变化，以求设计上最大的视觉效果，可运用在趣味动物造型、花车、商标、蛋糕、餐桌及会场布置等(图 13-5)。

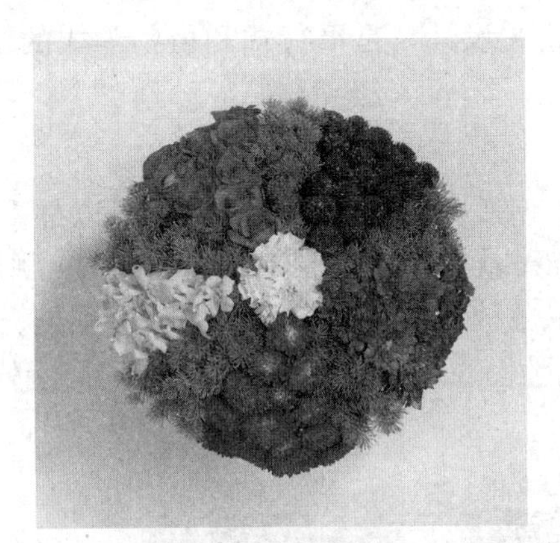
图 13-4　线条式

图 13-5　变化式

13. 2. 2　组合式花艺设计

将植物在自然界里的生态环境展现在作品中，乃注释自然而非模仿自然，体现源于自然而高于自然。植物的安排可"自由随意"，植物与色彩的精致组合达到良好的视觉效果，体现回归自然的向往。可用石头、水草、苔藓、砂粒覆盖花泥，底部应用阶梯法、重叠法、铺设法、堆积法等技巧。

(1) 植物学式设计

这是一种新的设计形式，是展现植物生物学特性的表现手法，如展现球根花卉的花

图 13-6　植物学设计

图 13-7　群聚式设计

苞、花朵、叶片、花茎、球茎、根部，或表现热带植物的风采。将同一种植物的不同部位通过自然式布置手法展现(图 13-6)。

(2)群聚式设计

通过造型手法抽象表现大自然丛林式的花艺设计，是平行式和植物学式的结合(图 13-7)。

(3)排列式设计

排列式花艺设计可以是一种花材排列成造型成为一件花艺作品，也可以是多种花材排列成各种造型组合成一件花艺作品。图 13-8A 就是用韭菜花一种材料通过运用粘贴的手法创作的精美的花艺作品。图 13-8B 是使用多种花材运用捆扎、绑饰、垂挂、粘贴等多种手法在空间组织上排列而成的花艺作品。

A

B

图 13-8　排列式设计

A. 一种花材的排列设计　B. 多种花材的排列设计

13.2.3　平行式花艺设计

所谓平行设计，是指大部分花材呈平行排列。有垂直平行、倾斜平行、水平平行、曲线平行及直角平行5种设计手法，可应用在不同的设计形式上。平行式花艺设计的设计要点是每一种花材都有自己的生长点；两枝花材之间，由底部至顶端须保持平行距离；需选择茎干笔直的花材为主要素材，底部以团状花叶铺底；每一组群最好是不同的花或叶，而每一组群须留有空间；须注意每一组群之间的高低比例及色彩搭配；花器以开口宽阔为宜。

(1)垂直平行设计

以3种不同种类茎干笔直的花材为主体，分别成组，高低错落垂直插入花器中。第一组花材高度为花器直径的2~2.5倍，第二组花材高度为第一组花材高度的3/4~2/3，第三组花材高度为第二组花材高度的2/3~1/2。在3组主体花的空间内加3组副主体，再以圆形叶、块状叶等插在花器口，然后插入小花型的辅助花使底部倍增美感。也可以将不同组的花材高度距离拉大形成对比(图13-9)。

(2)倾斜平行设计

从事平行设计时，其花泥高度不超过花器高度。先以圆形或块状叶铺插在花泥上，然后将一种或多种茎干笔直的花材分成若干组倾斜45°斜插在花泥上。各组平行且高低错落，表达出强烈的倾斜设计效果(图13-10)。

(3)水平平行设计

将茎干笔直的花材捆扎成一组或单枝，将其固定或插入与花器口水平平行的位置，中心焦点处插上圆形花，两侧配以条形花与水平平行延伸，使作品更为丰富(图13-11)。

图13-9　垂直平行设计

图13-10　倾斜平行设计

图13-11　水平平行设计

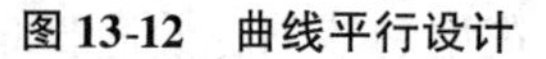

图 13-12 曲线平行设计　　　　图 13-13 直角平行设计

(4)曲线平行设计

曲线平行设计是以曲线方式来表现平行，外形柔美优雅，需选用易弯的花材。如用两组不同颜色的马蹄莲，一组上升、一组下垂，分别成柔美的曲线平行。叶材也呈曲线平行，其余花材低插铺底。也可用不同的曲线形成圆弧框架(图 13-12)。

(5)直角平行设计

直角平行是指用一组水平平行和一组垂直平行的花材组合成直角平行的花艺设计。直角平行设计造型感比较强，视觉效果富有变化。此类设计可以用浅盆作为花器，在垂直平行中穿插水平布置的叶材，构图活泼。也可以用铁制的构架使直角更明显地表现出来(图 13-13)。

13.2.4 大型花艺设计

可以通过构架组成两组或两组以上的大型花艺设计，并将多种形式的花艺设计运用其中。通过多种形式组合花艺设计可以设计出大型的花艺作品，一般应用在大型隆重的场合、专业花艺展览。专业花艺比赛也常用此类形式，可以变化出无穷的创意(图 13-14)。

图 13-14 大型花艺设计

13. 2. 5　模特花艺设计

图 13-15　模特花饰
（作者：朱迎迎）

通过对模特的花艺设计展示人体、服饰、花艺整体之美，追求整体设计效果。根据设计者的设计思想进行总体设计，如要表现回归自然的思想，可以在服饰上选用植物来装饰再进行总体花艺设计。人体花艺设计与新娘花艺设计的根本区别在于，设计者可以突破婚礼设计要求的束缚，根据自己的创意对模特进行整体设计，从服饰、化妆、首饰、花饰一直到表演动作、表演的场景、表演的气氛、舞美、音乐等进行总体策划，呈现给观众的是综合的美、相映成趣的美，通过其他各部分来突出人体花饰的设计效果。一般来说人体花饰较新娘花饰要夸张、前卫、新潮（图 13-15）。

技能训练

技能 13. 1　制作架构花艺作品

1. 目的要求

为了更好地掌握架构花艺设计作品制作要点，通过花艺设计作品制作实践，使学生理解架构花艺设计的构图要求，了解架构花艺设计制作的基本创作过程，掌握架构花艺设计的制作技巧、花材处理技巧、架构与花材固定技巧。在教师的指导下完成一件架构花艺设计作品。

2. 材料及用具

①花材：创作所需的时令花材。包括：线条花，如三桠木 4 根或红瑞木 8 根或干龙柳 8 根、书带草或长文竹；焦点花，如月季、非洲菊等团状花；补充花，如补血草、桔梗、霞草等散状花。

②花器：玻璃试管每组 8 个。

③辅助材料：绿铅丝。

④插花工具：剪刀、美工刀、尖嘴钳、尖嘴加水壶等。

3. 方法步骤

（1）教师示范

①将三桠木剪成每根大约 50cm 长，用绿铅丝绑扎成立体的圆柱体架构。

②将 8 个玻璃试管用绿铅丝绑扎在架构的 2/3 的高度。

③将 10 枝非洲菊和补血草分别插入玻璃试管。

④将长文竹插入玻璃试管并缠绕在圆柱体的 2/3 高度处，然后整理用尖嘴加水壶往玻璃试管加水。

（2）学生分组模仿训练

按操作顺序进行插作。

4. 评价标准

①构架要求：架构牢固站立、并成立体丰满的圆柱体。

②色彩要求：新颖而赏心悦目。

③造型要求：符合架构花艺设计的造型要求。

④固定要求：整体作品固定牢固，花型不变。

⑤整洁要求：作品完成后操作场地整理干净，保证每枝花都能吸到水。

⑥合作要求：与其他同学合作良好。

5. 考核要求

提交实验报告，内容包括对架构花艺设计制作全过程进行分析、比较和总结。

技能13.2　制作壁挂式花艺作品

1. 目的要求

为了更好地掌握壁挂式花艺设计作品制作要点，通过花艺设计作品制作实践，使学生理解壁挂式花艺设计的构图要求，了解壁挂式花艺设计制作的基本创作过程，掌握壁挂式花艺设计的制作技巧、花材处理技巧、架构与花材固定技巧。在教师的指导下完成一件壁挂式花艺设计作品。

2. 材料及用具

①花材：创作所需的时令花材。包括：线条花，如红瑞木5根、马蹄莲8枝；焦点花，如月季、非洲菊等团状花；补充花，如补血草、霞草等散状花。

②花器：玻璃试管每组8个或花泥和锡纸、画框1个。

③辅助材料：绿铅丝、薄木板、黑漆等。

④插花工具：剪刀、美工刀、尖嘴钳、尖嘴加水壶等。

3. 方法步骤

(1)教师示范

①将画框加工成有2~3cm厚度可以放试管或花泥的木框，并将侧面漆成黑色。

②将8个玻璃试管或用锡纸包裹好花泥塞入木框四周。

③将红瑞木5根、马蹄莲8枝分别插入玻璃试管或花泥形成构架。

④焦点花和补充花插入试管或花泥，然后整理用尖嘴加水壶往玻璃试管加水。

(2)学生分组模仿训练

按操作顺序进行插作。

4. 评价标准

①构架要求：画框牢固，能固定挂在墙上。

②色彩要求：新颖而赏心悦目。

③造型要求：符合壁挂式花艺设计的造型要求。

④固定要求：整体作品固定牢固，花型不变。

⑤整洁要求：作品完成后操作场地整理干净，保证每枝花都能吸到水。

⑥合作要求：与其他同学共同合作良好。

5. 考核要求

提交实验报告，内容包括对壁挂式花艺设计制作全过程进行分析、比较和总结。

技能13.3 制作组群花艺作品

1. 目的要求

为了更好地掌握组群花艺设计制作要点，通过组群花艺设计的制作实践，使学生理解组群花艺设计的构图要求，了解组群花艺设计制作的基本创作过程，掌握组群花艺设计的制作技巧、花材处理技巧、花材固定技巧。在教师的指导下完成一件组群花艺设计插花作品。

2. 材料及用具

①花材：创作所需的时令花材。包括：线条花，如小鸟、剑叶、龙口花、紫罗兰、蛇鞭菊等；焦点花，如菊花、月季、非洲菊等团状花；补充花，如小菊、补血草、多头月季等散状花；叶材，如悦景山草、小八角金盘等。

②花器：黑色塑料长方盆。

③辅助材料：花泥。

④插花工具：剪刀、美工刀等。

3. 方法步骤

(1)教师示范

①将线条花分组组合按照高低错落的原则插入盆中。

②将焦点花分组组合插在线条花之间。

③将补充花分组组合插在线条花与焦点花之间。

④依次插入叶材并整理等。

(2)学生分组模仿训练

按操作顺序进行插作。

4. 评价标准

①构思要求：独特有创意，组群明确。

②色彩要求：新颖而赏心悦目。

③造型要求：符合组群花艺设计的造型要求。

④固定要求：整体作品固定牢固，花型不变。

⑤整洁要求：作品完成后操作场地整理干净，保证每枝花都能吸到水。

⑥合作要求：与其他同学合作良好。

5. 考核要求

提交实验报告，内容包括对组群花艺设计制作全过程进行分析、比较和总结。

技能13.4 制作平行线花艺作品

1. 目的要求

为了更好地掌握平行线花艺设计制作要点，通过平行线花艺设计的制作实践，使学生理解平行线花艺设计的构图要求，了解平行线花艺设计制作的基本创作过程，掌握平行线花艺设计的制作技巧、花材处理技巧、花材固定技巧。在教师的指导下完成一件平行线花艺设计插花作品。

2. 材料及用具

①花材：创作所需的时令花材。包括：线条花，如黄苞蝎尾蕉、剑叶、龙口花、紫罗兰、蛇鞭菊等；焦点花，如菊花、月季、非洲菊等团状花；补充花，如小菊、补血草、多头月季等散状花；叶材，如悦景山草、小八角金盘等。

②花器：黑色塑料长方盆2个。

③辅助材料：花泥。

④插花工具：剪刀、美工刀等。

3. 方法步骤

(1)教师示范

①将线条花按照平行的原则按照两个斜向分别插入两个盆中形成一个组合。

②将焦点花平行插在线条花之间。

③将补充花平行插在线条花与焦点花之间。

④依次插入叶材并整理等。

(2)学生分组模仿训练

按操作顺序进行插作。

4. 评价标准

①构思要求：独特有创意，组群明确。

②色彩要求：新颖而赏心悦目。

③造型要求：符合平行线花艺设计的造型要求。

④固定要求：整体作品固定牢固，花型不变。

⑤整洁要求：作品完成后操作场地整理干净，保证每枝花都能吸到水。

⑥合作要求：与其他同学合作良好。

5. 考核要求

提交实验报告，内容包括对平行线花艺设计制作全过程进行分析、比较和总结。

技能13.5　制作堆叠式花艺作品

1. 目的要求

为了更好地掌握堆叠式花艺设计制作要点，通过堆叠式花艺设计的制作实践，使学生理解堆叠式花艺设计的构图要求，了解堆叠式花艺设计制作的基本创作过程，掌握堆叠式花艺设计的制作技巧、花材处理技巧、花材固定技巧。在教师的指导下完成一件堆叠式花艺设计插花作品。

2. 材料及用具

①花材：创作所需的时令花材。如鸟巢蕨、青苹果或香梨，丝石竹等。

②花器：黑色塑料长方盆。

③辅助材料：花泥、竹签、花胶。

④插花工具：剪刀、美工刀等。

3. 方法步骤

(1)教师示范

①将鸟巢蕨剪成长条状，平铺成堆叠状约10cm厚，用花胶以及竹签固定在花泥上。

②将丝石竹约5cm厚堆叠在鸟巢蕨上。

③将水果平排固定在堆叠的丝石竹中。

(2)学生分组模仿训练

按操作顺序进行插作。

4. 评价标准

①构思要求：独特有创意，组群明确。

②色彩要求：新颖而赏心悦目。

③造型要求：符合堆叠式花艺设计的造型要求。

④固定要求：整体作品固定牢固，花型不变。

⑤整洁要求：作品完成后操作场地整理干净。

⑥合作要求：与其他同学合作良好。

5. 考核要求

提交实验报告，内容包括对堆叠式花艺设计制作全过程进行分析、比较和总结。

技能13.6　设计制作模特花艺

1. 目的要求

通过模特花艺设计的实践，使学生理解模特花艺设计的构思要求，了解模特花艺设计的基本创作过程，掌握头部花饰、肩部花饰或手部花饰的制作技巧，花材处理技巧以及将制作好的头部花饰、肩部花饰或手部花饰固定在模特身上。在教师的指导下完成模特花艺设计作品。

2. 材料准备

①装饰材料：装饰带等其他装饰材料。

②花材：创作所需的时令花材，包括骨架花、补充花、叶材等。

③固定材料：保湿胶布。

④辅助材料：铁丝、绿胶带、专用胶水、发卡、回形针等。

⑤插花工具：剪刀、美工刀等。

3. 方法步骤

(1)教师示范

制作头部花饰、肩部花饰或手部花饰。以学生作为模特将制作好的头部花饰、肩部花饰或手部花饰按顺序固定在模特身上。

①头部花饰

所用花材：兰花、补血草、星点木等。

先将所需花材用铁丝以及绿胶带固定成半成品。然后组合成所需的头花形状，最后用发卡固定在发髻上。

②手腕花

所用花材：月季、六出花、金丝桃果、常春藤、蕨叶、绿苔等。

先将绿苔用花胶粘在花托上，然后将月季、金丝桃果、六出花，以及其他叶材依次粘在花托上，最后固定在手腕处。也可用做头花的方法将花材用铁丝和绿胶带做成半成品，然后

排列成所需的形状，最后用缎带绑扎在手腕处。

③颈花

所用花材：月季、石竹、补血草、常春藤、绿苔等。

在花托上先将绿苔和常春藤用花胶粘上，再粘上月季，然后在月季周围粘上石竹等小花，将花托固定在项链上，最后戴在头颈处即可。也可用做头花的方法将花材用铁丝和绿胶带做成半成品，然后排列成所需的形状，最后用缎带绑扎在头颈处。

(2)学生模仿

按操作顺序进行插作。将学生中插作较好的头部花饰、肩部花饰或手部花饰，以学生作为模特，按顺序固定。

4. 评价标准

①构思要求：独特有创意。

②色彩要求：新颖而赏心悦目，与模特的服饰相配。

③造型要求：新潮而不落俗套。

④固定要求：头部花饰、肩部花饰或手部花饰花材固定及固定在模特身上均要求牢固。

⑤整洁要求：作品完成后操作场地整理干净。

5. 考核要求

提交实验报告，内容包括对模特花艺设计全制作过程进行分析、比较和总结。

思考题

1. 花艺设计的设计要求有哪些？
2. 花艺设计的构思要求有哪些？
3. 花艺设计的基本形式有哪些？
4. 毕德迈尔设计的风格特点有哪些？
5. 毕德迈尔设计有哪几种形式？
6. 组合式花艺设计有哪几种形式？
7. 植物学设计应注意哪些方面？
8. 平行式花艺设计有哪几种形式？
9. 垂直平行设计的花材高度设计有什么要求？
10. 模特花艺设计应注意哪些方面？

项目14 环境花艺设计

学习目标

【知识目标】

(1)了解环境花艺设计要求。

(2)掌握环境花艺设计形式与特点。

【技能目标】

(1)能进行会场环境花艺设计方案并制作相关作品。

(2)能进行商务环境花艺设计方案并制作相关作品。

(3)能进行婚礼环境花艺设计方案并制作相关作品。

(4)能进行丧礼环境花艺设计方案并制作相关作品。

案例导入

小丽通过一段时间的认真学习和动手实践，已经了解了花艺设计的基本知识，并掌握了花艺设计构件以及花艺设计作品的制作技巧。这时来了一个客户，公司要举办周年庆典，老板要求小丽给出一个庆典会议的花艺环境设计方案并组织实施。如果你是小丽，你会怎样做？

分组讨论：

小丽要做哪些事？可能会遇上的困难有哪些？

序号	环境花艺设计所需知识和能力	自我评价
1		
2		
3		
4		
⋮		
备注	自我评价：准确☆、基本准确△、不准确○	

14.1 环境花艺设计要求

环境花艺设计要以自然为根，以人为本，实现高层次的人与自然的和谐统一为总则，依据环境条件、功能要求等进行，具体表现在以下几个方面。

(1)明确主题

环境花艺设计要有明确的主题，围绕主题进行设计，使花艺作品与环境氛围相融合，构成美丽的画面。主题应依据功能要求来确定，如社会活动、接待客人、洽谈工作等场所，应体现宽敞大方、热情大度，设计时宜选择有一定体量和色彩感的花艺作品；相反，在书房、卧室、办公室等幽静的场所，应选择姿态优美、简洁玲珑、色泽淡雅的小型花艺作品来装饰。

在设计过程中，主景是核心，它既要体现主调，又要醒目、有艺术感。一般宜选择比较大型的花艺作品来构成主景，摆设在引人注目的地方，以突出主景的效果。

(2)风格统一

在环境花艺设计中所选用的各种不同大小的花艺作品应与环境氛围相协调统一。如中式传统建筑的环境，内置中式家具和装饰物，就应选择清秀雅致、中国特产的梅、兰、竹、菊、茶花、水仙等植物种类，并配以古朴典雅的陶瓷花器来装饰，若以中国的字画作衬景，则更能体现中国的传统文化和意境。在西方现代环境中，包括西式家具和装饰物的花卉，应选择华丽丰满的大花蕙兰、蝴蝶兰、安祖花、西洋杜鹃、凤梨等花卉，以时尚别致的欧式容器来装饰。各种花艺作品在同一环境中不仅花材要相对统一，在手法和技巧上也要保持相对一致。

(3)比例恰当

比例大小是环境花艺设计中的基本要素。尺度得当，显得真实自然，给人以舒适的感觉；如果比例不当，则给人以窒息感。所以，在环境花艺设计中，要按环境的空间大小来确定花艺作品的数量、大小和高低。小空间要发挥花艺作品的个体姿态美和色彩美，给人以虽小却充实的感受，体现"室雅无须大，花美不在多"的趣味；反之，大的空间要显示出花艺作品高大、豪华的个体美和群体美。此外，还要注意花艺作品大小应与家具或其他各种装饰物，包括花架等的大小相适宜。只有这样，才能充分显示出环境的优美；否则，则重心不稳、壅塞郁闭、单调空虚，难以取得良好的观赏效果。

(4)色彩协调

色彩在环境花艺设计中是至关重要的，色彩既是物质的，又是精神的；既是互相排斥的，又是相互渗透、对立统一的。在环境花艺设计中，花艺作品的整体色调要根据环境色彩的设计以及采光条件等整体加以考虑，营造出色彩和谐、具有吸引力的环境，才能使人感到舒适。如环境的墙面、地面和家具以暖色为基调，则应选择冷色调的花艺作品；反之，则应选择暖色调的花艺作品。而环境为浅色调或采光条件好，应选择色彩浓丽的花艺作品来装饰；反之，环境色调较深或光线不足，则应用色彩淡雅的进行衬托，以达到既突出又和谐的效果。

在环境花艺设计中，一般在较大的环境里，大多采用明度高、色泽亮丽的植物。在空间较小的书房、卧室等处，则以色彩淡雅为主，以给人清淡、温馨、舒适的感觉。还要考虑与季节、时令相协调。如夏季，可选用色彩淡雅的淡色系列，让人在炎热的季节里感到凉快。冬季，可选用暖色调，使人在严冬里感到温暖。

14.2　环境花艺设计形式与特点

14.2.1　会场环境花艺设计

主要布置位置是会场入口布置如花门、会标花牌、进入主会场过道的花钵或花景等；主会场布置包括主体花艺作品，如主席台布置、圆桌中央区布置、发言席布置等；出席人员花饰根据出席人员的重要性设计不同类型的花饰，如胸花、手花等。

会议有大、中、小，故会场也有大、中、小之分。所以会场的布置要根据会议的大小、性质来布置。

(1) 圆桌会议会场布置

圆桌会议的会场布置重点是圆桌的中心场地，其次是会议桌的布置。中心场地可以用大堆头式的西方花艺布置。这种布置方式不但充实空间，缩短了人与人之间的距离，还可活跃气氛，使人宛若置身于生机勃勃的自然之中(图 14-1)。

(2) 长桌会议会场布置

长桌会议的会场布置重点是主宾位置和发言席。长桌会议有时也会排列成椭圆形，中间留有低于台面的花槽，可以在花槽进行插花布置，要注意的是花艺作品高度不能太高，以免影响视线(图 14-2)。

图 14-1　圆桌会议会场花艺布置

图 14-2　长桌会议会场花艺布置

(作者：易伟)

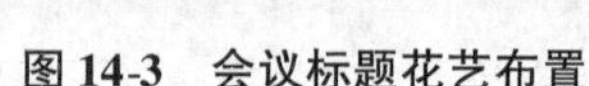
图14-3　会议标题花艺布置

图14-4　发言席花艺布置

(3)会议标题花艺布置

大型会议的会议标题可以用毕德迈尔设计，用花卉把标题插制出来，以显示会议隆重、壮观和热烈的气氛(图14-3)。

(4)发言席花艺布置

发言席是主席台上的独立讲台，可用鲜花做弯月形或下垂形的花艺设计。如果是站着发言，就要铺上红地毯并进行花艺设计(图14-4)。

(5)出席会议嘉宾胸花设计

嘉宾的胸花要体现庄重，便于佩戴。如出席娱乐界的聚会，胸花可以制作得夸张和时尚一些，可以用一些羽毛、亮珠、各色缎带进行装饰，在手法上也可更前卫一些(图14-5)。

(6)剪彩花艺设计

如果会议是以庆典或开张为内容的，则要安排剪彩仪式。这就要进行剪彩的花艺布置，如托盘的花艺处理、剪刀的花艺处理、花球的处理等；如果是揭牌，就要根据揭牌的要求进行花艺布置。

图14-5　胸　花

14.2.2　商务环境花艺设计

商务环境总体上是指进行商务经济活动的场所，包括商场、公司、宾馆等环境。

(1)商场环境花艺设计

现代化的大型商场，其内部陈设豪华气派。为了营造更优质、舒适、温馨的购物环境，满足个性化的需求，更需在花艺布置上不遗余力。商场的花艺作品多采用仿真花或干燥花，主要有大堂花艺设计、

橱窗花艺、门厅花艺、商品花艺及一些环境中的花艺等。商场花艺的特点是配合商品和环境的特质，淡化商业气息，更好地突出商品的特质和艺术美。

①大堂(中庭)花艺设计　现代建筑物格局的变化，使功能不断完善。大型商场、宾馆、机场、博物馆、机关等建筑都设计有高大宽敞的大堂。大堂中的布置应考虑到不同的功能要求和各种节日活动的喜庆气氛的营造。在设计上要因地制宜。如有的大堂设有服务台、吧台、休息区、电梯等，布置植物既要有区分区域或隔断的功能，又要有过渡的作用。

大型商场有高大的空间、宽敞的大堂，应用大型的组合式的花艺设计做主景，使之形成热烈的气氛(图 14-6)。还可选用一些装饰物加以点缀，形成“大吉大利”“招财进宝”的寓意。有的大堂中央有一空间，专门用来插花，可以插制一些新颖奇特、四面观赏的大中型花艺作品(图 14-7)。

图 14-6　大堂中庭插花

图 14-7　大堂插花

② 门厅(转门中央)花艺设计　门厅由台阶、门廊组成，起空间过渡、人流集散的作用，是室外通往室内的必经之路。转门是人们进出的视觉焦点所在(图 14-8)。在进行花艺布置时要考虑出入的正常功能和从外到内的空间流动感。

门厅的布置大多以空间大小、开敞的多少来进行装饰。空间较大、开敞多的用对称的规则布局法，形成视觉中心；空间不大的门厅，则在两侧周边做布置。较高的门厅可用壁挂式花艺作品，增加空间层次。门厅入口处在大型活动展览或庆典时可做花门装饰，以突出热烈的气氛。花门可选用一些铁质的构架，然后加以花艺布置。色彩要艳丽、明快，花卉的色彩与墙面环境既要有对比又要和谐统一。一般浅色的墙面用深色的花艺，深色的墙面用浅色的花艺布置。

③橱窗花艺设计　大型橱窗花艺是将商品融入表现主题之中。小型的橱窗花艺则是以商品为主，花艺适当点缀衬托(图 14-9)。

④商品花艺设计　商品花艺则是最直接表现商品，放置地方和表现形式灵活多样，有瓶、盆插花，壁饰等(图 14-10)。

⑤其他　在商场的壁龛、休息等处也装饰有花艺作品，用以点缀空间，烘托气氛。

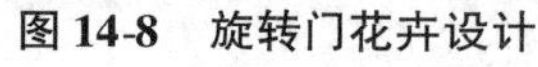

图 14-8　旋转门花卉设计

图 14-9　橱窗花艺布置
（作者：项一鸣）

（2）公司环境花艺设计

在日益重视环境质量的现代生活中，公共环境和办公环境的美化代表着城市和单位的文明水平，与每一个员工息息相关。在由钢筋水泥制造的雄伟的建筑环境中，引进具有生命力的以绿色为主的花艺作品，通过精巧的构思、艺术的造型、色彩的搭配，让绿色和花卉达到一种自然、和谐、生动的境界，为工作和学习环境创造宁静、舒适的气氛。

图 14-10　商品花艺布置
（作者：项一鸣）

①工作台花艺布置　在工作台上的计算机旁边放几件小型作品，实在赏心悦目。它们祥和、安静的姿态可以激发灵感，振奋精神，活跃思维。由于绿色是中性色调，凝视绿叶可以使人更能全神贯注地思考问题。当眼睛注视着花朵，大脑就会忽略周围其他事物而专注于花的纯美及色彩的艳丽，这样就能思路清晰，充分发挥思维，专心工作。但不要做过多的搭配装饰。这些作品线条要流畅，造型要简洁，以利于修身养性而不至于转移注意力(图 14-11)。

②公司前台花艺布置　公司前台是公司的形象所在，一般公司的标志也在前台充分展示。因此前台的花艺布置要强调新颖、别致，吸引注意力。如果将公司形象和公司文化结合到花艺设计中去则是一件更好的公司前台花艺作品(图 14-12)。

(3)宾馆环境花艺设计

图 14-11 工作台花艺布置

由于宾馆的档次、大小、规模不同，花艺设计要求也有所不同。宾馆花艺设计主要包括大堂、酒吧(咖啡吧)、客房、宴会场所的花艺设计。

①大堂花艺设计　一般而言，高档的星级宾馆，要求大堂富丽堂皇，在中间有大型的色彩艳丽、用花档次高的大堆头型的插花，一年四季鲜花不断。一般等级的宾馆要考虑经济实惠，在大堂和餐厅多用仿真花或干燥花来装饰。高档的客房有鲜花插花作品，一般的客房除鲜花较多的南方城市昆明、广州等地，其他城市主要用干燥花或人造花装饰(图 14-13)。

②酒吧(咖啡吧)花艺设计　宾馆中的酒吧(咖啡吧)主要是提供给客人一个在公共场所相对隐秘的接待访客交谈场所。因此，这里的花艺布置风格主要是体现幽雅、浪漫的气氛。在色彩上可以选用淡雅的色彩，形式上可以选用浮花或配以蜡烛营造浪漫气氛。浮花可选用一些类似盆的容器，也可选用玻璃材质的，直接将花材和叶片排列漂浮在水面上(图 14-14)。

③客房花艺设计　宾馆的客房花艺布置要根据客房的布置特点，中式的配以中国传统式插花，西式的家具则配以现代花艺作品，使花艺布置与整体格局相得益彰。特别要注意的是客房要避免选用色彩艳丽、有浓烈香味的花材，否则会影响客人的睡眠，甚至还可能会引起某些客人过敏(图 14-15)。

④宾馆前台的布置　宾馆前台是接待客人登记住宿的地方，也是为客人提供咨询服

图 14-12 前台花艺布置

图 14-13 宾馆大堂花艺布置

(作者：项一鸣)

图 14-14　宾馆酒吧花艺布置

图 14-15　宾馆客房花艺布置
（作者：项一鸣）

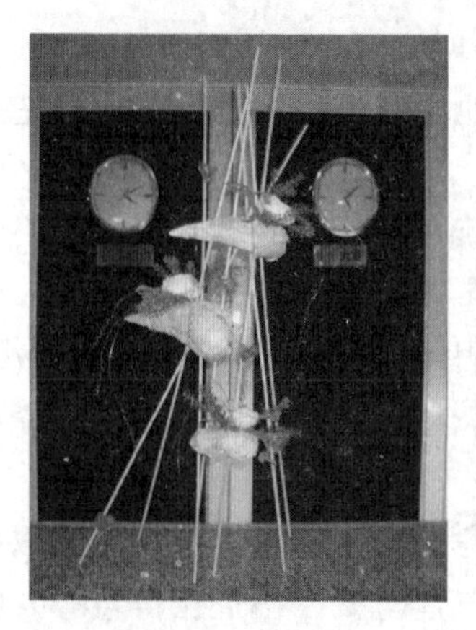

图 14-16　宾馆前台花艺布置

图 14-17　宾馆宴会花艺布置

务的地方。前台的花艺设计要具有时尚、热烈、别致的特点，不仅使个人有宾至如归的感觉，也要为客人留下难忘的印象(图 14-16)。

⑤宴会场所的布置　宴会大多是在高级宾馆、饭店、酒家等场所进行。由于场面较大，规格较高，既要显示富丽堂皇，又要显得高雅。配以多姿多彩的花卉，增加空间的层次感，以烘托豪华、庄重、热情、典雅的环境氛围(图 14-17)。宴会的亮点在于餐桌的装饰，其布置变化多样。餐桌大多分为自助餐桌和圆台餐桌。自助餐桌的排列大多为长条形或长方形，桌面上除美味佳肴和瓜果雕塑外，花艺就是点缀的艺术品。在特大的桌面除插花作品外，桌面还可用蕨叶、天冬叶、文竹和武竹等做图案构边，并用月季、蝴蝶兰和虎头兰等花朵做点状装饰。色彩的配置要以台布和围裙的不同色彩相协调，或对比或和谐。还要考虑到灯光的效果，使之交相辉映，给人轻松、舒适的感觉(图 14-18、图 14-19)。

14.2.3　婚礼环境花艺设计

绽开的鲜花，是幸福美好的象征。在结婚庆典中鲜花以美丽的“爱神”的化身，带着圣洁高雅的爱意，为新婚夫妇送去美好的祝福。婚庆花艺的应用能烘托热烈喜庆的气氛，给人们留下难忘的记忆，成为婚礼不可缺少的重要组成部分。

图 14-18 西式餐桌花艺布置

图 14-19 中式餐桌花艺布置

在欧美国家和港台地区婚礼上大量使用鲜花，款式推陈出新，引领着婚庆花艺设计的潮流。新娘除捧花外，还有头花、胸花、腕花、肩花、颈花等，不断变化的组合搭配，使新娘宛若花仙下凡。此外，还有婚礼花车装饰及花童手托小巧花篮。举行婚礼的礼堂或教堂以及婚宴用花也非常可观。新房的花艺设计有鲜花与蜡烛组合的"龙凤花烛"，还有"百年好合""心心相印"等新颖的插花，突出"洞房花烛夜"的意境，使传统与现代并存。

(1)婚礼人物花艺设计

婚礼上的人物花艺设计是相当重要的一个环节。特别是新郎新娘的花饰要与服饰相配，与伴郎伴娘的花饰相配，与花童的花饰相配。可设计出配不同服饰的多款花饰，具体包括新娘的头饰花、胸花(图 14-20)、腕饰花(图 14-21)、颈花(图 14-22)、肩花(图 14-23)、捧花(图 14-24)等。

婚礼人物花饰包括新郎、新娘、伴郎、伴娘、花童、主婚人、证婚人等重要宾客。其中新娘是主角，要重点装扮。新娘作为婚礼的主角可以装扮的部位有许多，最常见的

图 14-20 新娘头饰花、胸花

图 14-21 腕 花

图 14-22 颈 花

图 14-23 肩 花

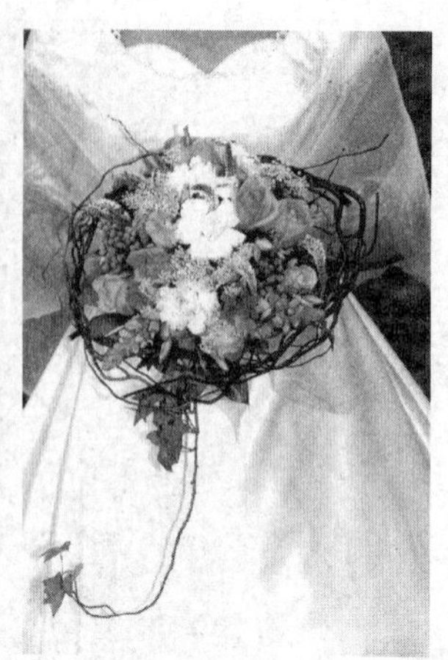

图 14-24 新娘捧花

是头花和新娘捧花，也有肩花和手腕花的结合。当然还有别出心裁的腰花、胸花、颈花、鞋花、用花饰当耳环装饰、手提包花饰等。新郎虽然也是主角，但相对新娘而言是绿叶，因此在花饰的形式、颜色上要与新娘相配，但主要是以胸花为主，起到映衬的作用(图 14-25)。伴郎伴娘同样是为了衬托新娘新郎的，因此在款式和颜色上要与新郎新娘相配，但在大小上要比新郎新娘略小，以此突出新郎新娘(图 14-26)。

除了伴郎和伴娘，在现代时尚的婚礼上，花童也是不可缺少的。花童一般是一男一女两个孩子，最好是 5 ~6 岁，非常可爱。女童可以穿小白纱裙，男童可以穿白色或黑色的小西服。在花饰上一般女童以头戴花环为主(图 14-27)，男童以胸花为主。两个花童可以各拿一个小花篮，内装月季花瓣，用作新人进入婚礼主会场时撒向空中。当然花篮的篮攀或篮沿也可以有一些小装饰，如点缀一些薄纱、珠子或小花朵等，但不能影响从篮口取花瓣。花童的花饰装扮可以使婚礼现场有着很好的效果。婚礼人物花饰还有主婚人和证婚人的花饰，他们一般是新人的父母、领导或者一些德高望重的人物，他们的着装一般是正装，也就是比较正统的服装，在花饰的考虑上一般只采用与服饰款式和颜色相配的胸花，但在胸花的花材选用上可以丰富一些，可以别出心裁选用一些大方、美丽的花朵，如可以选用大花蕙兰、蝴蝶兰，也可以选用非洲菊等。总之，在婚礼人物花

图 14-25 新郎胸花

新娘花

伴娘花

图 14-26 新娘伴娘花

饰过程中，主要是新娘，其次是新郎，其他的宾客花饰是起到烘托新人、烘托气氛的作用。当然要注意与喜庆气氛的融合、与服饰款色及颜色的相配，最后达到新颖别致、喜庆热烈的效果。

(2)婚礼场景花艺设计

婚礼场景布置要考虑典礼的实际场地情况，如室外的草坪婚礼、教堂婚礼和酒店宴会厅的婚礼场景布置有很大不同。室外要考虑阳光、风力等因素。但共同之处是要突出喜庆温馨的气氛。婚礼场景花饰包括花车、花门、典礼主席台、酒桌、签到台等。

图 14-27　花　童

①婚车　这是接新人的主要交通工具，花车的设计以体现喜庆、热烈、新颖、别致为主要目的。色彩可以根据汽车的色彩加以选择，一般以红色和粉色为主。婚礼彩车根据车型和花的品种分为普通型和豪华型，一般婚礼彩车由一系列的花车组成，分主花车、副花车、随从花车，分载新郎新娘、双方父母、其他人员。在设计中应按车的颜色、车身的长短和车的式样来进行装饰。装饰一般应前主后从，左右呼应，或洒脱活泼、偏向一边的自由式，或丰满豪华的组合式等。在设计时一般要掌握花材色彩总体的和谐。为了烘托彩车的热烈气氛，可配置纱、蝴蝶结、气球等装饰品。在制作中还要注意检查吸盘的牢固性，车头装饰高度应以不阻挡驾驶员视线为宜(图 14-28、图 14-29)。

②花门　花门是新人踏入酒会的第一个地方，也是接待宾客的重要地方，可以做一个拱形的架子，然后用花和纱进行装饰，新人站在花门下，与主持台相互映衬，相得益彰，也可以是新人和宾客很好的留影之处(图 14-30)。

③婚庆典礼台　其布置包括主持台、香槟酒台、蛋糕台、签到台以及场景布置。场景布置分为室内和室外布置，室外一般布置红地毯两侧、典礼台和环境(图 14-31)。室内还可以增加楼梯布置(图 14-32)。都可以用喜庆的花艺作品以及用花卉将主题幕墙加以装饰。主持台、签到台(图 14-33)、香槟酒台、蛋糕台、婚戒枕的花艺布置要注意的是见缝插针地将花艺作品布置在相应的位置，不影响婚礼主持和新人的活动，要方便实用、美观大方。婚戒枕是由伴娘拿上典礼台由新人双方互换婚戒时用的，可以用丝绒也可以用花艺手法制作(图 14-34)。

图 14-28　白色婚车

图 14-29　黑色婚车

图 14-30　花　门

图 14-31　室外婚礼场景布置

④酒桌　因高朋满座，其花艺设计要求气氛热烈。我国民俗传统一般应以热烈喜庆、寓意吉祥的花饰为主。在婚礼进行曲中，新婚夫妇穿过幸福门，踏上铺着红地毯、两边布满鲜花的锦绣道，来到心心相印、百年好合的婚庆台上，向亲朋好友宣布共结百年，亲友代表祝贺词等。酒席主桌的花艺设计应讲究，如龙凤呈祥、红心辉映、玫瑰物语、和合如意等。主桌除了台面的花艺设计以外，还有一些小的地方也可以用花艺设计进行表现，如在高脚酒杯的把手处用小朵月季和刚草、缎带进行装饰，同样也可以在筷子套外面进行装饰，还有座椅的靠背背面也可以进行花束装饰。还可以通过整体设计对各空间根据环境条件进行花艺设计。朵朵鲜花暖意融融，把婚礼活动渲染得花团锦簇、热闹非凡，呈现出一派喜气洋洋的欢乐气氛(图 14-35、图 14-36)。

婚礼布置还有新房的花艺设计等，在新房的门上除了张贴喜字外，还可与花艺结合布置成小花环围绕喜字，婚床上也可以布置一些用月季扎成的花带，并配合放置一些红枣、莲子、桂圆、花生，寓意“早生贵子”，形成喜庆、浪漫的气氛。

图 14–32　室内婚礼楼梯场景布置

图 14–33　婚礼签到台布置

图 14–34　婚戒枕花艺布设计

图 14-35　圆桌婚宴花艺布置

图 14-36　长桌婚宴花艺布置

14.2.4　丧礼环境花艺设计布置

丧礼环境布置主要包括凭吊大厅、吊唁胸花、花圈、祭祀花篮、葬礼花车等，要突出肃穆悲哀的气氛。花材的选择可以根据死者生前的爱好，色彩选择上可以根据死者年龄，寿终正寝的可以在色彩处理上偏艳一些，非自然死亡的可以素白一点。西方的丧葬用花传统已很悠久。总的来说，西方丧葬用花分两大类：慰问遗属用花和悼念用花。比较而言，慰问用花的色彩一般都较为明亮温暖，它们更多地是用于安抚和鼓励死者遗属；而悼念用花则偏重于寄托对死者的哀悼和怀念。在东方，白色花材是丧葬用花的主要色彩，而在西方，除了白色外，红色系花材的使用也并不少见。西方的花艺设计者认为，社会人口老龄化导致高龄老人的葬礼数量增加，葬礼送别用花可以多一些色彩，所以一些新的丧葬用花趋势也随之显现出来。例如，明亮多样的色彩正越来越多地被选用，更新颖更富于生命力的设计成为新的需求。多选择一些小型花束送给遗属而不是赠送一个巨大的鲜花造型，这样的选择正变得普遍起来。花艺设计里经常还会放些纪念礼物，作为探望者送给死者亲属保留的纪念品。常见的丧葬用花类型有以下几种。

①丧葬花环　这是传统的悼念用花设计形式，体积不大。用鲜花扎制成紧密的环状，寓意着人从出生到死亡再到复生的生命轮回。

②贡花　这种设计形式也较为常见，不过它们往往带有一定的象征意义，如象征死者的信仰、生活方式。常见的造型有心形、十字架或枕形(取安眠之意)。

③丧葬插花　通常是用各种鲜切花巧妙地组合而成，插在花瓶、花篮或扁平的板状容器中。

④花圈　这类设计配有支架，各种尺寸和形状齐备，从基本的椭圆形到各种不对称形状都有。

⑤棺顶饰花　低矮的造型，适于摆放在棺木上。

⑥棺内花饰　摆放在棺木中，造型通常有花环、心形、枕形，也有小型的花艺

设计。

⑦慰问遗属用花　用来安慰遗属，所以往往有着更为明亮的色彩。

选择不同种类的丧葬用花也需注意：死者的子女(非长子长女)或孙辈为表达敬意可以采用铺盖型的花艺设计，这类覆棺花饰(如棺顶饰花)通常都是由死者直系亲属置备；贡花一般由密友或直系亲属购置，其设计理念可以参照死者的宗教信仰、性格、职业、嗜好等。当赠送者与死者亲属的关系较死者关系更为密切时，赠送花篮是适用性较广的选择，这类花篮可用于各种场合，可以送到遗属家中或是他们的工作场所中；慰问遗属用的花篮则是送往殡仪馆或死者家中的，这类花篮一般由家人置备，也可以是同死者感情深厚或有正式往来关系者赠送的。

在我国，丧葬用花的花材并不局限，但多用菊花，取其高洁之意。无论取用何种花材，黄、白素色都是较常用的丧葬花色彩，以表肃穆稳重之感。丧葬鲜花的使用在上海兴起较早。据了解，国内丧葬花使用也有一些约定俗成的规矩。比如60岁以下亡故的人，其用花以黄白素色为主，亡故人80岁以上的则会选择一些鲜艳的色彩，如果亡故者年高百岁以上，则可以全部用红色花。

(1) 花圈(吊唁花束、吊唁花篮)

花圈通常多用纸花扎制，但目前随着人们生活水平的提高，丧礼祭祀花艺开始以鲜花的形式出现。鲜花花圈越来越被广泛使用(图14-37)。如有宗教信仰也可将宗教符号融入花艺设计中(图14-38)。祭祀花篮的设计一般用鲜花，色彩以白色、黄色为主，偶尔也有点缀一些粉色、紫色的花朵，红色用得极少。花材一般以菊花最多，另如白色月季、白掌、白色洋兰等，也有根据死者身前爱好选用其他花材的。吊唁花束和吊唁花篮与一般花束和花篮的制作方法相差无几，主要是在花材运用和色彩上要注意体现哀悼、肃穆、庄重的气氛。

图14-37　花圈(1)

图14-38　花圈(2)

(2)凭吊厅堂花艺布置

凭吊厅堂花艺布置要突出哀悼、庄重的气氛。特别是祭台的布置要突出遗像，保持肃穆的气氛。可选用白菊、百合、勿忘我及各种配叶，如广东万年青、黄杨、花叶芋、变叶木等进行花艺布置(图14-39)。

图14-39　灵堂布置

(3) 葬礼花车

葬礼花车用花以白月季、黄月季、白菊、黄菊、白百合、勿忘我、萱草等，突出哀悼气氛。同时可采用黑色的纱来围花车的边，以寄托沉痛哀悼的心情。

(4)墓地花艺布置

墓地是死者安息的地方，要体现圣洁、哀思的气氛。如有宗教信仰还要用宗教符号体现。

技能训练

技能14.1　制作会场环境花艺设计方案

1. 目的要求

通过制作会场环境花艺设计方案，使学生理解会场环境花艺设计的构思要求，了解会场环境花艺设计的基本创作过程，掌握剪彩花球、贵宾胸花、会议桌花、讲台插花的制作技巧、花材处理技巧，以及用制作好的剪彩花球、贵宾胸花、会议桌花、讲台插花布置模拟会场。在教师的指导下完成会场环境花艺设计作品。

2. 材料准备

①装饰材料：装饰带等其他装饰材料。

②花材：创作所需的时令花材，包括骨架花、补充花、叶材等。

③固定材料：保湿胶布。

④辅助材料：铁丝、绿胶带、花泥、圆形花泥等。

⑤插花工具：剪刀、美工刀等。

3. 方法步骤

(1)教师示范

制作剪彩花球、贵宾胸花、会议桌花、讲台插花。

①制作剪彩花球：

所用花材：香石竹、多头月季、丝石竹等。

先将香石竹用8枝定位法插在圆形花泥上，然后插入多头月季以及丝石竹，最后成球形。

②制作贵宾胸花：

所用花材：兰花、补血草、星点木等。

先将所需花材用铁丝以及绿胶带固定成半成品，然后组合成所需的胸花形状，最后用胸花针固定在衣襟上。

③制作会议桌花：

所用花材：月季、唐菖蒲、非洲菊、散尾葵、补血草、洋桔梗、高山羊齿等。

先将有吸盘的花泥固定在会议桌中间，插上修剪后的散尾葵成椭圆形，再插入唐菖蒲定位，然后一次插入非洲菊、月季、洋桔梗、补血草以及高山羊齿，高度不能阻挡人坐下后会议桌两边人员的视线。

④制作讲台插花：

所用花材：月季、唐菖蒲、非洲菊、散尾葵、补血草、洋桔梗、高山羊齿等。

先将有吸盘的花泥固定在演讲台的檐口，插上修剪后的散尾葵成瀑布状，再插入唐菖蒲定位，然后一次插入非洲菊、月季、洋桔梗、补血草以及高山羊齿，高度不能阻挡台下人员坐看演讲人的视线。

(2)学生模仿

按操作顺序进行插作。将学生中插作较好的剪彩花球、贵宾胸花、会议桌花、讲台插花模拟布置会议场景。

4. 评价标准

①构思要求：独特有创意。

②色彩要求：新颖而赏心悦目，与会议主题相配。

③造型要求：新潮而不落俗套。

④固定要求：剪彩花球、贵宾胸花、会议桌花、讲台插花要求固定牢固。

⑤整洁要求：作品完成后操作场地整理干净。

5. 考核要求

提交实验报告，内容包括对会场环境花艺设计全制作过程进行分析、比较和总结。

技能14.2　制作商务环境花艺设计方案

1. 目的要求

通过制作商务环境花艺设计方案，使学生理解商务环境花艺设计的构思要求，了解商务环境花艺设计的基本创作过程，掌握礼盒插花、接待台插花、商品展示插花的制作技巧、花材处理技巧，以及用制作好的礼盒插花、接待台插花、商品展示插花布置模拟商务环境。在教师的指导下完成商务环境花艺设计作品。

2. 材料准备

①装饰材料：装饰丝、串珠等其他装饰材料。

②花材：创作所需的时令花材，包括骨架花、补充花、叶材等。

③固定材料：花器、花盒、花泥。

④辅助材料：铁丝、绿胶带、玻璃纸等。

⑤插花工具：剪刀、美工刀等。

3. 方法步骤

(1)教师示范

制作礼盒插花、接待台插花、商品展示插花。

①制作礼盒插花：

所用花材：香石竹、多头月季、丝石竹、刚草等。

先将花盒中垫入玻璃纸，然后放入1～2cm厚度的花泥平铺，插入香石竹、多头月季以及丝石竹，最后用装饰丝、串珠以及刚草装饰，高度不能妨碍花盒盖子盖上。花盒中还可以放上一些小物品如香水、口红、小玩具等。

②制作接待台插花：

所用花材：时令花材如天堂鸟、百合、洋桔梗、星点木等。

根据接待台所处的位置以及商务场所的性质，将时令花材设计成不等边三角形或者西方圆锥形插花以及现代花艺作品。

③操作商品展示插花：

所用花材：时令花材如菖蒲、蝴蝶兰、马蹄莲、月季、补血草、高山羊齿等。

根据商品展示台所处的位置、所展示的商品特性以及商务场所的性质，将时令花材设计不等边三角形或者西方圆锥形插花以及现代花艺作品。

(2)学生模仿

按操作顺序进行插作。用学生中插作较好的礼盒插花、接待台插花、商品展示插花布置模拟商务环境。

4. 评价标准

①构思要求：独特有创意。

②色彩要求：新颖而赏心悦目，与商务环境主题相配。

③造型要求：新潮而不落俗套。

④固定要求：礼盒插花、接待台插花、商品展示插花要求固定牢固。

⑤整洁要求：作品完成后操作场地整理干净。

5. 考核要求

提交实验报告，内容包括对商务环境花艺设计全制作过程进行分析、比较和总结。

技能14.3　制作婚礼环境花艺设计方案

1. 目的要求

通过制作婚礼环境花艺设计方案，使学生理解婚礼环境花艺设计的构思要求，了解婚礼环境花艺设计的基本创作过程，掌握花门、签到台插花、引导插花、婚礼主桌插花布置(包括餐桌花、餐具花、椅背花等)的制作技巧、花材处理技巧，以及用制作好的花门、签到台插花、婚礼主桌插花布置、引导插花布置模拟婚礼环境。在教师的指导下完成婚礼环境花艺设计作品。

2. 材料准备

①装饰材料：装饰丝、串珠等其他装饰材料。

②花材：创作所需的时令花材，包括骨架花、补充花、叶材等。

③固定材料：花器、花泥、花门架。

④辅助材料：铁丝、绿胶带、锡纸等。

⑤插花工具：剪刀、美工刀等。

3. 方法步骤

(1)教师示范

制作花门、引导插花、婚礼主桌插花布置、签到台插花。

根据新人爱好以及婚礼场景气氛确定插花的主色调，一般西式婚礼用白色、绿色、淡紫色；中式婚礼多用红色、粉色。

①制作花门：

所用花材：蝴蝶兰、勿忘我、洋桔梗、龟背叶、刚草等。

先将花泥包上锡纸，然后放入花门架，插入蝴蝶兰、洋桔梗、勿忘我、龟背叶，最后用刚草装饰，宽度不能妨碍新人以及宾客通过花门。

②制作引导插花：

所用花材：石斛兰、百合、洋桔梗、星点木等。

架构一般用树枝或者铁制花架，形式一般为圆锥形、瀑布形或组合式。

③布置婚礼主桌插花(包括餐桌花、餐具花、椅背花等)：

所用花材：石斛兰、百合、洋桔梗、补血草、星点木等。

餐桌花一般用玻璃高脚器皿最为固定花器，根据婚礼主要色彩以及婚礼主调设计西方圆锥形插花以及现代花艺作品。餐具花和椅背花主要选取餐桌花中的主要花材，用绿胶带以及缎带或别针固定在口布和椅背上。

④制作签到台插花：

所用花材：石斛兰、百合、洋桔梗、补血草、星点木等。

根据婚礼主题和主要色彩设计平面圆锥形，一般不阻挡坐着的签到人员视线。

(2)学生模仿

按操作顺序进行插作。用学生中插作较好的花门、签到台插花、婚礼主桌插花布置、引导插花布置模拟婚礼环境。

4. 评价标准

①构思要求：独特有创意。

②色彩要求：新颖而赏心悦目，与婚礼环境主题相配。

③造型要求：新潮而不落俗套。

④固定要求：花门、签到台插花、婚礼主桌插花布置、引导插花要求固定牢固。

⑤整洁要求：作品完成后操作场地整理干净。

5. 考核要求

提交实验报告，内容包括对婚礼环境花艺设计全制作过程进行分析、比较和总结。

技能14.4　制作丧礼环境花艺设计方案

1. 目的要求

通过制作丧礼环境花艺设计方案，使学生理解丧礼环境花艺设计的构思要求，了解丧礼环境花艺设计的基本创作过程，掌握花圈、签到台插花、祭祀插花的制作技巧、花材处理技巧，以及用制作好的花圈、签到台插花、祭祀插花布置模拟丧礼环境。在教师的指导下完成丧礼环境花艺设计作品。

2. 材料准备

①装饰材料：白色、黑色装饰带等装饰材料。

②花材：创作所需的时令花材，包括骨架花、补充花、叶材等。

③固定材料：花器、花泥、花圈架。

④辅助材料：铁丝、绿胶带、锡纸等。

⑤插花工具：剪刀、美工刀等。

3. 方法步骤

(1)教师示范

制作花圈、签到台插花、祭祀插花。

根据故人生前爱好以及丧礼场景气氛确定插花的主色调，一般用白色、黄色、淡紫色；年长高寿故人可适当用红色。

①制作花圈：

所用花材：菊花、勿忘我、洋桔梗、海桐叶、刚草等。

先将花泥包上锡纸，然后放入花圈架，插入菊花、洋桔梗、勿忘我、海桐叶，最后用刚草装饰成花圈状。

②制作签到台插花：

所用花材：白色石斛兰、菊花、洋桔梗、补血草、星点木等。

根据丧礼主题和主要色彩设计平面圆锥形，一般不能阻挡坐着的签到人员视线。

③制作祭祀插花：

所用花材：石斛兰、百合、洋桔梗、菊花、补血草、星点木等。

祭祀插花一般为便于敬献，选用便于携带的形式，如花束、花篮、花匾等，插花构图一般选用对称式构图形式以表示对逝者的敬重，也可根据逝者个人生前爱好决定插花形式。

(2)学生模仿

按操作顺序进行插作。用学生中插作较好的花圈、签到台插花、祭祀插花布置模拟丧礼环境。

4. 评价标准

①构思要求：独特有创意。

②色彩要求：新颖而赏心悦目，与丧礼环境主题相配。

③造型要求：新潮而不落俗套。

④固定要求：花圈、签到台插花、祭祀插花要求固定牢固。

⑤整洁要求：作品完成后操作场地整理干净。

5. 考核要求

提交实验报告，内容包括对丧礼环境花艺设计全制作过程进行分析、比较和总结。

思考题

1. 环境花艺设计要求有哪些？
2. 环境花艺设计有哪些形式？
3. 请针对中型会议环境进行花艺方案设计。
4. 请针对一个中型计算机公司办公场所进行花艺方案设计。

5. 请针对中式婚礼环境进行花艺方案设计。
6. 请针对三星以上宾馆环境进行花艺方案设计。
7. 请针对化妆品专卖柜台进行花艺方案设计。
8. 请设计一个年长高寿逝者的丧礼花艺布置方案。

模块 5

花店经营管理

项目15 花店的开业

学习目标

【知识目标】

(1)理解花店的类型与定位。

(2)掌握花店开业前的物质准备内容。

(3)掌握花店选址的方法。

(4)掌握开花店的申办程序和相关手续。

(5)掌握花店的环境设计。

【技能目标】

(1) 能准确说出花店的类型及其经营内容。

(2) 能准确说出花店开业前的物质准备内容。

(3) 能进行花店的环境设计。

案例导入

小丽对花店的各项业务都有了充分认识，于是小丽有了自己开设花店的打算。但是，小丽知道开设花店并非易事，于是小丽开始了筹建工作。你认为开设花店需要做好哪几项准备工作？如何完成这些工作？

分组讨论：

1. 列出开设花店的各项准备工作的内容。

序号	准备工作的内容	完成方法	自我评价
1			
2			
3			
4			
⋮			
备注	自我评价：准确☆、基本准确△、不准确○		

2. 如果你是小丽，你会怎么做？

理论知识

15.1 花店开业准备

花店的经营所需面积小，资金少，资金周转快，比较适宜职业院校毕业生创业。开花店前进行认真准备，可提高效率，少走弯路，减小经营风险。

开花店前要对花店的类型确定、地址选择、定位、规模、资金落实、经营人员招聘、购买工具和办理各种手续等进行周密的设计和准备，以保证花店开设顺利进行。

15.1.1 确定花店的类型

花店根据经营花材的性质一般可以分为鲜花店、盆花店、干燥花店等。但多数花店以经营鲜花为主，兼营干燥花及盆花。鲜花店在我国的再度兴起只有30年的历史，鲜切花的消费主要集中于城市。在一些大中型城市，鲜花消费量大，花店数量多，竞争强。

花店根据经营规模和内容可以分为小型花店、花艺工作室、大型花店、复合式花店。

①小型花店　一般是小本经营，店主常常是集老板、员工于一身，其中很多是夫妻店、姐妹店，充分利用了亲人好创业的优势。

②花艺工作室　一般是店主有花艺设计的特长，靠技术、信誉和老客户经营，往往没有店面，人力、固定成本的投入相对较低，常常是花艺设计师单枪匹马打天下。

③大型花店　是指有相对大的店面，有20位左右的员工和专门的花艺设计师的花店，其技术成熟，有一批较稳定的客户资源。在财务、人事管理上已有系统的规章制度，并较多地采用现代化管理。

④复合式花店　是指把经营花卉与经营工艺品、服装等其他门类的商品结合，多种经营。这种花店要求在分区、管理上更周密、更详尽，因为不同的经营内容是针对不同的客户需求。复合式花店的投资相对要大些，但可以利用多种经营，花店部分的利润较之单一的花店压力也要小些。

15.1.2 花店选址

花店的选址对于开花店来说是非常重要的，通常有些人是先想好要开什么样的花店，再去选择合适的店址。例如，以鲜花为主的花店，可以选择写字楼、厂区、学校和医院较多的地方。因为鲜花的消费群体多以上班族和一些企事业单位为主。上班族喜欢以鲜花来表达自身情感。而单位则在各种礼仪庆典和重大会议上都会用到鲜花。当然也有些人是先选好了店址再考虑适合开什么类型的花店的。

一般在开设花店之前，先了解当地的总体消费水平、已经开设的花店的经营现状、人们的鲜花消费意识等社会、经济、消费状况是非常必要的，这对花店经营的方式和经营目标的确定起着重要的作用。具体有以下几种方法：

(1)现场调查

列表将花店开设区域居民的总体数量、职业结构、文化水平、生活习惯、消费状况、交通情况和客流量等进行统计，分析居民对鲜花的购买能力及消费水平。走访当地居民，了解鲜花的消费情况(多通过亲朋好友来进行)，如鲜花的使用习惯、能够接受的价格、常用到的种类、使用的形式等，估计鲜花的销售情况。对当地的鲜花进货渠道进行了解，估算进货成本与销售价格能否被当地人接受。通过现场调查搜集材料、分析花店开设的可行性。

(2)了解已开花店的经营状况

了解已经开设的花店的经营状况，可以将竞争机制引入花店经营管理，也可以借助多花店经营的规模效应(群体效应)的优势，促进鲜花的销售。一般要了解花店的经营面积、商品的种类、陈列的方式、员工状况、制作水平和价格等。了解销售主要对象的年龄结构、文化层次、购物人数、主要购买对象、购买时段等。通过分析这些因素，做到扬长避短，在经营过程中取得优势。

(3)花店的定位

在不同的地段开设的花店其经营方式是不同的。闹市区花店，以流动人群为服务对象，可以经营一些制作精美、方便携带的插花作品，如花篮、中小型插花作品等；闹市商家多、单位多、庆典活动多，应有针对性地提供庆典花篮和会议布置服务。居民区花店以鲜花装饰居家为主，制作一些个性化主题作品，也可准备多种花材，多种艺术插花形式供居民选购。节日和家庭庆典和纪念日活动的用花也是经营的重要内容，配备图片资料让顾客挑选满意的款式上门服务。医院附近的花店以探视病人的人群为主，主要选购花篮、果篮和营养品。除探视用花外，也可提供丧用鲜花圈、鲜花篮等丧葬插花作品。

15.1.3　确定经营规模和范围

(1)铺面大小及经营范围

花店可大可小，经营内容可简可繁，必须与当地的具体状况、消费水平、消费习惯等多种因素紧密联系。在花店经营过程中，能固定兼营宾馆、饭店或会议等插花工作，做到小铺面、大市场，更有利于花店的经营与发展。在鲜花消费量小的地区，花店的经营可以兼营人造花、干燥花、花器、花艺制品、插花工具、插花配件等，可以丰富花店的经营内容。

中型花店的开设资金的要求并不太高，一般要考虑租店面的房租、店面装修费、进货费和宣传费用等。房租在各项费用中所占比重较大，因所在位置、面积大小而不同，少则每月数百元，多则每月数千元。开设花店应选择同一地段房租相对较便宜的铺面，且采用分期付款的形式为宜。花店的装修费用不宜过高，以简洁明快、大方美观、有利展示花卉美的形式较好。进货保证金一般3000~8000元即可。在这些资金中，大部分用于购进花材(鲜切花、绢花、干燥花、仿真花、盆花等)，小部分用于购置器具(花器、插花用工具、包装材料等)。另外，花店还必须有一定的备用金，以应付花店日常经营

过程中的各种费用开销，如水电费、工商管理费、税费、工费、补充进货费等，一般要占用资金 2000 ~ 4000 元。这样算一算，一个中型花店如果首期付款为 1 万元，那么开店资金要 2 万 ~ 3.2 万元。小型花店开店所占用资金可以少一些。大型花店所占用资金较大，应该考虑更多的因素。

(2)铺面的选择

铺面是花店经营的场所，大小、位置与花店的经营好坏有紧密联系，必须认真挑选。一般花店经营铺面可根据所在地花卉消费的具体情况来决定，消费水平高、消费量大铺面宜大，消费水平低、消费量小的铺面宜小。花店经营铺面可在 5 ~ $40m^2$。铺面的大小与铺面的租金有关，与经营成本紧密联系。另外，店内应该具有上下水、电、通信条件且通风良好，以利于鲜花经营的特殊要求。铺面的位置比较重要，关系到花店经营的好坏。在充分考虑各种因素的前提下，选择适宜的铺面并与房主签订书面的租房合同。

15.1.4　花店的申办程序及相关手续

花店作为一个经营实体，必须经工商行政部门、税务部门、劳动部门的审核批准，还必须到银行开设经营账户。首先，依法按照工商管理部门的要求，到当地工商管理部门办理营业执照。一般需要提交申请书、经营场所的产权证明、租赁手续等有关法律文件，以及法定代表人身份证明、工作状况、从业资格证书、所开花店的验资证明(有的地区规定投资规模小于 1 万元的不必提交)等文件，填写工商部门的有关表格，交纳一定的费用，即可等待工商管理部门的批复。没有经营执照不能开业。在营业执照办好后，带营业执照的副本和其他相关文件到当地税务部门办理税务登记，并记住按期交纳税费。具体程序按照相关部门的规定办理，也可到政府服务窗口办理一条龙服务，以简化相应手续，加快办理流程。

15.1.5　花店的材料准备

开设花店所用的工具与插花常用的工具相同，即刀子、剪刀、钳子、细铁丝、线绳、胶带、喷壶、剔刺钳、水桶等。

货源准备是花店开设的重要环节，货源可以是鲜切花、人造花、盆花、花器和辅助材料(花泥、剑山、包装纸、丝带、卡片和卡片夹)等。为降低进货的成本，在开店之前应该充分地了解各种材料在当地的品质和价格情况。花店开业初期，通常销售量不大，应该多在本地批发市场找货源，这样进货的价格可能相对较高，但可以先看货，且容易控制数量。当花店开设积累了一定的经验，销售量较大时，可以通过有关的报刊或互联网站，了解相关的信息，选择较远的批发商或是直接与鲜切花原产地厂家订货。目前，在我国昆明、广州、上海等地都有比较大的鲜切花种植和批发基地，常年提供各种鲜切花。这样可以降低鲜切花的成本，在价格竞争中占优势，同时还可以减少鲜切花进货环节，相对保证鲜切花的新鲜度，有利于花店的经营。如从昆明发花到全国各地，只要是通航班的城市，当天发货当天就可以抵达。对于盆花，只要有温室的苗圃都能周年批发盆花，比鲜切花容易进货和管理。人造花的保存较长，经营方式与鲜切花相似，较容易进货和管理。

15.1.6　花店的人员准备

在市场调查的基础上确定花店的经营方向、规模和经营形式后，就可以确定花店的经营人员。小型、中型花店资金少，营业时间长，进花、销售、送花都需要安排人员，一般需要2～3人才能满足花店经营。

中小型花店的经营者要对花店的花艺制作等业务有较好的了解，在经营过程中最好保证花店有人具备花艺制作的能力。可以既当老板又当服务员，减少花店的人员开销，较适合于资金较少的开业者。花店的经营效益与店内花艺制作人员的专业技术能力、营销能力有很大的关系。插花技艺高超，艺术效果好，作品的应变力、感染力强，能使花店在激烈的竞争中取胜。花艺制作人员的营销能力强，能与顾客良好地进行沟通、交朋友，能赢得顾客的信任，争取到更多的客源和销售更多的插花艺术作品。

一般花店需要设置岗位：进货及存货、营销、插花制作、送货、清洁、账目财务。可以一人一岗，但大多数花店是一人身兼数职。

在花店的经营过程中，承接大宗业务，获得较好的利润是很重要的。如公司的开业庆典、婚礼、会场布置、葬礼等。这些业务一般需要上门服务，且人手要求多，就需要经营者有较强的组织召集帮工的能力，临时性地增加人员。

在花店的开设过程中，进货和销售环节随意性大，每天每时同一种花材、同一个花艺作品价格都会产生波动，在经营上有其特殊性。经营人员的准备是很关键的。多数中小型花店以夫妻开店或是与亲朋好友开店。需要雇员时，应该注意了解雇员的能力、个性、思想品德状况，经常与雇员交流思想，明确规章制度、奖惩办法，充分调动雇员的工作积极性。

15.1.7　其他方面的准备

花店经营在铺面、营业人员、供货、销售等环节准备好后，还需要做好以下几个方面的工作。

(1)给花店取名

每个花店都要有自己的名字，花店的取名一般都要突出花店的特色，多用鲜花的名字来取名，如香石竹鲜花店、满天星鲜花店等。可以以花店所在的街道的名字来命名或是所在位置的标志物来命名，以突出花店的方位，让顾客一看就能了解花店的位置。也可以以经营者的个性和经营特点来命名花店，突出花店的经营特色，如红月亮鲜花店、新世纪鲜花店等。还可以用鲜花的一些特性来给花店取名，突出鲜花给人的自然、艳丽或亲切的感受，如缤纷花艺鲜花店、芬芳鲜花店等。花店有个好听的名字便于顾客记忆和反映经营的特色，但要注意不应与其他花店名同名和同音。

(2)做好促销宣传

花店经营的促销宣传对扩大知名度和促进销售有很大的作用。应该根据自己的实际情况选择效果较好的宣传方式。电视、报刊和广播等媒体广告花费大，但影响大、覆盖面广。灯箱广告、卡片广告等形式也能提高花店的知名度，促进销售，增加销售量。一

图 15-1　花店宣传册(作者：林玲)

般新店开业都要做到声势浩大，主要是为了增强花店的知名度，希望更多人通过开业活动来了解自己的店；再就是通过开业活动结识一些业务和同行方面的朋友，从而有利于以后的业务发展。通常可以选择一些特殊或者节假日作为开业的日期，这样更容易达到宣传效果。还可做一系列的宣传册(图 15-1)或者海报类的广告来提前为开业造势。名片对于任何一家商店都是必不可少的，它可介绍自己，提升自身形象；使对方记住自己，方便日后联系等的功效。然而很重要的一点还是提升自身的形象，必须要让顾客感觉到我们是专业的，我们有能力达到他们的服务要求。

(3)前期上货及商品的陈列

花店在前期上货不宜过多，商品的品种可以丰富，但每种商品的数量不要太多，后期慢慢摸索哪种商品最易销售，然后再根据市场需求量，酌情增多部分商品的数量。

商品的陈列要做到摆放清晰自然，注意将各类商品分类摆放，不可杂乱无章。同时每月或者每周重点推销某一类商品，将此类商品置于橱窗或者店内最显眼的地方独立展示，要经常推陈出新(图 15-2)。

图 15-2　花艺商品的设计和摆放(作者：朱迎迎)

15.1.8　开花店的心理准备

开花店前必须要有充分的预测经营状况心理准备。预测花店的经营情景，考虑花店的经营风险，估计在经营过程中可能遇到的困难。进行市场情况调查，收集相关信息，再确定花店大小、规模及投资，决定经营目标，明确市场定位，把握服务范围和服务方向。

任何经营活动都具有风险，从投资开店准备时起，就必须树立强烈的风险意识，充分考虑来自各个方面的困难，从思想上做好克服困难的准备。花店经营商品的特殊性，鲜花的保鲜期短暂、时间性极强，经营风险明显增强，必须要有充分的心理准备。

(1)在竞争中取得优势

花店经营投资小，见效快，容易开设，参与的人多，竞争强。在繁华的地段一般会出现很多的花店，怎样才能在激烈的市场竞争中取得优势，是摆在经营者面前的一个很重要的问题。要力求做到人无我有、人有我新、人新我特；要总结市场经营的得失，改进经营策略，不断适应市场；要树立品牌意识，力争能做到小铺面、大市场。

(2)经营商品的特殊性

把鲜花作为主要经营商品的花店，特别要注意鲜花短暂的保鲜期和极强的时间性。一方面要求花店有充足的货源，丰富的品种供客户挑选；另一方面又不能积压商品，以免造成耗损，增加成本。刚开业的花店，没有知名度，顾客较少，容易产生鲜花积压浪费，经营者一定要不断提高插花艺术水平，加强宣传促销，适应市场，必须有充分的思想准备，度过经营初期这个艰难阶段。常言说"创业难"就是这个道理。不能一见赢利少或短时的亏损就盲目减少鲜花，降低插花作品的品位、质量，形成恶性循环，导致停业。考虑经营商品的特殊性，做到勤进货，每天或每隔几天无论销售多少都应补充新的货源。经营过程中要分门别类地做好进货、储存和销售的记录，及早掌握有关规律。

(3)受社会经济状况、节日和气候、季节的影响

花卉不属于我国居民的必要开支消费品，花店的经营状况受社会和经济情况的影响较大。只有在居民的吃穿住行等生活必需品消费满足之后，才可能消费鲜花，因此花店经营与社会的经济发展紧密联系。花卉的消费在我国受节日影响大，一般逢节日均可形成销售高峰，因此，应注意利用节日促销产品。另外，鲜花的生产过程在一定程度上受气候、季节的影响，花店经营应考虑这些因素。作为经营者应该对这些因素有心理准备。

(4)经营活动琐事多

花店经营过程中，进货、销售、储存各个步骤紧密联系，环环相扣，一个环节的脱节，可能影响整个经营活动。花店的经营过程中要注意：

①勤进货　鲜花的储存时间短，为保持花材的新鲜，应该做到少量多次、多渠道购进花材。

②真诚销售　大多数顾客对鲜花和鲜花制品了解较少，在销售过程中应真诚帮助顾客挑选适合的鲜花制品，让不同阶层的顾客满意。

③鲜花材料的存放、修剪和整理烦琐　花材进货后必须进行认真的处理、分选、修剪和养护。每个环节都要小心操作，避免损伤花材。

④花店经营工作量大　进货、销售、管理等必须做到有条不紊，忙而不乱，经营花店要做好吃苦的思想准备。

15.2　花店环境设计

花店精巧美丽的环境布置，不仅能吸引顾客走进花店，而且巧妙的设计有时还会给顾客带来灵感，使顾客将花店布置方法与家居装修结合起来，进而成为花店的常客。花店做好环境设计，可以烘托店内气氛，创造环境意境，强化花店环境风格。在店面设计中利用货架等陈设使空间的使用功能更趋合理，更富层次感。

花店经营必须要有特色，将开店构想中的创意变成现实，花店的装修是最重要的内

容，真正起到配合促销的作用。可以借鉴别的花店成功的做法，以花店的现状为基础，因地制宜地进行整体布局设计与规划，应当方便开业之后的正常经营活动，并画出花店装修后的效果图。花店装修有两个方面需要注意：一要体现出花店的特色；二要严格控制花店的装修费用。花店装修一定要根据开店构想、设计和施工，不能马虎，因为开店之后很难进行更改。

花店的招牌设计，橱窗布置，店堂内部装修及花卉商品陈列方式等诸多因素都会给顾客不同的印象和感受，影响顾客的购买心理和购买决策。因此，迎合顾客心理，布置出一个优美的购物环境，可以增加销售量。花店内装饰要有创新的构思，独特高雅的布局，充满魅力的艺术氛围，给人以高品质的文化享受。

15. 2. 1　花店店面设计

花店的店面设计应努力吸引顾客进店，可利用醒目的店名及标识，吸引顾客的目光，也可以用本店最具代表性、信誉度较高的荣誉匾额，服务承诺装饰店门，增强顾客的信任度和安全感，并要尽量延长顾客在店内的停留时间。在花艺展示中突出个性是非常重要的，正是这种在视觉上营造出的差异性使一家花店在茫茫“店海”中显得与众不同，令人们印象深刻。花店由于物质条件和自身条件的不同，在花店环境设计上往往变化很大，从而形成了多种多样的风格(图 15-3)。

图 15-3　花店的店面设计

15. 2. 2　花店内环境设计

花店的内部装修设计是营造美好的店堂环境所不可缺少的环节。为了保证顾客在愉悦放松的情绪中购物，店内照明要明亮而柔和，内部装饰的色调要宜人。花店内的装修要简洁，色彩以浅色明快为主。花店空间“寸土寸金”，提高空间的利用率并使整个花店实用、合理、美观。

店面装修应遵循下列原则：

①符合本区域内长期顾客的需求，使顾客进店感觉舒适、美观、大方；

②店面的装修风格要充分考虑与原建筑风格和周边环境的协调；

③花店的商品自身颜色比较丰富，在装修时要讲究和谐统一，尽量简洁，不宜采用过多的线条分割和色彩渲染；

④如果店面较小，可用镜面、框景、借景等手法扩大视觉空间，避免店面显得拥挤；

⑤店内灯光的设计，既要考虑日常的照明使用，也要考虑对花店内商品的渲染。

(1)天花板的设计

天花板的高度要根据营业面积来决定，宽敞的店面要适当高一些，狭窄的花店应低一点，一般而言，一个10～20m²的花店，天花板的高度在2.7～3m；如果花店面积达到300m²，天花板的高度应在3～3.3m。另外，天花板的颜色也有调整高低感的作用。有时，并不需要特别把天花板架高或架低，只需改变颜色即有调整高度的效果。天花板的设计以平面为多，一般以吊灯或日光灯等照明设备安置在天花板上，天花板的材料，有各种胶合板、石膏板、石棉板、贴面装饰板等。胶合板是最经济和方便的天花板材料，但防火、消音性能差；石膏板有很好的耐热、消音性，但耐水、耐湿性差，经不起冲击力；石棉板不仅防火、绝热，而且耐水、耐湿性好，但不易加工。

有的花店面积很小，但天花板很高，为了堆放花篮、花泥等既占地方又不美观的杂物，可以搭建一层阁楼，以提高房子的使用率。另外对于过高的天花板，可以在上面固定丝网或细铁丝(最后要隐藏起来)，悬挂上人造仿真藤本植物或干燥花，则会起到很好的装饰效果。

(2)墙壁设计

壁面作为陈列花卉的背景，具有很重要的功能。花店的壁面在设计上应与所陈列的花卉的色彩和内容协调，与花店的环境和形象相适应，壁面一般有下面4种利用方法：

①在壁面上架设陈列柜，用以摆放陈列花卉，墙壁被柜遮挡，因此可以不做粉刷或装饰处理。

②在壁面上安置展台作为花卉展示处，墙壁固定货架的同时，作为背景起到衬托的作用。

③在壁面上做简单设备，用以悬挂或布置花卉，悬挂插花作品必须先选择完整或较空的墙面和最适宜观赏的高度。插花作品的风格要和店内整体风格一致。

④在壁面上做一些简单处理，张贴POP广告(卖点广告)或做壁面装饰。

花店的经营项目中若包含礼品类的，壁面装饰通常以工艺品、绘画、装饰画、木刻、浮雕、编织品等礼品为主要陈设对象，如书法、木雕、铜饰、绣片、挂盘、摄影作品等。实际上，凡是可以悬挂在墙上的优美器物都可以用，但要注意饰品的大小要与墙面的空间具有良好的比例协调关系和均衡效果。陈列的方向也很重要，同样一组绘画，水平方向排列感觉平静、安定，垂直排列则显得富有激情。

花店的墙壁装饰不可太花哨，以浅色为主，如白色、浅灰色、浅绿色等，也可自己动手装饰墙面，既经济又富有特点。例如，在墙壁四周围上特色草帘、棉布、壁纸等；或用各种包装用的手揉纸经手揉皱后，用胶粘贴于墙壁上；还可在墙面上黏鹅卵石、碎砖块儿等，以创造不同的质感和视觉效果。

(3)地板设计

地板在图形设计上有刚、柔两种选择。以正方形、矩形、多角等直线条组合为特征图案，带有阳刚之气；而以圆形、椭圆形、扇形和几何曲线形组合为特征的图案，带有柔和之气。地板的装修材料有瓷砖、塑料地砖、石材、木地板、水泥等，选用时主要考虑店铺形象的需要、材料的费用、材料的优、缺点等因素。

瓷砖的品种很多，形状和色彩可以自由选择。优点是耐热、耐火、耐磨及经久耐用。缺点是保温性差，易碎，且花店经常用水，瓷砖上浸水后，不易保持清洁。花店装修如果选择瓷砖，最好选具有防滑功能的种类。

塑料地砖价格适中，为一般店铺所采用。优点是施工也比较方便，还具有丰富的色彩。其缺点是易被烟头、利器和化学药品损坏。

石材有花岗石，还有人造大理石，都具有外表华丽、装饰性好的优点，在耐水、耐火、耐磨等方面都很好，这是其他材料远不能及的，但由于价格较高，一般不被花店采用。

木地板光泽好，有保暖性，但易脏，易损坏，怕水浸，花店之中经常给花换水，难免撒在地上，故不宜使用木地板。

用水泥铺地价格最便宜，适宜低档的花店采用，但定位于中高档的花店不宜采用。

在花店中，铺上不同色彩、不同材料的地板，可以从视觉上和心理上划分出空间，形成领域感，创造了象征性的空间，在不同的空间上可以有不同的陈设。

15.2.3　花店布局设计

花店布局的核心是顾客流动路线的设计，成功的设计能最大限度地延长顾客在花店的停留时间。不同顾客因年龄、性别、性格的差异，其移动的路线也有所不同。一般来讲，青年人进入花店停留时间一般较短，他们进店后，想尽快地看到自己所需要的花卉，购买后迅速离开。而中老年人进入花店停留的时间较长，他们会慢慢地、仔细地阅读各类说明和 POP 广告，选择自己所需要的花卉品种。而顾客走动多的地方往往有利于花卉的促销，走的少的地方则为滞销区。花店要避免把畅销的花卉品种放在滞销区，应考虑整体布局，把各类不同的花卉品种有序摆放，在流动路线设计方面清晰分类，能让顾客自由自在地选购。同时，花店合理的店堂布局能促进销售的实现(图 15-4)。花店的布局一般分为两类，即格子式布局和自由流动式布局。

(1)格子式布局

格子式布局是一种十分规范的布局方式，多用于开架式销售。摆设互成直角，构成曲径式通道，使整个花店内结构严谨规范，给人以整齐、管理井然有序的印象，这种印象很容易使顾客对花店产生信任心理。格子式布局的整体投入低，符合普通人求廉的价格心理。从经营角度看，格子式布局更利于销售安全和保持花店卫生。但这一布局的缺点是顾客通常会产生孤独和乏味的感觉，由于在通道中自然形成的驱动力，选购中的顾客会有一种加速购买的心理压力，而观赏和休闲的愿望将被大打折扣；同时，由于布局的规范化，使得花店发挥装饰效应的能力受到限制，难以产生装饰形成的购买情趣与效果。

图 15-4　花店整体布置(朱迎迎)

(2)自由流动式布局

自由流动式布局是一种自由式

布局，适用于面积较大的花店。它是根据花卉的特点，形成各种不同的组合独立或聚合，没有固定或专设的布局形式，销售形式也不是固定不变的。在实际布局中常见的有条形或矩形、三角形、环形、马蹄形等多种。这种布局中，通道一般比较宽敞或在花店中央留有较大的空间，用于环境装饰，所以能利用装饰布局创造较好的环境气氛，对各种类型的顾客都能产生一定的吸引力，环境促销的作用比较明显。这种布局一般要有较大的空间，可以提供给顾客观赏的环境，这样既可创造顾客购买计划之外的购物机会，又能使顾客享受到购物之外的快乐。但这种布局导致使用面积的利用率偏低，如果布局不好，会造成布局混乱不清；同时，投入费用较高，影响花卉整体价格水平；从经营的角度看，搞好生产和清洁卫生的难度也较大。

15.2.4　货架及花卉陈列设计

货架是陈列、展示和销售花卉的主要设施之一，并能容纳和储存花卉，使花卉容易选择，取放方便(图15-5)。货架有不同的构造、形式和规格，货架设计既要求实用、牢固、灵活，便于插花员操作、顾客参观，又要适应各类花卉的不同要求。制造货架的材料很多，有塑料、木材、藤、铝合金、角钢等，选择时要考虑环境风格和价格。

图15-5　货架陈列

货架的布置方式会影响顾客的心理感觉，应当顺应顾客购物习惯，并要满足其审美要求的摆放方式。据测算，顾客的视线在货架上平均停留时间为0.6s，这就意味着大部分花卉品种并未引起顾客的注意，为了使顾客更多地购买花店最希望卖掉的花卉品种，也就是获利最大最畅销的品种，合理地安排货架的位置十分重要。在货架上陈列商品一般用分层陈列法，陈列时按货架已有的分层，依一定的顺序摆放展示花卉，分层摆放时一般是根据花卉特点，取放操作的方便程度，顾客的视觉习惯及销售管理的具体要求而定。从顾客的角度而言，对各货架的关注是不一样的，这是由人们的视觉习惯造成的，平视时，视线会在头部与胸部之间的高度移动，这是由于与人视轴线成30°以内的物品最易被发现。人们不会在每个货架都蹲下来看下面，或踮起脚来看高于其视线的地方，视角的不同会影响到花卉在不同层面货架上的陈列方式和数量。花店要充分利用好货架的空间，在货架最为引人注意、最具经济价值的位置摆放最易售出的花卉品种，可以将此位置视为货架的促销区，尽量扩大其陈列数量，以增加销售额。顾客可平视的位置最好陈列满，顾客的目光要往上仰视的位置，造成仰角，在这一格的陈列最好顺应视线摆放，这样可形成立体美感。对于货架下面的位置，顾客一般不会蹲下来看，因此，此层不要堆放太多，将里面的空间填满即可。

同时陈设数量较多的花卉时，必须将相同的或相似的花卉，分别组成较有规律的主体部分或一两个较为突出的强调部分，然后加以反复安排，从平衡的关系中找到完美的

组织形式和生动的韵律美感。花店中，也可以定做 1 ~ 2 个柜台，用于陈列花肥、花药、红包、喜字等物品。柜台设计以中等身材人的身高为标准，商品陈列柜柜台的高度与宽度一般掌握在 80cm 与 50cm 左右。从顾客购买的角度讲，柜台销售属于低视角陈列，顾客一般要向下才能看到柜台的陈列商品。

花卉陈列的基本方法与技巧是要使顾客看到花卉的主导部位，如让顾客看到花卉正面，而不是侧面或非主导部分。扁平的花卉应使用支架立式陈列，陈列时能够重点表现插花的用途、造型、色彩、价格、花朵的香味、插制的技巧等，也能够表现相关鲜花销售上的各种因素。例如，相关花卉的销售形式、销售地点、销售日期等。陈列时还能够利用文字绘画、图片或广告背景色彩来衬托花卉。任何店面都有最容易吸引顾客眼球的方面，即"焦点空间"，由于花店大多是 $30m^2$ 以下的中小店面，所以主要焦点空间可设立在通道的正面(如果店内通道长，焦点会在通道中央)或在店面入口的左右壁面上(如果墙壁很长，焦点便在墙壁中央)，焦点空间应陈列重点花卉商品。

花卉陈列的基本方法有：

(1)分层陈列法

这种方法主要用于柜台或货架陈列。柜台陈列必须以适应近距离观看为主，柜台一般分为 2 ~ 3 层，只适宜摆放小型商品，上层和中下层外部陈设的商品不是顾客注视的重点部位，柜台陈列时可有背景衬托或有装饰性的陪衬陈列；过时和积压的商品不要堆放其中，以免给顾客产生花店经营不善，商品积压的不良感觉；应注意在同一柜台内陈列的商品不能类别过多过杂。

(2)悬挂陈列法

这是小型花卉陈列的方法，是指将花卉展开悬挂或安放在一定或特制的支撑物上，使顾客能直接看到花卉全貌或触摸到花卉。使用悬挂陈列法是填充立体空间的好办法。悬挂陈列法通常是高处悬挂，属于固定陈列，目的是使顾客进店后从较远的位置就能清晰地看到花卉，起到吸引顾客、烘托购物环境的作用。悬挂物起装饰作用，少用于直接销售，应留意悬挂花卉的艺术性。也有用于销售的悬挂物，主要是用于开架销售，悬挂的高度通常在 1.5m 左右，便于顾客选购，平视观赏和触摸；由于悬挂占用空间相对较大，对销售悬挂的花卉来说，应留意悬挂时空间的合理使用，不能妨碍顾客的视觉效果。另外，悬挂陈列在布置效果上有时会稍显得死板，应留意摆放错落有致，起到美化和装饰的作用，同时充分利用有限的立体空间，尽可能多地展示花卉品种，以增大有限的使用面积。

(3)组合陈列法

这种方法是按顾客日常生活的某些习惯，组合成样品陈列展示，往往能给顾客以真实、熟悉、贴切的心理感受，使顾客既可购买已组合好的花篮、花束，也可选单一品种。

(4)堆叠陈列法

这是将花材由下而上罗列起来的陈列方法，通常用于花店进货量大、不方便浸泡时，或用于花卉批发市场及批发鲜花的早市内，这时花朵未经整理和包装，本身装饰效果较差，而且数量又多，堆叠陈列能够用数量突出花卉的陈列效果。但百合花、红掌等

昂贵、易损坏、不耐压的品种不适合使用堆叠陈列法，而月季花就比较适合。用这种办法陈列鲜花时，要在花材叶片上喷水，再铺一层花，再喷一次水(香石竹、满天星等怕水的花材不宜喷水，否则易腐烂)，利用植物叶片的保水性，保持鲜花的生命活力，叶材的存储经常使用这种办法。但如果花材数量少或叶片稀疏时则不宜使用此办法，另外，喷水时不要喷在花头上，以防止花头腐烂、变色。堆叠陈列法也可用于柜台内平摆的陈列装饰，如将精致的小卡片摆放成不同的图形，形成近距离观赏的优美小环境，也可用于墙壁、橱窗的立式陈列装饰，如用花朵花瓣组成几何图形或文字，这实际上是悬挂陈列的发展和变形。

(5)叠钉折法

这一方法适宜网纱、包装纸等“软型”品的陈列，因为这些商品有形体性不强的特点，可将其折叠或摆放成各种样式，用大头钉和钉子固定在立式板面上。

(6)专题陈列

专题陈列又称为主题陈列，是结合某一特定时期或节日，集中陈列展示应时适销的连带性花卉，或根据花卉的用途在特定环境时期陈列，如圣诞节前圣诞树、圣诞用品的陈列。这种陈列方式应能成某种花卉的选购热潮。有主题和销售重点的专题陈列是现在最常用的陈列方式，也是最有效益的陈列方式，因为这种在店内明显处特辟一区，与店里其他杂物区隔开，经过精心设计，共同表现节日节庆、季节及新品种等主题的陈列方式，最能吸引上门的客人。这种陈列形式必须突出专题或主题，且不宜布置过多、过宽，否则容易给顾客留下花店是在搞“借机甩卖”的错觉，造成顾客的逆反心理。

15.2.5 花店通道设计

花店的通道要注意保持足够的宽度，方便顾客游览，挑选鲜花和往来通过，一般不应小于90cm，否则顾客会感到不便。当通道过长时，适当的迂回行走对顾客更有吸引力。还应注意，花店如果是进出合一的门口，就要保持宽敞、通畅，以减少拥挤和堵塞，避免进出花店时顾客的相互干扰。如果是进出分开的门口，则应注意花店内通道的走向一定要明确，不要因通道的误导，使顾客形成回流现象。

在花店内合理地设置一些POP广告，内容可涉及鲜花保鲜知识，花卉新品种信息，各种场合用花常识，并经常更换内容，保持新鲜感。这样就容易使顾客花费更多的时间停留在店内咨询、观赏，也很容易激发他们的选购欲望。即使本次进店没有进行购买，也会给顾客留下好印象，对其今后的购买行为产生影响。

技能训练

技能15.1 花店环境设计

1. 目的要求

通过花店环境设计，让学生掌握花店环境设计的基本内容与设计方法，体验花店环境设计的实际需要，增强学生对花店的深刻理解。

2. 材料准备

实训花店、设计图纸、绘图笔、绘图尺。

3. 方法步骤

①教师讲解不同类型花店的店面和内环境设计要求和方法。

②学生分组对不同类型的花店进行调查，了解各类花店的店面和内环境设计情况及经营内容，分析各类花店的经营特点和花店环境设计方面的优缺点，全面认识和理解花店环境设计方面内涵。

③学生分组进行讨论，每组绘制一个花店店面和内环境设计图，并加以说明。

4. 效果评价

完成效果评价表，总结花店的店面和内环境设计要求。

序号	评分项目	具体内容	自我评价
1	店面设计	独特有创意，店名醒目能吸引顾客目光，增强顾客的信任度和安全感	
2	天花设计	高度适宜，颜色协调，安全感强，材料环保，灯光明亮而柔和，考虑日常的照明使用，考虑对花店内商品的渲染	
3	墙壁设计	墙面装饰，既经济又富有特点，质感和视觉效果好，背景衬托颜色协调	
4	地板设计	选材适宜，色彩协调，视觉和心理感好，经济适用，材料环保	
5	整体效果	舒适、美观、简洁、大方；环境美好，与原建筑风格和周边环境相协调；经济适用有特色	
备注	自我评价：合理☆、基本合理△、不合理○		

思考题

1. 名词解释

合同，买卖合同，租赁合同，工资，劳动纪律，花店，花艺工作室，复合式花店。

2. 填空题

(1) 花店根据经营花材的性质一般可以分为________、盆花店、干燥花店。

(2) 花店根据经营规模和内容可以分为小型花店、________、大型花店、复合式花店。

(3) 闹市区花店，以________人群为服务对象，可以经营一些制作精美、方便携带的插花作品，如花篮、中小型插花作品等。

(4) 鲜花的储存时间短，为保持花材的新鲜，应该做到________、多渠道购进花材。

(5) 花店的店堂布局一般分为两类，即________布局和自由流动式布局。

(6) 花店的内部________是营造美好的店堂环境所不可缺少的环节。

3. 判断题

(1) 合同的当事人依法享有自愿订立合同的权利，任何单位和个人不得非法干预。（　　）

(2) 依法成立的合同，对当事人具有法律约束力。（　　）

(3) 用人单位可以以实物、股票的形式支付劳动者付出劳动的工资。（　）

(4) 只有以书面形式订立的合同才能得到国家承认。（　）

(5) 因重大误解订立的合同，当事人一方有权请求人民法院或者仲裁机构变更。（　）

(6) 恶意串通，损害国家、集体或者第三人利益的合同为无效合同。（　）

(7) 花店作为一个经营实体，必须经工商行政部门、税务部门、劳动部门的审核批准，还必须到银行开设经营账户。（　）

(8) 劳动纪律是劳动者在共同劳动或共同工作中必须遵守的秩序和规则。（　）

(9) 花艺工作室往往没有店面，人力、固定成本的投入相对较低，常常是花艺设计师单枪匹马打天下。（　）

(10) 劳动争议是指劳动关系当事人之间因权利和义务发生矛盾而引起的纠纷。（　）

4. 选择题

(1) 有下列________情形的，所订合同无效。

A. 一方以欺诈、胁迫的手段订立合同，损害国家利益

B. 恶意串通，损害国家、集体或者第三人利益

C. 以合法形式掩盖非法目的

D. 损害社会公共利益

(2) 无效的经济合同自________时就无效。

A. 订立时　　B. 确认后　　C. 履行时　　D. 行为开始后

(3) 经营者不得利用虚假的或者使人误解的标价内容及标价方式进行价格欺诈。经营者具有下列________情形的属于欺诈消费者行为。

A. 销售商品掺杂、掺假、以假充真、以次充好的　　B. 作虚假的现场演示和说明的

C. 采取雇用他人等方式进行欺骗性的销售利导的　　D. 骗取消费者预付款的

(4) 花店经营过程中，进货、销售、储存各个步骤紧密联系，环环相扣，一个环节的脱节，可能影响整个经营活动。在花店的经营过程中要注意________。

A. 勤进货　　B. 鲜花材料的存放、修剪和整理

C. 真诚销售　　D. 大量进货，品种齐全

(5) 花店的内部装修是营造美好的店堂环境所不可缺少的环节。花店内的装修要注意________。

A. 简洁美观　　B. 色彩要丰富多彩

C. 明亮而柔和　　D. 装修风格要与原建筑风格和环境协调

5. 问答题

(1) 花店开设应做哪些物质准备？

(2) 开设花店应该办理哪些相关手续？

(3) 花店的类型有哪些？

(4) 如何进行花店的内环境设计？

自主学习资源库

插花员培训考试教程（初、中、高）. 王绥枝. 中国林业出版社，2006.

项目16 花店的经营

学习目标

【知识目标】

(1)理解花店销售的4P循环理论。
(2)掌握花店的成本控制。
(3)掌握花店的经营技巧。
(4)理解花店管理的目的和内容。
(5)掌握花店管理的方法。

【技能目标】

(1)能准确说出花店销售的4P循环理论。
(2)能准确说出花店的经营技巧内容。
(3)能准确说出花店管理的方法。

案例导入

小丽的花店已经开张了，但也碰到了很多问题，如如何公关、如何定价、如何营销等。如果你是小丽，你会怎样解决所遇到的困难？

分组讨论：

1. 列出小丽业务能力不足的方面。

序号	花店经营管理所需知识和能力	自我评价
1		
2		
3		
⋮		
备注	自我评价：准确☆、基本准确△、不准确○	

2. 如果你是小丽，你会怎么做？

16.1 花店公关基础知识

公关是公共关系的简称，是指某一组织为改善与社会公众的关系，促进公众对组织的认识、理解及支持，达到树立良好组织形象、促进商品销售的目的的一系列公共活动。它本意是社会组织、集体或个人必须与其周围的各种内部、外部公众建立良好的关系。

"公共关系"一词来源于美国，其英文为 public relations，缩写为"PR"。公共关系的"公众"不仅由人群构成，还包括政府、社区、媒介等机构。

16.1.1　公关的基本特点

(1)形象至上

在公众中塑造、建立和维护良好的组织形象是公关活动的根本目标和核心，而这种形象既与组织的总体有关，也与公众的状态和变化趋势直接相连。良好的形象是组织最大的财富，是组织生存和发展的出发点和归宿。

(2)以诚为本

追求真实是现代公关工作的基本原则。公关强调真实原则，要求公关人员实事求是地向公众提供真实信息，任何虚伪的宣传和行为，都会损害组织形象，唯有真诚，才能取得公众的信任和理解。

(3)互惠互利

对于一个社会组织而言，追求自身利益的最大化是当然的，但有时为求得一时之利，却失去的更多，有时甚至什么也没得到。造成这种现象的根本原因就在于：利益从来都是相互的，从来没有一厢情愿的利益。人际交往中人们常说：与人方便就是与己方便；而对社会组织而言，只有在互惠互利的情况下，才能真正达到自身利益的最大化。

(4)长远观点

由于公关是通过协调沟通、树立组织形象、建立互惠互利关系的过程，这个过程既包括向公众传递信息的过程，也包括影响并改变公众态度的过程，甚至还包括组织转型，如改变现有形象、塑造新的形象的过程。所有这一切，都必须经过长期艰苦的努力。因此，在公关工作中，不应计较一时得失，而要着眼于长远利益，只要持续不断地努力，才能与公众建立良好的关系，才能有回报。

16.1.2　插花员公关的职能和作用

(1)插花员的公关职能

①信息是资源和财富，花店插花员要为花店经营管理决策采集各种必要的经营信息，为科学经营管理花店提供依据。

②协调花店内外各种关系，在花店与公众之间，通过信息沟通，搭建起双向信息交流的桥梁。

③积极参与花店的决策，参与决策也是一种特殊形式的信息传播。

④参与策划和实施各项专题活动，如具影响的插花花艺展览、庆典活动、信息发布会等。

(2)插花员的公关作用

①为花店决策提供咨询意见，有利于花店制定出正确、完善的政策。

②增强社会公众对花店的了解和支持，获得有效的强有力的舆论力量。

③促进花店与相关企业之间的业务交流，融洽感情，促进合作。

④塑造花店良好的形象，促进商品销售，扩大经营效果。

在公共活动中，插花员要利用一切机会，树立自己的形象，提高花店的知名度，及时了解需要经过哪些途径达到这个目的，确定自己的公关对象，真心实意地为顾客考虑，实实在在为顾客服务，达到良好的公关效果。

16.1.3　插花员的公关原则

(1)实事求是原则

本着实事求是的精神，以事实依据为公关工作的出发点。

(2)互利原则

要坚持自利和他利相统一的互利原则，即花店的行为及结果既能增进花店自身的发展也能给公众和社会提供更多的利益。

(3)组织形象原则

依靠花店全体人员的共同努力树立良好的组织形象。

(4)科学指导原则

运用现代科学的理论和方法，指导从事现代组织公关活动。

(5)全向原则

全向原则就是花店在公关中，以整个花店为系统，重视花店的整体效益，也叫整体原则。

(6)艺术原则

公关是一门“内求团结，外求发展”的艺术。

16.1.4　插花员的公关策略

花店插花员为达到花店的既定目标，在充分进行调查的基础上，要对总体公关战略、专门公关活动和具体公关操作进行策划、计划和设计。

(1)公关策划的原则

①信息原则　信息是策划的前提条件，花店插花员要注意收集一切有用的信息。

②优化原则　插花员要通过比较、筛选，确定最佳的方案。

③可行性原则　确定的方案要符合社会环境及公众的承受力和喜好，要切实可行。

(2)公关策划的内容

①公关目标的确定　要根据花店的实际条件和情况，确定适宜的公关目标。公关目标包括一定时期内能控制花店公关活动全过程的总目标和指导实施方案的分目标。

②公众对象的选择　公关方案一定要具有针对性，要根据公关目标选择相应的公众对象。

③公关方案的制订　制订切实可行的公关方案是实施公关活动所必需的。公关方案是公关目标的具体化，就是对公关活动的项目、主题、策略、时机等问题进行具体的设计。

④公关方案预算的编制　为了保证公关活动的正常进行，需要从财力和物力上给予一定的保障。因此需要编制公关方案的预算，报店长审批。

⑤书面报告的编写　为了便于开展公关活动和工作检查，便于向组织决策层汇报，便于积累资料，建立完善的文书档案，应该编写书面报告。

16.1.5　插花员公关工作的内容

(1)社会性公关

社会性公关是指插花员利用举办各种社会性、公益性活动，开展公关活动的方式。

(2)服务性公关

服务性公关是指以提供优质服务为主要手段的公关活动方式，插花员通过实际行动使花店获得社会公众的了解和好评，建立良好的形象。

(3)交际性公关

交际性公关是指插花员在无媒介的人际交往中，开展公关活动。目的是通过人与人的直接接触，进行感情上的联络，为花店广结良缘，建立广泛的社会关系网络，形成有利于花店发展的人际环境。

(4)征询性公关

征询性公关是指以征询信息服务为主的公关活动方式，插花员通过采集信息、舆论调查、民意测验等工作，了解社会舆论及民意、民情，为花店经营管理决策提供依据。

(5)宣传性公关

宣传性公关是指插花员运用内部沟通方法和大众传播媒介，开展宣传工作，树立良好的花店形象。

插花员公关的工作方式是多种多样的，没有固定不变的模式。每一次成功的公关活动都是一次思维和行动的创新，插花员需要根据公关目的和任务的要求，选用不同的工作方式，并善于创造新的工作方式。

16.2 花店营销基础知识

16.2.1 市场营销的概念

市场营销是社会组织在动态环境中为满足交换关系而进行的商品、服务和思想的创造、分销、推广以及定价的过程。简单地说，市场营销就是在恰当的时间、恰当的地点，把恰当的产品以恰当的方式卖给恰当的人的过程。或者说，市场营销就是在社会规范内，研究如何满足顾客现实和潜在的需求，以及有效地满足这种需求。

16.2.2 花店营销的观念

(1)服务观念

花店的产品是为用户提供的，用户的需求是花店生存的基础。因此，花店在市场营销活动中必须树立用户至上、视顾客为上帝的服务观念。

(2)竞争观念

在市场经济下，花店必须树立全面竞争的观念，要善于市场竞争，并合理进行市场竞争。插花员工作在花店的第一线，在日常工作中，应积极搜集市场竞争的各种相关信息。对花店来说，市场信息是财富、是资源，能否准确、及时地获得市场信息，是花店在市场竞争中能否取胜的关键。插花员应准确、及时地向花店管理者反映市场信息，努力提高服务质量，增强市场竞争实力。在激烈的市场竞争中，是靠服务和技术水平赢得竞争，而不是靠相互压价。

(3)引导消费观念

花店的商品及花艺制品是应市场的需求进货和制作的，但绝不是完全被动的适应，在某种情况下可以引导消费者，主动开辟新的项目，开辟新的消费领域。例如，很多人搬迁新居，家居装饰是一项必不可少的内容。作为花店插花员可以设计制作出符合家居装饰的花艺作品，引导消费者将花艺装饰引入到家居装饰领域中。

(4)创新观念

创新是指用新知识、新技术创造新产品，开拓新市场。创新精神是花店最大的潜在精神力量，是花店成功的秘诀之一。因此插花员要不断学习新知识、新技术，不断推出新的插花设计理念和作品，为花店创造最大的效益。

(5)效益观念

讲究经济效益是一切经济活动的指导核心，也是办花店的根本指导思想。花店插花员在制作花艺作品时，要坚持节约，不随意浪费花材及相关用品，合理控制成本，讲究经济效益。

(6)时效观念

“时间就是金钱，效率就是生命。”对于花店来说，时间和效率是至关重要的。插花员在工作中要合理、科学地安排时间，加强工作的条理性，不断提高技能，娴熟的制作

可以减少顾客等候时间，提高工作效率，增强花店的效益。

16.2.3　花店销售人员的基本要求

(1)思想素质及业务要求

花店的思想经营宗旨是为顾客服务，因此要求花店销售人员首先应具备良好的思想品质和道德观念，以花店的礼仪为己任，不谋私利，同时能够维护消费者的正当权益。为了提高服务质量，花店销售人员还应具备丰富的专业知识和较强的工作能力。

(2)心理素质及法制观念

一个合格的花店销售人员，不但要有健康的体质、端庄的仪表，还要有强烈的事业心和责任感，具有开拓精神和创新意识；有良好的心理素质，遇事乐观、有耐心，给人以亲切感。

花店销售人员在从事市场营销活动的过程中，代表的是花店。因此，要懂法、守法，具有法制意识和法律观念，这一点对于花店销售人员自身和花店经营的成败是至关重要的。

只有具备以上素质，花店销售人员才能在营销活动中赢得更多的顾客，顺利地推销自己的作品或商品，为花店获得广阔的市场。

16.2.4　花店消费心理知识

销售活动是实现花店利润的核心。如果销售业绩欠佳或者甚至产品滞销，则势必会使整个花店运转出现危机。销售过程可以说是花店的生命，而消费者就是花店活动的中心，因此花店销售人员掌握消费心理知识无疑对开展市场营销活动，促进花店发展具有重要意义。

(1)消费心理学概念

消费心理学的研究是通过观察、记述、解释和预测销售活动中的消费者心理与行为取向，为企业的生产和销售提供科学的心理依据。它是市场经济条件下，提高企业竞争力，使企业经营和消费者需求双方达到最佳效果的有效方法与手段之一。

花店销售人员掌握消费心理知识的意义可归纳为以下几条：

①有助于花店全面深入了解消费者需求，预测消费需求发展趋势，开拓市场，引导消费。

②有助于提高花店的服务质量和服务水平，更好地为消费者服务。

③有助于促进花店经营思想的转变，形成现代经营理念。

(2)消费观的类型

消费观是指个人对消费的根本看法。由于社会地位、经历、文化素养、生活环境以及生活习惯的不同，人们对消费有着不同的观念，并形成不同的消费观。常见的消费观类型有：

①实用型消费观　消费者在消费商品时，以满足消费者的生活需要为目的，十分注意商品本身的使用价值。

②个性化消费观　消费者在消费时追求与众不同、标新立异，十分重视商品的内涵能否突出自己与众不同的个性特征、审美情趣和品位。

③炫耀型消费观　消费者在购买商品时，首先要把别人的评价放在第一位，只买贵的，向人炫耀。

④攀比型消费观　消费者在消费时追求“向上看齐”，不是处于迫切的需要，而是不甘落后，想胜过他人的攀比思想起作用而去购买商品。

消费观还可以依照其他标准进行划分，如求新消费观、时效消费观、适度消费观、效益消费观等。一个成功的经营者必须十分重视社会消费观的变化及其对经营管理和经济效益的影响作用。就目前城乡消费市场而言，实用型消费观仍将是主要的消费观，物美价廉的大众化商品仍将是消费主流。但个性化、炫耀型、攀比型的消费观在中国消费者当中也占有一定的比例。

16.3　花店商品定价

16.3.1　花店商品定价原则

(1)成本估算原则

花店商品包括插花作品、花材、花器等，通常主要是指插花作品。插花作品的价格是以该作品的价值量为基础来确定的。制作插花作品所花费的各项成本即该作品的价值，包括以下几项：

①材料成本　包括花卉原材料、花泥、花器等材料和相关用具、用品等成本。

②制作成本　指插花员制作插花作品所花费的必要劳动时间。

③其他成本　包括员工工资、福利费等；水、电、电话费等；运输费用；行政管理费；上缴工商、治安、卫生等部门的费用；公关费用(包括广告、宣传促销费用)；管理费及办公费；业务招待费；固定资产折旧费用(包括办公家具、空调、计算机等)；税金；利息(如有资金借贷，利息要计入成本)。

(2)相对稳定原则

花店商品的定价要根据市场供求关系变化及产品竞争的情况，比质比量采取灵活定价的方法，如优惠价等。但价格要相对稳定，变动不宜频繁，否则会给潜在的顾客带来不稳定的感觉，会挫伤顾客的消费积极性。

(3)市场需求原则

花店商品的定价要取决于当时市场上同类作品的需求情况，在市场的最高价格和最低价格之间浮动，要得到消费群体的认可。然而，需求又受到价格和消费群体收入变动的影响。在某一范围内，需求变动和价格变动是成反比的，如价格下调，需求可能上升。

16.3.2　花店商品定价方法

价格对顾客的购买行为有显著的影响作用，因此，合理定价很重要。制定合理的插花作品价格须以成本、市场需求，同业竞争和对顾客消费心理的研究为基础，并全面考虑其他影响因素，这是花店成功经营的重要条件。

花店常用的定价方法有以下几种。

1）花店经验定价法

花店经验定价法是花店根据多年的经验并依据所处位置、面向的顾客消费群体以及插花作品的成本加上一定比例的利润来进行定价的方法。常见的定价方法有：

(1)花材成本加倍定价法

以鲜切花为例，将插花作品所用花材的进价及相关用品价累加计算为花材成本，然后将花材成本乘以2~4倍作为插花作品的价格。这种定价法除考虑了花材成本，也考虑了花材损耗、人工费用、房租、税费等费用支出，以及利润。当然，还要根据作品的档次、加工的难度及批量的大小来具体确定作品的价格。

(2)相对固定年价法

相对固定年价法是花店针对的消费群是有相对固定业务往来的政府机构、企事业单位时，而制定的相对固定常年价格。这种定价法的优点是便于结算，产品规格、所用品种及数量相对固定，易保证产品质量。

相对固定年价法是将花卉全年的波动价以一平均值作为成本估算的参考；还可将花卉淡季和旺季的波动进价各做一平均值，并参考市价，在最低值和最高值之间，根据花店具体情况，与买方协商，确定一个最终价格。

(3)鲜花批发价格定价

花店在花卉市场做批发业务的价格制定方法：一般鲜花批发价格利润为20%~30%，在制定价格时应注意花卉商品的质量、运输成本、节令、季节性的变化、成交数量、汇率变动等因素。

鲜花一般都遵循按质论价的原则，花卉的品种好坏、品质优劣、生产企业的知名度都直接影响花卉的价格。

核算运输成本。花卉产地不同，其运输距离的远近直接影响着运费和保险费的开支。交货地点、条件不同，花卉买卖双方所承担的责任风险、费用也不同。

节令、季节性的变化。例如，母亲节的香石竹，节前到货，抢先上市，能赚取大量利润。

成交量大时，在批发价格上可给予顾客适当的优惠，反之，如成交量低于最低起订量时，也可以适当地提高价格。

经营进出口花卉贸易的花卉公司，应关注汇率变动所带来的风险，应将风险转嫁到花卉的价格中。

非固定价格的制定时应考虑：一般在情人节等花卉价格波动较大时采用。方式为只暂定价、规定论价时间，即在花卉买卖合同中先订立一个初步价格和浮动金额范围，并约定双方在某时商定价格。这种方式一般只适用于有长期交往，交易习惯比较固定的买卖双方。

2)需求导向定价法

需求导向定价法是以市场需求强度即顾客的购买能力和购买欲望作为主要依据的一

种定价法。其方法有以下 3 种：

(1)理解价值定价法

理解价值定价法是以顾客对商品的感觉价值作为定价的基本根据。因为顾客在购买商品时往往会在同类商品之间进行比较，而选择既符合其支付能力，又能满足其消费需求的商品。为了提高顾客对商品价值的理解程度，使其愿意支付较高水平的价格，首先应设法借助各种非价格的营销因素或通过市场定位在顾客心目中建立较高的作品形象。拉开本作品与同类作品的差距，突出此作品的特征，加深顾客对其印象和认知程度，从而提高他们接受价格的限度。此时，可以为此作品制定一个切实可行的较高水平的价格。

(2)反向定价法

反向定价法不以实际成本为主要依据，而是以市场需求为定价出发点，力求使价格被顾客所接受。它是指根据顾客能够接受的最终销售价格，计算插制此作品所需成本及利润，逆向推算的理解价值定价法。例如，一位顾客定制一个庆典用的落地大花篮，如果按常规确定售价为 200 元，其中成本为 100 元，利润 100 元，由于现在市场需求比较大，为了让顾客较易接受，赢得更多的客户，可以把价格降低到一定的限度内，达到薄利多销的目的。

(3)需求差异定价法

需求差异定价法是指插花员可以根据不同时间、地点、作品及不同顾客的需求强度差异为定价的基本依据，针对每种差异决定在基础价格上是减价还是加价。

①因季节而异　因季节不同，插花作品的定价也应有所不同，特别是鲜切花作品，一般冬季价格要高于其他季节。另外不同时期，如 4 ~ 5 月、9 ~ 10 月、元旦至春节均是销售旺季。又如特定的节假日、情人节、春节、圣诞节等，价格均可上浮。春节过后和销售淡季，如 6 ~ 8 月可适当下调价格。插花作品提价、降价的原则和技巧如下：

原则：提价幅度宜小不宜大，速度宜慢不宜快，要走一步看一步；降价尽量一步到位，不宜不断降价，以防顾客产生“等你再降价”的心理。

技巧：提价需向顾客说明能让他们接受的原因，增加产品的附加值；提价可采取插花商品价格不变，组织替代品，通过材料本身的变动降低成本；将少数几种花卉大幅度降价优于普遍小幅度降价。

②因地点而异　如为酒店制作的插花作品的价格，应高于一般餐厅制作插花作品的价格。因为酒店对插花作品的需求强度要高于一般的餐厅。

③因产品而异　对不同体量、规格，不同用途插花作品分别制定不同的价格。但这些作品的价格之间的差额和成本费用之间的差额并不成比例。通常，规格较大的作品的价格、成本差额比要高于规格小的作品。由于艺术插花的艺术构思和技巧处理，在价格构成中占有较重的比例，艺术插花的价格要高于一般礼仪插花的价格。

④因顾客而异　插花员可以因顾客的职业、阶层、年龄的不同，在定价时给予相应的优惠或提高价格，可获得良好的促销效果。

不同消费心理的顾客对插花作品价格变动的认同情况如下：

提价：经花店充分说明价格上涨的原因，顾客能够承受消费的增加；顾客认为某种花卉具有特殊价值，是其他花卉不能代替的；顾客具有求新、追求名贵、好攀比的心理，愿意为自己喜欢的花卉支付高价；因花店的知名度和信誉度高，顾客对花店的忠诚度高。

降价：花店向顾客充分说明降价的原因，使其能够认同和接受；顾客不太关注花卉品牌，主要根据花卉的价格来决定自己的购买行为；顾客很少将自身的社会形象同所购花卉联系，更注重花卉的实际质量。

3) 竞争导向定价法

竞争导向定价法是以市场上相互竞争的同类产品为定价基本依据，随竞争状况的变化调整价格水平。

(1) 随行就市定价法

随行就市定价法是指花店按行业的平均现行价格水平来定价，又称流行水平定价法。如果定价高了卖不出去，定价过低会亏本或有降价倾销的嫌疑。

(2) 投标定价法

投标定价法是指花店取得经济技术承包合同的一种定价方式。此种方法一般在承揽大型花艺工程时使用。花店的目的是为了中标占领市场，因此，根据投标任务的成本预期利润和中标的概率，确定自己的投标价格。有时为了中标，花店往往以低于预计竞争者报价的水平来确定自己的报价。

(3) 市场应变定价法

市场应变定价法是指花卉产品在生产和运输等发生突发变化而采取的随机应变调整价格的定价方式。通常是突发的花卉产地及运输路途天气变化造成的花卉产品上市量少，价格上调；或是花卉产品因季节变换，生长的条件地改变，切花植物由露天栽培转为温室栽培，种植品种、种植期安排不妥，造成上市花卉产品断档，价格上调。

(4) 新奇心理定价法

新奇心理定价法是指在花卉新品种进入市场前，率先在报纸上宣传，利用顾客的求新、猎奇心理引导消费，然后，以相对高价投放到花卉市场，赚取丰厚利润的定价方式。当竞争者纷纷出现时再调低价格。

(5) 薄利多销定价法

薄利多销定价法是指花店为了以占领市场、打开销路为主要目标，在花卉新品种进入市场尚未被顾客认可时，以物美价廉、经济实惠的形象出现，迎合顾客“物实求廉”心理，刺激其购买欲。

(6) 数字心理定价法

数字心理定价法是指在商品标价上巧妙地利用顾客喜欢的，满足顾客求实惠、求廉价、求吉利的心理数字的定价方式。针对价格较高的产品，采用意头标价。如采用98元而不用100元，使顾客容易产生便宜心理。对于价格敏感的顾客，会使其感到价格保留在下一档次，并相信花店的价格制定得合理而精确；另外，选用8、9尾数的价格可以迎合顾客追求发财发达、长久的消费心理。

针对价格较低的产品，采用凑整标价，而非零头标价。如10元而非9.8元，便于结算，除去找零的麻烦。

(7) 价格折扣定价法

价格折扣定价法是指在特定条件下给予顾客购买产品一定折扣的定价方式。如根据顾客一次或累计购买的产品金额给予折扣，如节假日或周年店庆，开展“买 100 送 20”或“80 元买 100 元商品”等活动。后者给顾客货币价值提高的心理，是一种更高超的折扣方法。

给予顾客购买产品的直接折扣，在新产品市场推广，打开销路时可应用此种方法定价。

(8) 品牌分级定价法

品牌分级定价法是指把不同品牌、质量的同一类产品划分为若干等级，对每个等级的产品制定一种价格。这种方法既便于顾客选购，又可引导顾客改变消费审美观念，花店也可从分级定价中获利。

插花员在制定价格时，要根据以上介绍的方法，灵活巧妙地掌握定价方法和技术，使顾客满意，经营者也满意。对插花作品进行科学定价，是插花作品促销的重要原因之一。

16.3.3　花店商品定价程序

花店商品的定价程序一般分为：确定消费群体，测定需求，成本估算，分析竞争者的花卉产品及其价格，定价方法选择，价格确定等几个步骤。

(1) 确定消费群体

根据花店所处的位置及周边环境，确定所要面对的消费群体及其消费层次，以及他们对于花卉产品的品质和服务等的要求。

(2) 测定需求

通过市场调研，了解花卉产品的市场需求量。再分析花卉产品价格的变动对市场需求量的影响，如价格变化对市场需求有很大影响，花店在定价时，对于弹性大的产品，可以降低价格来刺激需求和增加销售量。

(3) 成本估算

花店的营业成本包括基本成本、可变成本和固定成本。基本成本是指花店经营中要消耗的各种花卉材料及其辅助材料等的成本。可变成本包括员工工资，培训费，水、电、话费，行政管理费，公关宣传费，办公费等。固定成本包括修理费，房租或借、贷款的利息，管理费，固定资产折旧费等。

(4) 分析竞争者的花卉产品及其价格

分析竞争对手销售的产品的特色、定价标准及非价格因素。

(5) 定价方法选择

根据市场状况、消费群体对花卉的需求特点、成本等因素选择适合花店的具体定价方法。

(6)价格确定

通过定价程序制定出基本价格后，再根据市场需求变化，应用一定的定价策略，最后确定商品相应的价格。

16.3.4 花店商品定价策略

1)新产品的定价策略

花店制定新产品价格除了要考虑影响定价的各种因素外，还要运用适当的方法和技巧，采用一定的定价策略。常用的新产品定价策略有以下两种。

(1)撇奶油定价策略

撇奶油定价策略是指花店把新产品推向市场的初期，没有竞争对手，将价格定得较高，在短期内获取厚利，尽快收回投资。当竞争者入市或市场销路缩减时，花店可根据市场销售情况逐渐降低价格。这一定价策略就像从牛奶中撇取其中所含的奶油一样，取其精华，所以也称为"撇脂定价策略"。

采用撇奶油定价策略时，新产品要具有明显的优势，拥有专利权或技术秘密，竞争者在短期内无法推出类似的产品；新产品对顾客有较强的吸引力，市场需求量大；或花店的生产供应能力有限，短期内不能满足需求，高价对销售量的影响幅度小。

采用这种定价策略的优点是花店能尽快收回投资，获得大量利润。价格调整的回旋余地增大，有助于增加花店的盈利能力。但缺点是价格高，在一定程度上损害了顾客的利益。在新产品尚未被顾客认知之前，不利于开拓市场，除非有绝对优势的花卉产品迎合市场的需要。因利润高会迅速吸引竞争者进入，加剧竞争最终迫使花店降价。采用撇奶油定价策略是一种追求短期利润最大化的定价策略，若处置不当，则会影响花店的长期发展。因此，在实践当中，特别是在消费者日益成熟、购买行为日趋理性的今天，采用这一定价策略必须谨慎。

(2)渗透定价策略

渗透定价策略是指花店在新产品上市初期，为迎合顾客求廉实用的心理，以微利向市场推出，给顾客留下经济实惠的感觉和印象，以低价刺激人们的需要。待产品打开销路和站稳脚跟后，再逐步提高价格到一定水平。

采用渗透定价策略，需要新产品市场容量大，能替代市场上已存在的同类产品。新产品需求价格弹性大，顾客对价格敏感，低价能得到较高的市场占有率。花店具备大量生产供货的能力。

渗透定价策略的优点是有利于花店在顾客心目中树立良好形象。迅速提高市场份额，取得市场的支配地位。使花店在竞争压力较小的情况下长期占领市场，阻止实力不强的竞争者入市。但缺点是投资回收期长，价格浮动空间小，应对市场变化能力差。

2)产品调价策略

产品调价策略是指花店为了适应环境变化争取竞争主动权选择适当时机而采取相应的措施调整产品价格的策略。

(1)主动降价策略

主动降价策略是指花店在竞争对手价格没变的情况下率先降价的策略。主动降价有

直接降价、间接降价两种方式。间接降价是指花店保持价格不变，通过运费让价、提高产品质量等手段在维持名义价格不变的前提下降低产品实际价格。

降价的原因包括：新产品上市；产品滞留期加长，采用非价格竞争手段不能达到扩大销售的目的；产品进入旺销后期，平均成本随销售量增加而下降，通过降价增加销售。

主动降价的缺点是易使顾客误以为该产品质量低于竞争者产品质量；低价买不到顾客的忠诚，顾客往往转向价格更低的竞争者。

(2)被动降价策略

被动降价策略是指花店因竞争对手率先降价而做出应变反应的降价策略。

(3)主动升价策略

主动升价策略是花店根据客观环境的变化而主动提高产品价格的策略。

主动升价的原因包括：产品成本上升；产品质量、信誉、声誉提高，产品供不应求。

主动升价有直接升价、间接升价两种方式。间接升价是指花店采取一些方法使产品价格保持不变，但实际价格是隐性上升。如压缩产品规格、减少材料数量等而价格不变；使用便宜的材料或配件作替代品；改变或减少服务项目。

3)心理定价策略

心理定价策略是针对顾客的消费心理，根据不同类型顾客购买商品的心理动机来制定产品价格的定价策略。

(1)尾数定价策略

尾数定价，也称零头定价或缺额定价，是指给产品定价时不采用整数而以零头数结尾的价格策略。顾客乐于接受尾数价格如0.99元、9.98元等，能使顾客产生一种“商品便宜，定价认真，货真价实”的心理感觉。同时，价格虽离整数仅相差几分或几角钱，但给人一种低一位数的感觉，符合消费者求廉的心理。

(2)整数定价策略

整数定价与尾数定价正好相反，企业有意将产品价格定为整数，以显示产品具有一定质量。整数定价多适用于品牌、优质、高档和顾客不太了解的产品，对于价格较贵的高档产品，顾客对质量较为重视，往往把价格高低作为衡量产品质量的标准之一，容易产生“一分价钱一分货”的感觉，从而有利于销售。

(3)习惯价格策略

习惯价格策略是指花店按照顾客习以为常的价格来标价。有些产品在长期的市场交换过程中已经形成了为顾客所适应的价格，成为习惯价格。花店对这类产品定价时要充分考虑顾客的习惯倾向，采用“习惯成自然”的定价策略。对顾客已经习惯了的价格，不宜轻易变动。降低价格会使顾客怀疑产品质量是否有问题；提高价格会使顾客产生不满情绪，导致购买的转移。

(4)声望定价策略

声望定价策略是为迎合顾客求名、求荣、仰慕名店名牌商品的虚荣心理而采用的一种定价策略。声望定价即针对顾客“便宜无好货、价高质必优”的心理，对在顾客心目中享有一定声望，具有较高信誉的产品制定高价。对某些产品顾客往往不在于产品价格，而最关心的是产品能否显示其身份和地位，价格越高，心理满足的程度也就越大。

(5) 招徕定价策略

招徕定价策略是花店利用顾客的求廉心理，在制定产品价格时，有意将产品价格定得低于一般市价，个别的甚至低于成本，以吸引顾客、扩大销售的一种定价策略。采用这种策略，虽然几种低价产品不赚钱，甚至亏本，但从总的经济效益看，由于低价产品带动了其他产品的销售，还是有利可图的。

(6) 意头定价策略

意头定价策略是指花店根据顾客追求吉利、好意头的心理，在定价时加以适当应用的策略。例如，我国许多地方的习俗认为6、8、9等是意头好的数字。

16.4　花店经营

花店的经营涉及面较广，进货、储存、制作、销售、宣传和成本核算等各个步骤紧密联系，环环相扣，一个环节的脱节，可能影响整个经营活动。协调处理好每个环节有利于花店经营。

16.4.1　花店销售的4P循环理论

成功的销售是花店经营的基础，在销售方面有一套4P循环理论。

4P是planning（计划）、purchasing（采购）、price（价格）、presenting（展示）的简称。周详完备的计划是一切经营行为的根本。为主流产品、节日新款花艺等做好准备，是成功运作的重要基础。花材、资材的采购直接影响着花店的风格、经营理念、花艺创作以及花店的经营成本，也是落实计划的关键环节。价格对顾客的影响是至关重要的，按规律，零售价应该是成本价的3.3倍。好的陈列可以增加顾客的购买欲，花店的外观和橱窗布置能够表现花店的灵魂和气质，同时也能展示设计师的水平。经常变换展示能使顾客有耳目一新的感觉。

一个合理的运营成本公式可以看出花店成功的秘诀。

业绩=5%税金+10%损耗+20%利润+35%固定费用（人员、房费、水电、通信费等）+30%变动成本（鲜花、花器、包装纸等）。

16.4.2　花店的成本控制

中小型花店一般不做开店前营业额预估，也不做年度的预算和销售计划。经营状况的好坏必须通过成本与利润核算来衡量。花店经营过程中会有部分资金被暂时压一段时间，如已购买了货物还没有销售出去的部分，因此要真正反映花店某一段时间的经营状况，应该做好有关记录，定期统计进货付款、货物库存、销售收入和日常支出以及赊账，综合几个方面判断花店的盈亏，从而更有效地提高花店的经营水平。

(1)充分利用原材料

花店经营的主要原材料是鲜切花，在进花出货过程中要控制好保鲜期，控制好存货量，既要保证货物的新鲜，又不应报废或少报废不新鲜的货物。这是降低经营成本的重要环节。需要经营者善于观察和总结花店的经营过程和经营状况。掌握进货和销售的规律，正确地对花店的经营销售进行预估，认真组织销售，才可以避免浪费。充分利用已剪切下来的鲜切花的废料，也可以取得意想不到的效果。如鹤望兰、唐菖蒲等剪切下来的茎段、叶片等都还可以用做艺术插花的材料；月季花、菊花等花材上修下来的花瓣可以收集起来用于结婚典礼的散花。很多木本花材的茎段可以用作艺术插花的线状花材等。

(2)详细记账

详细记录花店经营的所有账目，是花店利润核算的重要依据和财务管理的基础。记账应该包括商品销售流水账、商品存货账、应付账款和应收账款明细账及总账等。账目不同作用也不同，因此，应分类记录。流水账是按照收支顺序逐一记录，是各类账目的原始资料。商品存货账包括进货账和销售账，通过它能了解存货还剩多少，哪些货畅销，哪些货难销，存货占用资金还有多少，还需要进什么货等。应付账款及应收账款明细账可表明何时要付款，何时催收应收账款。总账则是各类分类账的汇总。

(3)计算损益平衡点

损益平衡点是指成本和营业额两抵平衡的点，即经营额达到这个点花店才不会亏损。计算损益平衡点先要计算出每月的固定成本，除了包括每月的房租、薪金、水电费、税费、工商管理费、宣传费、交通费、通信费、装潢折旧费等，还要测算要达到固定成本量的利润需要完成多少营业额。这个数即是损益平衡点。估算了损益平衡点，就可以知道至少要达到多少营业额花店才不会亏损。只有超过损益平衡数值以上的营业额才是真正的利润。

(4)控制存货，回笼资金

商品从进货到卖出的时间是商品的周转期。从订货到货物进店是商品的订购前置时间。这些时间的长短决定了花店安全存花的量。商品的周转期短，花店的存货少，进货频率应高，资金回笼快，经营风险小。商品订置时间长，要保证有一定数量的货物，就必须对花店经营有较好的预估能力，提前预订货物或有一定数量的存货，会占用部分资金，增加经营风险。花店经营从一开始就会面临存货和存货控制的问题，应该根据每日的平均销售量、订购前置时间长短、货物存缺状况、节庆状况等适当地进行调整。

及时地收回资金进行资金周转，有利花店的经营。在花店经营初期，难免经验不足，经过经常统计货物的积压情况，可找出适销对路的商品，多进货。对一些销路差、占用资金多的商品少进货，积压过多的应降价或亏本处理，回收资金，让有限的资金发挥最大的效益，换取更多的利润。

16.4.3 花店的经营技巧

搞好花店经营除了了解必要的经营管理方面的基本知识外，还要加强学习，掌握一些经营管理的诀窍，才可以在激烈的市场竞争中取得优势。

(1)进货和储存

花店的经营以鲜切花为主，鲜切花的保鲜期较短，为保持花材的新鲜，应该做到勤进货，少量多次，多渠道购进花材。保证经营鲜花的新鲜和品种多样。不同的季节鲜花的保鲜期长短不一致，夏季较短、花价较低，冬季稍长、花价较高，因此，进货时要考虑鲜切花的特殊性，考虑销售和与季节的关系再决定进货量。

鲜花的进货量还与节日和当地的重大活动有关。花店经营者应该充分利用这些机会扩大花店的销售量。一般都要提前注意预估销售量，备足货源。准备不足，可能会造成缺货，丧失销售机会；储存太多，销售不了，又会增加经营成本。预估销售量的方法一般可以根据经验和鲜花的预订状况来确定。鲜花的储存时间不宜太长，尽量不储存或少储存。一般只在鲜花销售的高峰期，即一些较大的节假日前夕，为避免鲜花价格的较大波动和保证鲜花货源时才进行储存。对鲜花销售有明显影响的节日主要集中在春节、情人节、清明节、劳动节、中秋节、教师节、国庆节、圣诞节等。

(2)扩大销售

花店经营与社会的经济发展紧密联系。只有居民的吃穿住行等生活必需品消费满足之后，才可能消费鲜花，在我国花卉的消费受节日影响大，一般逢节日均可产生销售高峰，因此，应注意节日促销。另外，鲜花的生产受气候、季节的影响，花店经营应考虑这些因素。

大多数顾客对鲜花和鲜花制品了解较少，在销售过程中应真诚帮助顾客挑选适合的鲜花制品，让不同阶层的顾客满意。

花店的经营一般采取多种经营方式同时进行，可以根据自己的具体情况来决定以何种经营方式为主。

①店内零售　大多数中小型花店都以店内零售经营为主，收入相对稳定，插花制品的制作常根据顾客的要求进行制作，对店内的花艺制作水平、速度和服务态度有较高的要求。花店内有提前制作的一定数量的适宜当地顾客喜爱的特色艺术插花，便于顾客挑选购买。为了丰富花店的经营内容，也可以批发和零售花材和插花用的辅助材料，如各种花器、各色缎带、包装材料、插花固定材料等。为那些需要自己动手进行插花体验的顾客提供材料。

②长期客户业务　长期客户业务是与一些需要鲜花服务的客户达成协议，由花店长期为客户提供包括花材、花艺制作等相关方面业务的服务形式。如宾馆、饭店的插花布置等。

③临时性的送花业务　有时顾客会提出一些临时性送花业务，如代表客户送花、代客户购买特种花材或花艺设计等。这样可以保持花店的良好的商业信誉和促销花艺制品。

④承接大型花卉装饰工程　承接大型的花卉装饰工程可以为花店经营者带来较大的利润和良好的宣传效果，但需要经营者有较高的插花技术水平和良好的组织能力。如大型企业的庆典活动等。

(3)加强宣传

加强花店的宣传对促销很有好处。首先最好的宣传是顾客对花店的服务、花艺制作水平的赞誉。花店的热心服务和精湛的花艺制品，使顾客有口皆碑，顾客会自发地为花店做宣传，留住老顾客，带来新顾客。在经营过程中，由花店订制一些贺卡，上面写上特殊的祝词，如生日快乐、节日快乐、早日康复、一帆风顺等，也可以留有空白由顾客自己填写。注意卡片上一定要印上花店的名称、地址、联系电话。也可以用同样的方法印制优惠卡等。当然也可以在报刊、杂志、电视上刊登广告，将花店的服务范围介绍给顾客，达到促销宣传的目的。广告宣传会增加开支，但广告带来的收益也是不可轻视的。

(4)花店的特色营造

个性是指花店在经营过程中，结合消费群体和自己的特点，在花店的装潢格调、商品的摆放布局、商品的内在与外观质量及花店的服务方式、态度等方面都有自己的特色。

有特色的花店，应该是有活力的。花店店员着装整洁，店面装潢独特、有品位，店内的采光适宜，插花艺术作品的摆放、制作精良，质量上乘，价格合理，可以极大地刺激顾客的购买欲望。其中插花艺术作品的品质与价格是最能让顾客记住的，真正的质优、价廉、实用的插花艺术制作是最能吸引顾客的。因此，在花店的装饰、布局、作品艺术水平的提高都要根据花店的位置、地段、服务对象进行精心的考虑，最好独具匠心、别具一格、有自己的特点，方可达到吸引顾客的目的。

容易使顾客做出买花的因素：良好的服务意识，真诚的与顾客交流，为顾客介绍花语、送花习俗，使顾客能比较准确地挑选所需要的插花作品，满足顾客的各种需要。向顾客介绍鲜花作品的保鲜和摆放知识，使顾客对所购插花作品了解增多。对顾客比较熟悉的少数鲜切花种类，如香石竹、月季、菊花等敏感种类有意识地降低价格，使顾客在询问价格时很容易比较出该花店的价格便宜。对季节性大批量上市的个别花材实施特价销售，也是吸引顾客的好方法。

(5)预留部分流动资金

在花店的经营过程中总是存在着风险，完全回避是不可能的，在花店的经营初期(花店开业的3~6个月内)和花材大量上市的时期最容易出现。这时花店经营往往处于持平或亏损状态，资金会紧张。较好的解决办法是随时预留部分流动资金备用，在出现资金周转困难的时候，提供资金的保障。

(6)借助连锁经营

连锁经营是近年来逐步发展起来的一种经营方式，是实力较强的商家为了扩展业务范围，在不同的地域开设数个营业点，由配送中心统一进货和供货，各个分店采取统一的营销方法和营业方式。对于中小型花店可以几个花店联合经营，充分协调，制定大家都认可的合作制度，可以在进货和经营过程中取得优势，减少经营风险，增强竞争实力。

(7)利用互联网多方位发展

可以很好地利用互联网这样一个渠道，来让更多的人了解自己的花店，从而提高花店的知名度。如在淘宝这样一个网络销售平台上开一家家饰店。每逢重大节日就会主打鲜花同城速递，而平时则以居家仿真花和家居饰品为主打。除了开网店还可以建立自己的网站，拥有自己的网站将更加有利于各类业务的商谈，比如承接小型花卉工程等。

当然，还可以在各大网站、论坛、帖吧等地方来宣传花店。总之网络是个很好的工具，我们不仅要学会利用，更要与时俱进，这样才能使自己的花店长久不被淘汰。

16.4.4 国内外用花庆祝的节日

重要节日用花见表16-1。

表16-1 重要节日用花

节 日	日 期	用 花
情人节	2月14日	红色月季(玫瑰花)
母亲节	5月第二个星期日	粉红色香石竹
父亲节	6月第三个星期日	黄色月季(玫瑰花)，日本用白色月季花
复活节	4月11日	白色百合花
圣诞节	12月25日	用圣诞花装点居室，栽植或摆放圣诞树，然后在树上装饰各种彩灯和饰物以庆贺节日
妇女节	3月8日	送花的种类丰富，以色彩丰富的月季、香石竹、唐菖蒲、小苍兰、小菊为主
清明节	4月5日	扫墓祭祖用黄、白色的菊花为主
国际儿童节	6月1日	以黄粉色多头香石竹配以满天星为宜，以示儿童的天真烂漫
重阳节	农历九月初九	宜送品种菊花，选兰花送德高望重的长者
教师节	9月10日	以送香石竹为主，将教师比喻为母亲，还有剑兰
中秋节	农历八月十五	宜送桂花，中秋正值桂花开放，将折枝桂花插入瓶内与家人团聚、共度良宵
春 节	农历正月初一	宜送桃花、牡丹、水仙

16.4.5 中国市花及世界部分国家国花

(1)中国市花

在我国，各城市也有自己的市花，具体见表16-2。

表16-2 中国城市市花

市 花	城 市	市 花	城 市
月 季	北京、天津、大连、淮阴、常州、安庆、阜阳、蚌埠、芜湖、淮南、鹰潭、青岛、威海、郑州、焦作、商丘、新乡、驻马店、西昌、德阳、恩施、佛山、平顶山、沧州、石家庄、信阳、邯郸、邢台、漯河、灵宝、三门峡、新余、秦州、宿迁、十堰、沙市、宜昌、邵阳	杜鹃花	丹东、无锡、三明、长沙、大理、九江、井冈山、嘉兴、巢湖、韶关、延吉、吉安、台北、新竹
桂 花	苏州、杭州、合肥、马鞍山、广元、老河口、桂林、泸州、南阳、新余、南通、信阳、台南	菊 花	北京、太原、南通、开封、湘潭、中山、芜湖、彰化
山 茶	宁波、温州、重庆、景德镇、昆明、衡阳、金华、万县	玫 瑰	承德、沈阳、佛山、拉萨、兰州、银川、乌鲁木齐、佳木斯、奎屯
梅	南京、武汉、丹江、苏州、无锡	叶子花	深圳、珠海、江门、厦门、屏东

（续）

市花	城市	市花	城市
牡丹	洛阳、菏泽	丁香	呼和浩特、西宁、哈尔滨
紫薇	安阳、襄樊、徐州、咸阳、自贡、盐城、信阳、襄阳、基隆	石榴	黄石、西安、合肥、枣庄、连云港、新乡、驻马店、荆门、十堰
兰花	绍兴、保定、贵阳、宜兰	茉莉	福州
大丽花	张家口	海棠	乐山
扶桑	南宁、高雄	凤凰木	厦门、汕头、台南
黄刺玫	阜新	金边瑞香	南昌
紫荆花	香港、湛江	腊梅	镇江
君子兰	长春	荷花	澳门、济南、许昌、肇庆
刺桐	泉州	栀子	岳阳、常德、汉中、内江
广玉兰	沙市、荊州	玉兰	上海、新余、嘉义
朱瑾	南宁、玉溪、高雄	红花檵木	株洲
木棉花	广州、攀枝花、台中	水仙花	漳州
木芙蓉	成都	迎春花	鹤壁
琼花	扬州	白兰花	东川
蝴蝶兰	台东	红柳	格尔木
鸡蛋花	肇庆	小丽花	包头

(2)各国国花

国花以其独有的风情和魅力，集中体现了一个国家、一个民族共同的审美情趣和精神寄托，正因为如此，国花同国旗、国徽和国歌一样是一个国家的象征。世界各国国花见表16-3。

表16-3　世界各国国花

序号	国花名称	国家	科名	别名
1	迎红杜鹃	朝鲜	杜鹃花科	蓝荆子、金达莱
2	木槿	韩国	锦葵科	朝开幕落花、篱障花
3	樱花	日本	蔷薇科	山樱桃、荆桃
4	鸡蛋花	老挝	夹竹桃科	缅栀子
5	龙船花	缅甸	茜草科	山丹、白日红
6	扶桑	马来西亚、苏丹、斐济	锦葵科	朱槿
7	毛茉莉	印度尼西亚、菲律宾	木犀科	
8	万代兰	新加坡	兰科	
9	荷花	印度	睡莲科	莲花、荷
10	杜鹃花	意大利、比利时	杜鹃花科	
11	常绿山杜鹃	尼泊尔	杜鹃花科	
12	蓝色绿绒蒿	不丹	罂粟科	

（续）

序号	国花名称	国　家	科名	别　名
13	睡　莲	孟加拉国、泰国	睡莲科	子午莲、水浮莲、水芹花
14	蓝睡莲	斯里兰卡、埃及	睡莲科	水浮莲
15	郁金香	荷兰、土耳其、阿富汗、匈牙利	百合科	洋荷花、草麝香
16	素　馨	巴基斯坦、突尼斯、泰国	木犀科	大花茉莉
17	大马士革月季	伊朗	蔷薇科	突厥月季
18	孔雀草	阿拉伯联合酋长国	菊科	红黄草、藤草、小万寿菊
19	咖　啡	也门、哥伦比亚	茜草科	
20	月　季	美国、叙利亚、意大利、卢森堡、坦桑尼亚、比利时、摩洛哥、伊拉克(红月季)	蔷薇科	月季花、月月红、胜春、长春花
21	油橄榄	希腊、以色列	木犀科	齐墩果
22	银莲花	以色列	毛茛科	
23	欧石楠	挪威	杜鹃花科	
24	欧洲石蜡	瑞典	木犀科	
25	铃　兰	芬兰、南斯拉夫	百合科	君影草、草玉铃
26	木春菊	丹麦	菊科	彭高菊、茼蒿菊、木茼蒿
27	向日葵	俄罗斯、玻利维亚、秘鲁	菊科	葵花、转日莲
28	三色堇	波兰	堇菜科	蝴蝶花、猫儿脸
29	矢车菊	德国、马耳他	菊科	芙蓉菊、荔枝菊
30	洋　李	南斯拉夫	蔷薇科	
31	狗蔷薇	英国、罗马尼亚	蔷薇科	
32	玫　瑰	保加利亚	蔷薇科	徘徊花
33	白车轴草	爱尔兰	蝶形花科	白三叶、翘摇
34	鸢　尾	法国、阿尔吉尼亚	鸢尾科	
35	虞美人	比利时	罂粟科	丽春花、赛牡丹
36	香石竹	西班牙、洪都拉斯、摩洛哥	石竹科	康乃馨、麝香石竹
37	雁来红	葡萄牙	苋科	老来少、三色苋
38	薰衣草	葡萄牙	唇形科	香草
39	火绒草	瑞士、奥地利	菊科	
40	石　竹	摩纳哥	石竹科	中国石竹
41	仙客来	圣马力诺	报春花科	一品冠、兔子花、萝卜海棠
42	石　榴	利比亚	石榴科	安石榴、若榴、单若、金罂
43	夹竹桃	阿尔吉尼亚	夹竹桃科	红花夹竹桃、柳叶桃
44	猴面包树	塞内加尔	木槿科	
45	胡　椒	利比里亚	胡椒科	
46	海　枣	加纳	棕榈科	
47	丁　香	坦桑尼亚	木犀科	

（续）

序号	国花名称	国 家	科名	别 名
48	火焰树	加蓬	紫葳科	苞萼木
49	叶子花	赞比亚、巴布亚新几内亚	紫茉莉科	三角花、毛宝巾、九重葛
50	凤凰木	马达加斯加	苏木科	凤凰花、凤凰树、红花楹
51	凤尾兰	塞舌尔	龙舌兰科	
52	嘉 兰	津巴布韦	百合科	
53	金合欢	澳大利亚	含羞草科	
54	桉 树	澳大利亚	桃金娘科	
55	四翅槐	新西兰	豆科	羽实槐
56	沙 椤	新西兰	沙椤科	树蕨
57	糖 槭	加拿大	槭树科	
58	仙人掌	墨西哥	仙人掌科	
59	大丽花	墨西哥	菊科	
60	爪哇木棉	危地马拉	木棉科	吉欠、美洲木棉
61	丝 兰	萨尔瓦多	龙舌兰科	
62	百 合	尼加拉瓜、古巴	百合科	蒜脑、百合蒜、摩罗
63	卡特兰	哥斯达黎加、哥伦比亚、巴西	兰科	
64	姜 花	古巴	姜科	蝴蝶花、姜兰花
65	铁梨木	牙买加	蒺藜科	
66	刺 葵	海地	棕榈科	
67	桃花心木	多米尼加共和国	楝科	
68	金鸡纳树	秘鲁	茜草科	
69	白兰花	厄瓜多尔	木兰科	白兰、缅桂
70	茉 莉	巴拉圭	木犀科	
71	西番莲	巴拉圭	西番莲科	
72	商 陆	乌拉圭	商陆科	当陆、山萝卜、牛萝卜
73	山 楂	乌拉圭	蔷薇科	
74	野百合	智利	百合科	博多百合
75	刺 桐	阿根廷	蝶形花科	

16.5 花店的管理

改革开放以来，我国花卉业得到了空前的发展，随着经济文化的发展，各地花店如雨后春笋般兴起，花店总量每年呈递增趋势。综观我国花店业的现状，绝大多数仍处于小型、精干型、家庭作坊式的经营管理模式和方法，这给花店业的发展带来了一些比较突出的问题，诸如人员管理、客户管理、业务管理、服务质量等。为了更好地提高我国花店业整体水平，必须在花店管理上下工夫。

16.5.1 花店管理的目的

花店管理的目的是优化花店的业务流程，并从中创造更好的效益。花店的管理核心是花店经营操作流程，花店经营操作流程是每个花店经营运作的基础。各个花店的经营范围和经营方式不一，花店所有的业务都需要流程来驱动。一个花店的不同岗位、不同部门、不同客户、不同人员和不同供应商等都是靠流程来进行协同运作，流程在流转过程中可能会带来相应的数据：订单、文档、产品、财务数据、项目、任务、人员、客户等信息进行流转，如果流转不畅就会导致花店运作不畅。所以，一个合理优化的花店经营管理流程对一个花店的运作和利益最大化的实现有着十分重要的作用。

16.5.2 花店管理的内容

花店管理具体来说就是花店在明确的整体经营策略的指导下，围绕花店各自的经营目标，完善花店各岗位、各部门的业务体系，根据花店的不同发展阶段、不同经营时期不断调整花店的核心角色。实现组织管理、花艺设计、业务流程、人力资源、信息技术和基础管理机制的有机结合，有效地增强员工业务能力和工作态度，迅速形成花店的资源共享平台，使花店在经营业绩和各项业务表现方面获得显著和持续的进步。例如，一家以经营鲜花为主的花店，具体流程可分为：鲜花进货，资材购进，鲜花整理，鲜花及资材陈列，鲜花养护；客户接待，制作流程单，业务联络，制作方案，制作产品；财务管理，产品定价，鲜花报损，成本核算，单据汇总；客户管理，产品配送，结算；客户回访，处理投诉，库存统计，经营统计，技术培训，宣传推广等。面对这些繁杂的工序和项目，要做到没有失误地高效率运转，在经营中达到利润最大化，又能很好地为顾客做好服务工作，每一件工作之间的配合和协调十分重要。而高效、有序管理恰好能按照花店经营过程中的时间线分控制点优化组合好每个环节的运转，使花店的日常运转能正常进行，还要不断调整花店在各节日、各特殊时期的特殊预案，在特定的情况下使花店能满负荷、高效率的运转。

16.5.3 花店管理的方法

花店管理的方法可以从以下几个方面进行。

(1)花店的发展目标

确定花店的发展目标可以集中花店的资源，创建有激情的团队。如果一个花店不能用一个大的概念简单扼要地阐述花店的发展目标，直接的后果就是花店的资源无法集中，没有办法让花店在一个最佳的状态下运转。所以目标要能够量化，可操作，利用花店的管理体系监督花店的每一个环节，进行考核、调整，促进花店的整体发展。

花店的目标是为了给花店的长期发展奠定一个基础。因为有了目标之后，就会知道花店需要推出什么样的产品和服务，然后才能据此制订财务实施花店员工、设计师、其他人员发展计划等。例如，这个市场规模是否够大？增长的速度如何？将会带来盈利还是亏损？现有的资金够不够？融资的方式是什么？还需要哪些合作伙伴？寻找合作伙伴是需要其他的资本还是其他资源？

花店发展的大方向确定了之后，再据此去设立一个业务框架，并制定出周密的预算。花店发展目标在最佳的状态下，加强各种信息的到位流通问题，把目标分解到每一个员工身上。否则必将造成花店在经营目标与策略和绩效的改进上先天不足，决策者与实施者脱节，特别是市场和目标实现的压力无法传递到各个业务和实施岗位，或者说基层人员无法感受到业绩压力。

(2)制定花店管理制度

管理制度更多地体现在运营的整体把握上，但很多花店缺少一个能整合花店所有因素并表现花店整体性的守则。花店应该有考勤制度、行政制度、市场管理制度、技术管理制度等，但绝大多数的花店都缺少这些制度，对花店的性质、花店的宗旨、花店的组织政策、控制政策、基本经营政策、人力资源等政策进行整体性的规范——这就是花店的管理体系。

为了规范花店的人、财、物、信息、技术、品牌、质量等方面的行为准则，需要制定人事、行政、考核、技术管理、市场管理等管理制度。每一项制度都要由制定部门、执行部门、监督部门三部分组成。在执行过程中，制度的提出还要多听取广大员工的意见，形成共识才能更有效地执行。

(3)营造一个具有特色的花店文化和核心价值观

让员工像老板一样思考和行动，让每个员工每天所想和每天所做的事情都是在创造价值。可以设计花店经营管理的培训教材，并对全体员工进行有计划培训，使之认同并固化成花店的一部分。从花店总体规划着手，确定关键的结果区域，制定日程表，筹划立竿见影的小胜利。力求创造出一种花店价值管理文化，让员工能以主人翁的态度投入到花店的经营中去。可把科学的决策程序运用到花店的运营全过程，使之形成花店一种统一的解决问题的思维方式，这也是改进花店工作效率的一个有效办法。

(4)人力资源管理系统

建立与花店快速发展相匹配的高质量团队是花店发展的根本保障。也是创造一种自我激励、自我约束和促进优秀人才脱颖而出的机制。体现花店的“以人为本、多劳多得、能者多劳、能上能下、能进能出”的根本人力环境，促使人力资源管理规范化。

在具体的操作中，花店人力资源管理是以人力资源规划、薪资管理和绩效考核为核心进行放射性管理的，聘用管理、面试技术、人事诊断、薪资调查、员工培训、工作分析、工作评价、考核量表设计等方面配合，形成整体的人力资源管理系统。员工和主管的考聘，应按明确的目标和要求，对每个员工和主管的工作绩效、工作态度与工作能力进行例行性的考核与评价。工作绩效的考评侧重在绩效的改进上，宜细不宜粗；工作态度和工作能力的考评侧重在长期表现上，宜粗不宜细。考评结果要建立记录，考评要素随花店不同时期的成长要求应有所侧重。员工和主管的考评实行纵横交互的全方位考评。同时，被考评者有申诉的权利。当然，除上面各方面的内容外，软性环境的营造、激励方法的设计、绩效改进措施、有效的人力体系导入措施和执行保障措施都是必不可少的。软性环境即花店文化的营造应主要突出员工的核心价值观，激励和绩效改进主要体现在薪资构架和绩效考核的关系上。

(5)决策程序

决策的原则是从贤不从众；决策程序是决策前充分讨论、论证，决策中分析利弊得失，决策后坚决执行并根据实际情况作应变处理，以追求利润的最大化。花店除了规定总经理室最高决策者，拥有最终决策权，以及规定重大决策须经高层管理委员会充分讨论外，还对决策原则做了特别的规定，即遵循民主决策、权威管理原则和从贤不从众原则。权威管理就是在执行过程中实行个人负责制。各部门负责人在其职权范围内自主决策，对决策后果承担个人责任。另一方面，形成决议后，由部门主管执行，以防止管理中的片面性。

(6)提升财务管理的核心地位

对财务管理机能的技术提升，要从进销存的记账式发展到现代财务管理体系。现在很多的财务管理只局限于进销存的记账层面上，但参与管理，如花店理财，成本控制，项目论证评估，风险管理，产品研发，战略规划，花店核心竞争力的识别与建立，花店需要融资时分析哪种融资手段所获得的成本最低等方面的工作很少，所以必然从高的层面确立财务管理的核心地位，建立科学的财务管理系统、财务计划和预警系统。

技能训练

技能16.1 花店模拟经营

1. 目的要求

通过花店模拟经营，让学生理解花店经营的方法，以及花店插花作品定价的方法。

2. 材料准备

每组一盆鲜花插花作品，各种花材及材料价格表。

3. 方法步骤

①教师讲解花店模拟经营的实训方法。

②学生分组通过网络或实地考察收集一个成功的花店经营案例。举出4个经营成功的因素。并讨论可采取哪些措施增加花店收益？

序号	成功因素	自我评价
1		
2		
3		
4		
备注	自我评价：合理☆、基本合理△、不合理○	

③学生分组进行讨论，确定插花作品的价格并加以说明。

对插花作品按花店商品的定价程序进行讨论，估算插花作品的成本，根据市场状况、消费群体对花卉的需求特点、成本等因素选择适宜的定价方法，确定插花作品的价格。

4. 效果评价

完成效果评价表，总结花店插花作品的定价。

序号	评分项目	具体内容	自我评价
1	确定消费群体	分析花店所处的位置及周边环境，确定所要面对的消费群体及其消费层次	
2	测定需求	调研花卉产品的市场，分析花卉产品需求量的大小	
3	成本估算	成本估算全面，包括基本成本、可变成本和固定成本。估算方法正确	
4	定价方法选择	根据市场状况、消费群体对花卉的需求特点、成本等因素选择适宜的定价方法	
5	价格确定	定出基本价格准确，根据市场需求变化，应用定价策略，确定商品的价格	
备注	自我评价：合理☆、基本合理△、不合理○		

思考题

1. 名词解释

公关，消费观，损益平衡点，连锁经营，市场营销。

2. 填空题

(1) 公关是一门“内求团结，________”的艺术。

(2) 在公众中塑造、建立和维护良好的组织形象是公关活动的根本________和核心。

(3) 花店的产品是为用户提供的，用户的需求是花店生存的基础。因此，花店在市场营销活动中必须树立________、视顾客为上帝的服务理念。

(4) 消费心理学的研究是通过________、记述、解释和预测销售活动中的消费者________与行为取向，为企业的生产和销售提供科学的心理依据。

(5) 由于社会地位、经历、文化素养、生活环境与生活习惯的不同，人们对消费有着不同的观念，并形成不同的________。

(6) ________是指成本和营业额两抵平衡的点，即经营额达到这个点花店才不会亏损。

(7) 花店管理的目的是优化花店的________，并从中创造更好的效益。

(8) 花店的营业成本包括基本成本、可变成本和________。

(9) 讲究经济效益是一切经济活动的指导核心，也是办花店的根本________。

(10) ________是社会组织在动态环境中为满足交换关系而进行的商品、服务和思想的创造、分销、推广以及定价的过程。

3. 判断题

(1) 公关是社会组织、集体或个人必须与其周围的各种内部、外部公众建立良好的关系。（　）

(2) 追求真实是现代公关工作的基本原则。（　）

(3) 市场营销就是在恰当的时间、恰当的地点，把恰当的产品以恰当的方式卖给恰当的人的过程。（　）

(4) 插花作品的价格是以该作品的价值量为基础来确定的。（　）

(5) 反向定价法是以实际成本为主要依据，以市场需求为定价出发点，力求使价格被顾

客所接受。 ( )

(6)在市场竞争中，花店必须通过压低价格才能赢得顾客。 ( )

(7)创新精神是花店最大的潜在精神力量，是花店成功的秘诀之一。 ( )

(8)公关的行为主体是个人。 ( )

(9)从工作内容上看，公关中包含了许多人际关系。 ( )

(10)撇奶油定价策略是一种追求短期利润最大化的定价策略，若处置不当，则会影响花店的长期发展。 ( )

4. 选择题

(1)花店插花作品的定价原则有________。

A. 成本估算原则 B. 相对稳定原则 C. 利润最大原则 D. 市场需求原则

(2)公关的基本特点有________。

A. 以诚为本 B. 互惠互利 C. 形象至上 D. 公平公正

(3)个性化消费观的消费者在消费时十分重视商品的________能否突出自己与众不同的个性特征、审美情趣和品位。

A. 价格 B. 内涵 C. 价值 D. 品牌

(4)制定合理的插花作品价格需以________，和对顾客消费心理的研究为基础，并全面考虑其他影响因素。

A. 成本 B. 市场需求 C. 同业竞争 D. 花材品种

(5)花店插花员公关策划的原则有________。

A. 信息原则 B. 形象原则 C. 优化原则 D. 可行性原则

5. 问答题

(1)花店商品的定价程序有哪些?

(2)插花作品的定价原则是什么?

(3)如何定位花店的经营方式?

(4)花店管理的内容有哪些?

自主学习资源库

花店营销100例. 商蕴青，霍丽洁. 中国林业出版社，2004.

零基础低成本开家花店. 严凤鸣. 湖南科学技术出版社，2013.

花卉装饰技艺. 朱迎迎. 科学出版社，2012.

中国花卉园林年鉴(1978—2008). 吴方林，等. 中国农业科学技术出版社，2009.

参考文献

六耀社(日).2001. 花道1、花道2、花道3、花道4[M]. 金久建,译. 北京:中国建筑工业出版社.

钟伟雄(英).2002. 现代西方插花艺术设计沙龙[M]. 北京:中国林业出版社.

ELLEN GORDON ALLEN(美).1991. 日本插花入门[M]. 史济才,胡芳,译. 北京:新世界出版社.

蔡俊清.1996. 插花图说[M]. 上海:上海科学技术出版社.

蔡俊清.2001. 插花技艺[M]. 上海:上海科学技术出版社.

蔡素琴.2002. 婚礼花艺[M]. 深圳:海天出版社.

蔡仲娟,山本玉领.1995. 中国插花日本花道[M]. 上海:上海科技文献出版社.

蔡仲娟.1990. 中国插花艺术[M]. 上海:上海翻译出版公司.

蔡仲娟.1998. 家庭插花[M]. 北京:鹭江出版社.

蔡仲娟.1998. 中国艺术插花[M]. 上海:上海文化出版社.

蔡仲娟.1999. 花篮插花[M]. 杭州:浙江科学技术出版社.

蔡仲娟.1997. 艺术插花指南[M]. 上海:上海辞书出版社.

蔡仲娟.1997. 中外艺术插花艺术作品选[M]. 上海:上海辞书出版社.

陈佳瀛.2001. 家庭礼仪花艺[M]. 福州:福建科学技术出版社.

陈燕.2001. 欧式花艺设计[M]. 北京:畅文出版社.

陈韵琴,陈素琴.1999. 西洋花艺精选[M]. 台北:畅文出版社.

董丽.1999. 实用插花[M]. 北京:中国林业出版社.

方园.2000. 鲜花、礼品包装[M]. 北京:中国电影出版社.

广州插花艺术研究会.1999. 艺术插花[M]. 广州:广州科技出版社.

何秀芬.1999. 干燥花采集制作原理与技术[M]. 北京:中国农业大学出版社.

贺振.2000. 花卉装饰及插花[M]. 北京:中国林业出版社.

胡守荣,史向民.1996. 西方插花艺术的初步探讨[J]. 中国园林(4).

黎佩霞.1993. 插花艺术基础[M]. 北京:农业出版社.

李宝泉.1987. 日本插花流派及家元制度[J]. 大众花卉(6).

李璇.2002. 欧美花型艺术[M]. 北京:金城出版社.

李正应,张连如.1998. 插花与厅室花卉装饰[M]. 北京:科学技术文献出版社.

刘飞鸣,邬帆.1998. 现代花艺设计[M]. 北京:中国美术学院出版社.

刘祖祺,王意成.1999. 花艺鉴赏[M]. 北京:中国农业出版社.

马大勇.2003. 中国传统插花艺术情境漫谈[M]. 北京:中国林业出版社.

山本玉岭,蔡仲娟.1995. 中国插花 日本花道[M]. 上海:上海科学技术文献出版社.

深圳市人民政府城市管理办公室.2001. 首届中国国际插花花艺博览会作品精选集[M]. 北京:中国林业出版社.

沈镇昭,等.2000. 干燥花设计与制作大全[M]. 北京:中国农业出版社.

汪卉.1998. 插花艺术[M]. 乌鲁木齐:新疆青少年出版社.

王继仁,徐碧玉,刘玫.2001. 实用插花基础[M]. 杭州:浙江科学技术出版社.

王立平.2002. 基础插花艺术设计[M]. 北京:中国林业出版社.

王莲英,秦魁杰,尚纪平.1998. 插花创作与赏析[M]. 北京:金盾出版社.

王莲英,秦魁杰 . 2000. 中国传统插花艺术[M]. 北京:中国林业出版社.
王莲英,秦魁杰 . 2002. 中国古典插花名著[M]. 合肥:安徽科学技术出版社.
王莲英,尚纪平 . 1998. 插花艺术[M]. 北京:中国农业出版社.
王莲英 . 1993. 插花艺术问答[M]. 北京:金盾出版社.
王莲英 . 1998. 插花创作与赏析[M]. 北京:金盾出版社.
翁向英 . 2001. 礼仪插花[M]. 北京:海天出版社.
谢承仁 . 2004. 中国传统思想文化渊源[M]. 北京:人民出版社.
许恩珠 . 1992. 装饰插花[M]. 上海:上海人民美术出版社.
张秀新 . 2002. 日本传统插花的历史与特点[J]. 北京林业大学学报(1).
张应杭 . 2005. 中国传统文化概论[M]. 杭州:浙江大学出版社.
赵大昌 . 2000. 西方艺术[M]. 上海:上海外语教育出版社.
赵晓军,齐海鹰,李莉 . 2001. 鲜花店开店诀窍[M]. 济南:山东科学技术出版社.
赵晓军,等 . 2001. 鲜花店开店诀窍[M]. 济南:山东科学技术出版社.
周丽华. 1999. 实用花束设计[M]. 中华台北:畅文出版社.
周武忠 . 1991. 生活插花[M]. 上海:上海科学技术出版社.
周星 . 2000. 中国书画史话[M]. 北京:国际文化出版社.
朱义禄 . 2006. 儒家理想人格与中国文化[M]. 上海:复旦大学出版社.
朱迎迎 . 2003. 意境插花[M]. 上海:上海科学技术出版社.